内 容 简 介

　　本教材重点介绍了园林建筑设计与施工的基础理论知识的应用及其设计方法和技巧，注重对学生基础理论的应用与实践能力的培养。充分考虑高等职业教育的特点，强调可读性，重点、难点突出，图文并茂，简练直观，易学易教。全书共7章，主要内容有园林建筑设计的基本原理、园林建筑单体设计、园林建筑小品设计、园林建筑装修与室内陈设、园林建筑施工与管理、园林建筑设计实训等。各章后附有小结与思考题。

　　本教材可供高等职业技术院校风景园林、园艺、城市规划、建筑学、环境艺术、旅游、林业及其相关专业教学使用，亦可供园林绿化工作者和园林艺术爱好者阅读参考。

21 世纪农业部高职高专规划教材

园林建筑设计与施工

周初梅　主编

园林　园艺　林学类专业用

中国农业出版社

主　编　周初梅
副主编　朱建达
参　编　夏振平　康小勇
　　　　刘　柯　吴雪飞
　　　　周丽娟
审　稿　蔡晓景　金　涛

出版说明

CHUBANSHUOMING

高职高专教育是我国高等教育的重要组成部分，近年来高职高专教育有很大的发展，为社会主义现代化建设事业培养了大批急需的各类专门人才。当前，高职高专教育成为社会关注的热点，面临大好的发展机遇。同时，经济、科技和社会发展也对高职高专人才培养提出了许多新的、更高的要求。但是，通过对部分高等农业职业技术学院、中等农业学校高职班教学和教材使用等情况的了解，目前农业高职高专教育教材短缺，已严重影响了当前教学的开展和教育改革工作。针对上述情况，并根据《教育部关于加强高职高专教育人才培养工作的意见》的精神，中国农业出版社受农业部委托，在广泛调查研究的基础上，组织有关专家制定了21世纪农业部高职高专规划教材编写出版规划。根据各校有关专业的设置，按专业陆续分批出版。

教材的编写是按照教育部高职高专教材建设要求，紧紧围绕培养高等技术应用性专门人才，即培养适应生产、建设、管理、服务第一线需要的，德、智、体、美全面发展的高等技术应用性专门人才。教材定位是：基础课程体现以应用为目的，以必需、够用为度，以讲清概念、强化应用为重点；专业课加强针对性和实用性。相信这些教材的出版将对培养高等技术应用性专门人才，提高劳动者素质，对建设社会主义精神文明，促进社会进步和经济发展起到重要的作用。

21世纪农业部高职高专规划教材突出基础理论知识的应用和实践能力的培养，具有针对性和实用性。适用于全国农林各高等职业技术学院、农林大学成教学院、高等农林专科学院、农林中专学校的高职班师生和相关层次的培训及自学。

在规划教材出版之际，对参与教材策划、主编、参编及审定工作的专家、老师以及支持教材编写的各高等职业技术学院、农业中专学校一并表示感谢！

中国农业出版社

2002年2月

编 写 说 明

园林建筑是园林的一个重要组成部分，不论是古典园林还是现代园林，园林建筑在景观构图、游憩休闲及生活服务等方面都起着十分重要的作用。

《园林建筑设计与施工》是高职高专院校园林类学科的一门重要的专业主干课程，学生通过本课程的学习，应能够掌握园林建筑设计与施工的基础理论知识和设计方法与技巧，为后续课程的学习打下一个良好的基础。

全书共7章，主要内容有园林建筑设计的基本原理、园林建筑单体设计、园林建筑小品设计、园林建筑装修与室内陈设、园林建筑施工与管理、园林建筑设计实训等。

编写该教材的指导思想是符合现代高等职业教育的特点，以应用型人才培养为目标，力求做到理论与实际相结合，继承与创新相结合。该教材在编写结构上做了一些新的尝试，意在适应时代的需要。具体有以下特点：

1. 突出应用性　注重基础理论的应用与实践能力的培养。全书重点介绍了园林建筑设计与施工基础理论知识、实践应用、相关设计方法和技巧。通过精选一些典型的园林建筑实例，进行较详细的分析，以便使学生更容易接受和掌握。

2. 内容实用、针对性强　充分考虑高等职业教育的特点，针对本专业职业岗位和业务规格的设置要求，在内容上不贪大求全，但求实用。新增了实用性较强的园林建筑设计的实训和园林建筑施工与管理的内容，使用时各校可根据具体教学情况进行适当的调整。

3. 注重本行业的领先性　突出教材在本行业中的领先性，注重多学科的交叉与整合，使该教材内容充实新颖。

4. 强调可读性　重点、难点突出，图文并茂、简练直观、语言生动、通俗易懂，使本教材易学易教。

本书可供高等职业技术院校风景园林、园艺、城市规划、建筑学、环境艺术、旅游、林业及其相关专业教学使用，亦可供园林绿化工作者和园林艺术爱好者阅读参考。

本书由来自全国各高校的七位老师共同编写，周初梅任主编，朱建达任副主编，蔡晓景、金涛承担了全书的审稿工作。各章节编著者分工如下：

第1章：概论，朱建达

第2章：园林建筑的基本原理，第一、二、三、四节，刘柯；第五、六节，周初梅

第3章：园林建筑单体设计，第一节，周初梅；第二、三、四节，周丽娟；第五、六、七节，刘柯

第4章：园林建筑小品设计，夏振平

第5章：园林建筑室内陈设与装修，吴雪飞

第6章：园林建筑的施工与管理，康小勇

第7章：园林建筑设计实训，周初梅

部分插图由朱彩霞、付爱琴、何萧萧等完成。

在编写中，因园林建筑设计与施工内容涉及较广，编者参考了国内外有关著作、论文，未一一注明敬请谅解，在此谨向有关作者深表谢意。因作者水平有限，疏漏与错误之处在所难免，欢迎读者予以批评指正。

编　者

2001 年 12 月

目录

mulumulumulu

第3章　园林建筑单体设计 ······ 125

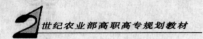

第1章 绪 论

[本章学习目标与方法]

通过本章学习，使学生明确园林与园林建筑的基本涵义和作用；了解园林的主要类型和园林发展历史过程；掌握中外古典园林及近现代园林的基本知识和显著特点；了解我国在园林与园林建筑领域所取得的成就，以及国外园林与园林建筑发展的新趋向。

本章的学习方法主要由讲授与自学相结合，重点通过对一些典型的园林实例进行详细的分析和归类来达到学习的目标。

第一节　园林与园林建筑

一、园　林

什么是园林？无论你远渡重洋去过法国的凡尔赛宫、伦敦的丘园，还是纽约的中央公园……只要你到过被誉为"东方威尼斯"的江南苏州，欣赏过那"甲江南"的苏州园林，就一定会被那清丽典雅的园景所迷醉；如果你到过曾是几朝国都的北京城，看过故宫、北海、颐和园等辉煌的皇家苑囿，也会被那恢宏的气势、壮丽的屋宇和楼堂所倾倒；如果你曾信步"深山藏古刹"的宗教圣地，那金碧辉煌的殿堂，山明水秀的风景，定使你心旷神怡，超凡脱俗。这些风格迥然、令你流连忘返的人间仙境，就是"园林"。

（一）园林的概念界定

园林是指在一定的地域运用工程技术和艺术手段，通过改造地形（或进一步筑山、叠石、理水）、种植树木花草、营造建筑和布置园路等途径创作而成的自然环境和游憩境域。

园林的概念是随着社会历史和人类认识的发展而变化的。不同历史发展阶段有不同的内容和适用范围，不同国家和地区对园林的

1

界定也不完全一样，不少园林专家、学者从不同的角度对园林一词提出了自己的见解。历史上，园林在中国古籍里根据不同的性质也称作园、囿、苑、园亭、庭园、园池、山池、池馆、别业、山庄等，英美各国则称之为 Garden、Park、Landscape Garden。它们的性质、规模虽不完全一样，但都具有一个共同的特点：即在一定的地段范围内，利用并改造天然山水地貌或者人为地开辟山水地貌，结合植物配置和建筑布置，构成一个供人们观赏、游憩、居住的环境。创造这样一个环境的全过程（包括设计和施工在内），一般称之为"造园"，而研究如何去创造这样一个环境的学科就是"造园学"。

（二）园林的构成要素

园林的规模有大有小，内容有繁有简，但都包含着四种基本的要素：土地、水体、植物、建筑。

土地和水体是园林的地貌基础。土地包括平地、坡地、山地，水体包括河、湖、溪、涧、池、沼、瀑、泉等。天然的山水需要加工、修饰、整理，人工开辟的山水要讲究造型，要解决许多工程问题。因此，"筑山"（包括地表起伏的处理）和"理水"就逐渐发展成为造园的专门技艺。

植物栽培起源于生产目的，早先的人工栽植以提供生活资料的果园、菜畦、药圃为主，后来随着园艺科学的发达才有了大量供观赏用的树木和花卉。现代园林的植物配置以观赏树木和花卉为主，植物这一要素在园林中的地位更加突出。

建筑包括屋宇、建筑小品以及各种工程设施，它们不仅在功能方面必须满足游人的游憩、居住、交通和供应的需要；同时还以其特殊的形象而成为园林景观必不可少的一部分；建筑的有无也是区别园林与天然风景区的主要标志。

上述四要素中，土地、水体、植物为自然要素，建筑为人工构筑要素。在造园中，必须遵循自然规律，才能充分发挥其应有的作用。

（三）园林的性质，内容及服务对象

1. 园林的性质

（1）园林是一种社会物质财富。筑山、理水、植物配置、建筑营造这四项造园的主要内容，都牵涉到一系列的土木工事，需要投入一定的人力、物力和资金，也反映了一个地区、一个时代的经济发展和科学技术水平。所以说，园林是一种社会物质财富。

作为社会物质财富的园林，它的建设必然受到社会生产力和生产关系的制约。随着生产的发展，园林的内容由简单到复杂、由粗糙到精致，规模从较小的范围扩大到城镇甚至整个区域，在人们的日常生活中发挥着愈来愈大的作用。

（2）园林是一种艺术创作。园林把山、水、植物和建筑组合成为有机的整体从而创造丰富多彩的景观，给予人们以赏心悦目的美的享受。就这个意义而言，园林是一种艺术创作。

（3）园林有一定的阶级性。作为艺术创作的园林，它的风格必然与文化传统、历史条件、地理环境有着密切的关系，也带有一定的阶级烙印。

古代，世界上的园林绝大部分都是统治阶级私有的，主要的类型有帝王的宫苑，贵族、官僚、地主、富商在城市里修建的宅园和郊外修建的别墅，寺院所属的园林，官署所属的园林等，公共游览性质的园林为数极少。园林仅作为奢侈品为少数人所享用。

19世纪以后，在一些资本主义国家，大工业的发展使得城市人口过度集中、城市建筑密度增大。资产阶级为避开城市的喧嚣纷纷在郊野地带修建别墅；为了满足一般城市居民户外生活的需要，在大规模建造集团式住宅的同时，辟出专门地段来建造适于群众性游憩活动的公园、街心花园、林阴道等公共性质的园林。

世界各地区、各民族、各历史时期大抵都相应地形成了各自的园林风格，有的则发展成为独特的园林体系。这些都是劳动人民智慧和创造的结晶，是全人类文化遗产中弥足珍贵的组成部分。

2.现代园林的内容和服务对象　从20世纪60年代开始，在工业高度发达的国家，人民生活水平不断提高，工作时间逐渐减少，对游憩环境的需要与日俱增。旅游观光事业以空前的规模蓬勃发展起来，对园林建设也相应地提出了新的要求。现代园林的概念已不仅是指那些局限在一定范围内的宅园、别墅、公园等，它的内容扩大了，几乎人们活动的绝大部分场所都和园林发生关系。城市的居住区、商业区、中心区、文教区以及公共建筑和广场等都加以园林化；郊野的风景名胜区、文物古迹也都结合园林的建设来经营。园林不仅是作为游赏的场所，还可用来改善城镇的小气候条件，调整局部地区的气温、湿度和气流，起到保护环境、净化城市空气、减低城市噪音、抑制水质和土壤污染的作用。

（四）园林的形式

古今中外的园林，尽管内容丰富多彩，风格也各自不同，从山、水、植物、建筑四个构成要素本身的经营和它们之间的组合关系来加以考查，可分为以下四种形式：

1.规整式园林　规整式园林的规划讲究对称严整，注重几何形式的构图。建筑物的布局对称整齐，植物配置和筑山理水也按照中轴线左右均衡的几何对位关系来安排，着重强调园林整体和局部的图案美。

2.风景式园林　风景式园林的规划与建设自由灵活而不拘一格，一般包括两种情况：一是利用天然的山水地貌并加以适当的改造和剪裁，在此基础上进行植物配置和建筑布局，着重精炼而概括地表现天然风致之美；另一种是将天然山水缩移并模拟在一个小范围之内，通过"写意"式的再现手法，从而得到小中见大的园林景观效果。

3.混合式园林　即规整式与风景式相结合的园林。

4.庭园　以建筑物从四面或三面围合成一个庭院空间，在这个比较小而又封闭的空间里点缀山池、配置植物。

（五）现代园林的分类

现代园林比之以往任何时代，范围更广、内容更丰富、设施更复杂。按其性质和使用功能，大体可归纳为以下几类：

1.风景名胜区　指以历史上的名胜著称或以人文景观为胜而兼有自然景观之美的地区。这类地区在建筑经营和植物配置方面占着一定的比重，具有园林的性质，可以纳入园林的范畴。

2.公共园林　指为满足城市居民的生活需要，在人口较稠密的区域修建的向群众开放的园林。

①公园：建置在城镇之内，作为群众游憩活动的地方。一般都有饮食服务、文化娱乐和体育设施等。

②街心花园或小游园：建置在林阴道或居住区道路的一侧或尽端，规模不大，可视为城市道路绿化的扩大部分。

③花园广场：即园林化的城市广场。

④儿童公园：专供少年儿童使用的公园。

⑤文化公园：以进行综合性或单一性的文化活动为主要内容的公园。

⑥小区花园：建置在居住小区内部，可视为小区绿化的一部分。

⑦体育公园：即园林化的群众性体育活动场所。

3．**动物园**　指展览动物的园林，如果规模较小，则附设于公园之内。

4．**植物园**　指展览植物的园林，有综合性的，也有以一种或若干种植物为主的，如花卉园、盆景园、药用植物园等。

5．**游乐园**　指进行某种特殊游戏或文娱活动的园林。

6．**休疗园林**　指园林化的休养区或疗养区。

7．**纪念性园林**　指为纪念某一历史事件、历史人物或革命烈士而建置的园林。

8．**文物古迹园林**　指全部或部分以古代的文物建筑、园苑或遗址为主体的园林。

9．**庭园**　公共建筑或住宅的庭院、入口、平台、屋顶、室内等处所配置的水石植物景点均可归入此类。

10．**宅园**　指依傍于城市独院型住宅的私家园林。

11．**别墅园**　指郊外的私家园林。

二、园林建筑

上节所述各类园林里面的建筑物，有数量多、密度很大的；也有数量少、布置疏朗的。园林建筑较少受到自然条件的制约，人工的成分最多，乃是造园的四个构成要素中运用最为灵活，也是最积极的一个手段。随着园林现代化设施水平的不断提高，园林建筑的内容也越来越复杂多样，在园林中的地位也日趋重要。

（一）园林建筑的概念界定

园林建筑是指在园林中具有造景功能，同时又能供人游览、观赏、休息的各类建筑物。

（二）园林建筑的特点

园林建筑类型丰富、造型轻巧、玲珑优美、组合形式多样、富于变化，是园林造景的主要手段。

不同的园林建筑，有的具备特定的使用功能和相应的建筑形象，例如餐厅、展览馆、花房、兽舍等；有的具备一般的使用功能，如供人们憩坐的厅、榭、亭、轩；有的是供交通之用的桥、廊、道路等；有的是特殊的工程设施如水坝、水闸等；有的则只是作为园林点缀的小品。它们的体型、色彩、比例、尺度都必须结合园林造景的要求予以通盘的考虑。

凡是园林建筑，它们的外观形象与平面布局除了满足和反映其特殊的功能性质之外，还要受到园林造景的制约。在某些情况下，甚至首先要服从园林景观设计的需要。就此意义而言，园林建筑也可以视为一个专门的建筑类型。在作具体设计的时候，必须把它们的功能与它们对园林景观应该起的作用恰当地结合起来。如果说前者是园林建筑的个性的话，那么，后者就是它们的共性或共同的特点，此两者都不能有所偏颇。

（三）园林建筑的作用和功能

园林建筑在园林中具有使用和观赏的双重作用。园林建筑的功能主要在于它对创造园林景观所起的积极作用，这种作用可以概括为下列四个方面：

1. **点景** 即点缀风景。建筑与山水、花木种植相结合而构成园林内的许多风景画面，有宜于就近观赏的，有适合于远眺的。在一般情况下，建筑物往往是这些画面的重点或主题，没有建筑也就不成其为"景"，无以言园林之美。重要的建筑物常常作为园林一定范围内甚至整座园林的构景中心，园林的风格在一定程度上也取决于建筑的风格。

2. **观景** 即观赏风景。以一幢建筑物或一组建筑群作为观赏园内景物的场所，它的位置、朝向、封闭或开敞的处理往往取决于得景之佳否，即是否能够使观赏者在视野范围内摄取到最佳的风景画面。在这种情况下，大到建筑群的组合布局、小到门窗洞口或由细部所构成的"框景"都可以利用起来，作为剪裁风景画面的手段。

3. **划分空间** 即利用建筑物围合成一系列的庭院，或者以建筑为主、辅以山石花木将园林划分为若干空间层次。

4. **组织游览路线** 以道路结合建筑物的穿插、"对景"和障隔，创造一种步移景异、具有导向性的动态观赏效果。

（四）园林建筑的类型

1. **按园林建筑的景观效应划分**

（1）风景游览建筑。园林建筑的绝大部分属于此类。它们都具有特殊的或一般的使用功能，对于园林景观所起的作用在于上述四个方面的综合，或者以其中的一个方面为主。

（2）庭园建筑。凡是能够围合成为庭院空间而形成独立或相对独立庭园的建筑物均属此类。这类建筑物与庭院空间的关系极为密切，往往室内室外互相渗透，连成一体。

（3）建筑小品。包括露天的陈设、家具、带有装饰性的园林细部处理或小型点缀物等。

（4）交通建筑。凡是在游览路线上的道路、阶梯、蹬道、桥梁，以及码头、船埠等均属此类。

除此之外，与园林造景没有直接关系的建筑物如后勤、管理用房等，一般都自成一区而建置在隐蔽地段，不属于园林建筑的范畴。

2. **按园林建筑的功能需要划分** 按功能需要划分的园林建筑虽各有名称，但在命名时常混用，不甚严格。常见的建筑类型有：厅、堂、轩、馆、斋、室、楼、阁、榭、舫、亭、廊及服务性园林建筑等。

三、园林与园林建筑

在中国古代的皇家园林、私家园林和寺观园林中，建筑物占了很大比重，其类别很多，变化丰富，匠心巧构，积累着我国建筑的传统艺术及地方风格。现代园林中建筑所占的比重大量减少，但对各类建筑的单体，仍要仔细观察和研究它的功能、艺术效果、位置、比例关系，以及与四周的环境协调统一等。

无论是古代园林，还是现代园林，通常都把建筑作为园林景区或景点的"眉目"来对待，建筑在园林中往往起到了画龙点睛的重要作用。所以常常在关键之处，置以建筑作为点景的精华。园林建筑是园林构成诸要素中充分表现人的创造和智慧、体现园林意境、并使景物更为典型和突出的要素。建筑在园林中就是人工创造的具体表现，适宜的建筑不仅使园林增色，并使园林更富有诗意。建筑的多少、大小、式样、色彩等处理，对园林风格的影响很大。一个园林的创作，是要幽静淡雅的山林、田园风格，还是要艳丽豪华的趣味，也要决定于建筑淡妆与浓抹的不同处理。

园林建筑是由于园林的存在而存在的，没有园林与风景，就根本谈不上园林建筑这一种建筑类型。

第二节　中外园林与园林建筑发展简介

一、中外古典园林与园林建筑简介

古典园林是人类文化遗产的一个重要组成部分，世界上曾经有过发达文化的民族和地区必然有其独特的造园风格，世界范围内的几个主要的文化体系也必然产生相应的园林体系。它们之中，有的已经成为历史上的陈迹，有的至今仍焕发着蓬勃的生命力。回顾园林发展的历史，有助于现代园林的创作。因此，在学习园林建筑的同时，对古代劳动人民和匠师们所创造的那些丰富灿烂而风格多样的园林遗产做一番概略的了解，是十分必要的。

（一）中国古典园林与园林建筑

中国是世界的文明古国之一，以汉民族为主体的文化在几千年长期持续发展的过程中，孕育出中国园林这样一个历史悠久、源远流长的园林体系。

有着3 000多年悠久历史和高深造诣的中国园林，是世界东西方两大造园体系中东方造园体系的代表，在世界造园史上独树一帜，占有重要的地位，与西方以法国古典主义园林为代表的规整式园林迥然异趣。

中国的园林艺术，以其严谨而又不失灵动的巧妙布局、精湛而又高超的技术、山明水秀的风景、诗情画意的境界见长，让"鸢飞戾天者'游园'息心，经纶世务者'窥景'忘返"是具有中华民族艺术特色的园林艺术风格。

在小中见大、以少胜多、将模拟自然的形似升华为写意的神似的中国古典园林之中，我们看到的是中华民族灿烂辉煌的历史文化；是祖国山川大地的钟灵毓秀、气象万千；是中国人崇尚自然、热爱自然的传统思想。

1. **中国古典园林的起源、发展和兴盛**　"園（园）之布局，虽变幻无尽，而其最简单需要，实全含于'園'字之内。今将'園'字土解之：'囗'者围墙也；'土'者形似屋宇平面，可代表亭榭；'口'字居中为池；'衣'在前似石似树"（图1-1）。

这是童寯在《江南园林志》中的一段话。中国古老的汉字孕育着无限的神奇！简简单单一个"园"字，居然蕴涵着一个丰富而变幻的世界。山、水、建筑、花木，这些承载着中国传统文化精髓的园林构成要素，以表现自然美为主旨，在有限的空间里创造出了丰富的景观。高高的围墙，圈出喧嚣红尘中的一方净土，园内，轻流萦回，游鱼戏莲；有平冈

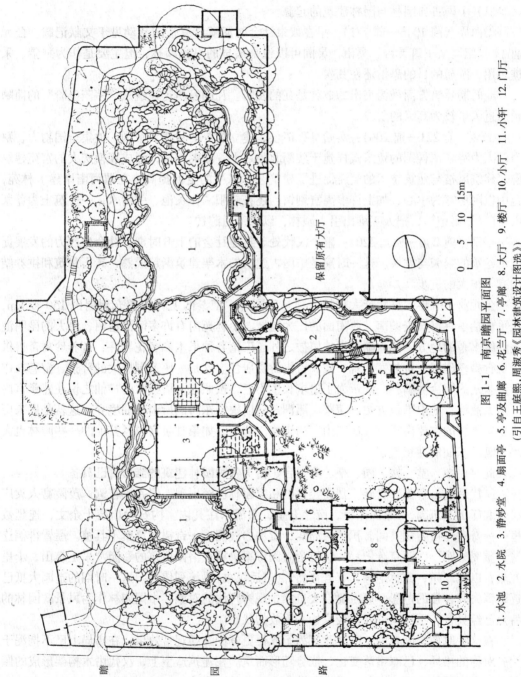

图 1-1 南京瞻园平面图

1. 水池 2. 水院 3. 静妙堂 4. 扇面亭 5. 亭及曲廊 6. 花兰厅 7. 亭廊 8. 大厅 9. 楼厅 10. 小厅 11. 小轩 12. 门厅

（引自王庭熙、周淑秀《园林建筑设计图选》）

小陡，奇峰环秀；有古木交柯，山花野鸟；有楼堂馆所，亭阁翼然；形成居尘而出尘的城市山林宁静、素雅、淡泊、幽深的特有风貌，创造出人类与自然和谐相处的理想居住环境，这是源于自然而又充满诗情画意的中国园林。

（1）中国古典园林与园林建筑的起源。

①西周（前1046—前771）：早在奴隶社会时期就已有造园活动见于文献记载。公元前11世纪周文王筑灵台、灵沼，灵囿可以说是最早的皇家园林，但主要是作为狩猎、采樵之用，游憩的目的恐怕还在其次。

此时期建筑方面最为突出的成就是瓦的发明。瓦的发明让建筑从"茅茨土阶"的简陋状态进入了较为高级的阶段。

②秦（前221—前206）：秦始皇灭诸侯、建立统一的封建大帝国。他集全国物力、财力、人力将各诸侯国的建筑式样建于咸阳北陵之上，殿阁相属，形成规模宏大的宫苑建筑群，建筑风格与建筑技术的交流促进了建筑艺术水平的空前提高。在渭河南岸建上林苑，苑中以阿房宫为中心，加上许多离宫别馆，还在咸阳"作长池、引渭水，……筑土为蓬莱山"（《三秦记》），把人工堆山引入园林，以供帝王游赏。

③汉（前206—公元220）：整个汉代处于封建社会的上升时期，社会生产力的发展促进了建筑的繁荣与发展。这一时期是中国古建筑的木架建筑渐趋成熟，砖石建筑和拱券结构有了很大的进步。

公元前139年，汉武帝大规模兴建皇家园林，把秦的上林苑扩充到周围150多km，几乎囊括了首都长安的南、西南面的广大地域。上林苑内有许多河流池沼，最大的昆明池是训练水军的地方。苑内除了天然植被之外还广植各种果木和名花异卉，畜养珍禽奇兽供帝王行猎，建置大量的宫、观、楼、台供游赏居住。这是一座范围极大的狩猎、游憩兼作生产基地的综合性园林。武帝为了追求长生不老，按照方士所鼓吹的神仙之说在建章宫内开凿太液池，池中堆筑方丈、蓬莱、瀛洲三岛以模拟东海的所谓神仙境界。这就是后来历代皇家园林的主要模式"一池三山"的滥觞。此外，如象甘泉宫以及其他的一些园林也大都充满了求仙的神秘气氛。

此时，殿、堂、楼、阁、亭、廊、台、榭等各种园林建筑的雏形都已具备。

汉代后期，官僚、贵族、富商经营的私家园林已经出现，但并不普遍。茂陵富人袁广汉于北邙山下筑园，"东西四里，南北五里，激流水注其内。构石为山高十余丈，连延数里……奇禽怪兽委积其间。积沙为洲屿，激水为波澜……奇树异草靡不具植。屋皆徘徊连属，重阁修廊"（《西京杂记》）。汉桓帝时大将军梁冀在洛阳所筑的私园"采土筑山，十里九坂，以象二崤；深林绝涧，有若自然"（《后汉书·梁统列传》）。这一时期的造园大抵已逐渐消失其神秘的色彩，而主要以大自然景观为师法的对象，中国园林作为风景式园林的特点已经具备，不过尚处在比较原始、粗放的状态。

在这一时期的园林中，园林建筑为了取得更好的游憩观赏效果，在布局上已不拘泥于均齐对称的格局，已有错落变化，依势随形而筑。在建筑造型上，汉代由木构架形成的屋顶已具有庑殿、悬山、囤顶、攒尖和歇山这五种基本形式。

（2）中国古典园林与园林建筑的发展。

①三国、晋、南北朝（220—589）：在这300多年间，由于政治不稳定，社会动荡不

安，生产的发展较为缓慢。建筑主要是继承和运用汉代的成就。但是，佛教的传入引起佛教建筑的发展，高层佛塔出现了，并且，印度、中亚一带的雕刻和绘画艺术也为中国建筑带来更成熟和圆淳的建筑风格。

此时期是中国园林发展史上的一个转折时期。山明水秀的东南地区，自然风景逐渐开发出来。文人和士大夫受到政治动乱和佛、道出世思想的影响，大都崇尚玄谈，寄情山水，游山玩水成为一时之风尚。讴歌自然景物和田园风光的诗文涌现于文坛，山水画也开始萌芽，这都意味着人们对自然美的更深刻的认识。对自然风景内在规律的揭示和探索，必然给予园林以新鲜的刺激，促进了风景式园林向更高水平发展。

当时的官僚士大夫以隐逸野居为高雅，他们不满足于一时的游山玩水，要求身在庙堂而又能长期地享用、占有大自然的山林野趣。于是，私家园林便应运而兴。北方如石崇的"金谷园"，南方如湘东王萧绎的"湘东苑"均名重一时。倚傍住宅而建的城市宅园也很普遍，《洛阳伽蓝记》记载了北魏首都洛阳的显宦贵族"擅山海之富，居川林之饶。争修园宅，互相夸竞。崇门丰室，洞户连房。飞馆生风，重楼起雾。高室芳树，家家而筑。花林曲池，园园而有。莫不桃李夏绿，竹柏冬青"。私家造园之盛，于此可见一斑。

私家造园，特别是依傍于城市邸宅的宅园，由于地段条件、经济力量和封建礼法的限制，规模不可能太大。惟其小而又要全面体现大自然山水的景观，就必须对后者加以精炼的、典型性的概括，因此而启发了造园艺术的写意创作方法的萌芽。不仅私家园林如此，皇家园林也受到一定的影响。北魏洛阳著名的御苑"华林园"，引毂水注入大湖"天渊池"，池中筑一台一岛，池西面堆筑景阳山，有二峰对峙并以"飞阁相通，凌山跨谷"。山上"引水飞皋，倾澜瀑布；或枉渚声溜，潺潺不断；竹柏荫于层石，绣薄丛于泉侧"（《水经注》）。环山的北、西、南三面都有小型的池沼，以暗沟连通于天渊池而构成一整套的水系。山的南面还有百果园、流觞池，到处都点缀着殿堂亭榭。可以想见，这座园林的地貌规划，已不再像上代园林那样只是对自然界的单纯模仿，而多少具有典型地再现自然山水风致的立意了。

由于佛教盛行，僧侣们喜择深山水畔建立清净梵刹。出家人惯游名山大川，对于天然风致之美有较高的鉴赏能力。因此，寺院的选址一般都在有山有水、风景优美的地方，建筑又讲究曲折幽致，它们本身往往便是一座绝好的园林。例如东晋名僧慧远在庐山"创造精舍，洞尽山美；却负香炉之峰，傍带瀑布之壑；仍石垒基，即松栽构，清泉环阶，白云满室。复于寺内别置禅林，森树烟凝，石径苔生，风在赡履，皆神清而气肃焉"（《高僧传·慧远传》）。这对造园艺术的影响，也是不容忽视的。当时流行"舍宅为寺"的风气，贵族官僚们把自己的住宅捐献作为佛寺，宅园也就成了寺院的附属园林，从而形成一种新的园林类型——寺庙园林。

南北朝的园林中已经出现了比较精致而结构复杂的假山，北魏司农张伦在洛阳的宅园内"造景阳山有若自然，其中重岩复岭，嵌金相属；深溪洞壑迤逦连接……崎岖石路似崎而通，峥嵘间道盘纡复直"（《洛阳伽蓝记》）。梁湘东王"于子城中造湘东苑。穿池构山；长数百丈，植莲蒲缘岸，杂以奇木。其上有通波阁，跨水为之。……北有映月亭、修竹堂、临水斋。斋前有高山，山有石洞，潜行委婉二百余步。山上有阳云楼，楼极高峻，远近皆见"（《渚宫故事》）。当时已经有意识地运用假山、水、石以及植物与建筑的组合来创造特定的景观；建筑的布局大都疏朗有致，因山借水而成景，在发挥其观景和点景的作用方面又进了一步。

②隋、唐（581—907）：隋代结束了南北朝的分裂局面，公元6—10世纪初的隋唐王朝是我国封建社会统一大帝国的黄金时代。这是一个国富民强、功业彪炳的时代，文学艺术充满了风发爽朗的生机，儒家在意识形态领域虽占正统地位，但佛、道也很活跃。在这样的政治、经济和文化背景下，园林的发展相应地进入一个全盛时期。

隋代洛阳的西苑、唐代长安的大明宫、华清宫、兴庆宫都是当时著名的皇家园林。西苑的规模很大，以周围十余里的大湖作为主体，湖中三岛鼎列高出水面百余尺，上建台观楼阁。这虽然沿袭了"一池三山"的传统格局，但主要的意图并非求仙而在于造景。大湖的周围又有若干小湖，彼此之间以渠道沟通。苑内有十六"院"，即十六处独立的、附带小园林的建筑群，它们的外面以"龙鳞渠"环绕串联起来。龙鳞渠又与大小湖面连缀扣完整的水系，作为水上游览和后勤供应路线。苑内大量栽植名花奇树、饲养动物，"草木鸟兽，繁息茂盛；桃蹊李径，翠阴交合；金猿青鹿，动辄成群"（《大业杂记》）。这座园林所运用的某些规划手法如水景的创造、水上游览线路的安排、园中有园等均属前所未见的，已具有中国大型皇家园林布局基本构图的雏形。华清宫在长安东面的临潼县，利用骊山风景和温泉进行造园。骊山北坡为苑林区，山麓建置宫廷区和衙署，是历史上最早的一座"宫""苑"分置、兼作政治活动的行宫御苑。苑林区的建筑布局和植物配置都按山麓、山腰、山谷、山顶的不同部位而因地制宜地突出各自的景观特色。因此，华清宫的景物最为时人所称道："柏叶青青栎叶红，高低相竞弄秋风，夜来风雨轻尘敛，绣出骊山岭上宫"（杜常《骊山诗》）。

唐代的私家园林也很兴盛，首都长安城内的宅园"山池院"几乎遍布各坊里。城南、东近郊和远郊的"别业"、"山庄"亦不在少数。皇室，贵戚的私园大都竞尚豪华，往往珠光宝气、美伦美奂，所谓："刻凤蟠螭凌桂邸，穿池凿石写蓬壶"（韦元旦《幸长乐公丰山庄》）。而文人士大夫的私园则比较清沁雅致，像南郊的杜曲、樊川一带的别业"水亭凉气多，闲擢晚来过，涧影见藤竹，泽香闻艾荷"（孟浩然《浮舟过陈逸人别业》），很富于水村野居的情调。东都洛阳有洛水、伊水穿城而过，水源丰富，朝廷的达官贵人多在此引水凿池，开辟园林。其中小巧雅致的如白居易的宅园"五亩之宅、十亩之园，有水一池，有竹千竿"，宏大豪华的如丞相牛僧孺占地一坊的归仁坊宅园。

唐代已有文人参与造园的事例，著名的"辋川别业"即由王维亲自规划，建筑物配合自然山水形成若干各具特色的景区，并以诗画情趣入园，依画意而成景。

唐代长安还出现了我国历史上的第一座公共游览性质的大型园林——曲江，利用江面的一段开拓为湖泊，临水栽植垂柳，建"紫云楼"、"彩霞亭"等为数众多的建筑物，所谓"江头宫殿锁千门，细柳新蒲为谁绿"（杜甫《哀江头》）。平时供京师居民游玩，逢到会试之期，新科进士们例必题名雁塔、宴游曲江，每年三月上巳、九月重阳，皇帝都要率嫔妃到此赐宴群臣，沿江结彩棚，江面泛彩舟，百姓在旁观看，商贾陈列奇货，真是热闹非凡。

唐代建筑技术和艺术都有巨大的发展和提高，此时的建筑主要有以下六大特点：

第一，规模宏大，规划严整。

第二，建筑群的处理日趋成熟。

第三，木结构建筑解决了大面积、大体量的技术难题。

第四，设计与施工水平提高。

第五，砖石建筑有进一步发展。

第六，建筑艺术加工具有真实性和成熟感。

③宋（960—1279）：宋代的统治阶级沉湎于声色繁华之享受；文人、士大夫陶醉在风景花鸟的世界；诗词重细腻情感的抒发；技法已经十分成熟的山水画在写意方面发展为别具一格的画派：即以简约笔墨获取深远广大的艺术效果的南宗写意画派。这个画派的理论和创作方法对造园艺术的影响很大，园林与诗、画的结合更为紧密，因此能够更精炼、概括地再现自然，并把自然美与建筑美相融揉，创造了一系列富于诗情画意的园林景观。由于建筑技术的进步，园林建筑的种类日益繁多，形式更为丰富，这从宋画中也可以看得出来；用石材堆叠假山已成为园林筑山的普遍方式，几乎达到"无园不石"的地步，单块石头"特置"的做法也很普遍，这些都为园林造景开拓了更大的可能性。宋代的园林艺术，在隋唐的基础上又有所提高而臻于一个新的境界。

北宋都城东京（开封）就有艮岳、金明池、琼林苑、玉津园等好几座皇家园林。南宋偏安江南，借临安（杭州）西湖山水之胜，占据风景优美之地修筑御苑达十座之多。艮岳由宋徽宗参与筹划兴建，是一座事先经过规划和设计，然后按图施工的大型人工山水园。在造园艺术和技术方面都有许多创新和成就，为宋代园林的一项杰出的代表作。

艮岳在东京宫城的东北角，全由人工堆山凿池，平地起造。宋徽宗写了一篇《艮岳记》，对这座名园进行了详尽的描述：主山名叫寿山，主峰之南有稍低的两峰并峙，其西又以平岗"万松岭"作为呼应。这座用太湖石、灵璧石一类的奇石堆筑而成的大土石假山"雄拔峭峙、巧夺天工……千态万状，殚奇尽怪"，山上"斩不开径，凭险则设蹬道，飞空则架栈阁"。还利用造型奇特的单块石头作为园景点缀和露天陈设，并分别命名为"朝日升龙"、"望云坐龙"等。寿山的南面和西面分布着雁池、大方沼、凤池、白龙滩等大小水面，以萦回的河道穿插连缀，呈山环水抱的地貌形式。山间水畔布列着许多观景和点景的建筑物，主峰之顶建"介亭"作为控制全园的景点。园内大量莳花植树，且多为成片栽植如斑竹麓、海棠川、梅岭等。为了兴造此园，官府专门在平江（苏州）设"应奉局"，征取江浙一带的珍异花木奇石即所谓"花石纲"，为了起运巨型的太湖石而"凿河断桥，毁堰拆牐，数丹乃至"。如此不惜工本，殚费民力，连续经营十余年之久，足见此园之瑰丽。

北宋的东京由于商业发达，传统坊里布局已名存实亡，到处都是热闹繁华的市街。一些茶楼酒肆附设池馆园林以招徕顾客，寺庙园林以及金明池、琼林苑等皇家园林则定期开放，任人参观游览，公共性质的园林也有好几处。这种情况已经和唐代长安封闭坊里的森严景象大不相同了。

洛阳继盛唐之后亦为私家园林荟萃之地。宋人李格非所撰《洛阳名园记》中记述了著名的私园19座，设计规划方面均各具特色。如宅园"富郑公园"的假山、水池和竹林成鼎足布列，亭棚建筑穿插其中，而以"四景堂"为全园的构图中心，"登四景堂则一园之景胜可顾览而得"。当时的洛阳曾以花卉之盛甲于天下，园艺技术十分发达，花匠已经会运用嫁接的办法来培育新的品种。故有专门栽植花卉的花园，如"天王院花园子"。

　　江南一带是南宋政治、经济、文化的中心，临安、平江、吴兴等城市为贵族、官僚、富商、地主聚居的地方，私家园林之盛，不言而喻。据文献记载，临安除皇家宫苑之外，较大的私家园林、寺庙园林等共计 30 余处。平江、吴兴地近太湖，取石比较方便，园林中大量使用太湖石堆叠假山，叠山遂发展成为一门专业技艺。

　　北方的金王朝在首都中都（北京的西南面）城内及郊外的香山、玉泉山一带广筑园苑，并利用城东北郊的一片湖沼地模仿北宋东京的艮嶽，辟作行宫园林"大宁宫"。

　　宋代的建筑水平由于宋朝手工业及商业的发达而达到了一个新的高度，主要体现在：

　　第一，古建筑营造采用古典的模数制。

　　第二，建筑组合在进深方向加强空间层次感，使主体建筑更为突出。

　　第三，建筑装修与色彩有很大进步。

　　第四，砖石建筑的水平达到新的高度。

　　(3) 中国古典园林与园林建筑的兴盛。明清（1368—1911）园林继承唐宋的传统并经过长期承平局势下的持续发展，在造园艺术和技术方面都达到了十分成熟的境地，而且逐渐形成地方风格。这时期的园林保存下来的实物较多，比较集中而具有一定风格特点的地区分别是：北方以北京为中心；江南以苏州、湖州、杭州、扬州为中心；岭南以珠江三角洲为中心。在匠师们的广泛实践基础上还刊行了多种专门性的造园理论著作，明末计成编著的《园冶》就是其中之一。

　　私家园林以江南地区宅园的水平为最高，数量也多。江南是明清时期经济最发达的地区，积累了大量财富的地主、官僚、富商们卜居闹市而又要求享受自然风致之美。于是，在宅旁或宅后修建小型宅园并以此作为争奇斗富的一种手段，遂蔚然成风。江南一带风景绮丽、河道纵横，湖泊罗布，盛产叠山的石料，民间的建筑技术较高，加之土地肥沃，气候温和湿润，树木花卉易于生长。这些都为园林的发展提供了极有利的物质条件和得天独厚的自然环境。

　　明清时代，江南的封建文化比较发达，园林受诗文绘画的直接影响也更多一些。不少文人画家同时也是造园家，而造园匠师也多能诗善画。因此，江南园林所达到的艺术境界也最能表现当代文人所追求的"诗情画意"。小者在一二亩、大者不过十余亩的范围内凿池堆山，植花栽林，结合各种建筑的布局经营，因势随形、匠心独具，创造出了重含蓄、贵神韵的咫尺山林、小中见大的景观效果。

　　以宅园为代表的江南园林是中国封建社会后期园林发展史上的一个高峰。

　　皇家园林是清代北方园林建设的主流。北京城内的大内御苑，即元代的"太液池"，明代叫做"西苑"，清初加以扩建又名"三海"，包括北海、中海和南海。

　　清代自康熙以后历朝皇帝都有园居的习惯，在北京附近风景优美的地方修建了许多行宫园林作为皇帝短期驻跸和长期居住的地方。清王朝入关定都北京，北京城内原明代的宫城、皇城以及主要的坛庙衙署都完整地保存下来，可以全部沿用而无需重新建置。因此，皇家建设活动的重点乃转向行宫苑囿方向，如清一代的皇家园林，无论规模和成就都远远超过其他类型的建筑。

　　到乾隆年间，北京西北郊一带除了少数的寺庙园林外，几乎成为皇室经营园林的特区。仅大型的行宫御苑就有五座之多：香山静宜园、玉泉山静明园、万寿山清漪园、圆明园、畅春园、号称"三山五园"。在其他地方还有承德避暑山庄，滦阳行宫、蓟县盘山行宫等，是北方皇家园林的鼎盛时期。它们上承汉唐的传统，又大量吸取了江南园林的意趣和造园手法，结合北方的具体条件而加以融合。可谓兼具南北之长，形成我国封建社会后期园林发展史上的另一个高峰。

综上所述，明清时期园林在数量和质量上大大超过了历史上的任何时期。园林与园林建筑在传统文化的基础上依据地区特点所形成的地方特色日趋鲜明，展现了中国园林色彩斑斓、丰富多彩的面貌，一批造园方面的理论著述对我国的园林艺术进行了高度概括。

2．中国古典园林艺术的表现手法　艺术表现是以人心中各种难以言传的情感思维为对象，这种情感思维是深藏在其载体内部的，难于被人们发觉并欣赏。艺术家的高明就在于利用技巧将这些情感与思维通过具体形象传递给大众。

中国古典园林艺术正是造园艺术家以园林美丽的躯体成功表现了园林所承载的美丽灵魂，从而使中国古典园林艺术成为优秀的艺术门类。

中国古典园林艺术主要采用了以下三种表现手法：

（1）运用空间延伸和虚复空间的特殊手法，组织空间、扩大空间、强化园林景深、丰富美的感受。

空间延伸手法即通常而言的借景。"园虽别内外，得景则无拘远近"。造园名家计成在《园冶》中提出了借景的概念。"俗则屏之，佳则收之"，计成在《园冶》中同时阐明了借景并非无所选择，空间并非盲目延伸。延伸空间范围很广，远山近水，内外两宜，左右延伸，只要巧于因借就可有效增加空间层次感，形成空间虚实、疏密、明暗的变化，丰富空间意境，增加空间情趣、气氛。

虚复空间指并非客观存在的空间，它是多种物质组成的虚拟园林空间。例如由光的照射通过水面、镜面、白色墙面等的反射而形成的空间。即通常所说的倒影、阴影等。它们创造了园林静态空间的动势，扩大了园林建筑的视觉效果，增加了园林空间的深度和广度。与园林真实的物质空间虚实相映，创造了园林空间无限的意境。

（2）造园艺术常用比拟和联想的手法，使意境更为深邃。

文人常将自然界万物赋予品性，常会睹物伤情等等。造园时，则在运用造园材料时考虑到材料本身所象征的不同情感内容，表达一定的情思，增强园林艺术的表现力，营造园林的意境。

比如扬州个园的四季假山，分别由墨石、湖石、黄石、雪石叠砌，借助石料的色泽、山体的形状、配置的植物以及光影效果，使游园者联想到四时之景，产生游园一周，恍如一年之感。

墨石的深度加上修竹如林，正是"春山淡冶而如笑"；湖石山前植松挖池，荷叶点点，满目青翠，山中洞屋、谷涧、曲桥，游人不会不想到"竿竿青欲滴，个个绿生凉"的佳句。黄石筑就的秋山，则是"明净而如妆"。山上古柏苍翠褐黄，色彩斑斓。低矮的雪石散乱置于高墙之北，终日在阴影之中，有如一群负雪沉睡的雄狮，可谓"冬山惨淡而如睡"。

自然万物在造园家的手下，构成了多彩的画面，引发人们无限暇思，妙趣横生，提高了园林的艺术感染力。

　　"片山多致，寸石生情"（计成《园冶》），"一峰则太华千寻，一勺则江湖万里"（文震亨《长物志》），古人对园林艺术的论述，生动地说明了中国古典园林整体空间意象的魅力。在这特定的环境中，一块势欲飞舞的山石，显现出山峰耸立的气势；一湾曲折回旋的池水，给人以江湖万里的遐想。

　　（3）中国古典园林艺术常运用匾额、楹联、诗文、碑刻等文学艺术形式，来点明主旨、立意，表现园林的艺术境界，引导人们获得园林意境美的享受。

　　中国园林最大的特点，还在于它不以创造呈现在眼前的具体园林形象为终极目的，它追求的是表现形外之意，像外之像，是园主寄托情怀、观念和哲理的理想审美境界。

　　中国园林在其精神领域中洋溢着诗情画意，渗透着浓郁的人文气息。古代造园家和赏园的文人们，十分重视寻景题词。常将景观含蓄点出，揭示景物内涵深意，发人深省，耐人寻味。这些文学创作本身也成为园林文化的重要组成部分，极大地丰富了园林欣赏的内容。

　　3. 中国古典园林的类型与特征　　在中国园林发展的过程中，由于政治、经济、文化背景、生活习俗和地理气候条件的不同，形成了皇家园林、私家园林两大派系，它们各具特色。

　　皇家园林主要分布于北方，规模宏伟、富丽堂皇，不脱严谨庄重的皇家风范；私家园林分为江南园林和岭南园林两个分支，江南园林自由小巧、古朴淡雅，具有尘虑顿消的精神境界；岭南园林布局紧凑、装修华美，追求赏心悦目的世俗情趣。中国园林作为世界园林体系中的一大分支，都是"虽由人作，宛自天开"的自然风景园，都富于东方情调。这个造园系统中风貌各异的两大派系，都表现了中国园林参差天趣、丰富多彩的美。它们都充分体现了中国传统文化的神韵。

　　（1）皇家园林。皇家园林追求宏大的气派和"普天之下莫非皇土"的意志，形成了"园中园"的格局（图1-2）。所有皇家园林内部几十甚至上百个景点中，势必

图1-2　北海静心斋
（引自徐建融，庄根生《园林府邸》）

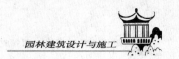

有对某些江南袖珍小园的仿制和对佛道寺观的包容。

　　同时，出于对整体宏大气势的考虑，必需安排一些体量巨大的单体建筑及组合丰富的建筑群落，这样一来也往往将比较明确的轴线关系或主次分明的多轴线关系带入到本来就强调因山就势、巧若天成的造园理法中，这也就是皇家园林与私家园林判然有别的地方所在（图1-3，图1-4）。

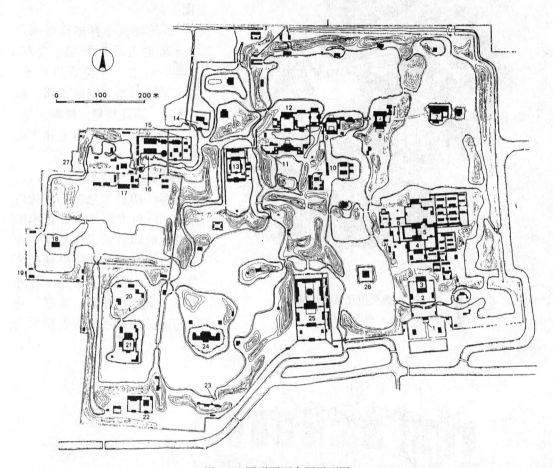

图1-3　圆明园万春园平面图

1. 万春园大宫门　2. 迎晖殿　3. 中和堂　4. 集禧堂　5. 天地一家春　6. 蔚藻堂　7. 凤麟洲
8. 涵秋馆　9. 展诗应律　10. 庄严法界　11. 生冬室　12. 春泽斋　13. 四宜书屋　14. 知乐轩
15. 延寿寺　16. 清夏堂　17. 含晖楼　18. 招凉榭　19. 运料门　20. 缘满轩　21. 畅和堂
22. 河神庙　23. 点景房　24. 澄心堂　25. 正觉寺　26. 鉴碧亭　27. 西爽村门

（引自《圆明园学刊》第一集，原图何重义、曾昭奋绘制）

　　（2）私家园林。

　　①江南园林：江南园林大多是宅园一体的园林，将自然山水浓缩于住宅之中，在城市里创造了人与自然和谐相处的居住环境，它是可居、可赏、可游的城市山林，是人类理想的家园。

　　江南园林的叠山石料以太湖石和黄石为主，能够仿真山之脉络气势做出峰峦丘壑、洞

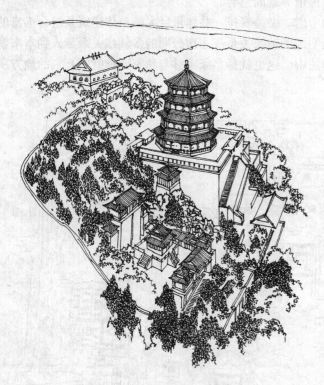

图1-4 须弥灵境建筑群俯视
(引自徐建融,庄根生《园林府邸》)

府峭壁、曲岸石矶,或以散置,或倚墙砌筑作壁山等等,更有以假山作为园林主景的叠山技艺手法高超,称盛一时。苏州环绣山庄的假山堪称个中佳作(图1-5)。

园林建筑亦有多样形式以适应园主人日常游憩、会友、宴客、读书、听戏等的要求;如廊子的运用"或蝠山腰,或穷水际,通花渡壑,蜿蜒无尽"(《园冶》),曲尽随宜变化之能事(图1-6)。

建筑物玲珑轻盈的形象,木构部件的赭黑色髹饰、灰砖青瓦、白粉墙垣与水石花木配合组成的园林景观,具有一种素雅恬淡有如水墨渲染画的艺术格调。木装修、家具、各种砖雕、漏窗、月洞、匾联、花街铺地等均显示出极其精致的

图1-5 苏州环秀山庄湖石假山
(引自《园林经典》)

工艺水平（图1-7）。

江南园林的观赏植物讲究造型和姿态，色彩、季相特征。在院角、廊侧、墙边的小空间内散植花木配以峰石，构成小景画面使人们顾盼于不经意之间，尤为精彩。

明清时代的江南园林，是中国造园发展史上的高峰，代表着精致、素雅、空灵、通透的文人写意山水风景园林的成熟，代表着中国园林艺术的最高水准。作为这个高峰的标志，不仅造园活动广泛而兴旺，且造园技艺日臻精湛高超，与此同时，在江南，一大批造园家、匠师和《园冶》、《闲情偶记》、《长物志》等等造园理论著作也面世。

②岭南园林：岭南园林亦以宅园为主，一般都做成庭园的形式。叠山多用姿态嶙峋、皴折繁密的英石包镶，很有水

图1-6　留园亭与曲廊
（引自徐建融，庄根生《园林府邸》）

图1-7　林泉耆硕之馆内景
（引自徐文涛，孙志勤《留园》）

云流畅的形象，沿海也有用珊瑚石堆叠假山的。建筑物通透开敞，以装修的细木雕工和套色玻璃画见长。由于气候温暖，观赏植物的品种繁多，园林之中几乎一年四季都是花团锦簇、绿阴葱郁（图1-8）。

（二）日本园林与园林建筑

日本园林受中国园林的影响很大，在运用风景园的造园手法方面与中国园林是一致的，但结合日本的地理条件和文化传统，也发展了它的独特风格而自成一个体系。日本园林对再现自然风致方面显示出一种高度概括、精炼的意境。

1. 日本园林与园林建筑的起源、发展和兴盛 公元5世纪时，中日两国已有交往，到公元8世纪的奈良时期，日本开始大量吸收中国的盛唐文化。先后派"遣唐使"达19次，全盘模仿唐朝的文物、典章、律令制度，在建筑和园林方面也是如此。

图1-8 广东番禺余荫山房玲珑水榭
（引自徐建融，庄根生《园林府邸》）

平安时期停派"遣唐使"，逐渐摆脱对中国文化的直接模仿，着重发展自己的文化。日本是一个岛国，接近海洋而风景秀丽。真正反映日本人民对祖国风致的喜爱和海洋岛屿的感情、具有日本特色的园林也正是在这个时期发展起来的，即所谓"池泉筑山庭"。

到13世纪时，从中国传入禅宗佛教和南宗山水画，禅宗的哲理和南宗山水画的写意技法给予园林以又一次重大影响，使得日本园林呈现极端写意和富于哲理的趋向，这也是日本园林不同于中国的最主要的特点，"枯山水平庭"即此种写意风格的典型。"枯山水平庭"多半见于寺院园林，设计者往往就是当时的禅宗僧侣。他们赋予此种园林以恬淡出世的气氛，把宗教的哲理与园林艺术完美地结合起来，把写意的造景方法发展到了极至，也抽象到了极至。这是日本园林的主要成就之一，其影响非常广泛。在日本，即使一般的园林中也常常用一些"枯山水"的写意手法来作风景的局部点缀。

继"池泉筑山庭"和"枯山水平庭"之后，15世纪时随着茶道的流行又出现所谓"茶庭"。"茶庭"即茶室所在的庭园，茶室是举行茶道的场所，茶道是以品茶为题的一套繁文缛礼。

17世纪到19世纪初叶的德川幕府政权维持了将近250年的承平时期，园林建设也有

图 1-9　桂离宫庭园
（引自章俊华《内心的庭院》）

很大的发展，建成了好几座大型的皇家园林，著名的京都桂离宫就是其中之一，桂离宫对近代日本园林的发展有很大的影响（图 1-9）。这时期的园林不仅集中在几个政治和经济中心的大城市，也遍及全国各地。在造园的广泛实践基础上总结出三种典型样式即"真之筑"、"行之筑"和"草之筑"。所谓"真之筑"基本上是对自然山水的写实模拟，"草之筑"纯属写意的方法，"行之筑"则介于二者之间，犹如书法的楷、行、草三体。这三种样式主要指筑山、置石和理水而言，从总体到局部形成一整套规范化的处理手法。它的好处是造园不必求助于专家，有利于园林的普及，但也不免在一定程度上限制了日本园林艺术的发展。

19 世纪明治维新以后，日本大量吸收西方文化，也输入了欧洲园林。但欧洲的影响只限于城市公园和少数"洋风"住宅的宅园，日本传统的私家园林仍然是主流，而且

图 1-10　龙安寺庭院方丈石组近景
（引自章俊华《内心的庭院》）

作为一种独特风格的园林形式传播到欧美各地。

2.日本园林的类型与特征

（1）"池泉筑山庭"。平安时期的"池泉筑山庭"式园林的面积比较大，包括湖和土山，以具有自然水体形态的湖面为主。如果湖面较大则必在湖中堆置岛屿并以桥接岸，有时也以一湾溪流代替湖面，树木和建筑物沿湖配列，基本上是天然山水的模拟。

（2）"枯山水平庭"。"枯山水"的代表作是京都龙安寺雨庭，这个平庭长28m、宽12m，一面临厅堂，其余三面围以上墙。庭园地面上全部铺白沙，除了15块石头之外，再没有任何树木花草。用白沙象征水面，以15块石头的组合、比例、向背的安排经营来体现岛屿山峦，于咫尺之地幻化出千顷万壑的气势。这种庭园纯属观赏对象，游人不能在里面活动（图1-10）。

"枯山水"很讲究置石，主要是利用单块石头本身的造型和它们之间的配列关系。石形务求稳重，底广顶削，不做飞梁、悬挑等奇构，也很少堆叠成山，这与我国的叠石很不一样。"枯山水"庭园内也有栽置不太高大的观赏树木的，都十分注意修剪树的外形姿势而又不失其自然形态。

（3）"茶庭"。"茶庭"的面积比"池泉筑山庭"小，要求环境安静便于沉思冥想，故造园设计比较偏重于写意。人们要在庭园内活动，因此用草地代替白沙，草地上铺设石径、散置几块山石并配以石灯和几株姿态虬曲的小树。茶室门前设石水钵，供客人净手之用。这些东西到后来都成为日本庭园中必不可少的小品点缀（图1-11）。

（4）"回游式"风景园。桂离宫是日本"回游式"风景园的代表作品，其整体是对自然风致的写实模拟，但就局部而言则又以写意的手法为主。这座园林以大水池为中心，池中布列着一个大岛和两个小岛，显然受中国园林的"一池三山"的影响。池周围水道萦回，间以起伏的土山。湖的西

图1-11 吉田邸庭园
（引自章俊华《内心的庭院》）

岸是全园最大的一组建筑群"御殿"、"书院"和"月波楼"，其他较小的建筑物则布列在大岛、土山和沿湖的岸边。它们的形象各不相同，分别以春、夏、秋、冬的景题与地形和

绿化相结合成为园景的点缀（图1-12）。

（三）西方园林与园林建筑

1. 西方园林与园林建筑的起源、发展和兴盛 西方园林的起源可以上溯到古埃及和古希腊。

古埃及于公元前 3 000 多年在北非建立奴隶制国家。尼罗河沃土冲积适宜于农业耕作，但国土的其余部分都是沙漠地带。对于沙漠居民来说，在一片炎热荒漠的环境里有水和遮阳树木的"绿洲"乃是最珍贵的地方，因此，古埃及人的园林即以"绿洲"作为模拟的对象。尼罗河每年泛滥，退水之后需要丈量耕地因而发展了几何学。于是，古埃及人也把几何的概念用于园林设计。水池和水渠的形状方整规则，房屋和树木亦按几何规矩加以安排，是世界上最早的规整式园林。

古希腊由许多奴隶制的城邦国家组成。公元前 500 年，以雅典城邦为代表的自由民主政治带来了文化、科学、艺术的空前繁荣，园林的建设也

图 1-12 桂离宫
（引自章俊华《内心的庭院》）

很兴盛。古希腊园林大体上可以分为三类：第一类是供公共活动游览的园林，有宽阔的林阴道、装饰性的水景、大理石雕像、林阴下的坐椅，还有为演说而修建的厅堂，另外还有音乐演奏台以及其他公共活动设施。人们来此观看体育活动、散步、闲谈和游览。第二类是城市宅园，四周以柱廊围绕成庭院，庭院中散置水池和花木。第三类是寺庙园林，即以神庙为主体的园林风景区。

罗马继承古希腊的传统而着重发展了别墅园（Villa Garden）和宅园这两类。别墅园修建在郊外和城内的丘陵地带，包括居住房屋、水渠、水池、草地和树林。庞贝古城内保存着的许多宅园遗址一般均一面是正厅、其余三面环以游廊，在游廊的墙壁上画上树木、喷泉、花鸟以及远景等壁画。

公元 7 世纪，阿拉伯人征服了东起印度河西到伊比利亚半岛的广大地区，建立了一个横跨亚、非、欧三大洲的伊斯兰大帝国。阿拉伯人早先原是沙漠上的游牧民族，祖先逐水草而居的帐幕生涯、对"绿洲"和水的特殊感情在园林艺术上有着深刻的反映；另一方面又受到古埃及的影响从而形成了阿拉伯园林的独特风格：以水池或水渠为中心，水经常处于流动的状态，发出轻微悦耳的声音。建筑物大半通透开敞，园林景观具有一种深邃幽谧

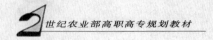

的气氛。

公元 14 世纪是伊斯兰园林的极盛时期。此后,在东方演变为印度莫卧儿园林的两种形式:一种是以水渠、草地、树林、花坛和花池为主体,成对称均齐的布置,建筑居于次要地位。另一种则突出建筑的形象,中央为殿堂,围墙的四角有角楼,所有的水池、水渠、花木和道路均按几何对位的关系来安排。著名的泰姬陵即属后者的代表作。

欧洲西南端的伊比利亚半岛上的几个伊斯兰王国由于地理环境和长期的安定局面,园林艺术持续地发展伊斯兰传统并吸收罗马的若干特点而融冶于一炉。阿尔罕伯拉宫即为典型的例子。这座由许多院落组合成的宫苑位于地势险峻的山上,建筑物除居住用房外大部分都是开敞的,室内与室外、庭院与庭院之间都彼此通透。透过一重重的游廊、门廊和马蹄形券洞甚至可以看到苑外的群峰,再加上穿插萦流的水渠和水池,整座宫苑充满了"绿洲"的情调。

公元 5 世纪罗马帝国崩溃直到 16 世纪的欧洲,史称"中世纪"。整个欧洲都处于封建割据的自然经济状态,当时,除了城堡园林和寺院园林之外,园林建设几乎完全停滞。

西方园林在更高水平上的发展始于意大利的文艺复兴时期。人们的思想从中世纪宗教的桎梏中解放出来,充分意识到自己的能力和创造性。"人性的解放"结合对古希腊、古罗马灿烂文化的重新认识,开创了意大利文艺复兴的高潮,园林艺术也是这个文化高潮里面的一部分。

18、19 世纪的西方园林可以说是勒诺特风格和英国风格这两大主流并行发展,互为消长,当然也产生出许多混合型的变体,19 世纪中叶,欧洲人从海外大量引进树木和花卉的新品种而加以培育驯化,观赏植物的研究遂成为一门专门学科。花卉在园林中的地位愈来愈重要,很讲究花卉的形态、色彩、香味、花期和栽植方式。造园大量使用花坛,并且出现了以花卉的配置为主要内容的花园乃至以某一种花卉为主题的花园如玫瑰园、百合园等。

19 世纪后期,由于大工业的发展,许多资本主义国家的城市日趋膨胀,人口日趋集中,大城市开始出现居住条件明显两极分化的现象。劳动人民聚居的贫民窟环境污秽。即使在市政设施完善的资产阶级住宅区也由于地价昂贵,经营宅园不易,资产阶级纷纷远离城市寻找清静的环境。现代交通工具发达,百十里之遥,朝发而夕至,于是,在郊野地区兴建别墅园林遂成为一时之风尚。19 世纪末到 20 世纪是这类园林最为兴盛的时期。

2. 西方园林与园林建筑的类型与特征

(1) 意大利文艺复兴园林。别墅园为意大利文艺复兴园林中最具有代表性的一种类型。别墅园林多半建置在山坡地段上,就坡势而做成若干层的台地,即所谓"台地园 (Terrace Garden)"。园林的规划设计一般都由建筑师担任,因而运用了许多古典建筑的设计手法。主要建筑物通常位于山坡地段的最高处,在它前面沿山坡而引出的一条中轴线上开辟一层层的台地,分别配置平台、花坛、水池、喷泉和雕塑。各层台地之间以蹬道相联系。中轴线两旁栽植黄杨、石松等树丛作为园林本身与周围自然环境之间的过渡。站在台地上顺着中轴线的纵深方向眺望,可以收摄到无限深远的园外借景。这是规整式与风景式相结合而以前者为主的一种园林形式。

理水的手法远较过去丰富,于高处汇聚水源作贮水池,然后顺坡势往下引注成为水瀑、平濑或流水梯（Water Stair）。在下层台地则利用水落差的压力做出各式喷泉，最低一层台地上又复汇聚为水池。此外，常有为欣赏流水声音而设的装置，甚至有意识地利用激水之声构成音乐旋律。

作为装饰点缀的园林小品也极其多样，那些雕镂精致的石栏杆、石坛罐、保坎、碑铭以及为数众多的、以古典神话为题材的大理石雕塑，它们本身的光亮晶莹衬托着暗绿色的丝杉树丛，与碧水蓝天相掩映，产生一种生动而强烈的色彩和质感的对比（图1-13）。

意大利文艺复兴园林中还出现了一种新的造园手法——绣毯式的植坛（Parterre），即在一块大面积的平地上，利用灌木花草的栽植镶嵌组合成各种纹样图案，好像铺在地上的地毯（图1-14）。

（2）法国古典主义园林。17世纪，意大利文艺复兴园林传入法国。法国多平原，有大片天然植被

图 1-13　精美的建筑小品
（引自朱建宁《户外的厅堂》）

图 1-14　绣毯式的植坛
（引自朱建宁《户外的厅堂》）

和大量的河流湖泊，法国人并没有完全接受"台地园"的形式，而是把中轴线对称均齐的规整式园林布局手法运用于平地造园（图1-15）。

图1-15　平地造园
（引自朱建宁《永久的光荣》）

17世纪末的法国是强大的中央集权的君主国家，国王路易十四建立了一个绝对君权的中央政府，尽量运用一切文化艺术手段来宣扬君王的权威。宫殿和园林作为艺术创作当然也不例外，巴黎近郊的凡尔赛宫（Versallei）就是一个典型的例子。

凡尔赛宫占地极广，大约超过600hm²。是路易十四仿照财政大臣福开的维贡园（Vauxle Vicomtc）的样式而建成的，包括"宫"和"苑"两部分。广大的苑林区在宫殿建筑的西面，由著名的造园家勒诺特（Andri le Notre）设计规划。它有一条自宫殿中央往西延伸长达2km的中轴线（图1-16），两侧大片的树林把中轴线衬托成为一条极宽阔的林阴大道，自东而西一直消逝在无垠的天际。林阴大道的设计分为东西两段：西段以水景为主，包括十字形的大水渠和阿波罗水池，饰以大理石雕塑和喷泉。十字水渠横臂的北端为别墅园"大特里阿农"（Grand Trianon），南端为动物饲养园。东段的开阔平地上则是左右对称布置的几组大型的绣毯式植坛（图1-17）。林阴大道两侧的树林里隐蔽地布列着一些洞府、水景剧场（Water Theatre）、迷宫、小型别墅等，是比较安静的就近观赏的场所（图1-18）。树林里还开辟出许多笔直交叉的林阴小路，它们的尽端都有对景，因此形成了一系列的视景线（Vista），故此种园林又叫做视景园（Vista Garden）。中央大林阴道上的水池、喷泉、台阶、保坎、雕塑等建筑小品以及植坛、绿篱均严格按对称均齐的几何形式布置，是规整式园林的典范，较意大利文艺复兴园林更明显地反映了有组织有秩序的古典主义原则（图1-19）。它所显示的恢宏的气度和雍容华贵的景观也远非前者所能比拟。

路易十四在位的数十年间，凡尔赛的建设工程一直不停顿，陆续扩建和改建的内容大体上是按照勒诺特所制定的总体规划进行的。这座园林不仅是当时世界上规模最大的名园

图 1-16　拉通娜泉池及壮观的中轴线
（引自朱建宁《永久的光荣》）

图 1-17　柑橘园和远处的瑞士湖
（引自朱建宁《永久的光荣》）

之一，也是法国绝对君权的象征。以凡尔赛为代表的造园风格被称作"勒诺特式"或"路易十四式"，在 18 世纪时风靡全欧洲乃至世界各地。德国、奥地利、荷兰、俄国、英国的皇家和私家园林大部分都是"勒诺特式"的，我国圆明园内西洋楼的欧式庭园亦属于此种风格。后期的"勒诺特式"园林受到"洛可可（Rococo）"风格的影响而趋于矫揉造作，从荷兰开始还大量运用植物整形（Topiary），把树木修剪成繁杂的几何形体甚至各种动物的形象。

（3）英国自然风景园林。英伦三岛多起伏的丘陵，17、18 世纪时由于毛纺工业的发展而开辟了许多牧羊的草场。如茵的草地、森林、树丛与丘陵地貌相结合，构成了英国天

图 1-18　水景剧场林园
（引自朱建宁《永久的光荣》）

图 1-19　阿波罗泉池局部
（引自朱建宁《永久的光荣》）

然风致的特殊景观，这种优美的自然景观促进了风景画和田园诗的兴盛，而风景画和浪漫派诗人对大自然的纵情讴歌又使得英国人对天然风致之美产生了深厚的感情。这种思潮当然会波及园林艺术，于是封闭的"城堡园林"和规整严谨的"勒诺特式"园林逐渐为人们所厌弃，他们去探索另外一种近乎自然、返璞归真的新的园林风格——风景式园林（图1-20）。

　　英国的风景式园林兴起于18世纪初期。与"勒诺特"风格完全相反，它否定纹样植坛、笔直的林阴道、方整的水池、整形的树木，扬弃了一切几何形状和对称均齐的布局，代之以弯曲的道路、自然式的树丛和草地、蜿蜒的河流，讲究借景和与园外的自然环境相融合。

　　和规整式园林相比，风景式园林在园林与天然风致相结合、突出自然景观方面有其独特的成就。但物极必反，却又逐渐走向了另一个极端，即完全以自然风景或者风景画作为抄袭的蓝本，以至于经营园林虽然耗费了大量人力和资金，而所得到的效果与原始的天然风致并没有什么区别，看不到多少人为加工的点染，虽源于自然但未必高于自然。这种情况也引起了人们的反感。因此，从造园家列普顿开始，又复使用台地、绿篱、人工理水、植物整形修剪以及日晷、鸟舍、雕塑等建筑小品，

图 1-20　风景式园林
（引自朱建宁《情感的自然》）

特别注意树的外形与建筑形象的配合衬托以及虚实、色彩、明暗的比例关系。甚至有在园林中故意设置废墟、残碑、断碣、朽桥、枯树以渲染一种浪漫的情调，这就是所谓"浪漫派"园林（图 1-21）。

图 1-21　斯陀园中的古树与石桥
（引自朱建宁《情感的自然》）

这时候，通过在中国的耶稣会传教士致罗马教廷的通讯，以圆明园为代表的中国园林艺术被介绍到欧洲。英国皇家建筑师张伯斯（William Chambers）两度游历中国，归来后著文盛谈中国园林并在他所设计的丘园（Kew Garden）中首次运用所谓"中国式"的手法（图1-22）。

图 1-22　丘园中的树木园景

（引自朱建宁《情感的自然》）

英国式的风景园作为"勒诺特"风格的一种对立面，不仅盛行于欧洲，还随着英国殖民主义势力的扩张而远播于世界各地。

表 1-1　世界园林主要式样一览表

主　要　式　样		盛行地区
样式前派（Pre-Styled-School）		古埃及和西亚，印度和西亚
水槽派（Water-Bassins-Dominant School）	四分式，八分式，方划式	Mugal 帝国
	中庭式（喷泉式）	西班牙
图案派（Geometric Compartment School）	古典整形式	古罗马
	中世整形式	中世纪欧洲
	露坛建筑式	文艺复兴时期的意大利
	平面几何式	文艺复兴时期的法国
	运河式	荷兰
	实用几何式	文艺复兴时期的英国
	近古德国整形式	文艺复兴时期的德国
自然派（Natural School）	写实风景式	18—19 世纪的英国
	写意风景式	中国和日本
样式后派（Pro-Styled-School）	构成派（Structural St.）	19 世纪以后的德国
混成派（Compound School）		19 世纪下半叶以后的欧洲和美国

二、中外近现代园林与园林建筑

（一）中国近现代园林与园林建筑

我国经过两次鸦片战争，到咸丰、同治以后，外侮仍频、国势衰弱，就再没有出现过像清代皇家园林如此规模和气魄的造园活动，园林艺术本身也随着我国沦为半封建半殖民地社会而逐渐进入一个没落和混乱的时期。

解放前，我国几座大城市虽有一些公共园林，也只是为了满足少数人欣赏和消闲的需要，或者作为城市门面的装点。例如北京把过去的几座皇家园林开放为公园，但门票昂贵，一般人无从问津。拥有几百万人口的大城市上海只有14个公园，总面积约66hm²。它们都分布在外国租界和高等住宅区里，专供外国殖民主义者和所谓高等华人享用。一般的地区不用说没有公共园林，就是简单的绿化也很少见到。至于其他的中小城市则极少有公共园林的建置，城市绿化就更谈不上。

解放后，中国园林进入了一个新的发展阶段，不仅出现了公园，西方造园艺术也大量传入中国。

在党和政府的领导下，早在第一个五年计划时期，在进行城市建设与规划的同时就考虑到了园林和绿化的问题，确定了"普遍绿化、重点美化"的城市建设方针，并且逐步地付诸实施。在旧城市的改造和新的工业城镇的建设中，园林和绿化都发挥了积极的作用。

20世纪60年代，结合爱国卫生运动在全国各城市清理了藏污纳秽的废水塘、垃圾堆、荒地和空地，开辟出许多新公园、街心花园和小游园，到处绿树成荫、池清水净，不仅改善了卫生条件，也增加了园林面积。

有代表性的古典园林，例如北方的几座皇家园林，苏州、无锡、扬州的私家园林都加以精心修整并建置各种服务设施，供群众游览。著名的风景园林名胜区如黄山、泰山、庐山等在解放前所仅有的一点旅游设施只供少数人享用，解放后逐渐整理扩充，举凡交通、食宿、游览均面向群众，为广大人民服务。杭州西湖风景区把过去遗留下来的近4 000hm²的荒山荒地全部绿化，植树超过2 000万株，新开辟许多游览区，原来的历史文物建筑和风景点也都修饰一新。桂林则对新开辟的和原来的山水景观结合城市建设作了通盘的规划，使其成为一个具有特色的风景旅游城市。许多休养、疗养地大都设在风景优美的地方，如广东的从化温泉、浙江的莫干山、河北的北戴河等也都具备公共园林的性质。

今天，中国园林的范围和内容更为广泛了。它不仅包括古代流传下来的皇家园林、私家园林、寺观园林、风景名胜园林等重要组成部分，还扩大到人们游憩活动的大部分领域：居住区中的绿地公园、街心游园、城市各种形式的公园以及城市周边大块绿地、自然风景区、国家公园游览区和疗养胜地等等。园林的形式也呈现百花争艳之景。如湛江市金海岸观海广场根据地形环境条件采用规则式的造园手法，以规则花纹铺装和树池广场形成极富现代感的城市休闲空间，以高耸的雕塑形成空间的主题，同时成为湛江海岸天际线标志性构筑物，树池广场种植高大亚热带乔木，在风格上，与路侧的建筑和壮丽浩淼的大海相得益彰（图1-23，图1-24）。

园林建筑亦相应地有所发展，不仅在数量上远较解放前多，而且类型更为广泛，建筑的设备水平也有很大提高。特别是在因地制宜、创造地方风格和继承我国传统园林建筑而推陈出新等方面都有所探索和尝试，出现了一些可喜的成绩，如广州的园林建筑于创新的同时吸取了岭南的特点，像叠山理水一样，初步形成了地方特色。此外，上海、杭州、桂林等地也有许多格调新颖、不落俗套的园林建筑陆续建成。

图 1-23　湛江市金海岸观海广场平面图

1. 下沉式广场　2. 水池　3. 观海亭　4. 主题小广场　5. 主题雕塑　6. 雕塑墙

7. 柱廊　8. 花架　9. 羽毛球场　10. 网球场

（引自王浩，谷康，高晓君《城市休闲绿地图录》）

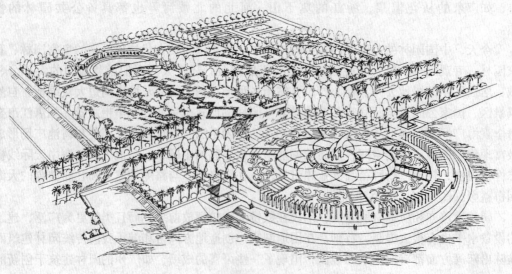

图 1-24　湛江市金海岸观海广场全景图

（引自王浩，谷康，高晓君《城市休闲绿地图录》）

（二）西方近现代园林

西方近现代园林经过近一个世纪漫长而又短暂的发展，形成了不同于传统园林的风格与形式。迄今为止的一个世纪中，西方近现代园林大体上走过了三个阶段：20世纪前半叶的开拓实验；中叶的深入探索及现代形式与风格的成型；后半叶的成熟与多元化趋向。

1. 开拓实验阶段　20世纪20年代，法国出现了艺术装饰庭园（Art Deco Garden），以盖夫雷金（Gabriel Guevrekian）为代表人物；美国出现了现代主义园林引路人斯第尔（Fletcher Steele）。20世纪30年代美国哈佛大学年轻的设计师爱克勃（Garrett Eckbo）、罗斯（James Rose）和凯利（Daniel U.kiley）揭起现代主义的大旗，他们受德国包豪斯功能主义的影响，提出了现代庭园设计的纲领。1938年，英国学者与设计师唐纳德（Christoprer Tunnard）发表著作《现代环境中的庭园》（Garden in Modern Landscape），书中对现代园林设计进行了理论探索，引起西方园林界广泛的关注，推动了西方现代园林的发展。

同期还有许多不同国家的园林设计师根据各自所处国家的文化传统、自然及社会条件，对现代园林进行了不懈的探索。他们对现代园林设计思想与设计手法产生了深远的影响，使园林从传统中逐渐走出来，并且形成了现代园林一些与传统形式不相同的特征。

这些特征主要有：A.空间相对独立，成为一个整体。B.地面图案得到强调，通常用简单的几何形状。C.为减少透视变形，地面常采用高差变化的处理手法。D.直线垂直几何形仍沿用，但其他线型，特别是有角度的折线也多用，线型组合更加自由。E.不对称构图开始流行。在设计中即便采用轴线，也不予强调，而是用不完全对称布置的景物，或是用折线的边缘打破完全的对称，追求不对称均衡。F.使用工业时代产生的材料与制品，

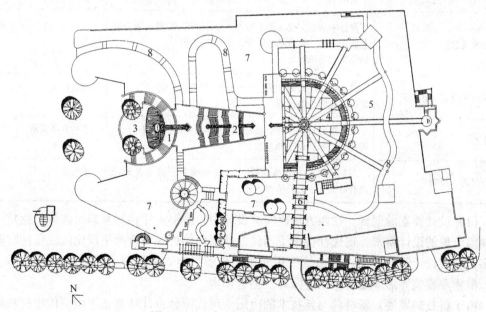

图 1-25　日本山下公园新广场平面图

1. 主水景台阶　2. 连接段台阶　3. 喷泉水池　4. 中心广场　5. 庭园区

6. 绿色通廊　7. 种植绿化区　8. 园路

（引自王晓俊《西方现代园林设计》）

设计师自由尝试新材料和普通材料的新用法。

2．成型阶段　进入 20 世纪中叶，广大设计师普遍接受了现代园林的设计语言，园林设计的手法更为丰富，形式更能体现现代设计的精神。

3．成熟阶段　20 世纪 80 年代以后，西方园林由于受到当代艺术及相近设计专业中各种思潮的影响以及设计师队伍组成的多元化，西方现代园林出现了以现代主义园林为主流，同时又含有多种理论倾向在内的多元化格局（图 1-25）。

今天呈现在世人面前的西方现代园林是一幅令人目不暇接的长卷，很好地研究与吸取其中优秀与健康的内容将有利于我国园林行业的长足发展。

4．西方现代园林设计的主要倾向（表 1-2）

表 1-2　西方现代园林设计倾向一览表

倾　　向	主要特征	代表作品	设计师
设计要素的创新	新材料与技术的应用，传统材料的新处理方式	拉维莱奴公园 伯奈特公园 罗宾逊广场	M.考拉居 沃克 埃里克森
形式与功能的统一	形式建立在功能之上	苏黎世瑞士联合银行行政楼前广场	罗代尔
现代与传统相辅相成	设计的内容与历史文化有所联系	东京湾喜来登大饭店环境景观	铃木昌道
自然的神韵	以艺术抽象的手段，再现了自然	波特兰大市伊拉·凯勒水景广场	海尔普林
隐喻及象征	设计中通过文化、形态和空间的隐喻，体现基地场所的历史和环境特征	德州拉斯·考利纳斯市威廉姆斯广场	美国 SWA 集团及雕塑家格兰
场所精神与文脉主义	设计体现场地的自然、历史、文化演变的过程	拉·维莱特公园	谢墨托夫
生态	设计过程贯彻一种生态与可持续园林的设计理念	查尔斯顿水滨公园	佐佐木事物所
当代艺术影响	思想上往往具有挑战性，具有敢为天下先的精神	威林顿新公园"大地沦陷"景区	史密斯

（1）设计要素的创新。在西方现代园林设计中，最引人注目并且容易理解的就是以现代面貌出现的设计要素。现代社会给予当代设计师们的材料与技术手段比以往任何时期都要多，现代设计师可以比较自由地应用光影、色彩、声音和质感等形式要素与地形、水体、植物和建筑等形体要素来创造园林、创造环境。

由于科技的发展，新材料与新技术的应用，现代园林设计师具备了超越传统材料限制的条件，通过选用新颖的建筑或装饰材料，能达到只有现代园林才具有的质感、色彩、透明度和光影等特征，或达到传统园林所无法达到的规模。

例如，在沃克设计的伯奈特公园的喷泉及舒沃兹设计的瑞欧购物中心庭园的黑色水池中，池底的分格条均采用光纤，代替了灯光的效果。

同时，一些设计师在传统材料的运用上也做了处理，如将花岗岩抛光，形成镜面的效果。

由于科学的进步，现代园林及环境景观设计的设计要素在表现手法上更加宽广和自由。例如在水景创作上，曾令人们叹为观止而竞相模仿的意大利传统"巴洛克式"喷泉水景与"水魔术"，与当代园林景观中的水景制作相比，可谓是雕虫小技。由埃里克森设计的罗宾逊广场（Robsen Square），水池、瀑布水景与办公大楼融为一体，巨大的水池位于楼顶，犹如"天池"，水从屋顶倾泻而下，形成满目的水幕，整个景观宏伟、壮观，展现了人工的巨大潜能（图1-26）。

（2）形式与功能的统一。与传统园林服务对象及服务目的不同，

图1-26 罗宾逊广场屋顶花园水池从建筑的天窗上流过
（引自夏建统《对岸的风景》）

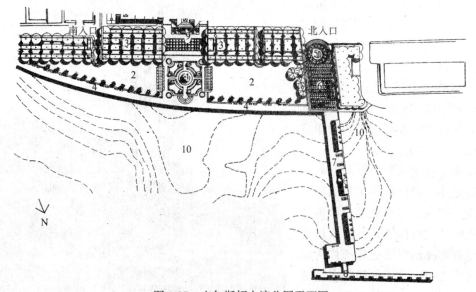

图1-27 查尔斯顿水滨公园平面图
1.中心喷泉广场与花园 2.大草坪 3.坐憩区与小花园 4.沿河观景带 5.浅喷水池
6.铺装广场 7.码头平台步道 8.大钓台 9.室外咖啡吧 10.河漫滩
（引自王晓俊《西方现代园林设计》）

现代园林面向大众，并且不仅要求具备装饰与观赏性，还应具有一定的使用功能。其中，面向大众的使用功能成为设计师所关心的基本问题之一。

形式应建立在功能之上，这是现代主义的基本涵义之一，并且力求简明与合乎目的。

纵观西方现代园林，大多数设计师都以形式与功能的有机结合作为主要的设计准则。例如查尔斯顿水滨公园（图1-27）、纽约观景台公园等等，虽然面积都不大，条件也不复杂，但设计师在设计中视线安排合理、空间划分明确、细部考虑周到，反映了现代主义手法在园林设计中的合理运用。

特别值得一提的是设计师罗代尔（Heiner Rodel）设计的苏黎世瑞士联合银行行政楼前广场（Plaza of UBS Administration Building, Zurich），该设计充分考虑使用与空间中心的创造。广场平面犹如用水面、铺地与台阶、草地、种植坛组成的立体抽象构图（图1-28），有着清晰的结构和简洁的形态，用简明的现代设计语言形成了颇为丰富的空间（图1-29）。

在满足功能需要的同时，有些设计师更注重设计形式本身的探索与创新。例如美国的凯利，作为开创现代园林的哈佛三人小组成员之一，他有选择地将历史传统作为设计的灵感之源，以一种现代主义的结构去重新赋予其新的次序，让其具有十分严格的几何关系。在以几何为基础的规则形体与空间探索上

图1-28　苏黎世瑞士联合银行行政楼前广场及其环境
（引自王晓俊《西方现代园林设计》）

图1-29　瑞士联合银行行政楼前广场时间机器雕塑
（引自王晓俊《西方现代园林设计》）

取得了丰硕成果。

（3）现代与传统相辅相成。传统园林在形成过程中已树立和具备了社会认可的形象和含义，借助传统形式与内容去寻找新的含义或形成新的视觉形象，既可以使设计的内容与历史文化联系起来，又可以结合当代人的审美情趣，使设计具有现代感。

不少设计师将传统园林作为启迪设计与了解文化传统的场所，从中学习和吸取合乎目的的形式与内容。

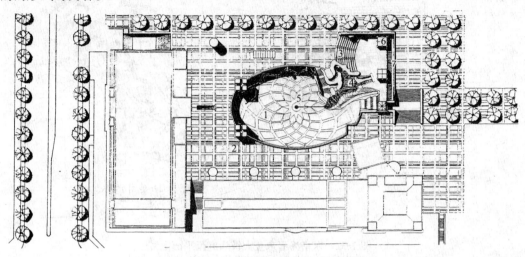

图 1-30　日本筑波科学城中心广场平面图

1.下沉广场　2.上层广场铺地　3.大台阶　4.跌水景　5.中心喷泉　6.凉亭　7.喷头水墙

（引自王晓俊《西方现代园林设计》）

在处理传统与现代之间关系的问题上有不同的方式：

一种是将传统园林视为形式或符号的语汇库。在设计中选用"只言片语"的传统形式语汇插入现代园林中（图 1-30）。这种方式使现代园林与历史传统隐隐约约地联系起来，让人身处现代园林中仍能感受到一些传统的痕迹，体会历史文脉的延续（图 1-31）。

另一种处理方式是保留传统园林的内容或文化精神，或在整体上沿用传统的布局谋篇，在材料处理方式与形

图 1-31　广场中心部分鸟瞰

（引自王晓俊《西方现代园林设计》）

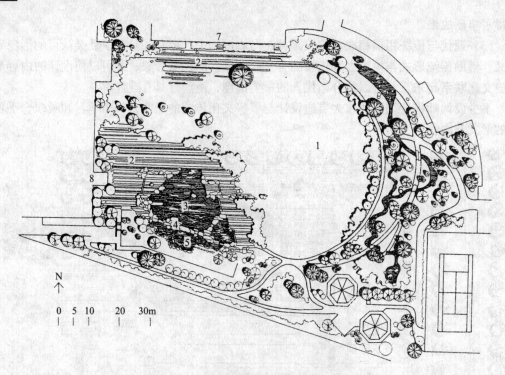

图 1-32 东京湾喜来登大饭店庭园平面图
1. 大草坪 2. 铺地 3. 游泳池 4. 石景与大瀑布
5. 冷饮房顶水池 6. 溪流与疏林 7. 宾馆入口中庭 8. 室内游泳池
（引自王晓俊《西方现代园林设计》）

式上却呈现现代感；或保留传统园林中造园素材，而使用现代布置手段（图 1-32，图 1-33）。这种方式比较深入、复杂，要求设计师对传统文化有较为深刻的理解和感悟，同时还必须精通现代设计的各种手法。从对待传统与现代结合的有效性来看，这是一种理性的方式。

（4）自然的神韵。对于大多数园林设计师而言，大自然的神韵是他们诸多作品的重要灵感的源泉。他们在深深理解大自然及其秩序、过程与形式的基础上，以一种艺术抽象的手段，再现了自然的精神，而并非简单地

图 1-33 东京湾喜来登大饭店中心庭园大瀑布与游泳池鸟瞰
（引自王晓俊《西方现代园林设计》）

移植或模仿。海尔普林与达纳吉娃设计的波特兰大市伊拉·凯勒水景广场（图1-34），从高处的涓涓细流到湍急的水流、层层跌落的跌水直到轰鸣倾泻的瀑布，自然山野水流漫长的整个过程被浓缩在方寸之间（图1-35）。海尔普林对自然现象做过细致的观察，曾对围绕自然石块周围的溪水的运动、自然石块的块面形态及质感作了大量的写生。在这些研究中，海尔普林体验到自然过程的抽象之道，并将这些抽象了的自然过程成功地从大自然搬到了城市之中。

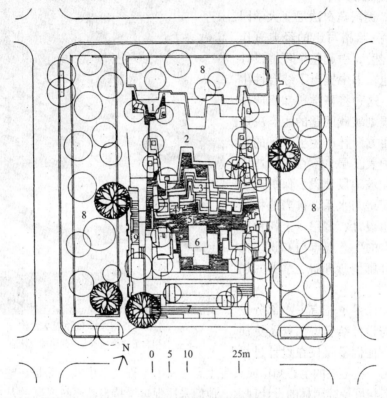

图1-34　伊拉·凯勒水景广场平面图
1. 源头　2. 小广场　3. 层层的跌水　4. 大瀑布
5. 大水池　6. 水中平台　7. 大台阶　8. 绿化带　9. 台阶
（引自王晓俊《西方现代园林设计》）

（5）隐喻及象征。现代园林设计与20世纪前半叶的现代主义时期关心满足功能与形式相比，重视隐喻与设计的象征意义在当今园林设计中日趋普遍，已成为西方现代园林多元化倾向的特征之一。很多设计师为体现自然环境或基地场所的历史和环境特征，在设计中通过文化、形态和空间的隐喻，创造有意义的内容和形式，赋予园林景观以意义，使之便于理解，易于接受。

（6）场所精神与文脉主义。文脉主义是20世纪80年代设计师们相当热衷的一个话题。从某种程度上讲，每一个设计实际上都是在创造一种场所，但是设计师只有倾心地体验所设计场地隐含的文化特质，充分揭示场地的历史人文或自然物理特点，才有可能领会真正意义上的场所精神，使设计本身成为一部关于场地的自然、历史、文化演变过程的美学教科书。

(7) 生态与设计。全球性的环境恶化与资源短缺，让生态和可持续发展应运而生。它们给社会、经济、文化带来了新的发展思路和方向。越来越多的行业在不断吸纳环境生态观念，园林设计也是如此。

1969 年，美国宾夕法尼亚大学园林学教授麦克·哈格写出的经典著作《设计结合自然》，引起整个环境设计界的瞩目，他在书中提出了综合性生态规划思想。这种将多学科知识应用于解决园林规划实践问题的生态决定论方法，对西方园林产生了深远的影响，诸如保护表土层、不在容易造成土壤侵蚀的陡坡地段建设、保护有生态意义的低湿地与水系、按当地物种群落进行种植设计、多用乡土树种等等，这些基本的生态观点与知识现在已经广为设计师们所理解、掌握并加以灵活运用。

在园林设计界中还有一小部分设计师在生态与设计结合方面作了更加深入的工作，他们不仅仅在设计过程

图 1-35　大瀑布旁的水台阶
(引自王晓俊《西方现代园林设计》)

中结合或运用一些零星的生态知识或具有生态意义的工程技术措施，而是在整个设计过程贯彻一种生态与可持续园林的设计理念。他们采用促进维持自然系统必需的基本生态过程来恢复场地自然性的一种整体主义方法。他们设计的一些作品，完全按照自给自足、能量与物质循环使用的基本原则，充分利用太阳能与废弃的土地、废物回收再利用等等，希望创造一种低能耗、无污染、不会削弱自然过程完整性的生活空间。

(8) 当代艺术的影响。在艺术与设计领域中，绘画艺术总是领导艺术新思潮，因为绘画艺术作为一种纯艺术，可以反映现实，也可以不反映现实，因而可进行完全不受材料、技术、社会和经济影响的创新活动。

20 世纪同样是艺术领域飞速发展的年代，艺术思潮层出不穷，园林设计师随时随地在接受影响。同时，一些艺术家走出画室、画廊狭小的环境，他们的社会责任感促使他们开始探索，并将新的思想融入作品之中。

20 世纪 60~70 年代，出现了大地艺术这一新的艺术领域。作为一种与自然景观相融合的艺术，大地艺术对西方现代园林产生了较大的影响。当今一些著名的设计师，例如沃克、哈格雷夫等的作品都不同程度地带有这一艺术倾向。进入 20 世纪 70~80 年代，由于

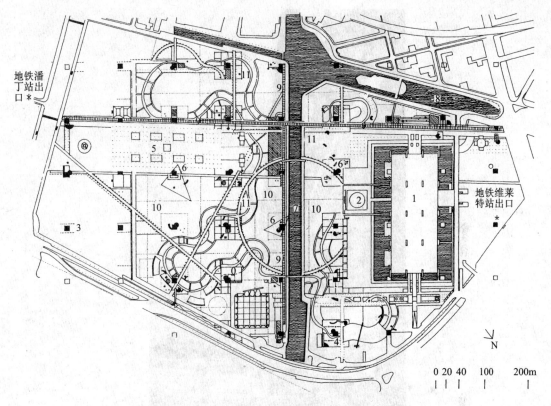

图 1-36　巴黎拉·维莱特公园平面图

1.科学工业城　2.球形立体电影院　3.音乐城　4.赛马俱乐部　5.市场大厅　6.红色小构筑物（Folly）
7.乌尔克运河　8.圣·迪尼运河　9.空中步道　10.公园　11.各种庭园
（引自王晓俊《西方现代园林设计》）

受到艺术及设计领域中后现代主义思潮的影响，园林界中有设计师在形态上标新立异，热衷于各种材料的尝试，风格相当激进（图1-36，图1-37）。

这些与艺术发展同步进行的尝试，在思想上往往具有挑战性，具有敢为天下先的精神，这对开创新的审美情趣与设计风格是十分重要的。尽管这些审美趣味不一定都会受到当代人的首肯，也不一定会在将来成为主流性质的审美意识，但应该承认，这些设计师的努力毕竟丰富了人类文化的内容。

20世纪，西方园林经历了一个世纪的波折与发展，终于打破了17—18世纪传统规则图案式及自然风景园的风格，超越了19世纪及20世纪初期的混杂风格与新古典主义倾向，形成了新的审美观和新的形式风格，并在20世纪后期逐渐走向多元化。现代主义、折衷主义、裂解和拼贴、不相关秩序体系的重错、历史或文脉主义、极少主义、后现代主义、甚至幽默都成为园林设计可以接受的思想。

但是，在西方园林中，传统仍是设计的根基，在造型上仍采用理性的方式去锤炼形式与探索空间，仍然以和谐完美作为设计所追求的终极目标。当然这种和谐完美不局限于形式本身，而是形式与现代园林服务与社会和大多数人的诸多功能与需求的统一。而且这也是当代西方园林设计的主流。

图 1-37 巴黎拉·维莱特公园现代风格的空中步道
(引自王晓俊《西方现代园林设计》)

第三节 学习本课程的意义与方法

一、学习本课程的意义

（一）社会的发展及旅游市场的开发对园林事业的需求

社会生产力的提高带动了人们精神和物质生活的需求。我国目前的园林绿化建设远远跟不上群众的需要。每逢节假日，公园游人摩肩接踵，形同闹市，古典园林内，游人如织，造成极大的压力，对文物古迹的保护带来相当大的难题。所以说，园林建设如何有计划有步骤地跟上形势要求，为人民提供更多、更好的游憩、观赏环境和场所，乃是刻不容缓的事情。

近几年来旅游事业迅猛发展，也对园林和园林建筑提出了新的要求、新的内容和新的课题。

我国幅员辽阔、风景绮丽、江山多娇，有许多闻名世界的风景名胜。我国又是一个文明古国，历史上留下来的文物古迹遍布各地，这些都强烈地吸引着国内外游客的兴趣。如今，政府决定把许多风景名胜、文化古迹逐步地向国外游客开放，国外旅游观光者势必会逐年大幅度地增加。

随着我国人民生活水平的提高，以及两个黄金周的长假和春节度假观念的更新，国内游客也越来越多。

发展旅游事业除了要解决好食宿和交通之外，如何把这些风景名胜和文化古迹装点得更加美丽，更加适应现代旅游的要求，以及如何更多地开辟新的游览点和风景名胜区，园林建设乃是一项主要的手段，一个不可缺少的环节。

全球性的环境恶化与资源短缺，让生态和可持续性发展的观念应运而生。保护环境越来越为大多数人所认同，并为之行动起来。园林作为人与自然相和谐的典范创造，作为公认的人类理想的家园，必将在更多的领域、更深的层次走近人们的生活。

由此看来，我国的园林事业在今后社会主义建设的进程中，将要出现一个蓬勃发展的局面，前景是十分令人鼓舞的。今后，园林建筑不仅在数量上将要大大地增长，在质的方面也必然要有所提高。它作为一个建筑类型在人民的日常生活中将愈来愈显示出其重要的地位，将有愈来愈多的建筑工作者参加到园林建设的队伍中来。

（二）园林建设的意义

1999 年 6 月，在中国北京召开的国际现代建筑协会第 20 届世界建筑师大会上，通过了"北京宪章"，宪章响亮地提出了"在 21 世纪里能更自觉地营建美好、宜人的人类家园"的号召。"人与自然的和谐共处"再次成为建筑的主题，园林正是人与自然和谐共处的典范，必将为人们的生活带来亮丽的色彩。

园林作为一种既可以供人们游乐休息，又可以美化环境和改善生态，还可以陶冶情操的游憩境域，在社会发展中的作用是不言而喻的。

二、学习本课程的方法

（一）加强美学修养，熟悉园林与园林建筑的业务，了解中外园林的历史、现状和发展趋势

园林与园林建筑是艺术美表现的形式之一，作为设计者，首先应具备一定的美学修养。

作为一个园林建筑工作者，不仅要熟悉园林与建筑的业务，还必须了解中外园林过去的历史、当前的情况以及今后发展的趋势，对于我国解放以来的园林建筑在规划、设计、施工等方面的成功经验和失败教训尤其应该认真加以总结，以便作为今后探索和前进的基石，迎接我国园林建设高潮的到来。

我们正处在东西方园林文化新的交汇和碰撞时期，怎样将历史与现在、洋和中融会贯通，在这新世纪的起点上，正是我们学习和开拓的主题。

面对纷繁复杂的园林建筑设计倾向、思潮，我们要识别良莠，吸取其中有益的思想观点、设计思路与方法、设计处理手法。了解中外园林的历史、现状和发展趋势，并进行一定深度的系统研究，可以有助于打开园林建筑设计的思路与提高设计水准。

（二）吸取已有的成功范例的精华

我国有着丰富的资源，自然环境各有特色，特别是优秀的历史文化在总的文化层面和文脉的传承上给我们以深远的影响和烙印。

古人留下的传世之作,让我们可以站在前人已经达到的高度来展望园林和园林建筑发展的道路,继承和传扬其中的精华,并在此基础上予以创新,予以开拓,是成功者的成功之路!

(三) 在实践中寻找真理

解决问题的方法和技巧,不仅在书本中,更在实践中。这就要求我们不仅要从书本中学习,同时也要从实践经验中再造学习,这是人类积累知识与技能不可缺少的环节。

我们需要从阶段的实践上升到理论的高度再回到实践中去,通过这种科学活动的循环往复以求得真知灼见。

总之,园林建筑设计是件艰难而又富于乐趣之事,它要有积累,要有研究和探索。既要有对现实的探索,历史及实践的总结,还需要前瞻性。创造性思维的火花加上知识的铺垫,必将产生富有生命力的作品。

本章小结

本章概括了园林建筑的特点及其与园林之间相辅相成的依附关系,主要从两个方面总结了园林与园林建筑的成就和经验,探讨了其今后的发展趋势。一方面用历史的眼光看园林与园林建筑的起源、发展和兴盛的历程;另一方面用广阔的视野看当今世界各国园林与园林建筑的现状和发展趋势。站在历史与未来的交汇点上,正确评价了园林建筑作为人与自然和谐共处的典范的功用,并确定了新世纪我们在园林建筑设计方面所追求的目标。同时,阐明了学习本课程的意义与学习方法。

复习思考题

1. 园林及园林建筑的定义。
2. 园林的四种形式及其各自的特点是什么?
3. 简述园林建筑在园林中的作用与功能。
4. 园林与园林建筑有何关系?
5. 简述中国古典园林的主要形式及其各自的特征。
6. 中国古典园林的艺术表现手法有哪些?
7. 简述日本古典园林的主要形式及其各自的特征。
8. 简述西方古典园林的主要形式及其各自的特征。
9. 西方近现代园林与园林建筑设计有哪些主要倾向?
10. 论述学习本课程的意义。

第2章 园林建筑设计的基本原理

[本章学习目标与方法]

园林建筑是园林景观的重要组成部分，掌握园林建筑设计的基本原理是园林设计的首要任务。

通过本章学习，掌握园林建筑与一般意义上的建筑的共同点和不同点。认识园林建筑在园林中的功能与作用；正确理解园林中建筑这一人工元素与环境这一自然元素之间的关系，以及如何处理二者之间的相互关系，使它们相辅相成；掌握园林建筑布局的内容与方法，了解园林建筑空间的形式和园林建筑空间营造的手法；理解尺度与比例对于园林建筑设计的重要性，并具有初步控制园林建筑室内外空间尺度和建筑本身空间尺度与比例的能力；了解色彩与质感的处理与园林建筑空间的艺术感染力之间的密切关系，以及如何在园林建筑设计中提高园林建筑的艺术效果。

本章学习方法要多收集资料，研读成功园林范例中园林建筑的各个组成部分，取其精华，多到园林实地考察，多思考，在实践中不断发现并解决问题。

第一节 园林建筑的特点

园林建筑除了历史上留下的帝王宫苑中那些庞大的建筑群外，一般都是功能简单，体量小巧，造型别致，带有意境，富于特色，并讲究适得其所的精巧建筑物。古往今来，宫苑私园，已创造了诸多园林建筑品类：亭台楼阁、廊榭桥梁、洞窗凳牌、栏杆铺地等，俯拾皆是。

一、园林建筑的共性

园林建筑设计与所有的建筑设计相同，都是为了满足某种物质和精神的功能需要，采用一定的物质手段来组织特定的空间。

园林建筑空间同大多数建筑空间一样，是建筑功能与工程技术和艺术技巧相结合的产物，都需要符合实用、坚固、经济、美观的原则（图2-1）。此外在艺术构图技法上也都要考虑诸如统一、变化、尺度、比例、均衡、对比等原则。

二、园林建筑的特性

由于园林建筑在物质和精神功能方面的特点，其用以围合空间的手段与要求，和其他建筑类型在处理上又表现出许多不同之处。归纳起来主要有下列五点：

图 2-1　建筑的共性
（引自彭一刚《建筑空间组合论》）

1. 园林建筑的功能要求　为了满足人们的休憩和文化娱乐生活，对园林建筑的艺术性要求较高，因此园林建筑应有较高的观赏价值并富于诗情画意。

园林中的建筑，既有使用价值，又有审美价值，与山光潭影、乔木幽篁是不可分割的，可以说是"立体的画，形象的诗"，是"诗与画的组合与变奏"。它需要在虚与实、凹与凸、隔与透、长宽高的比例关系上，构成平衡、和谐的美，具有或者明丽、或者幽深的色彩与节奏。

2. 园林建筑的设计原则　园林建筑受休憩游乐生活多样性和观赏性的影响，在设计方面的灵活性特别大，可以说是无规可循，构园无格。

一座供人观赏景色、短暂休息停留的园林建筑物，很难确定在设计上其必然的约制要求。因而在面积大小和建筑形式的选择上，或亭、或廊；或圆、或方；或高、或低；似乎均无不可。设计者可能有这个体会，即设计条件愈空泛和抽象，设计愈困难。因此，对待设计灵活性大，要一分为二，既要看到它为空间组合的多样化所带来的便利条件，又要看到它给设计工作带来的困难。

3. 园林建筑的动态空间　园林建筑所提供的空间要能适合游客在动中观景的需要，务求景色富于变化，做到步移景异，即在有限空间中要令人产生变幻莫测的感觉。因此，推敲建筑的空间序列和组织观赏路线，比其他类型的建筑显得格外突出。

4. 园林建筑是园林景观的有机组成部分　园林建筑虽具有一定的独立性，但就整体来说，它服从造园的布局原则，寓自身于园林造景之中。

园林建筑是园林与建筑有机结合的产物，无论是在风景区或市区内造园，出自对自然景色固有美的向往，都要使建筑物的设计有助于增添景色，并与园林环境相协调。在空间组合中，要特别重视对室外空间的组织和利用，最好能把室内、室外空间进行巧妙的布局，使之成为一个整体。

同时，园林建筑小品也是形成完美造园艺术不可或缺的组成要素，在园林中起着点缀、陪衬、换景、修景、补白等丰富造园空间和强化园林组景的辅助作用。

一座成功的园林建筑，应能够景到机随、不拘一格，使人耳目一新。

5.组织园林建筑空间的物质手段 除了建筑营建之外，筑山、理水、植物配置也极为重要，它们之间不是彼此孤立的，应该紧密配合。

此外，在我国传统造园技艺中，为了创造富于艺术意境的空间环境，还特别重视因借大自然中各种动态组景的因素。园林建筑空间在花木水石点缀下，再结合诸如各种水声、风啸、鸟语、花香等动态组景因素，常可产生奇妙的艺术效果。因此可以做这样的理解：园林建筑是一门占有时间和空间，有形有色，以至有声有味的立体空间艺术。这也是我国别具风致的古典园林优秀传统的精髓所在。

第二节 园林建筑与环境

一、环境要素的营造

环境要素是园林景观构成的物质基础，它包含自然环境要素与人工环境要素互相对立又统一的两个方面。

自然环境要素指园林中天然的物质，包括地形地势、植物和动物等等，是环境要素的主导方面，决定景观的特征。园林中的山水、花草树木、鸟兽虫鱼，是园林观赏的基本对象，因而是景观构成的基本成分，亦是园林构成的基本材料。

人工环境要素是指园林建筑和一切建筑处理，包括建筑物、路径、墙垣、棚架、桥梁及场院等等。景观中的这一要素，提供园林以实用的价值：游览通行、遮阳蔽雨、御寒避暑、饮食起居以及各种园居活动，悉依赖之。

园林创作中，自然环境要素与人工环境要素是相辅相成的。地形地势的塑造、植物的配置、山水的构筑，无不是在发挥自然美的前提下，利用建筑的匠思，如天然石的叠置、水型的处理、植物姿态的修剪和搭配等，无一不包含着人工美的成分。人工环境要素承担与自然环境要素直接发生关系的基本游园活动，如登山、探谷、荡舟、垂钓及一般游览等等。人工环境要素的处理，应接近自然，尽量顺应自然，使其结合于自然之中，成为与自然环境要素相依托、相融合的观赏因素。

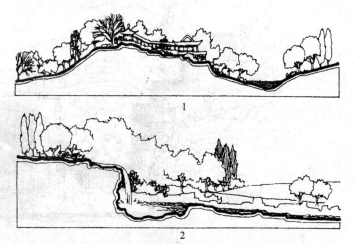

图 2-2 以地形作为依托造景
1. 地形作为园林建筑的依托，能形成起伏跌宕的建筑立面和丰富的视线变化
2. 地形作为瀑布山涧等园林景观的依托
（引自王晓俊《风景园林设计》）

（一）地表塑造

地形地势是园林景观要素的基础，地表塑造是创造园林景观地域特征的基本手段。山、水、平地的布局，奠定着园林建筑及环境的形势基础。比如塑造起伏的地势，便规定了景观与山相联系的基本面貌，不作地势起伏，而塑造一片水面，即规定了以水景为主的景观基调。

地形地势决定景观的基本轮廓，但不能完成特定的景观效果。地形地势起伏间所描写的到底是什么样的山、什么样的水，到底是什么情调的景象环境，则需加以植物、动物、建筑物种种手段来综合达成（图2-2）。

在园林原有基址上，利用原有地形条件创造自然山水形象，需要借助绘画的、雕塑的、建筑的匠思进行概括处理。所以，被塑造的地形地势是一种自然美与人工美统一的艺术形象（图2-3，图2-4）。

图2-3　依山而建的园林建筑立面图
（引自王晓俊《风景园林设计》）

北

图2-4　依山而建的园林建筑平面图
（引自王晓俊《风景园林设计》）

历来我国造园在传统上喜爱山水，即在没有自然山水的地方也多采取挖湖堆山的办法

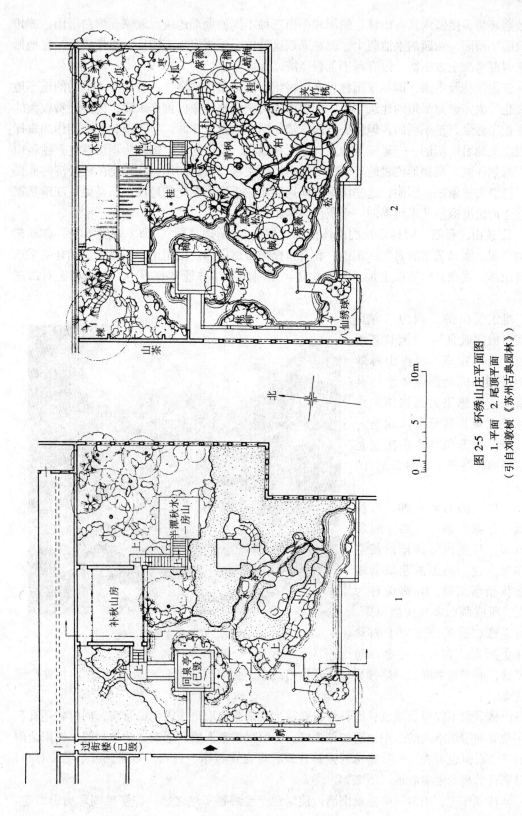

图 2-5　环绣山庄平面图
1.平面　2.尾顶平面
（引自刘敦桢《苏州古典园林》）

来改造环境，使园内具备山林、湖沼和平原三种不同的地形地貌。北京北海白塔山，苏州拙政园、留园、怡园的水池假山，都是采取这种造园手法以提高园址的造景效果。在地形塑造时要考虑土方平衡，以有利于工程经济。

江南园林及宅园（即私家园林）多居城镇，园址条件狭窄，一般缺少可借助的地形地势变化，大多数是平坦的建筑空地。平坦基址对于山水景象的创作来说，需要耗费较大的填、挖工程量，是不利的；但另一方面，却如同在白纸上作画，对于园林艺术创作的发挥来说，天地是广阔的——运鬼斧神工、夺天地造化，变区区坊里隙地为湖山胜境，搬运山岩，筹划江湖。其地形位置的经营，可根据风景主题与园居实用，在满足工程经济的前提下，任意安排章法。因而，这些坊里之间局促而缺乏地形变化的地段，正是促使江南私家园林走向高度概括艺术境界的一个积极因素。

1. 筑山、叠石 园林堆筑的山体俗称"假山"，所谓"假"，即非现实本身，亦即艺术的再现，实乃艺术的真实。筑山、叠石指模仿自然山体造型用土、石或土石结合的手法堆筑山体，或在真山基础上加工堆筑山体。所以园林山体通常有石山、土山和土石山三种。

堆筑假山的原则为"有真有假、做假成真"。就园林艺术而言，山不在高，以得山林效果为准则。成功的山体常以其丰富的艺术感染力而被用来作为主题景观，甚至全园就是一个山景，如苏州环秀山庄便是山景园的典型杰作（图2-5，图2-6）。

山林地势有曲有伸，有高有低，有隐有显，自然空间层次较多，只要因势铺排便使空间多有变化。傍山的建筑借地势起伏错落组景，并借山林为衬托，所成画面多具天然风采。清乾隆帝在避暑山庄三十六景诗序中所提"盖一直一鬈、向

图2-6 环绣山庄庭院景观
（引自《园林经典》）

背稍殊，而半窗半轩，领略顿异，故有数格之室，命名辄占数景者"，道出在山林地造园的优点。

山林景象不仅可供观赏，而且可以登临远眺借景和取得园内鸟瞰景观，同时它还具有实用功能和组织空间的作用，譬如其盘峰、谷可供攀登游嬉和运动，清凉幽静、遮阳蔽雨的岩厂、石洞也可视为一种特殊的园林建筑，可布置石榻、石几、石凳，可小憩、对弈，亦是别有情趣的避暑胜地（图2-7）。

园林创作中，山常用来隐蔽围墙，使景观产生绵延不绝之感。许多楼阁常倚山而建，

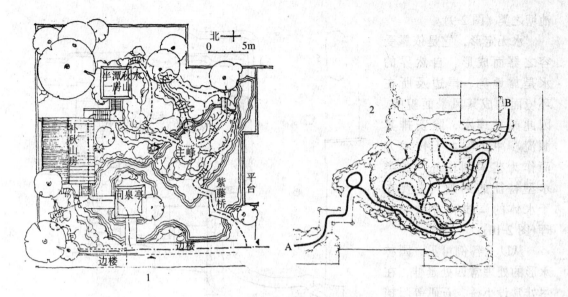

图 2-7　环绣山庄游览路线图分析图
1. 主要观赏路线示意图　2. 游览路线分析图
由 A 至 B：岬角—折桥—石矶坪—崖下滨水盘道—隧涵—洞窟—谷洞步石—人工洞府—谷中蹬道—山腰—山上磴
道—山脊—洞上石梁—磴道—顶峰下的平台—峰回路转至山阴自然飞梁—磴道下山—半山秋水—房山
从游览内容可见，环绣山庄的假山几乎囊括了自然山体的全部要素
（引自《城市园林绿地规划》，杨鸿勋《江南园林论》）

通过山径到达二层。这样既丰富了园林建筑的造型，也完善了建筑的功能。

园林主体建筑往往隔水面对主要山林景观而建。由此可见山林景象是园林建筑外在环境的重要组成部分。它和园林建筑一起决定着园林所呈现的风格与意境。

2. 理水　理水指在园林创作时，模仿自然，对自然界的水进行概括、体验和再现。

园林中的临水建筑有波光倒影衬托，视野相对显得平远辽阔，画面层次亦会使人感到丰富很多，且具动态（图 2-8）。

园林中的水有其独特的表现风格，这就是突出水的自然景观特征——以少量的水模拟自然界中的江、河、湖、海、溪、涧、潭、瀑、

图 2-8　水面可以增加园景层次
（引自王晓俊《风景园林设计》）

池塘之类（图2-9）。

水无定形，它是依靠受容之器而成形。自然界的水是靠地势、岸边及所在环境而构成其风景面貌的。因此园林理水，除安排其源流、冲刷等水工技术方面作为艺术创作外，各类水型特征的刻画，主要在于水体的岸线和背景的处理（图2-10）。

从以上各例可见，园林水形的处理常四处延伸，在尽处常设小桥、石矶等阻挡视线，以使人产生水源源不断之感。

（二）植物配置

植物是大自然生态环境的主体，是风景资源的重要内容。取之用于园林创作，可以造就一个充满生机、幽美的绿色自然环境，花木繁

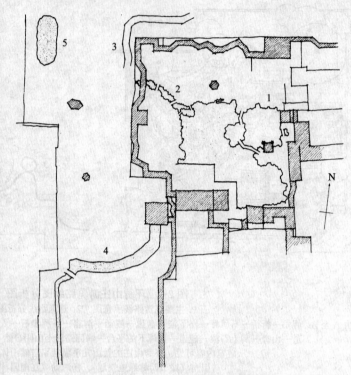

图2-9　园林水所表现的自然景观特征
1.湖泊　2.溪涧　3.瀑布　4.河流　5.池塘
（引自杨鸿勋《江南园林论》）

盛，可提供赏心悦目的自然审美对象。植物对于造园来说是不可缺少的，历来中外园林都以植物美感为首要的享受对象，生机勃勃的花草树木对于无生命的园林建筑环境来说是必要的。

欧洲造园，无论是花园（Garden）或是林园（Park），顾名思义均是以植物造景为主要手段。中国古典园林，特别是江南私家园林，植物配置与叠山、理水、建筑是构园的四大要素，皆是园林景象构成不可缺少的要素。至于日本园林中的"枯山水"庭园，就其本身而言，的确是没有植物的特例，但"枯山水"往往是园林中的局部景观，而整体的园林环境中，植物还是不可或缺的。

园林中的植物配置除了其一般意义上的遮阳蔽日、体现季节更替、赏心悦目等等作用外，还有其不同于其他造园要素的独特景观结构作用（图2-11）。

在进行园林建筑设计时，在体形和空间上往往要考虑与植物的综合构图关系，在此植物常是点睛之笔，起到补足和加强建筑气韵的作用。有些建筑的主要观赏面作为植物构图的重点，如苏州留园曲谿楼前斜倚古枫杨（图2-12）。

亭、廊、楼、堂、榭等园林建筑的内外空间，也需要依靠植物的依托来显示它们与自然的联系。此时，植物陪衬建筑的作用在于使人工环境要素融会于自然环境之中。

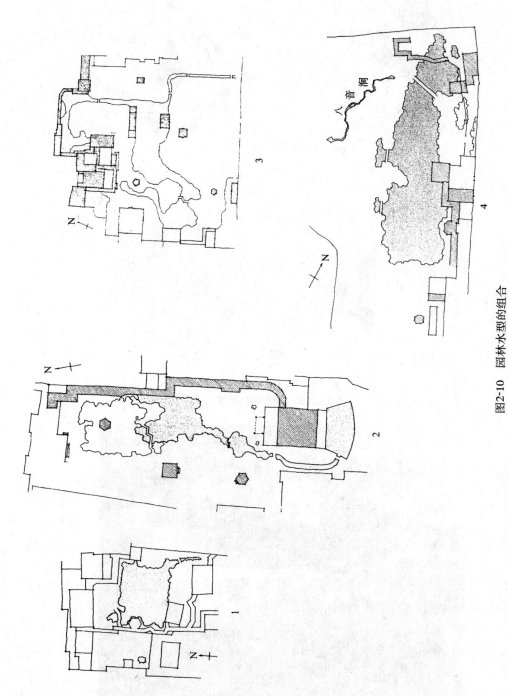

图2-10　园林水型的组合

1. 苏州网师园水形平面示意图　2. 南京瞻园水形平面示意图　3. 南翔猗园水形平面示意图　4. 无锡寄畅园水形平面示意图
（引自杨鸿勋《江南园林论》）

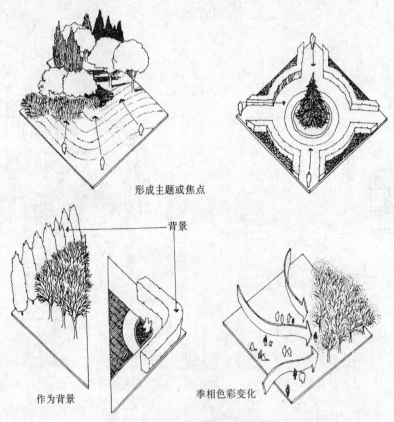

形成主题或焦点

背景

作为背景　　　　　　　季相色彩变化

图 2-11　植物造景要素
（引自王晓俊《风景园林设计》）

图 2-12　斜倚的古枫杨与曲豀楼形成完美的统一构图
（引自徐文涛，孙志勤《留园》）

二、园林建筑经营

（一）园林建筑概述

建筑经营是园林游乐实用的基本因素，是园林艺术的一种组织手段。凡经组织到园林当中的亭、台、楼、阁、廊、榭等形式的建筑都是园林的构成要素。

在园林的各个构成要素中，或多或少都包涵有建筑的艺术处理。山、水、花木和建筑在经营美的感受时，运用的手法有不少相通之处。欧洲园林的传统流派，甚至以建筑的概念来创作整个园林，按照建筑的意匠把树木、花卉布置成几何图案，将树冠修剪成几何形体，成为几何式，或者说是规则式，也就是通常所说的建筑式。而中国传统的造园艺术对于建筑经营有着辩证的观点：园林把人与自然的对立统一关系统一在园林构筑艺术当中，从而构成建筑与其周围环境的有机结合。园林中的建筑经营是关系到园林艺术面貌和使用价值的重要方面。

现存的园林佳作所反映的中国传统园林观表明："园林是人为的自然环境，它具有明确的园居实用功能性质，因此造园中非但不回避人工的建筑处理，反而突出自然创造中的建筑趣味，利用两者对比、衬托达到统一和谐的艺术效果（图2-13）"。

中国古典园林尤其是江南私家园林在使用地形塑造、植物配置等自然手段造园的同时，相当重视与其相对立的人工手段——建筑经营。秦、汉时代所描绘的仙居环境——蓬莱瑶台、海市蜃楼或天宫宵汉等琼楼玉宇的创作，奠定了以建筑为重要景观内容的园林艺术形式。从根本上讲，这种园林形式的产生，是基于人们企图生活于一种与自然环境相联系的理想境界的实用要求。魏、晋时期，描写自然、田园的园林创作居多，这类园林仍然在山水花木之间安排表现闲逸、隐居的建筑物，当然其建筑形式不同了，主要是一些草庐、茅舍之类。可见，园林的使用方式，或者说游园的行为方式，决定了建筑的基本规模和功能性质。明清时期的园林中，为了适应当时园主更为强烈的园居享乐的实用需要，建筑比重大大增加了。

从园林景观的艺术面貌来说，中国古典园林深受诗文和中国传统山水画的影响。山水画中常点缀亭、桥、竹篱、茅舍、水榭、楼阁等建筑形象，可以引人入胜、增加风景的亲切感，以郭熙提出的"可行"、"可望"、"可游"、"可居"为品评标准。对于园林创作而言，就比绘画更为实际地要求其可行、可望、可游、可居，也就是说园林景观构图中更需要有建筑的因素，在中国古典园林中的建筑常作为景象构图的中心（图2-14）。

将这些由于实用与审美享受所提出的建筑内容，如何有机地组织于环境之中，究竟应赋予这些建筑以何等艺术形象，是园林建筑设计的一项重要课题。在创作设计中，根据景观主题和实用要求进行体形、体量以及空间的组合。有的注重观赏建筑体形，有的不作体形观赏，着重于游览引导，有的则强调空间的效果。园林建筑，包括小建筑和一般建筑处理，是通过与自然要素的直接联系而组织于景观之中的。园林建筑与环境之间的关系可以通过建筑和地表塑造以及建筑与植物配置之间的关系来说明。

（二）园林建筑的立意

所谓立意就是设计者根据功能需要、艺术要求、环境条件等因素，经过综合考虑所产生出来的总的设计意图。立意的好坏对整个设计的成败至关紧要。园林建筑是一种占有时

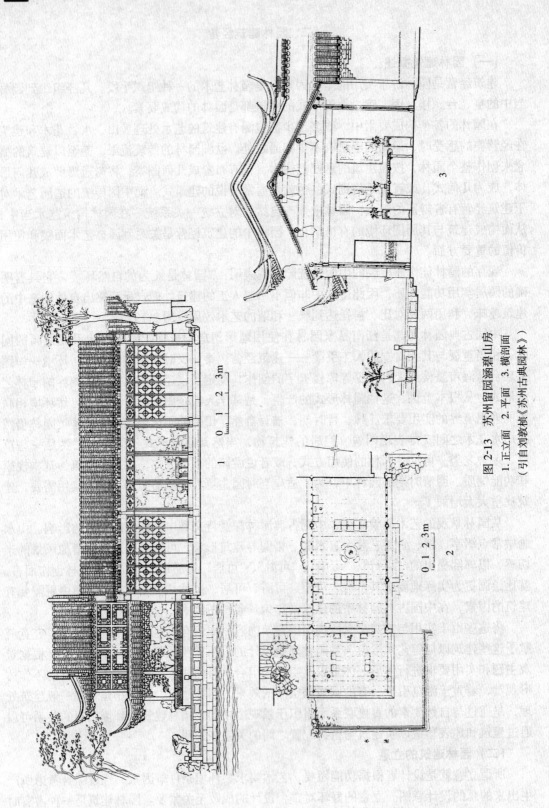

图 2-13 苏州留园涵碧山房
1. 正立面 2. 平面 3. 横剖面
（引自刘敦桢《苏州古典园林》）

间空间，有形有色，以至有声有味的立体空间塑造，因此较其他一般建筑设计更加需要意匠，往往以渲染自然风景的特定气氛、产生意境为最高准则。

立意既关系到设计的目的，又是在设计过程中采用各种构图手法的根据。"意在笔先"是古人从书法、绘画艺术创作中总结出来的一句名言，它对园林建筑设计创作也是完全适用的。组景没有立意，构图将是空洞的形式堆砌，而一个好的设计要善于抓住设计中的主要矛盾，其立意既能较好地解决建筑功能的问题，又具有较高的艺术思想境界。再者，在园林建筑设计中特别注意要有新意，不落俗套，建筑格局不宜千篇一律，更不容标准化。我国古代园林中的亭子不可数计，但很难找出格局和式样完全相同的例子，它们总是因地制宜的选择建筑式样，巧妙地配置水石、树丛、桥、廊等，构成各具特色的空间。一切艺术都贵在创新，任何简单的重复与模仿都会削弱它的感染力。

图 2-14　昆明大观楼成为景象构图的中心
（引自徐建融，庄根生《园林府邸》）

我国传统园林建筑着重艺术意境的创造，寓情于景，触景生情，情景交融是我国传统造园的特色。传统造园受宗教对仙山琼阁的憧憬，诗人对田园生活的讴歌，以至历代名家山水画寓情寄意的影响是很深的。诗情画意可以在许多园林建筑艺术意境的创造上反映出来。《园冶》在"园说"、"相地"、"借景"诸篇中所强调的，都涉及艺术意境的创造。譬如在"园说"中有"纳千顷之汪洋，收四时之烂漫"，"溶溶月色，瑟瑟风声，静拢一榻琴书，动涵半轮秋水，清气觉来几席，凡尘顿远襟怀"等古人诗句。这些描述把浩水、花卉、云霞、月色、风声、鹤唤、梵音、琴书等各式各样的形、声、色、味组景因素都点了出来，其目的就是要加强富于艺术意境的园林景观效果，达到园林建筑与环境的高度统一。

在考虑艺术意境过程中，必须结合建筑功能和自然环境条件这两个最基本最重要的因素，否则，景观或艺术意境就会是无本之木，无源之水，在设计工作中也就无从落笔。建筑功能和自然环境条件不是孤立的，在组景时需综合考虑。如封建社会王权和神权的统一，就反映在颐和园、北海这样的帝王园林中，前者以佛香阁建筑群为全园的构图重心（图 2-15，图 2-16），后者以白塔为控制全园的制高点（图 2-17，图 2-18），这种具有强烈

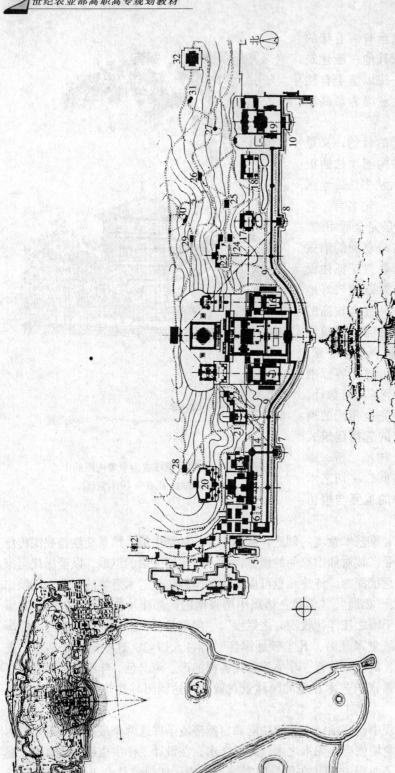

图 2-15　颐和园佛香阁建筑群

1.排云殿　2.宿云檐　3.临河殿　4.小青天、斜门殿等　5.清宴舫　6.石丈亭　7.鱼藻轩　8.对鸥舫　9.长廊　10.水木自亲　11.西四所
12.听鹂馆　13.贵寿无极　14.山色湖光共一楼　15.清华轩　16.介寿堂　17.无尽意轩　18.养云堂　19.乐寿堂　20.画中游　21.云松巢　22.邵窝
23.写秋轩　24.圆朗斋　25.意迟云在　26.福荫轩　27.含新亭　28.湖山真意　29.重翠亭　30.千峰彩翠　31.荟亭　32.景福阁

辽阔开朗的昆明湖、明湖，约占全园面积34，不论从湖的哪一角度都能看到佛香阁优美、突出的外轮廓线。
（引自彭一刚《中国古典园林分析》）

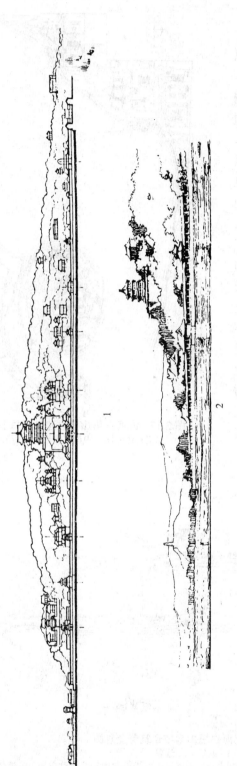

图 2-16　佛香阁建筑群立面图及远景

1. 立面　2. 远景

佛香阁建筑群位于北京颐和园万寿山南坡中轴线上,面对有着广阔水面的昆明湖,拾级登临佛香阁平台,向南眺望可借望昆明湖心的龙王庙岛、十七孔桥、廊如亭及远处之长堤烟景;向西眺望,玉泉山塔和秀丽的西山景色尽收眼底,五方阁为俯借对象。佛香阁建筑群背山面水,兼有东、西两侧廊和其他建筑组群之烘托,气势壮丽,建筑构图完美,空间收放自如,富于节奏感,是园林建筑中的精品佳作。

（引自冯钟平《中国园林建筑》）

中轴线的对称空间艺术布局，构成了极其宏伟壮丽的艺术形象。

从这两组建筑群的艺术构思可以见到，古代匠师如何结合这些颐情养性，礼佛烧香种种功能，通过因地制宜地改造地形环境（挖湖堆山），来塑造各具特色的建筑空间的巧妙手法。

园林建筑设计中，融合环境应以建筑功能为基础，在古今优秀的建筑中可以找到许多实例。如承德避暑山庄是清朝鼎盛时期的大型皇室园林，内有七十二景，各景艺术布局各不相同。正座建筑群是皇帝明堂所在，为了满足朝觐时的礼仪需要，采用轴线对称严整的空间布局；而湖区内的建筑组群以供皇室闲游休憩，多采用不规则的自由布局；在平原区，为了提供赛马、骑射、摔跤等少数民族的比武盛会场地，在空间处理上特意模仿自然草原的旷阔空间。至于沿湖山区所设的各种寺庙道观，其目的除了祭

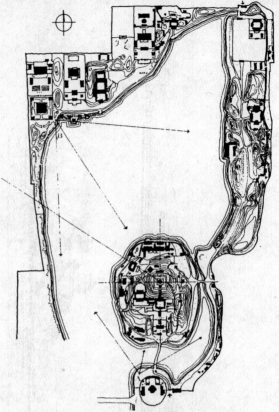

图 2-17　北海白塔山南坡建筑群总平面图
（引自彭一刚《中国古典园林分析》）

图 2-18　北海白塔山南坡建筑群全景图
1. 近景　2. 远景

北海琼华岛山顶白塔为整个北海园林中的制高点，山南城寺院沿南北中轴线对称布局，玉渡桥南以团城承光殿为对景，白塔高耸天际，与远处的景山、故宫互为借景。
（引自彭一刚《中国古典园林分析》）

神礼佛，消灾祈福的功能需要外，也未尝无暮鼓晨钟，梵音在耳的取意。它们在空间布局上，自然也要按照庙宇的制式进行安排。最后，深入到山区腹地的建筑组群，其功能主要是供帝王寻幽访胜（图 2-19），因此，在这些建筑组群中，利用山岩地形的高低错落进行组景就成了空间组合的共同特色。

避暑山庄中的布局在立意上结合功能、地形特点，采用了对称与自由不对称等多种多样的空间处理手法，才使全园各景各具特色，总体布局既统一又富于变化。

从某种意义上说，园林建筑有无创造性，往往取决于设计者如何利用和改造如绿化、水源、山石、地形、气候等环境条件，从总体空间布局到细部处理都不能忽视这个问题。《园冶》所反复强调的"景到随机"，"因境而成"，"得是随形"等原则，在今天的园林建筑设计中仍具有现实的指导意义。

因势利导环境条件，贯彻因境而成，景到随机的原则进行创造性组景的例子很多，如

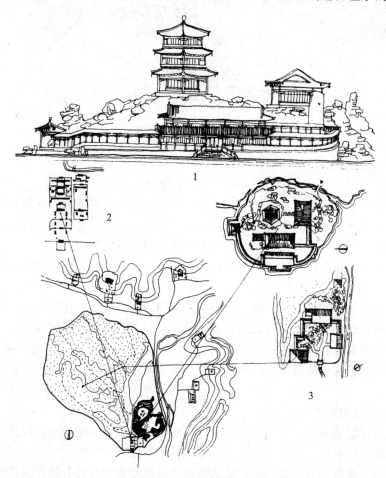

图 2-19　承德避暑山庄

1．"天宇咸畅"建筑群平、立面　2．正宫建筑群平面　3．山区"食蔗居"建筑群平面图

避暑山庄山区占总用地面积的 4/5 左右，湖区位于东南部，湖区北岸为平原区万树园。山庄外东面及西面建有许多寺庙建筑，是园林上佳的借景对象

（引自杜汝俭，李恩山，刘管平《园林建筑设计》）

桂林七星崖公园碧虚阁利用山崖洞口组景（图2-20），峨眉清音阁的洗心亭利用天然瀑布山涧组景（图2-21）。

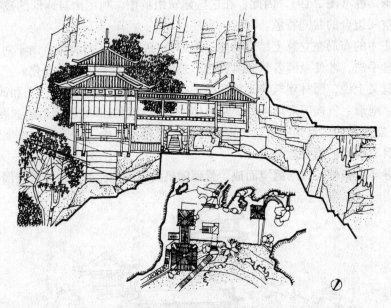

图2-20　桂林七星崖公园碧虚阁
桂林七星崖公园碧虚阁建在桂林七星岩洞口台地上，取意仙山琼阁，巧妙地借用
山洞地势安排建筑
（引自杜汝俭，李恩山，刘管平《园林建筑设计》）

这些例子说明，在自然风景绮丽的地区组景，比较容易取得良好的景观效果。在一般地区由于缺少这些良好的自然条件，组景立意会比较困难，但只要在设计过程中深入调查研究，不放过任何自然条件的有利因素，还是可以做到立意新颖的。

譬如天津水上公园东门，被认为是较有新意的作品，原因也是在立意中重视了环境的因素，贯彻了"因境而成"、"得是随形"的原则（图2-22）。东门这一景点在设计上结合不规则的地形，突破一般公园大门的布局手法，采用开敞的环形空花廊分隔园内外空间取得了通透的效果，此外，并把园内宽敞的湖水纳入园门塑造画面。在此将售票、候船、儿童火车站的交通联系等各种不同的功能要求，通过门内外的广场把它们有机地组织起来，达到了空间更加富于变化的目的。在捕捉景源上还将园中三岛制高点作为借景的对象，使画面更为增色。

（三）园林建筑的选址

园林建筑与环境的关系处理是否恰当，还在于园林建筑在环境中的位置是否合适，是否为周围环境添色加彩。

园林建筑设计从景观方面说，是创造某种和大自然相协调并具有某种典型景效的空间塑造。一座公园或一幢观赏性建筑物如选址不当，不但不利于艺术意境的创造，且会因减低观赏价值而削弱景观的效果。以亭为例，历代名园所建造的亭子，如圆亭、方亭、六角形亭、八角形亭、半壁亭、双环亭、单檐亭，重檐亭等，大小不同，形状各异，不可胜数，而真正于人以深刻印象成为名亭的，除了亭子本身造型外，更加重要的在于选址恰

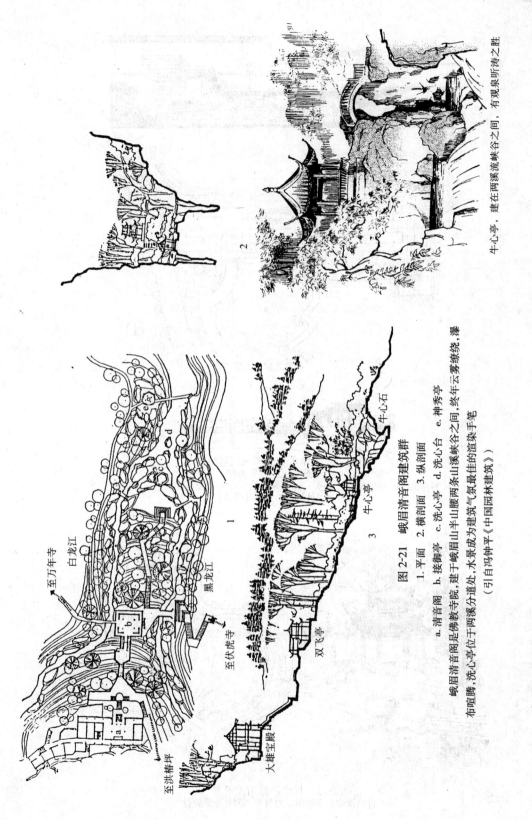

牛心亭，建在两溪流峡谷之间，有观泉听涛之胜

图2-21 峨眉清音阁建筑群
1.平面 2.横剖面 3.纵剖面
a.清音阁 b.接御亭 c.洗心亭 d.洗心台 e.神秀亭

峨眉清音阁是佛教寺院，建于峨眉山半山腰两条山溪峡谷之间，终年云雾缭绕，瀑布喧腾，洗心亭位于两溪分道处，水景成为建筑气氛最佳的渲染手笔

（引自冯钟平《中国园林建筑》）

至万年寺
白龙江
至伏虎寺
黑龙江
至洪椿坪
大雄宝殿

牛心亭
双飞亭
牛心石

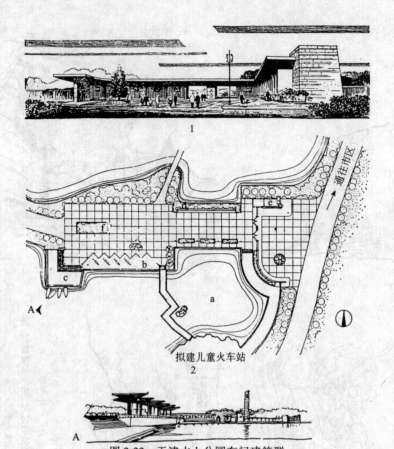

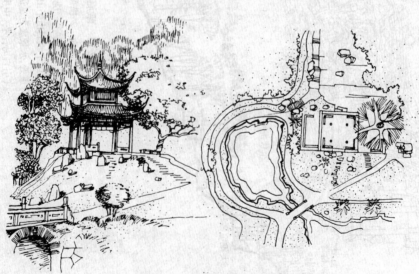

图 2-22　天津水上公园东门建筑群
1. 立面图　2. 总平面图
a. 荷花池　b. 候船廊　c. 码头　d. 展览橱窗　e. 传达及售票房　f. 花坛群
（引自冯钟平《中国园林建筑》）

图 2-23　长沙岳麓山爱晚亭
（引自杜汝俭，李恩山，刘管平《园林建筑设计》）

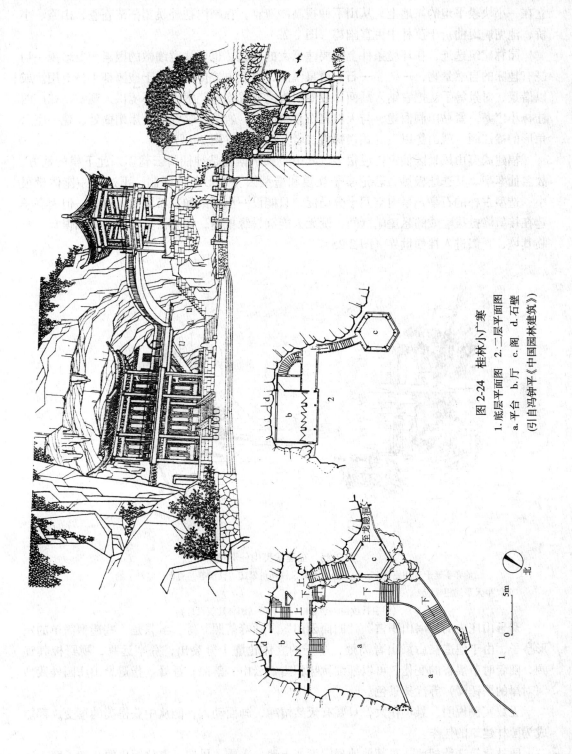

图 2-24　桂林小广寒

1. 底层平面图　2. 二层平面图
a. 平台　b. 厅　c. 阁　d. 石壁
（引自冯钟平《中国园林建筑》）

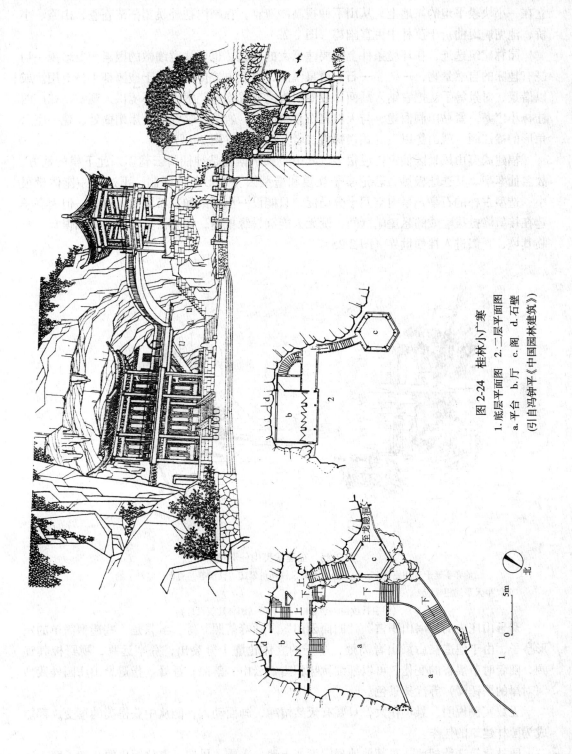

当。如长沙岳麓山山腰的爱晚亭，处于进入陡峭山区的前哨，是登山的必经之地，亭子建立在一小块较平坦的高地上，从山下仰视高峻清雅，在亭内往外眺望茫茫苍苍，山路、小桥、池塘蜿蜒曲折于茂林中更富幽趣（图2-23）。

园林建筑选址，在环境条件上既要注意大的方面，也要注意细微的因素，要珍视一切饶有趣味的自然景物，一树、一石、清泉溪涧，以至古迹传闻，对于造园都十分有用。或以借景、对景等手法把它纳入画面，或专门为之布置富有艺术性的环境供人观赏。如广西桂林小广寒，紧贴山洞而建，与天然岩石紧密嵌合，岩洞外临江的悬崖峭壁处，建一座六角形的襟江阁，就山势以飞虹式楼梯将二者连为一体（图2-24）。

福建武夷山风景区仙家传说很多，其中一景亭据说是神仙腾云驾雾来此下棋的地方，故名仙弈亭。其选址极妙，若论亭子规模和造型因受地形条件限制，不过是一座体量很小、造型古朴的石亭，亭内空间十分局促，只能设一小石桌和二石凳供人对弈，但因亭子建在接笋峰挺拔险峻的悬崖峭壁间，疑无人能够攀缘抵达，每当云雾飘渺，万籁俱寂，身临其境，真似进入神仙世界（图2-25）。

图2-25　福建武夷山仙弈亭

仙弈亭建于千仞绝壁上，设有盘山石级及铁梯供攀爬。仙弈亭与对面仙掌峰上的
半天亭遥相呼应

（引自杜汝俭，李恩山，刘管平《园林建筑设计》）

避暑山庄内的"南山积雪"、"四面云山"、"锤峰落照"等，虽只是一些造型简单的矩形亭子，由于建造在山巅山脊高处，亭子的立体轮廓十分突出，登亭远眺，视野极其辽阔，随着时节晨昏的变化，可以细细玩味积雪、云山、落照、锤峰（指避暑山庄园外武烈河对岸的罄锤峰）等优美景色。

无数实例说明，景不在大，只要有天然情趣，画面动人，能从中获得美的享受，都能成为园林建筑的佳作。

园林建筑选址相地，对其他地理因素如土地、水质、风向、方位等也要详细了解。这些因素对绿化质量和建筑布局也有影响，如向阳的地段，阳光阴影的作用有助于加强建筑立面的表现力；含碱量过大的土质不利于花木生长；在华北地区冬季西北寒风凛冽，建筑入口、朝向忌取西北向等（图 2-26）。

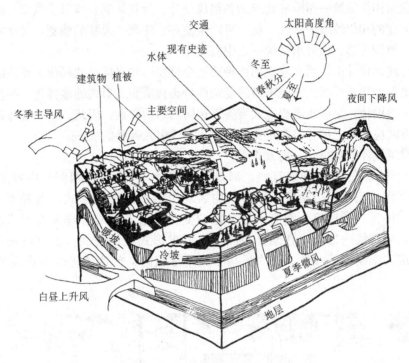

图 2-26　基地的影响因素
（引自王晓俊《风景园林设计》）

总之，园林建筑理应属于人工创造的产品，而环境是属于自然形态的领域，这两者并不是天然就和谐共处的。园林建筑设计的根本在于协调这二者之间的关系，使它们巧妙地结合，在最大范围内寻求统一。任何建筑，只有当它和环境融合在一起，并和周围的建筑共同组合成一个统一的有机整体时，才能充分显示出它的价值和表现力。建筑如果脱离环境，即使本身尽善尽美，也不可避免地因为失去烘托而大为减色，环境也会因此而遭到破坏。

第三节　园林建筑布局

园林建筑布局指根据园林建筑的性质、规模、使用要求和所处环境地形地貌的特点进行构思。这样的构思在一定的空间范围内进行，不仅要考虑园林建筑本身，还要考虑建筑的外部环境。这样的构思通过一定的物质手段进行，按照美的规律去创造各种适合人们游赏的体型环境。

布局是园林建筑设计方法和技巧的中心问题，有了好的组景立意和基址环境条件，但如果布局零乱，也不可能成为佳作。

正确的布局来源于对建筑所在地段环境的全面认识，对建筑自身功用的完全把握，以及对建筑构图手法的正确运用。

一、统　一

园林建筑构图的统一指园林建筑的各组成部分，及其体形、体量、色彩、线条、风格具有一定程度的相似性或一致性。统一可产生整齐、庄严、肃穆的感觉，与此同时，为了克服呆板、单调之感，应力求在统一之中有变化。

在园林建筑设计中，园林建筑的各种功能会自发形成多样化的局面，要使园林建筑设计能够满足各种功能要求，建筑本身的复杂性势必会演变成形式的多样化，甚至一些功能要求很简单的设计，也可能需要一大堆各不相同的结构要素，因此，一个园林建筑设计师的首要任务就应该是把那些势在难免的多样化组成引人入胜的统一。

园林建筑设计中获得统一的方式有：

1. **统一形式**　颐和园的建筑物，都是按当时的《清代营造则例》中规定的法式建造的。木结构、琉璃瓦、油漆彩画等，均表现出传统的民族形式，各种亭、台、楼、阁的体形、体量、功能等，都有十分丰富的变化，给人以既多样又有形式的统一感。除园林建筑形式统一之外，在总体布局上也要求形式上的统一。如万壑松风建筑群，各单体建筑的型制保持一致，在大风格下又不尽相同，创造了优越的景观条件（图2-27）。

图 2-27　万壑松风建筑群
（引自彭一刚《中国古典园林分析》）

2. **统一材料**　园林中非生物性的布景材料，以及由这些材料形成的各类建筑及小品，也要求统一。例如同一座园林中的指路牌、灯柱、宣传画廊、坐椅、栏杆、花架等，常常是具有机能和美学的双重功能，点缀在园内制作的材料都需要统一。同一园林中的建筑在构筑用材及装饰用材上都相对统一。

3. **明确轴线**　建筑构图中常运用轴线来获得各组成部分之间的统一，轴线可强调位置，主要部分安排在主轴上，从属部分则在轴线的两侧或周围。轴线可使各组成部分形成整体，这时等量的二元体若没有轴线则难以构成统一的整体。

某些皇家园林的园中园，没有完全摆脱宫殿等建筑布局方式的影响，仍采用均衡对称和整齐一律的构图方式。将需要突出的重点或中心放在地位突出、显要的中轴线上，主要厅堂体量高大、装饰华美，主体部分平面严整、方正，在整体中形成一个集中、紧凑的核心。其他的建筑和庭院围绕四周并紧紧地依附于它，获得皇家苑囿规整严肃而又不乏自由

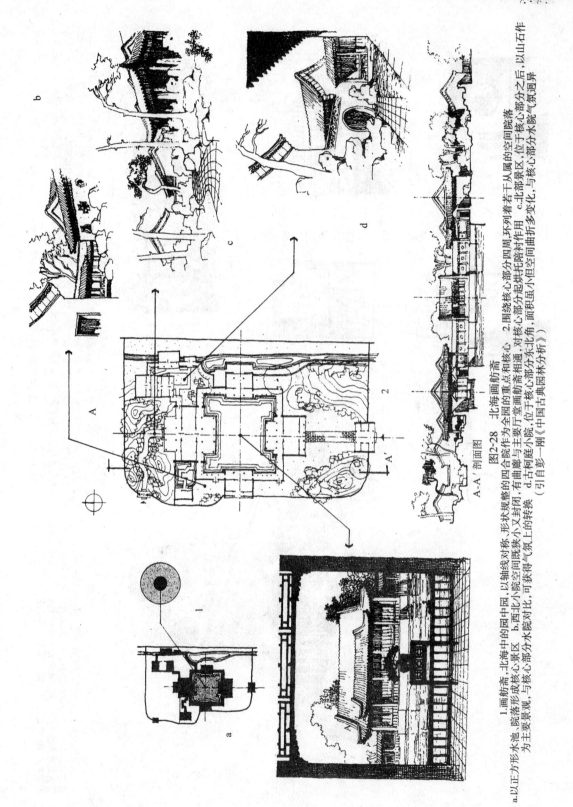

A-A′剖面图

图2-28 北海画舫斋

1.画舫斋,北海中的园中园,以轴线对称,形状规整的四合院的重点和核心。 2.围绕核心部分向四周,环列着若干从属的空间院落
a.以正方形水池,院落形成核心景区 b.西北小院空间既狭小又封闭,对核心部分起烘托陪衬作用 c.北部景区,位于核心部分之后,以山石作
为主要景观,与核心部分景观对比,与核心部分得东北角,面积虽小但空间曲折多变化,与核心部分水院分水院气氛迥异
d.古祠庭小院,位于核心部分东北角,面积虽小但空间曲折多变化,与核心部分水院分水院气氛迥异
(引自彭一刚《中国古典园林分析》)

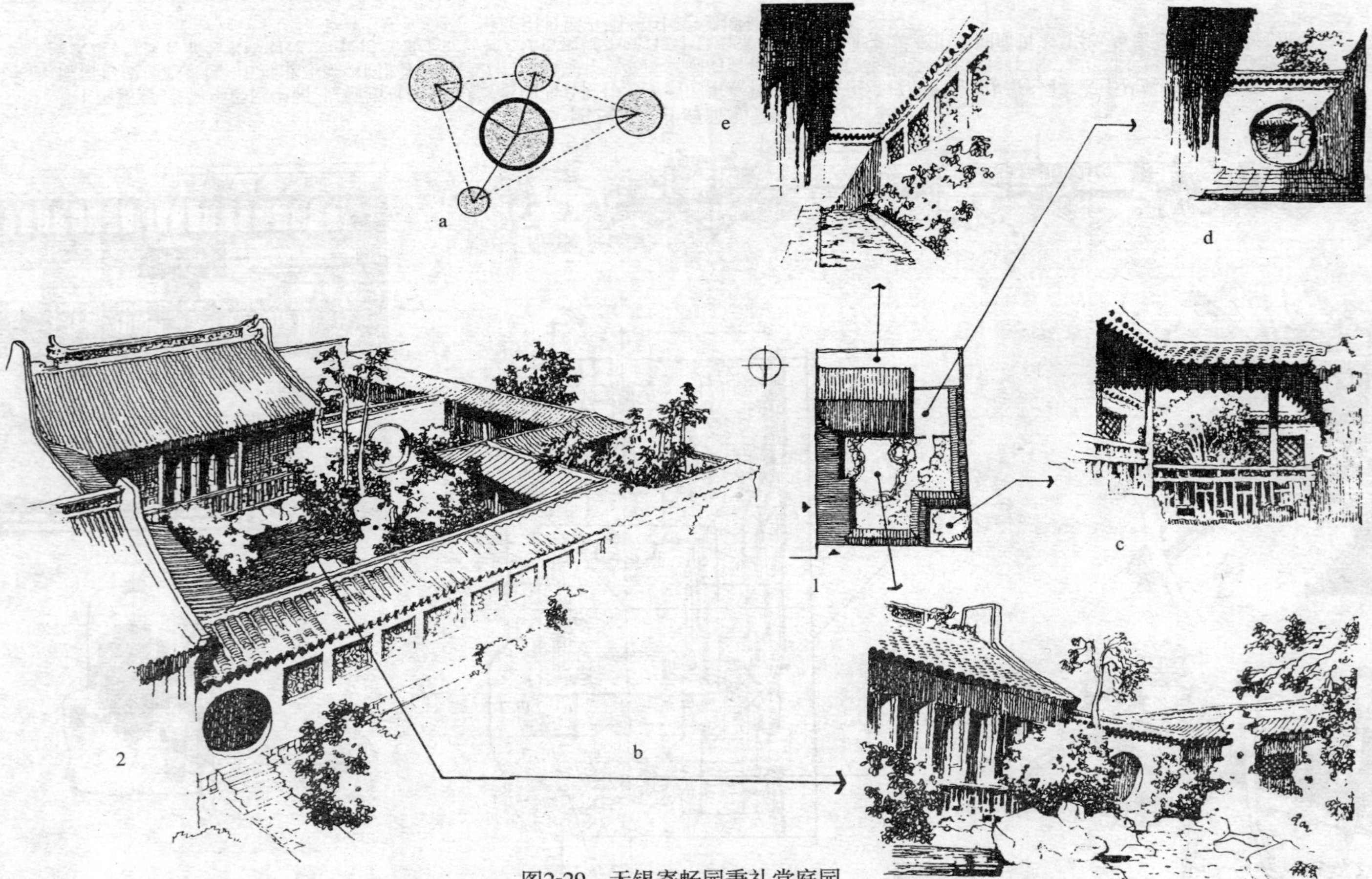

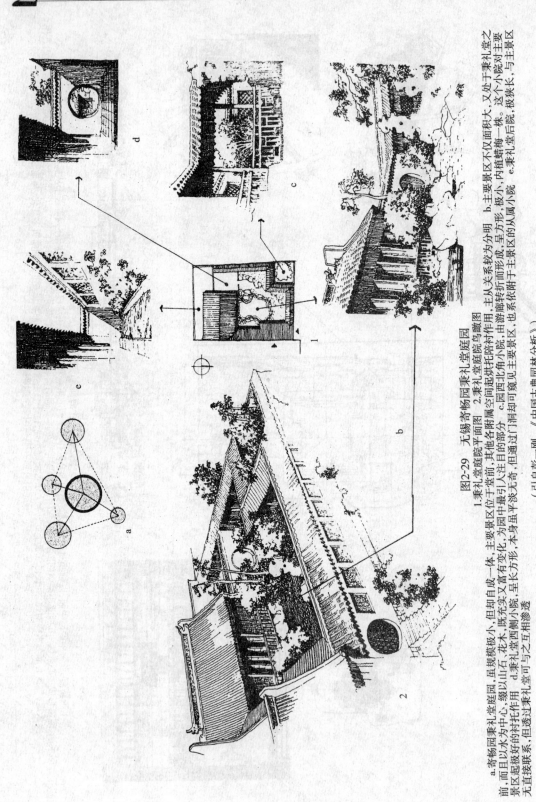

图2-29　无锡寄畅园秉礼堂庭园

1.秉礼堂庭院平面图　2.秉礼堂庭院鸟瞰图

a.寄畅园秉礼堂庭园，虽规模极小，但却自成一体，主要景区位于堂前，其他各附属空间起烘托陪衬作用，主从关系较为分明　b.主要景区不仅面积大，又处于秉礼堂之前，而且以水为中心，缀以山石、花木，既充实又富有变化，为园中最引人注目的部分　c.园西北角小院，由游廊转折而形成，呈方形，极小，内植蜡梅一株。这个小院对主要景区起极好的衬托作用　d.秉礼堂西侧小院，呈长方形，本身虽平淡无奇，但通过门洞却可窥见主要景区，也系依附于主景区的从属小院　e.秉礼堂后院，极狭长，与主景区无直接联系，但透过秉礼堂可与之互相渗透

（引自彭一刚　《中国古典园林分析》）

活泼的气氛，如北京北海的画舫斋（图 2-28）。

4．**突出主体**　主从分明、重点突出是达到统一所必须遵循的原则，西方古典园林建筑和我国传统的宫殿、寺院建筑都显而易见地体现出这一原则。中国园林建筑由于走再现自然的道路，自然本身并不处处都明显地呈现出孰主孰从的差异，因而主从分明、重点突出这一构图原则在中国园林中通常都是以比较含蓄、隐晦的方式来表现的。只要通过细心观察便不难发现，不论大、中、小园，为了求得统一，其间的园林建筑都必然要以这样或那样的方式体现这一原则（图 2-29）。

同等的体量难以突出主体，利用差异作为衬托，才能强调主体，可利用体量大小的差异，高低的差异来衬托主体，由三段体的组合可看出利用衬托以突出主体的效果。在空间的组织上，也同样可以用大小空间的差异与衬托来突出主体。通常，以高大体量突出主体，是一种极有成效的手法，尤其在有复杂的局部组成中，只有高大的主体才能统一全局。颐和园中的佛香阁、北海的白塔（图 2-30），成为全园构图的主体和重心，除了位置使然外，主要是靠他们的巨大体量与四周小体量建筑物的差异取得的。对于相同体量的建筑也可通过建筑布局来获得主从关系（图 2-31）。

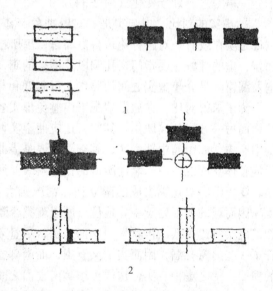

图 2-30　北海琼华岛白塔
（引自彭一刚《中国古典园林分析》）

图 2-31　主从分明的方式简析
1．主从不分的排列形式　2．主从分明的组合形式
三个完全相同的长方形，可以因为排列组合的形式不同而产生不同的效果，上两图因为平均对待而松散单调，下两图因主从分明而形成有机统一的整体
（引自彭一刚《建筑空间组合论》）

二、对　比

园林建筑的对比指在建筑构图中利用一些因素（如色彩、体量、质感）程度上的显著

差异来取得艺术上的表现效果。对比使人们对造型艺术品产生深刻强烈的印象，对比是达到多样统一、取得生动谐调效果的重要手段。

对比使人们对物体的认识得到夸张，它可以对形象的大小、长短、明暗等起到夸张作用。在建筑构图中常用对比取得不同的空间感、尺度感或某种艺术上的表现效果。

1. **大小的对比** 一个大的体量在几个较小体量的衬托下，大的会显得更大，小的则更显小。因此，在建筑构图中常用若干较小的体量来与一个较大的体量进行对比，以突出主体，强调重点。如北海的白塔与其前的广寒殿，在体量形体上都采用极其强烈的对比手法，而且由于造型比例、位置高低、前后距离、线条轮廓等处理得相当精妙绝伦，取得了十分动人的艺术效果（图 2-30）。

2. **方向的对比** 方向的对比同样得到了夸张的效果。在建筑的空间组合和立面处理中，常常用垂直与水平方向的对比以丰富建筑形象。常用垂直上的体型与横向展开的体型组合在一座建筑中，以求体量上不同方向的夸张。横线条与直线条的对比，可使立面划分更丰富，如上海植物园茶室（图 2-32）。同时，建筑设计还会综合考虑自然要素的辅助构图作用，如树木生长的垂直方向和建筑伸展的水平方向的对比，如留园回旋长廊前的古木，一横一直，妙于变化（图 2-33）。

3. **虚实的对比** 虚与实是一对既抽象又概括的范畴。虚，可以说是空或无；实，可以说是实在或有。对园林建筑自身而言，虚所指是空间，实所指是形体。对园林建筑形象而言，虚的部分主要指门窗孔洞以及透空的廊；实的部分主要指建筑的墙垣还有挂落、槅扇及漏窗等是介于虚实之间的要素，可起调和与过渡的作用。

为了求得对比，在通常情况下应避免虚实各半、平分秋色，应力求使其一方居主导地位，而另一方居从属地位。其次，还应使虚实两种因素互相交织穿插，并做到虚中有实，实中有虚。如留园中部景区，其东部主要是借曲谿楼、西楼以及五峰仙馆等建筑的组合而形成整体立面的，由于墙面所占的比重甚大，所以实的要素处于主导地位。由绿荫、明瑟楼、涵碧山房等建筑组成的南立面，情况则大不相同，在这里空廊、槅扇所占的比重很大，因而虚的要素处于主导地位。所以就整个景区来讲，东部立面和南部立面便构成了强烈的虚实对比关系。再就每一立面来讲，尽管东部立面以实为主，但由于在实的墙面上又开了一些门窗孔洞，因而实中又有虚，而南部立面虽然以虚为主，却又在其中嵌入了少量的粉墙，使之虚中有实，这样，东、南立面之间，既保持了强烈的虚实对比，但又于对比中使虚、实两种要素有所渗透、交织、穿插，于是给人的感觉就不显得突然、生硬了（图 2-34）。

就是同一个立面，也可按虚实处理不同而划分为若干段落，有的段落以实为主，实中有虚，而另外一些段落则以虚为主，虚中有实。例如扬州小盘谷东部立面，其两端以实为主，实中有虚，而中部则以虚为主，虚中有实。整个立面虚实对比的关系异常分明，整体效果生动活泼（图 2-35）。

有些建筑由于功能要求形成大片实墙，但艺术效果上又不需要强调实墙面的特点，则常加以空廊或作质地处理，以虚实对比的方法打破实墙的沉重与闭塞感。实墙面上的光影，也会造成虚实对比的效果（图 2-36）。

图2-32 上海植物园茶室全景图
（引自卢仁《园林建筑》）

图2-33 留园长廊与古木
（引自徐文涛，孙志勤《留园》）

图2-34 留园中部景区南立面

留园中部景区南立面以大面积实墙为背景来衬托玲珑透剔的建筑,又点缀以半虚半实的漏窗、槅窗,具有极好的虚实对比与变化

(引自彭一刚《中国古典园林分析》)

图 2-35　扬州小盘谷东部立面片段

　　扬州小盘谷立面片断，建筑以实为主，仅中部留一缺口，并设一亭一石，使虚中有实；下部山石以实为主，实中有虚（洞壑），虚实之间有良好的交织穿插

（引自彭一刚《中国古典园林分析》）

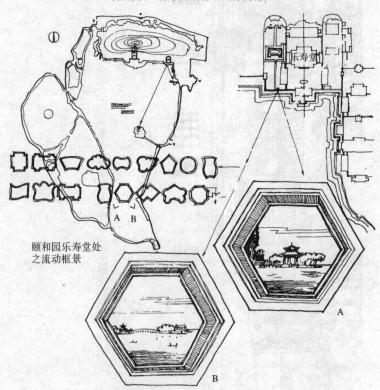

图 2-36　颐和园乐寿堂处的窗洞口

　　门窗洞口将远处的飘渺景观纳入大片墙面之中，使虚与实很好地结合

（引自杜汝俭，李恩山，刘管平《园林建筑设计》）

4．**明暗的对比**　利用明暗对比关系以求空间的变化和突出重点，也是园林布局的一种常用手法。

在日光作用下，室外空间与室内空间（包括洞穴空间）存在着明暗现象，室内空间愈封闭，明暗对比愈显强烈，视觉的反差会吸引人们将注意力转向美妙的景观（图2-37）。

即使在室内空间中，由于光的照度不匀，也可以形成一部分空间和另一部分空间之间的明暗对比关系。

在利用明暗对比关系上，园林建筑多以暗托明，明的空间往往为艺术表现的重点或兴趣中心。传统园林常常利用天然或人工洞穴所造成的暗空间作为联系建筑物的通道，并以之衬

图 2-37　留园曲谿楼室内的暗与室外的明
（引自徐文涛，孙志勤《留园》）

托洞外的明亮空间，通过这一明一暗的强烈对比，在视觉上可以产生一种奇妙的艺术情趣。

在建筑的布局中可以通过空间疏密、开朗与闭锁的有序变化，形成空间在光影、明暗方面产生的对比，使空间明中有暗，暗中有明，引人入胜。

5．**色彩的对比**　色彩对比包括色相对比和色度对比两方面，色相对比是指两个相对的补色为对比色，如红与绿、黄与紫等；色度对比是指颜色深浅程度的对比。在建筑中色彩的对比，不一定要找对比色，而只要色彩差异明显即有对比效果。中国古典建筑色彩对比极为强烈，如红柱与绿栏杆的对比，黄屋顶与红墙、白台基的对比。北海白塔和紧贴前面的重檐琉璃佛殿，体量上的大与小、形状上的圆与方、色彩上的洁白与重彩、线条上的细腻与粗犷，对比都很强烈，艺术效果极佳。

此外，不同材料质感的应用也构成良好的对比效果。

6．**形状的对比**　形状对比主要表现在平、立面形式上的区别。方和圆、高直与低平、规整与自由，在设计时都可以利用这些形状上互相对立的因素来取得构图上的变化和突出重点。从视觉心理上说，规矩方正的单体建筑和庭园空间易于形成庄严的气氛；而比较自由的形式，如按三角形、六边形、圆形和自由弧线组合的平、立面形式，则易形成活泼的气氛。

在中国古典园林中，主人日常生活的庭院多取规矩方正的形式；憩息玩赏的庭院则多取自由形式。从前者转入后者时，由于空间形状对比的变化，艺术气氛突变而倍增情趣。如北京北海静心斋，入门后为长方形水院，规整严肃；斋后为水石景院，呈天然形态，前后庭院在形体上采用对比手法，以增强艺术情趣（图2-38）。

图2-38　北京北海静心斋

a.严整空间与富有自然情趣空间对比分析图　b.静心斋主要厅堂空间对比示意图　c.入园后，首先来到静心斋主要厅堂前方整齐的水院，气氛十分严肃　d.通过回廊自两侧绕过水院，可进入静心斋主要厅堂　e.过厅堂，来到回园的主要景区，一派自然情趣的主要景区　f.前后两院气氛迥然不同，判若两个天地，利用两者对比，可大大增强主要景区的自然情趣　f.前后两院气氛迥然不同，判若两个天地，利用两者对比，可使人的情绪为之一振

（引自彭一刚《中国古典园林分析》）

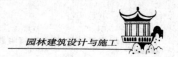

三、均　衡

在视觉艺术中，均衡是任何现实对象中都存在的特性，均衡中心两边的视觉趣味中心，分量是相当的。具有良好均衡性的艺术品，都在均衡中心予以某种强调，或者说，只有容易察觉的均衡才能令人满足。建筑构图应当遵循这一自然法则。建筑物的均衡，关键在于有明确的均衡中心（或中轴线），如何确定均衡中心，并加以适当的强调，这是构图的关键。

均衡不仅表现在立面上，而且在平面布局上、形体组合上都应加以注意。

均衡有两种类型：对称均衡与不对称均衡。

1. **对称均衡**　在这类均衡中，建筑物对称轴线的两旁是完全一样的，只要把均衡中心以某种巧妙的手法来加以强调，立刻给人一种安定的均衡感。

2. **不对称均衡**　不对称均衡要比对称均衡的构图更需要强调均衡中心，要在均衡中心加上一个有力的"强音"。另外，也可利用杠杆的平衡原理，一个远离均衡中心、意义上较为次要的小物体，可以用靠近均衡中心、意义上较为重要的大物体来加以平衡。

对称均衡布局的空间容易予人以庄严的印象，而非对称均衡布局的空间则多为一种活泼的感受。庄严或活泼，主要取决于功能和艺术意境的需要，园林建筑设计时常会根据园林布局的风格需要采用这两种构图方式。

四、韵　律

在视觉艺术中，韵律是任何物体的诸元素成系统重复的一种属性，而这些元素之间具有可以认识的关系。在建筑构图中，这种重复当然一定是由建筑设计所引起的视觉可见元素的重复。如光线和阴影，不同的色彩、支柱、开洞及室内容积等，一个建筑物的大部分效果，就是依靠这些韵律关系的协调性、简洁性来取得的。园林中的走廊以柱子有规律的重复形成强烈的韵律感。

建筑构图中韵律的类型大致有：

1. **连续韵律**　是指在建筑构图中由于一种或几种组成部分的连续重复排列而产生的一种韵律。连续韵律可作多种组合：

（1）距离相等、形式相同。如柱列，或距离相等，形状不同。

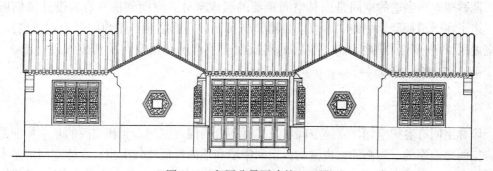

图 2-39　留园盆景园建筑立面图

（2）不同形式交替出现的韵律。如立面上窗、柱、花饰等的交替出现，下层不同的变化形成韵律，并有互相对比与衬托的效果。中国江南私家园林中建筑的长窗和短窗就以这种方式形成强烈的韵律感（图2-39）。

2. **渐变韵律**　在建筑构图中，其变化规则在某一方面作有规律的递增或递减所形成的规律。如中国塔是典型的向上递减的渐变韵律（图2-40）。

3. **交错韵律**　在建筑构图中，各组成部分有规律地纵横穿插或交错产生的韵律。其变化规律按纵横两个方向或多个方向发展，因而是一种较复杂的韵律，花格图案上常出现这种韵律。韵律可以是不确定的、开放式的，也可以是确定的、封闭式的。只把类似的单元作等距离的重复，没有一定的开头和一定的结尾，这叫做开放式韵律，在建筑构图中，开放式韵律的效果是动荡不定的，含有某种不限定和骚动的感觉。通常在圆形或椭圆形建筑构图中，处理成连续而有规律的韵律是十分恰当的。

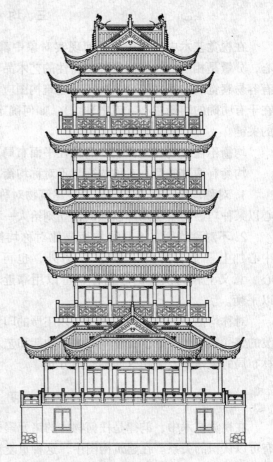

图2-40　某中国塔方案

第四节　园林建筑空间

园林建筑空间是园林建筑实体所围起来的"空"的部分，是人活动的空间，能给予人们园林建筑最直接、最经常、最重要的影响和感受。

园林建筑所创造的空间是园林空间重要的组成部分。空间创造一直为设计师们所关注，老子在《道德经》中的"埏埴以为器，当其无，有器之用；凿户牖以为室，当其无，有室之用，……"形象地说明了空间的本质在于其可用性及空间的功能作用（图2-41，图2-42，图2-43，图2-44）。

一、空间组合形式

园林空间有容积空间、立体空间以及二者相合的混合空间。容积空间的基本特征是围合，空间是静态的、向心的、内聚的，空间中墙和地的特征比较突出；立体空间的基本特征是填充，空间层次丰富，有流动感。混合空间则兼有容积空间和立体空间二者的特征

图 2-41　空间的产生：有与无
（引自王晓俊《风景园林设计》）

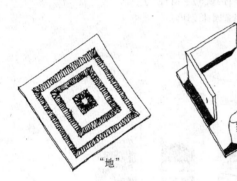

图 2-42　空间构成要素
（引自王晓俊《风景园林设计》）

（图 2-45）。

　　园林建筑的空间组合，主要依据园林总体规划上的要求，按照具体环境的特点及使用功能上的需要而采取不同的方式。园林建筑空间组合形式常见的有以下几种：

　　（一）由独立的建筑物和环境结合而成的开放性空间

　　这种空间组合形式多使用于某些点景的亭、榭之类，或用于建筑单体。点景即用建筑物来点缀风景，使自然风景更加生动别致。这种空间组合的特点是以自然景物来衬托建筑物，建筑物是空间的主体，故对建筑物本身的造型要求较高。建筑物布局可以是对称的，也可以是非对称的。

　　古代西方的园林建筑空间组合，最常用的是对称开放式的空间布局，以房屋（宫殿、府邸）为主体，用树丛、花坛、喷泉、雕像、规则的广场、道路等来陪衬烘托建筑物。由于大多采用砖石结构的关系，建筑物空间比较封闭，室内空间与室外花园空间之间很少穿插和渗透。

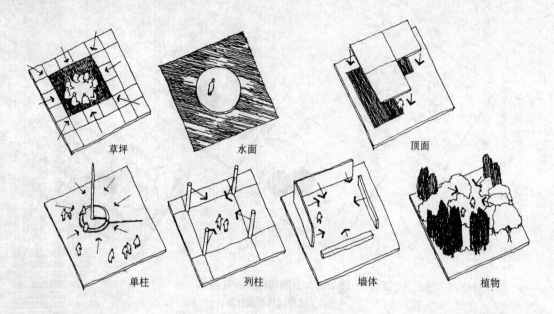

草坪　　　　　水面　　　　　顶面

单柱　　　列柱　　　墙体　　　植物

图 2-43　设计空间构成的丰富性
（引自王晓俊《风景园林设计》）

图 2-44　环行布置的坊暗示空间的存在
（引自王晓俊《风景园林设计》）

（二）由建筑组群自由组合而成的开放性空间

这种空间组合与前一种组合形式相比，视觉上空间的开放性是基本相同的，但一般规模较大，建筑组群与园林空间之间形成多种分隔和穿插。在古代多见于规模较大，采取分区组景的帝王苑囿和名胜风景区中，如扬州瘦西湖中的五亭桥（图 2-46）、杭州西泠印社（图 2-47）、平湖秋月（图 2-48）、三潭印月（图 2-49）等，它们的布局都是采用这种空间组合形式。

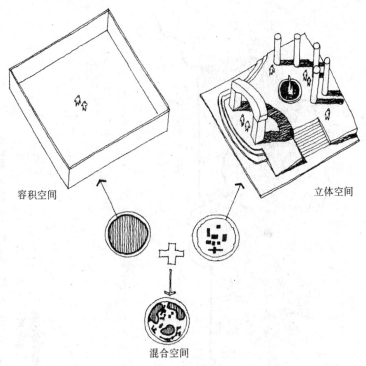

容积空间

立体空间

混合空间

图 2-45　广义的空间形式
(引自王晓俊《风景园林设计》)

　　由建筑组群自由组合的开敞空间，多采用分散式布局，并用桥、廊、道路、铺面等使建筑物相互连接，但不围成封闭性的院落，空间围合可就地形高低、随势转折。此外，建筑物之间有一定的轴线关系，使之能彼此顾盼，互为衬托，有主有从。至于总体上是否按对称或非对称布局，则须视其功能和所处环境条件而定。

（三）由建筑物围合而成的庭院空间

　　这是我国古代园林建筑普遍使用的一种空间组合形式。庭院可大可小，围合庭院的建筑物数量、面积、层数均可伸缩，在布局上可以是单一庭院，也可以由几个大小不等的庭院相互衬托、穿插、渗透形成统一的空间。

图 2-46　扬州瘦西湖中的五亭桥
(引自潘谷西《中国建筑史》)

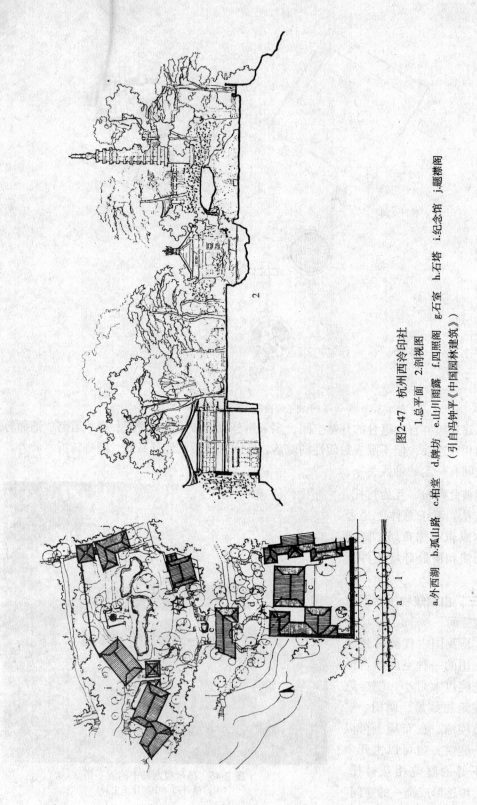

图2-47 杭州西泠印社
1.总平面 2.剖视图

a.外西湖 b.孤山路 c.柏堂 d.牌坊 e.山川雨露 f.四照阁 g.石室 h.石塔 i.纪念馆 j.题襟阁
(引自冯钟平《中国园林建筑》)

这种空间组合，有众多的房间可以用来满足多种功能的需要。

从景观方面说，庭院空间在视觉上具有内聚的倾向，一般情况不是为了突出某个建筑物，而是借助建筑物和山水花木的配合来突出整个庭院空间的艺术意境。有时庭院中的自然景物如山石、池沼、树丛、花卉等反而成为空间的主体和吸引人们的兴趣中心。通过观鱼、赏花、玩石等来激发游人的情趣。

由建筑物围合而成的庭院，在传统设计中大多是由厅、堂、轩、馆、亭、榭、楼阁等单体建筑用廊子、院墙连接围合而成。

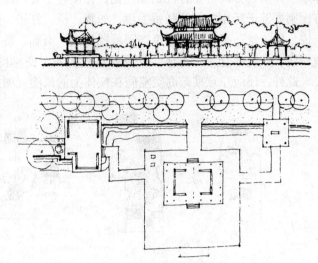

图 2-48　杭州平湖秋月
（引自杜汝俭，李恩山，刘管平《园林建筑设计》）

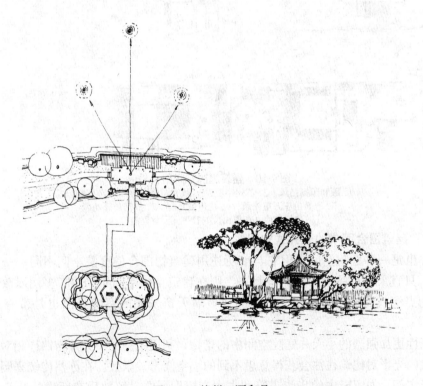

图 2-49　杭州三潭印月
（引自杜汝俭，李恩山，刘管平《园林建筑设计》）

庭院内，或为池沼，或为假山，或为草坪、花卉树丛，或数者兼而有之配合成景。

由建筑物围合的庭院空间，一方面要使单体建筑配置得体，主从分明，重点突出，在体形、体量、方向上要有区别和变化，在位置上要彼此能呼应顾盼，距离避免均等。另一方面则要善于运用空间的联系手段，如廊、桥、汀步、院墙、道路、铺面等。从抽象构图上说，厅、堂、亭、榭等建筑空间可视作点，而廊、桥、汀步、院墙、道路等联系空间可视作线，点线结合为面为体，处理好点线关系，使构图既富于变化而又和谐统一至关紧要。此外，还应注意推敲庭院空间在整体上的尺度（图2-50）。

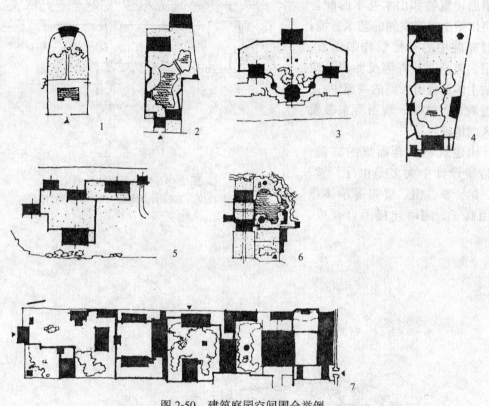

图 2-50 建筑庭园空间围合举例
1. 颐和园扬仁风 2. 苏州半园 3. 颐和园画中游 4. 苏州鹤园
5. 避暑山庄万壑松风 6. 杭州黄龙洞 7. 故宫乾隆花园
（引自杜汝俭，李恩山，刘管平《园林建筑设计》）

（四）建筑围合而成的天井式空间

天井也是一种庭院空间，但它与前所述用建筑物围合的庭院空间不同。一则空间体量较小，只宜采取小品性的绿化景栽；二则在建筑整体空间布局中，多用以改善局部环境，作为点缀或装饰使用。用人工照明或玻璃天窗采光的室内景园也是带有这种性质的。

内聚性更加强烈的小天井庭院空间中的景物，利用明亮的小天井与四周相对晦暗的空间所形成的光影对比，往往会获得意想不到的小空间奇妙景效。在苏州传统庭园中有许多这类精彩实例，如留园中的华步小筑和古木交柯即属之。解放后在新建的一些公共建筑中，也多采用小天井的处理手法，成功的例子如广州中山纪念堂贵宾休息室、西苑茶社、友谊剧院贵宾休息室、白云宾馆小天井（图2-51）和白云山庄客房中的三叠泉室内景园等。

图 2-51　白云宾馆底层庭园

（引自杜汝俭，李恩山，刘管平《园林建筑设计》）

（五）混合式空间

由于功能或组景的需要，有时可把以上几种空间组合的形式结合使用，故称混合式空间组合。古代和现代都有这样的例子，如承德避暑山庄烟雨楼建筑群建在青莲岛上，主轴线上为一长方形庭院，东翼配置八角亭、四角亭和三开间东西向的硬山式小室各一座，三个单体建筑物彼此靠近形成一体；西翼紧接庭院为一小院，并于岛南端叠山，山顶建六角形翼亭一座使建筑群整体构图更为平衡完美（图 2-52）。

又如园林化的白云山庄旅舍客房部分采用庭院空间布局，而在餐厅部分则改用自由开敞的空间形式，二者利用曲廊连成整体（图 2-53）。

（六）统一构图、分区组景的空间

以上五种空间组合，一般属园林建筑规模较小的布局形式，对于规模较大的园林，则需从总体上根据功能、地形条件将统一的空间划分成若干各具特色的景区或景点来处理，在构图布局上又使它们能互相因借，巧妙联系，有主从和重点，有节奏和韵律，以取得和谐统一。古典皇家园林如圆明园（图 2-54）、避暑山庄、北海和颐和园。私家古典庭园如苏州拙政园（图 2-55），留园（图 2-56），以及解放后新建的广州兰圃公园等，都是采用统一构图，分区组景布局的优秀例子。

二、空间处理手法

园林建筑空间塑造应美在意境，虚实相生，以人为本，时空结合。空间的大小应视空间的功能要求和艺术要求而定。大尺度的空间气势磅礴，感染力强，常使人肃然起敬，有时大尺度空间也是权力和财富的一种表现及象征。小尺度的空间较为亲切怡人，适合于人的交往、休憩，常使人感到舒适、自在。为了塑造不同性格的空间就需要采用不同的处理方式。

空间处理应从单个空间本身和不同空间之间的相互关系两个方面考虑。单个空间的处理应注意空间的大小与尺度、封闭性、构成方式、构成要素的特征（形状、色彩、质感等）以及空间所表达的意义后所具有的性格等内容。多个空间的处理则应以空间的对比、

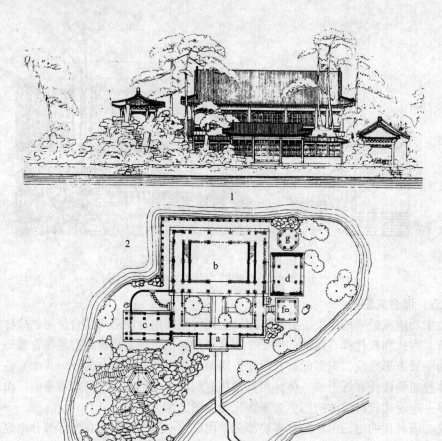

图 2-52　承德避暑山庄烟雨楼建筑群
1. 南立面　2. 平面
a. 门殿　b. 烟雨楼　c. 对山斋　d. 青阳　e. 翼亭　f. 四方亭　g. 八角亭
（引自冯钟平《中国园林建筑》）

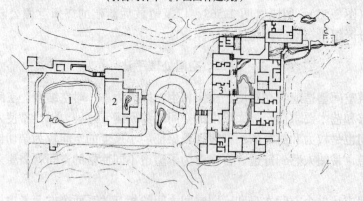

图 2-53　白云山庄旅舍庭园平面图
1. 水池　2. 餐厅　3. 客房
（引自杜汝俭，李恩山，刘管平《园林建筑设计》）

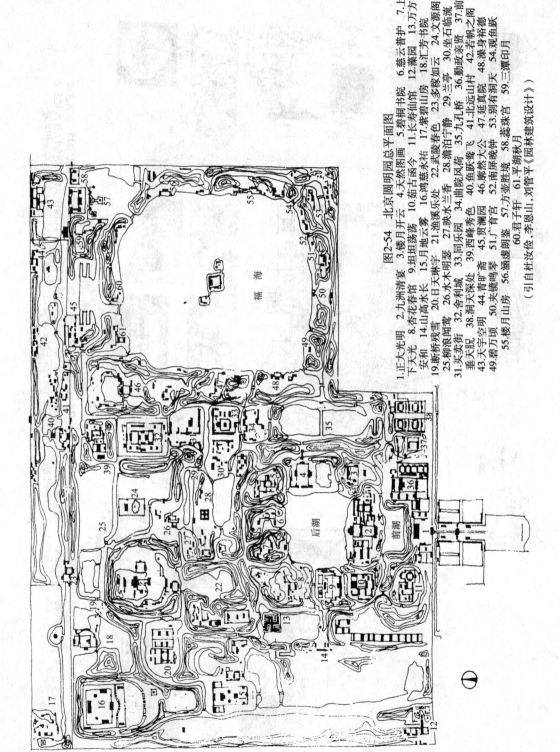

图2-54　北京圆明园总平面图

1.正大光明 2.九洲清宴 3.楼月开云 4.天然图画 5.碧桐书画 6.慈云普护 7.上下天光 8.杏花春馆 9.坦坦荡荡 10.茹古函今 11.长春仙馆 12.藻园 13.万方安和 14.山高水长 15.月地云居 16.鸿慈永祜 17.紫碧山房 18.汇芳书院 19.断桥残雪 20.日天琳宇 21.澹溪乐处 22.武陵春色 23.多稼如云 24.文源阁 25.柳浪闻莺 26.水木明瑟 27.映水兰香 28.濂泊宁静 29.兰亭 30.坐石临流 31.天芝街 32.舍利城 33.同乐园 34.曲院风荷 35.九孔桥 36.勤政亲贤 37.前垂天贶 38.洞天深处 39.西峰秀色 40.鱼跃鸢飞 41.北远山村 42.若帆之阁 43.天宇空明 44.青旷斋 45.贯澜园 46.廓然大公 47.延真院 48.澡身裕德 49.楼月山房 50.夹镜鸣琴 51.广青音 52.南屏晚种 53.别有洞天 54.观鱼跃 55.楼月山房 56.涵虚朗鉴 57.方壶胜境 58.蕊珠宫 59.三覃印月 60.君子轩 61.平湖秋月

（引自杜钰山，李恩山，刘管平《园林建筑设计》）

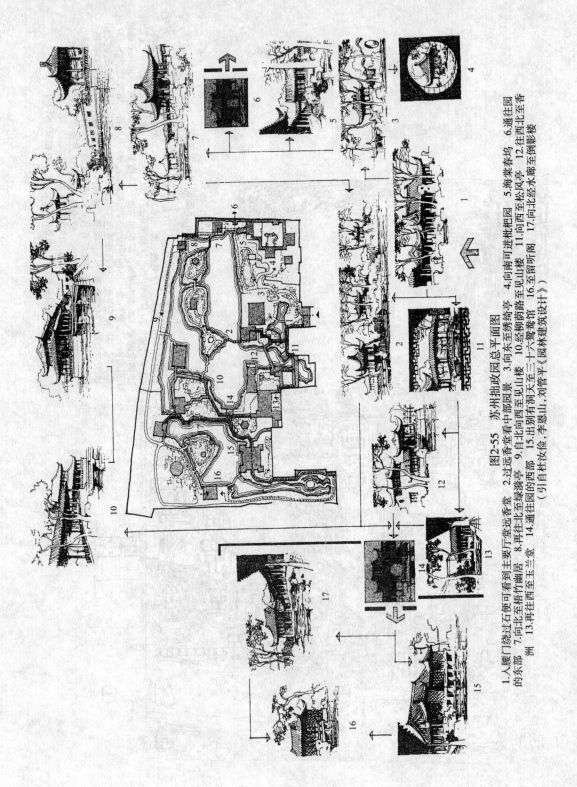

图2-55 苏州拙政园总平面图

1.入腰门绕过石便可看到主要厅堂远香堂 2.过远香堂看中部园景 3.向东至绣绮亭 4.向南可进枇杷园 5.海棠春坞 6.通住园的东部 7.向北至梧竹幽居 8.再往北至绿漪亭 9.自北向西至见山楼 10.经柳荫路至见山楼 11.向西至松风亭 12.住西北至香洲 13.再往西至玉兰堂 14.通往园的西部 15.出别有洞天至三十六鸳鸯馆 16.至留听阁 17.向北经水廊至倒影楼

（引自杜汝俭、李恩山、刘管平《园林建筑设计》）

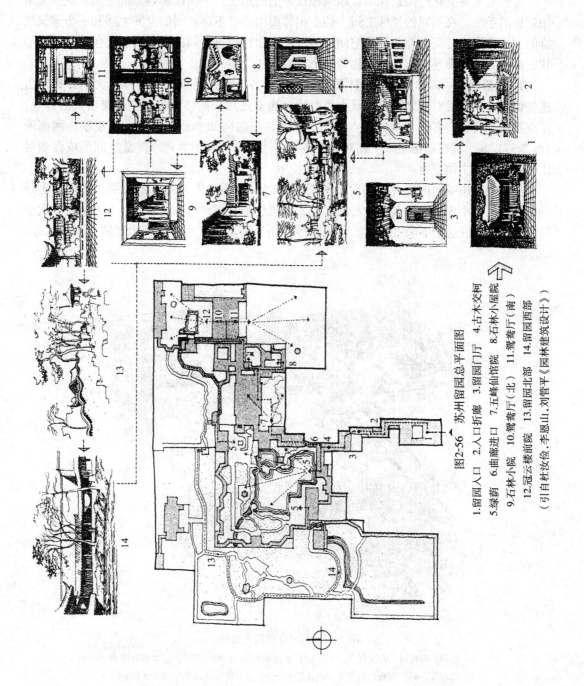

图2-56　苏州留园总平面图

1.留园入口　2.入口折廊　3.留园门厅　4.古木交柯
5.绿荫　6.曲廊进口　7.五峰仙馆院　8.石林小屋院
9.石林小院　10.鸳鸯厅（北）　11.鸳鸯厅（南）
12.石林小楼前院　13.留园北部　14.留园西部
（引自杜汝俭,李恩山,刘管平《园林建筑设计》）

渗透、序列等关系为主。后者是园林建筑空间处理的主要部分。

（一）空间的对比

为创造丰富变化的园景和给人以某种视觉上的感受，中国园林建筑的空间组织经常采用对比的手法。在不同的景区之间、两个相邻而内容又不尽相同的空间之间和一个建筑组群的主、次空间之间，都常形成空间上的对比。园林建筑空间的对比，主要包括体量、形状、虚实、明暗和建筑与自然景物等几个方面。

1. 体量对比 园林建筑空间体量对比，包括各个单体建筑之间的体量大小对比和由建筑物围合的庭院空间之间的体量大小对比。通常是用小的体量来衬托、突出大的体量，使空间富于变化，有主有从，重点突出。许多传统名园如苏州的留园、沧浪亭、网师园（图 2-57）等，其布局都是一个相对大得多的院落空间与园中其他小院落空间形成强烈对比，从而突出主体空间。

巧妙地利用空间体量大小的对比作用还可以取得小中见大的艺术效果。常用方法是"欲扬先抑"，小中见大的大是相对的大，人们通过小空间再转入大空间，由于瞬时的大小强烈对比，会使这个本来不太大的空间显得特别开阔。如广州矿泉客舍庭院空间的处理，

图 2-57　苏州网师园鸟瞰图

苏州的网师园，占地仅 5 000 多 m^2，水池面积约占 300 多 m^2，绕池建有临水之
亭、廊、楼、阁、石桥，池不大，但显得十分开阔，且有源远流长之感觉，网师园东
侧厅堂部分院落采用小空间形式，建筑较密集。由厅堂部分转入主庭园后，空间在明
暗、大小、收放、严整与自由各个方面，采用较强的对比方法，增加了艺术感染力

（引自六敦桢《苏州古典园林》）

在进入大的庭院空间之前设置了一段低矮的通廊，放在狭长的小院中央，把空间加以压缩，当进入到第一道院门时，使人有强烈的局促和压抑感，随之往左，从月洞门透过来的主庭院的明亮光线，预示了主庭的景色，穿过月洞门，空间顿时豁然开朗，步入了另一境界，跃入眼帘的庭院空间显得十分广阔（图2-58）。

苏州古典园林如留园、网师园等利用空间大小强烈对比而获得小中见大艺术效果的范例是很多的（图2-59）。

2. 形状对比　园林建筑空间形状对比，一是单体建筑之间的形状对比，二是建筑围合的庭院空间的形状对比。空间形状的对比往往形成空间的开合变化，处理得当，常能取得意料之外的戏剧性效果（图2-60）。

苏州拙政园，从大门进入后首先有一座假山为屏障，然后经过曲折的游廊，穿插于狭长的园林空间中，随后当进入主体建筑远香堂之后，园内的景物几乎以360°全景范围展开。经过这一收一放，园林的境界更觉幽邃深远。

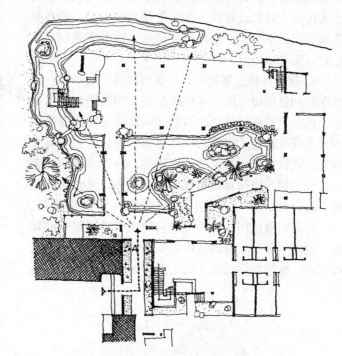

图 2-58　广州矿泉客舍庭园
（引自彭一刚《建筑空间组合论》）

3. 明暗虚实对比　园林建筑与池水、山石构成的园林外部空间，园林建筑自身的空间，以及园林建筑之间的空间都存在着明与暗、虚与实的关系。有时在光线作用下，水面与建筑物比较，前者为明，后者为暗，但有时又恰好相反。在园林建筑空间处理时，可以利用它们之间的明暗对比关系，以及建筑物与水面倒影的虚实关系来创造各种艺术意境。

空间的虚实关系，也可扩大理解为空间的围放关系，围即实，放即虚。空间处理时，

尽量围得紧凑，放得透畅，强调围放对比，从而取得
空间构图上的重点效果，形成某种兴趣中心。若在被
强调突出的空间中，精心布置景点，则可使景物扣人
心弦（图2-61）。

4. **建筑与自然景物对比**　在园林建筑设计中，严
整规则的建筑物与形态万千的自然景物之间包含着形
态、色彩、质感种种对比因素，可以通过对比突出构
图重点获得景效。建筑与自然景物的对比，也要有主
有从，或以自然景物烘托突出建筑，或以建筑烘托突
出自然景物，使两者结合成和谐的整体。风景区的亭
榭空间环境，建筑是主体，四周自然景物是陪衬，
亭、榭起点景作用。有些用建筑物围合的庭院空间环
境，池沼、山石、树丛、花木等自然景物是赏景的兴
趣中心，建筑物反而成了烘托自然景物的屏壁或背景。

图2-59　用封闭的小空间做对比
（引自王晓俊《风景园林设计》）

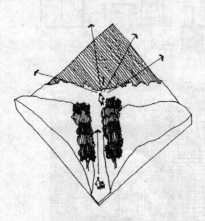

图 2-60　用狭长的空间做对比
（引自王晓俊《风景园林设计》）

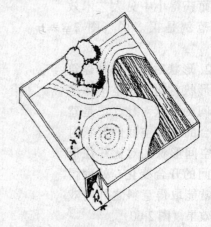

图 2-61　用暗、小的空间做对比
（引自王晓俊《风景园林设计》）

园林建筑空间在大小、形状、明暗、虚实等方面的对比手法，经常互相结合，交叉运
用，使空间有变化、有层次、有深度，使建筑空间与自然空间有很好的结合与过渡，以达
到园林建筑实用与造景两方面功能的基本要求。

（二）空间的渗透与层次

园林建筑空间布局，为避免单调，并获得建筑及其周围环境空间的变化，除采用对比
手法外，还经常会组织空间的渗透与层次。

空间如果毫无分隔和层次，则无论空间有多大，都会因为一览无余而失之单调；相
反，置身于层次丰富的较小空间中，如果布局得体，能获得众多美好的画面，则会使人在
目不暇接的视觉感受过程中忘却空间的大小限制。因此，处理好空间渗透与层次，可以突
破有限空间的局限性取得大中见小或小中见大的变化效果，从而得以增强艺术的感染力。
如我国古代有许多名园，占地面积和总的空间体量不大，但因能巧妙使用渗透与层次的处

理手法，造成比实有空间要广大得多的错觉，予人的印象是深刻的。处理空间的渗透与层次，具体方法概括起来有以下两种：

1. 相邻空间的渗透与层次 这种方法主要是利用门、窗、洞口、空廊等作为相邻空间的联系媒介，使空间彼此渗透，增添空间层次。在渗透运用上主要有下列手法：对景、流动框景、利用空廊互相渗透和利用曲折、错落变化增添空间层次。

（1）对景。指在特定的视点，通过门、窗、洞口，从一空间眺望另一空间的特定景色。

对景能否起到引人入胜的诱导作用与对景景物的选择和处理有密切关系，所组成的景色画面构图必须完整优美。视点、门、窗、洞口和景物之间为一固定的直线联系，形成的画面基本上是固定的，可以利用门窗洞口的形状和式样来加强画面的装饰性效果。门、窗、洞口的式样繁多，采用何种式样和大小尺寸应服从艺术意境的需要，切忌公式化随便套用。此外，不仅要注意"景框"的造型轮廓，还要注意尺度的大小，推敲它们与景色对象之间的距离和方位，使之在主要视点位置上能获得最理想的画面（图2-62）。

（2）流动景框。指人们在流动中通过连续变化的"景框"观景，从而获得多种变化着的画面，取得扩大空间的艺术效果。

李笠翁在《一家言》居室器玩部中曾道及，坐在船舱内透过一固定花窗观赏流动着的景色得以获取多种画面。在陆地上由于建筑物不能流动，要达到这种观赏目的，只能在人流活动的路线上，通过设置一系列不同形状的门、窗、洞口去摄取"景框"外的各种不同画面（图2-63）。这种处理手法与《一家言》流动观景深得异曲同工之妙。

（3）利用空廊互相渗透。指人们利用空廊分隔空间，使两个相邻空间通过互相渗透把对方空间的景色吸收进来以丰富画面，增添空间层次，取得交错变化的效果。

利用空廊互相渗透时，廊不仅在功能上能够起交通联系的作用，也可作为分隔建筑空间的重要手段。如广州白云宾馆底层庭院面积不大，但在水池中部增添了一段紧贴水面的桥廊，把它分隔为两个不同组景特色的水庭，通过空廊的互相借景，增添了空间的层次。广州友谊剧院贵宾室也利用空廊丰富了空间，取得了似分似合、若即若离的艺术情趣（图2-64）。用廊子分隔空间形成渗透效果，要注意推敲视点的位置、透视的角度，以及廊子的尺度及其造型的处理。

（4）利用曲折、错落变化增添空间层次。在园林建筑空间组合中采用高低起伏的折墙、曲桥、弯曲的池岸等手法来化大为小分隔空间，增添空间渗透与层次。

同样，在整体空间布局上也常把各种建筑物和园林环境加以曲折错落布置，以求获得丰富的空间层次和变化。特别是一些由各种厅、堂、亭、廊、榭、楼、馆单体建筑围合的庭院空间处理上，如果缺少曲折错落则无论空间多大，都势必造成单调乏味的感觉。

错落处理可分远近、高低、前后、左右四类，可互相结合，视组景的需要而定。在处理曲折、错落变化时不可为曲折而曲折，为错落而错落，必须以在功能上合理、在视觉景观上能获得优美画面和高雅情趣为前提。为此，设计时需要认真仔细推敲曲折的方位角度和错落的距离、高度尺寸。

2. 室内外空间的渗透与层次 建筑空间室内室外的划分是由传统的房屋概念形成的。所谓室内空间一般指具有顶、墙、地面围护的房室内部空间而言，在它之外的称做室外空

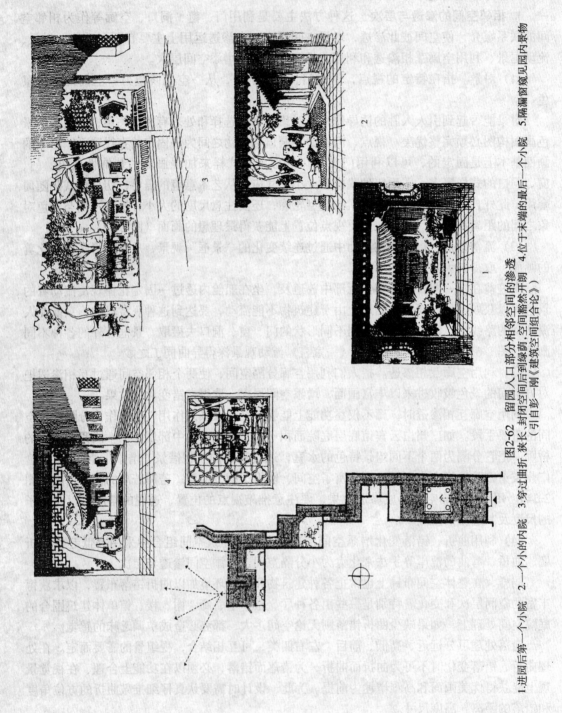

图2-62　留园入口部分相邻空间的渗透

1.进园后第一个小院　2.一个小的内院　3.穿过曲折、狭长、封闭空间后到绿荫,空间豁然开朗　4.位于末端的最后一个小院　5.隔漏窗窥见园内景物
（引自彭一刚《建筑空间组合论》）

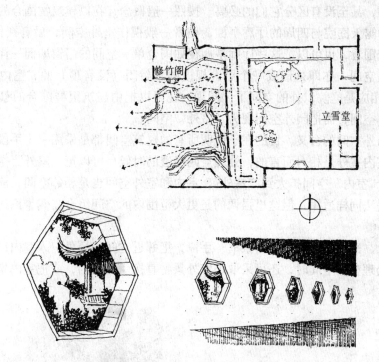

图 2-63　苏州狮子林复廊窗洞所构成的流动景框

（引自彭一刚《建筑空间组合论》）

图 2-64　广州友谊剧院贵宾室空廊的空间效果

1.A点的透视效果　2.B点的透视效果

（引自彭一刚《建筑空间组合论》）

间。

　　园林建筑，室内外空间都十分重要，从创造统一和谐的环境角度而言，室内外空间的含义不尽相同，甚至没有区分它们的必要。按照一般概念，在以建筑物围合的庭院空间布局中，中心的露天庭院与四周的厅廊亭榭，前者一般视作室外空间，后者视作室内空间；但从更大的范围看，也可以把这些厅廊亭榭视如围合单一空间的门窗墙面一样的手段，用它们围合庭院空间，亦即是形成一个更大规模的半封闭（没有顶）的"室内"空间。而"窗外"空间相应是庭院以外的空间了。同理，还可以把由建筑组群围合的整个园内空间视为"室内"空间，而把园外空间视为"室外"空间。

扩大室内外空间的含义，目的在于说明所有的建筑空间都是采用一定手段围合起来的有限空间，室内室外是相对而言的，处理空间渗透的时候，可以把"室外"空间引入"室内"，或者把"室内"空间扩大到"室外"。室内和室外空间也是相邻空间，前面述及的对景、框景等手法同样适用，但这里强调的是更大范围内的空间组合，侧重论述整体空间效果的处理。

（1）引景。采用门窗洞口等"景框"手段，把邻近空间的景色引入室内，所借的景是间接的；在处理整体空间时，还可采取把室外景物直接引入室内，或把室内景物延伸到室

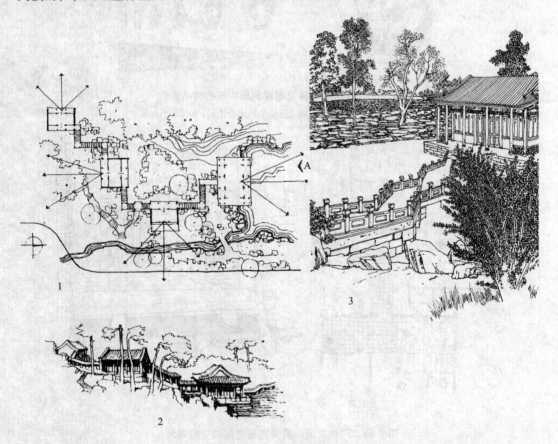

图 2-65　北海濠濮间
1.平面图　2.透视图（自东面看）　3.A点景观示意图

濠濮间，位于北海东侧，坐落在一凸起的山丘上。以游廊连接的建筑群呈曲尺形，属于外向布局形式，较开敞，并可环顾四周景物

（引自彭一刚《中国古典园林分析》；徐建融，庄根生《园林府邸》）

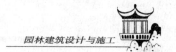

外，使园林与建筑更能交相穿插融合成为有机的整体。

　　清代园林北海濠濮间的空间处理是一个范例，其建筑本身的平面布局并不奇特，但通过建筑物房、廊、桥、榭曲折的错落变化，室外空间精心安排的叠石堆山、引水筑池、绿化栽植等，使建筑和园林互为延伸、渗透、构成有机的整体，从而形成空间变化莫测、层次丰富、和谐完整、艺术格调很高的一组建筑空间（图2-65）。

　　桂林芦笛岩接待室（图2-66，图2-67）、广州矿泉客舍和东方宾馆新楼底层的庭园空间（2-68），设计者利用钢筋混凝土框架结构的柱子把大楼架空形成支柱层，将水石植物等室外园林景物直接引入室内，另外把建筑局部如楼梯、廊子、平台等采用夸张手法突入室外的园林空间，是现代园林建筑采用上述手法取得一定景效的佳例。

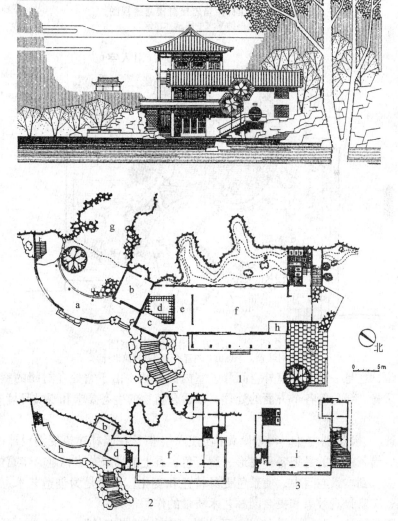

图2-66　桂林芦笛岩接待楼
1.一层平面图　2.二层平面图　3.三层平面图
a.曲廊　b.厨房　c.贮藏　d.天井　e.备餐　f.餐厅　g.冷饮部　h.平台　i.接待室
（引自冯钟平《中国园林建筑》）

图 2-67　桂林芦笛岩接待楼露透视图
（引自冯钟平《中国园林建筑》）

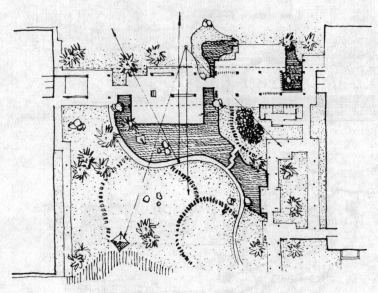

图 2-68　广州东方宾馆新楼底层庭园
（引自杜汝俭、李恩山、刘管平《园林建筑设计》）

　　室内景园，也是一种模拟室外空间移入室内的做法。由于它处在封闭的室内空间中，因此要注意采光、绿化等各个方面的处理，以适合植物的生态要求和观赏环境的特点（图2-69）。

　　（2）借景。"园虽别内外，得景则无拘远近"，借景在园林建筑规划设计中占有特殊重要的地位。借景的目的是把各种在形、声、色、香上能增添艺术情趣，丰富画面构图的外界因素，引入到本景空间中，使景色更具特色和变化。借景是为创造艺术意境服务的，对扩大空间、丰富景观效果和提高园林艺术质量的作用很大。

　　按照上面的推论，园内、园外，也可认做"室内"、"室外"。园外景物可以是山峦、河流、湖泊、大的建筑组群，乃至村落市镇。把园外景物引入园内，不可能像处理小范围的室内外空间那样，把围合建筑空间的院墙、廊子等手段加以延伸和穿插，惟一的方法是

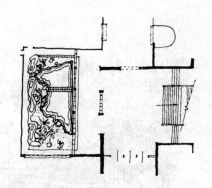

图 2-69　北京动物园爬虫馆室内景园

爬虫馆门厅左侧之鳄鱼展览室，采用有空调设置的室内景园手法，构筑池山，又以芭蕉象征热带植物，右侧假山且作山泉小瀑，在花木水石配合下，几尾鳄鱼或爬或伏池岸或潜游池底，颇富热带气息

（引自杜汝俭，李恩山，刘管平《园林建筑设计》）

借景，即把园内围合空间的建筑物、山石树丛等作为画面中的近景处理，而把园外景物作为远景处理，以组成统一的画面。通过借景所形成的画面，设计时要注意推敲近景的轮廓线和对远景的剪裁，才能获得丰富优美的画面（图 2-70）。

①借景的内容：不外借形、借声、借色、借香几种。

A. 借形组景：园林建筑中主要采用对景、框景、渗透等构图手法，把有一定景效价值的远、近建筑物、建筑小品，以至山、石、花木等自然景物纳入画面。

B. 借声组景：在园林建筑设计中远借自然界的声音，为园林建筑空间增添情意。借声组景如运用得当，对于创造别具匠心的艺术空间作用颇大。

自然界声音多种多样，园林建筑所需要的是能激发感情、颐情养性的声音。在我国古典园林中，远借寺庙的暮鼓晨钟，近借溪谷泉声、林中鸟语，秋夜借雨打芭蕉，春日借柳岸莺鸣，凡此均可为园林建筑空间增添几分诗情画意。

C. 借色组景：指在园林建筑设计中将自然界的优美景色纳入建筑空间中，使之成为园林建筑空间的一部分，为之增色。

对月色，古人有许多优美的描写，认为皓月当空是赏景的最佳时刻，所以夜景中对月色的因借在园林建筑设计中十分重视。杭州西湖的"三潭印月"、"平湖秋月"，避暑山庄的"月色江声"、"梨花伴月"等，都以借月色组景而闻名。

图 2-70　苏州拙政园远借北寺塔塔影的景观
1. 平面图　2. 透视图
a. 荷风四面亭　b. 北塔寺
（引自王晓俊《风景园林设计》）

除月色之外，天空中的云霞也是极富色彩和变化的自然景色，所不同的是月亮出没有一定规律，可以在园景构图中预先为之留出位置，而云霞出没的变化却十分复杂，偶然性很大，常被人忽视。实际上，云霞在许多名园佳景中的作用很大，高阜、山巅，不论其是否建有亭台，设计者应该估计到在各种季节气候条件下云霞出没的可能性，把它组织到画面中来。

不同季节的转换，园林中各种树木花卉的色彩随之变化，嫩柳桃花是春天的象征，迎雪的红梅给寒冬带来春意，秋来枫林红叶满山，是北方园林入冬前赏景的良好时机，北京香山红叶、广州八景之一"萝岗香雪"都是借色成景的佳例。

当然，月、云、树木、花卉既有色也有形，组景因借应同时加以考虑。

D. 借香组景：指在园林建筑设计中利用植物散发出来的幽香以增添游园的兴致。

广州兰圃以兰著称，每当微风轻拂，兰香幽郁，为园景增添几分雅韵。古典园林池中常植荷，除取其形、色的欣赏价值外，尤贵在夏日散发出来的阵阵清香。

②借景的方法：包括"远借、邻借、仰借、俯借、应时而借"（图 2-71）。

A. 远借：是把园外景物引入园内的空间渗透手法。借园林外的远处景物，如颐和园借玉泉山及西山，无锡寄畅园借锡山，济南大明湖借千佛山。或筑高台或建高楼或在山顶设亭，以增强远借的效果，如苏州寒山寺登楼可远借狮子山、天平山及灵岩峰。

B. 邻借：是指对景、框景、利用空廊互相渗透和利用曲折、错落变化增添空间层次。亦称近借，如苏州沧浪亭，园内缺乏水面，而园外却有河滨，因此园林的布置在沿水面河滨处设假山驳岸，上建复廊及面水轩，无封闭围墙，透过复廊的漏窗，使园内外景色融为一体，在不觉之间便将园外水面组织到园内，是一佳例。

不论远借或邻借，它和空间组合的技巧都是密切不可分的，能否做到巧于因借，更有赖于设计者的艺术素养。

C. 仰借：以借高处景物为主，如宝塔、高楼、山峰、大树，甚至白云飞鸟、明月繁星。如北京北海公园借景山、南京玄武湖公园借钟山，均属仰借。仰借视觉较疲劳，观赏点一般宜有休息设施。

D. 俯借：如登杭州六和塔展望钱塘江上景色，登西湖孤山观赏湖上游

图 2-71　借景的方法
1. 远借　2. 邻借　3. 仰借
4. 俯借　5. 近借
（引自刘永德《建筑外环境设计》）

船及湖心亭、三潭印月，在广州镇海楼中看广州市景，均属俯借。俯借观赏点一般宜有安全设施。

E. 因时而借、因地而借：朝借旭日，晚借夕阳，春借桃柳，夏借塘荷，秋借丹枫，冬借飞雪。临山泉借流水，临山林借燕语莺歌。

（三）空间序列

园林建筑创作，需从总体上推敲空间环境的程序组织，使之在功能和艺术上均能获得良好的效果。将一系列不同形状与不同性质的空间按一定的观赏路线有次序地贯通、穿插、组合起来，就形成了空间的序列。

作为艺术创作要求，建筑空间序列组织与其他文学艺术构思中考虑主题思想和各种情节的安排有相似之处。主题思想是决定采取何种布局的前提和根据，各种情节的安排是保证和促使主题思想得以圆满体现的方法和手段。从艺术表现形式上分析，文学、戏剧、音乐等比较复杂的作品，往往在组织上通过安排序幕、主要情节、次要情节、重点、高潮和尾声等各种环节来突出主题。建筑空间序列组织与此类似。当然文学艺术的表现形式也不一定受这种成规的限制，在情节组织上并不都要求有明显的高潮。

北海公园的白塔山东北侧有一组建筑群，空间序列的组织先由山脚攀登至琼岛春阴，次抵见春亭，穿洞穴上楼为敞厅、六角小亭与院墙围合的院落空间，再穿敞厅旁曲折洞穴至看画廊，可眺望北海西北隅的五龙亭、小西天、天王庙和远处钟鼓楼的秀丽景色，沿弧形陡峭的爬山廊再往上攀登，达交翠庭，空间序列至此结束。这也是一组沿山地高低布置的建筑群体空间，在艺术处理手法上，同样随地势高低采用了形状、方向、隐显、明暗、收放等多种对比处理手法来获得丰富的空间和画面。主题思想是赏景寻幽，功能却是登山的交通道，因此无须有特别集中的艺术高潮，主要是靠别具匠心的各种空间安排和它们之间有机和谐的联系而获得美的感受（图 2-72）。

有些风景区，为赏景和短暂歇息而设置亭榭，它们的空间序列很简单，主题思想是点景，兴趣中心多集中在建筑物上，四周配以山石、溪泉、板桥、树丛、草坪、石级之类，

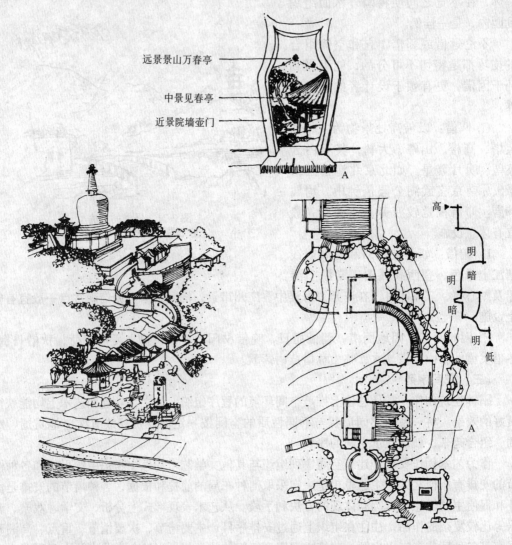

远景景山万春亭

中景见春亭

近景院墙壶门

A

高

明
暗

明
暗

明

低

A

图 2-72　北海公园琼岛春阴建筑群
（引自彭一刚《中国古典园林分析》）

但也需要推敲道路、广场的走向和形状，研究人流活动的规律，以便取得较多的优美画面（图 2-73）。

1. **园林建筑空间序列的特点**　园林建筑空间序列与其他文学艺术构思在布局上确有某些相似之处，但毕竟还有其自身的特点。

园林建筑空间是供人们自由活动的所在，具有三度空间，人们对建筑空间艺术意境的认识，往往需要通过一段时间从室内到室外、或从室外到室内做全面的体验才能获得某种感受，因此，建筑空间序列也可以说是时间与空间相结合的产物。建筑空间环境优美，观赏路线组织恰当，是空间序列成功的重要因素。

无论采用何种空间序列，具体处理都会考虑空间对比、层次的问题。利用空间的大小对比来取得艺术效果，多用小的空间来衬托突出大的空间，以形成艺术高潮和兴趣中心；

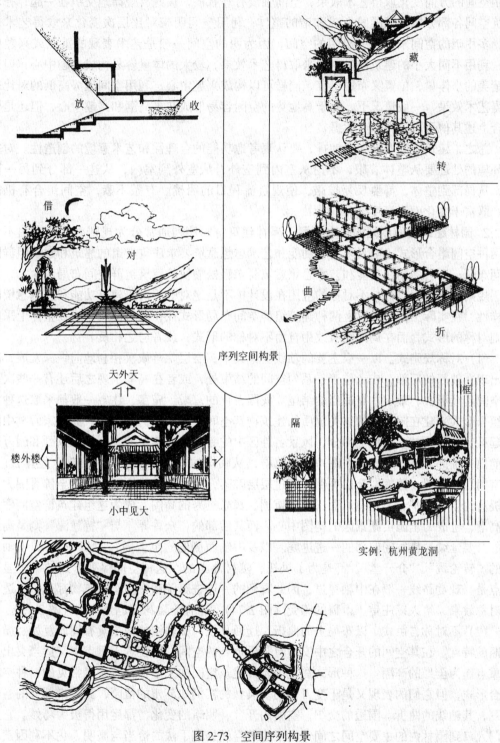

图 2-73　空间序列构景

1.山门起景　2.先收后放　3.曲廊引进　4.高潮

（引自刘永德《建筑外环境设计》）

利用空间的方向变化取得艺术效果，空间轴线有竖有横，彼此有规律地交织在一起，务求建筑空间各部分能相互顾盼形成和谐的整体；利用空间明暗对比层次变化来取得艺术效果，多用暗的空间来衬托突出明的空间，因为明的空间一般是艺术表现的重点或兴趣中心；利用不同大小的建筑体量对比来取得艺术效果，较大的体量容易构成兴趣中心，但造型精美的小体量，位置又布置得宜，同样可以构成兴趣中心；利用空间地势高低的对比来取得艺术效果，一般情况下，处于高地势的空间容易形成艺术高潮和兴趣中心，但还是要结合上述其他手段进行综合考虑。

总之，建筑空间序列如何铺排，要认真考虑功能的合理性和艺术意境的创造性。对空间环境的处理要从整体着眼，不论从室内到室外，从室外到室内，从这一部分到另一部分，从局部到整体，都要反复推敲，使观赏流程目的明确、有条不紊，空间组合有机完整，既富于变化而又高度统一。

2. 园林建筑空间序列的基本类型 园林建筑空间序列通常分为规则对称和自由不对称两种空间组合形式。前者多用于功能和艺术思想意境要求庄重严肃的建筑和建筑组群的空间布局；后者多用在功能和艺术思想意境要求轻松愉快的建筑组群空间布局。

规则与自由，对称与不对称的应用在设计中不是绝对的。由于建筑功能和艺术意境的多样性，在实际工作中，以上两种建筑组群空间布局形式往往混合使用，或在整体上采取规则对称的形式，而在局部细节改用自由不对称的形式；或者与之相反。

（1）对称规则式。以一根主要的轴线贯穿其中，层层院落依次相套地向纵深发展，高潮出现在轴部的后部，或者位于一系列空间的结束处，或者在高潮出现之后还有一些次要的空间延续下去，最后才有适当的结尾。我国古代的宫殿、庙宇、住宅一般都采取这种空间组合形式，建在园林中的这类性质的建筑物其空间序列大体仍是如此。如皇家园林中的宫廷区、私家园林中的住宅部分、风景名胜区中的寺庙等。典型的实例如北京颐和园万寿山前山中轴部分排云殿—佛香阁一组建筑群，从临湖的"云辉玉宇"牌楼起，经排云门、二宫门、排云殿、德辉殿至佛香阁，穿过层层院落，地平随山势逐层升高，至佛香阁大平台提高约40m，平台上建有八面三层四重檐、巍峨挺秀的高阁，成为这组建筑群空间序列的高潮，也成为全园山湖景区的构图中心。而其后部的"众香界"与"智慧海"则是高潮后的必要延续。佛香阁前部的一进进庭院以及中轴西侧的"宝云阁"、"清华轩"，中轴东侧的"转轮藏"、"介寿堂"，都是为了烘托、陪衬高潮的。这种空间序列形式的一个显著特点是，观赏路线一般在中轴穿过，因此看到的一进进庭院和一座座建筑物都是一点透视的对称效果，给人以庄重、肃穆的感受（图2-74）。还有乾隆花园也是此例（图2-75）。

（2）不对称自由式。以布局上的曲折、迂回见长，其轴线的构成具有周而复始、循回不断的特点。在其空间的开合之中安排有若干重点的空间，而在若干重点中又适当突出某一重点作为全局的高潮。这种形式在我国园林建筑空间中大量存在，是最常见的一种空间组合形式，但它们的表现又是千变万化的。典型的实例如苏州的留园，其入口部分的空间序列，其轴线的曲折、围透的交织、空间的开合、明暗的变化，都运用得极为巧妙。它从园门入口到园林内的主要空间之间，由于建筑空间处理手法的恰当与高明，化不利因素为有利因素，使这条两侧有高墙夹峙、由门厅和甬道分段连续而成的长约50m的建筑空间，形成大小、曲直、虚实、明暗等不同空间效果的对比，使人通过"放—收—放"，"明—

暗—明","正—折—变"的空间体验，到达"绿荫"敞轩后更感到山池立体空间的开阔、明暗。在这条幽深、狭长的空间中，不单调，不沉闷，不感到被人捉弄，而空间总是在引导着你，吸引着你，抱着逐步增强的期待心理，去迎接将会出现的高潮。显然，这种通过充分的思想酝酿和情绪准备所获得的景观效果，与没有这种酝酿和准备所获得的景观效果是很不相同的（图2-74）。

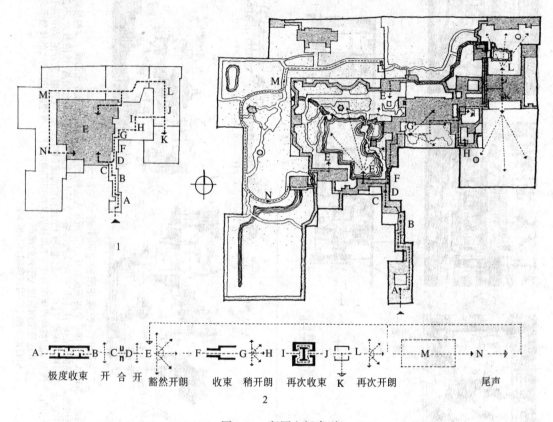

图 2-74　留园空间序列

1. 留园序列分析：入口部分封闭、狭长、曲折，视野极度收束；至绿荫处豁然开朗，达到高潮；过曲谿楼、西楼时再度收束；至五峰仙馆前院又稍开朗；穿越石林小院视野又一次被压缩；至冠云楼前院则顿觉开朗；至此，可经园的西、北回到中央部分，从而形成一个循环　2. 以图解形式分析留园序列

A. 留园入口　B. 入口折廊　C. 留园门厅　D. 古木交柯　E. 绿荫

F. 曲廊进口　G. 五峰仙馆院　H. 石林小屋　I. 石林小院　J. 鸳鸯厅（北）　K. 鸳鸯厅（南）

L. 冠云楼前院　M. 留园北部　N. 留园西部

　　某些大型私家园林如留园，空间组成极其复杂，其整体空间序列往往可以划分为若干相互联系的"子序列"。而这些"子序列"也不外分别采用或近似于前述的几种基本序列形式。如留园，其入口部分颇近似于串联的序列形式；中央部分基本呈环形的序列形式；东部则兼有串联和中心辐射两种序列形式的特点。大型园林建筑空间序列组织最关键的问题在于如何巧妙运用大、小、疏密、开合等对比手法而使之具有抑扬顿挫的节奏感。此外，还须借空间处理而引导人们循着一定程序依次从一个空间走向另一个空间，直至经历全过程

（引自彭一刚《中国古典园林分析》）

　　然而，就园林整体而言，园林建筑空间组织并非是上述某一种序列形式的单独应用，而往往是多种形式的并用。

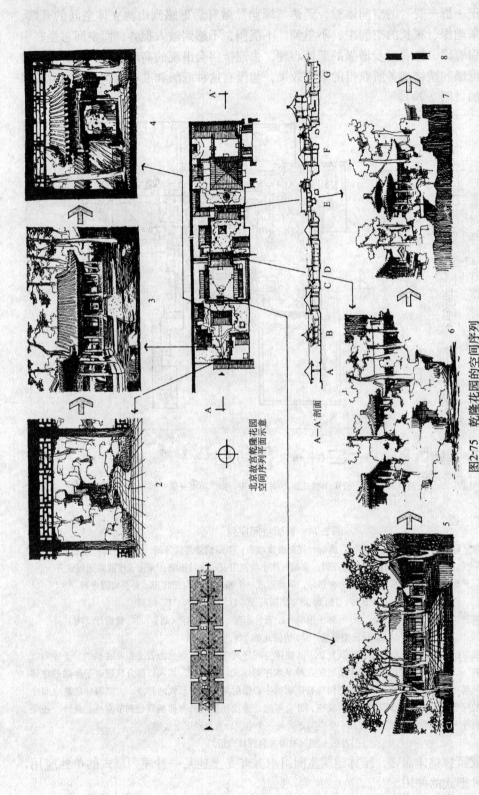

北京故宫乾隆花园
空间序列平面示意

A—A'剖面

图2-75　乾隆花园的空间序列

1.以串联的形式组织空间序列，其特点是：使各空间院落沿着一条轴线一个接一个地渐次展开。上图所示为这种形式的序列。乾隆花园即属于这种形式的序列，2.自乾隆花园南部入口来到第一进院落（A），立即进入院前有一座由山石组成的又窄又曲折的峡谷（B），亭台错落，松柏参天，不仅颇觉平朗，且富庭园气氛。4.穿过古华轩将进入遂初堂前院（C）。5.过垂花门至遂初堂前院（D），这里，空间再一次收束，与前一进院落造成鲜明对比，6.继遂初堂之后是萃赏楼前院（E），山石林立，洞壑回环曲折，与遂初堂前院构成极强对比，7.再往后是符望阁前院（F），符望阁以其高大的体量形成为空间序列的高潮，8.过符望阁后进入序列的尾声。

（引自彭一刚《中国古典园林分析》）

综上所述，为了增强表现力，园林建筑在组织空间序列时，应该综合运用空间的对比、空间的相互渗透等设计手法，并注意处理好序列中各个空间在前后关系上的连接与过渡，形成完整而连续的观赏过程，获得多样统一的视觉效果。

第五节　园林建筑的尺度与比例

一、尺　度

园林建筑中的尺度是指园林建筑空间各个组成部分与具有一定自然尺度的物体的一种大小关系，它是园林建筑设计时不可忽视的一个重要因素。园林建筑中的一些构件是人们经常接触或使用的，人们熟悉它们的尺寸大小，如窗台或栏杆一般高为90cm，台阶踏步高一般为15cm等等。这些构件不会因建筑体量大小而发生大的变化，它们就像悬挂在建筑物上的尺子一样，人们习惯通过它们来衡量建筑物的大小（图2-76）。

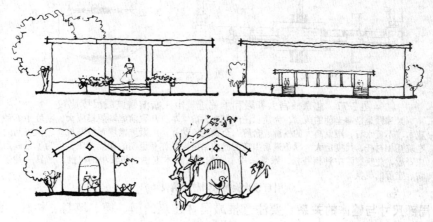

图 2-76　尺度比较示意图

人们从熟悉的台阶踏步、门可以推测建筑物的大小

（一）决定园林建筑尺度的主要依据

园林建筑所处的环境、审美特点及其功能是决定建筑尺度的依据。正确的尺度应该与环境相协调，并与功能、审美的要求相一致。园林建筑是供人们休憩、游乐、赏景的场所，空间环境的各项组景内容，一般应该具有轻松活泼、富有情趣和使人不尽回味的艺术气氛，应当亲切宜人，所以必须符合人体尺度。

例如，北京故宫太和殿和承德避暑山庄澹泊敬诚殿（图2-77），虽然都是皇帝处理政务的殿堂，但前者是坐朝的地方，为了显示天子至高无上的权威，采用了宏伟的建筑尺度；后者受到避暑山庄主题思想的影响，且具有行宫的性质，需要比较灵巧潇洒，因此建筑体量、庭院空间都不大，外形朴素淡雅，采用单檐卷棚歇山屋顶、低矮台阶等小式的做法，在庭院中还配有体态适宜的花木，使其尺度与四周园林环境相协调，可以说是皇家园林在尺度处理上一个富有个性的良好范例。

（二）推敲园林建筑尺度应注意的问题

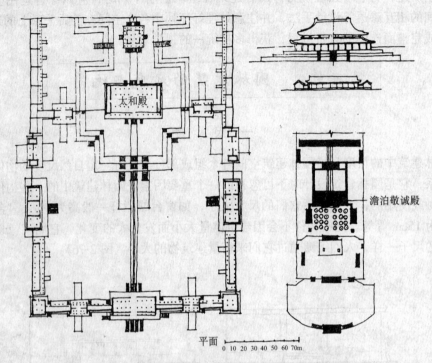

太 和 殿

澹泊敬诚殿

平面　0 10 20 30 40 50 60 70m

图 2-77　北京故宫太和殿和承德避暑山庄澹泊敬诚殿尺度比较

太和殿是皇室坐朝的殿堂，为显示庄严气魄，殿堂本身和殿前庭院规模宏大，庭院中不种花木、不置水石，殿堂高大的柱廊、台阶，金黄色琉璃瓦，庑殿重檐屋顶等与拥有宏大空间的庭院互相衬托，尺度巨大。承德避暑山庄的澹泊敬诚殿虽亦有坐朝的功能要求，但为了强调山庄野趣，建筑庭院中种植苍松，殿堂采用小式构造，楠木本色，和较小的尺度，另具一种亲切、宁静的气氛

（引自杜汝俭等《园林建筑设计》）

1. 局部尺寸与整体的关系　要注意推敲园林建筑的门、窗、墙身、栏杆、踏步、柱廊等各部分的尺寸和它们在整体上的相互关系。

如果符合人体尺度和人们常见的尺寸，可给人以亲切感，因此我们应了解人体活动的基本尺度（图 2-78）。同时，园林建筑空间环境中除房屋（也可能没有房屋）外，还有山石、池沼、树木、雕像、渡桥等，因此，推敲园林建筑的尺度，除要研究建筑和景物本身的尺度外，同时还要考虑它们彼此之间的尺度关系。

2. 适宜于庭园中大空间景物的尺度不能应用于室内小空间　浩瀚的湖泊和狭小的池沼、高大的乔木和低矮的灌木丛、小巧玲珑的曲桥和平直宽阔的石拱桥，用来组合空间，在尺度效果上是完全不同的。例如，面对浩瀚的昆明湖湖面，就需要有宏伟尺度的佛香阁建筑群与之配合才能构成控制全园的艺术高潮；广州白云宾馆底层庭园如果没有巨大苍劲的榕树，就很难在尺度上与高大体量的主体建筑协调；北海濠濮间紧贴池水的曲桥与房廊以小尺度处理得宜见称；同样，连接团城和琼岛之间的大石拱桥，和具有强烈中轴线雄伟壮观的白塔南山建筑群的大尺度也是一致的。若把以上曲桥和大石拱桥互换位置，将因尺度不当而招致失败。在现实中如果我们留心观察一下，可以见到不少的园林建筑尺度与环境失调的案例。

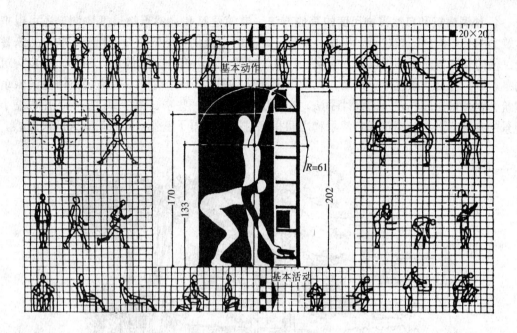

图 2-78　人体活动的基本尺度

（单位：cm）

3. 不同的艺术意境要求有不同的尺度感　园林建筑空间尺度是否正确，没有绝对的标准，理想的亲切尺度的获得，一般除考虑适当缩小建筑构件的尺寸使建筑与山石、树木等景物配合协调外，室外空间大小也要处理得宜，不宜过分空旷或闭塞。中国古典园林中的游廊，多采用小尺度的做法，廊子宽度一般在 1.5m 左右，高度伸手可及横楣，坐凳栏杆低矮，游人步入其中备感亲切。借助小尺度的游廊烘托突出较大尺度的厅、堂之类的主体建筑，并通过这样的尺度处理来取得更为生动活泼的协调效果（图 2-79）。这是园林建筑设计中常用的手法之一。

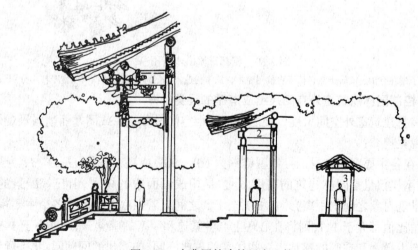

图 2-79　古典园林建筑尺度比较

1. 较庄严殿堂　2. 一般厅堂　3. 一般游廊

4. 协调建筑和自然景物尺度的其他方法 要使建筑和自然景物尺度协调,还可以把建筑上的某些构件,如柱子、屋面、基座、踏步等直接用自然的山石、树枝、树皮等来替代,使建筑和自然景物得以相互交融。例如,成都青城山有许多用原木、树枝、树皮构筑的亭、廊,与自然景色十分贴切,尺度效果亦佳(图2-80)。现代一些高层大体量的旅馆建筑,也多采用园林建筑的设计手法,在底层穿插布置一些亭、榭、廊、桥等,用以缩小观景的视野范围,使建筑和自然景物之间相互衬托,获得了室外空间亲切宜人的尺度感。

图 2-80　成都青城山步桥雨亭

亭子建在登山过溪转折点,长亭直接用原木、树木构造,并把两棵高大的楠树用作亭柱十分别致

(三) 控制园林建筑室外空间尺度应遵循的视觉规律

控制园林建筑室外空间尺度,使之不至于因空间过分空旷或闭塞而削弱景观效果,要注意以下视觉规律:

通常,在各主要观点赏景的控制视锥约为 $60° \sim 90°$,或视角比值 $H:D$(H 为景观对象的高度,它不仅仅只是园林建筑的高度,还包括构成画面中的树木、山丘等配景的高度,D 为视点与景观对象之间的距离)约在 1:1 至 1:3 之间。若在庭院空间中各个主要视点观景,所得的视角比值都大于 1:1,则将在心理上产生紧迫和闭塞的感觉;如果都小于 1:3,这样的空间又将产生散漫和空旷的感觉。一些优秀的古典庭园,如苏州的网师园、北京颐和园中的谐趣园、北海画舫斋等的庭院空间尺度基本上都是符合这些视觉规律的(图2-81)。

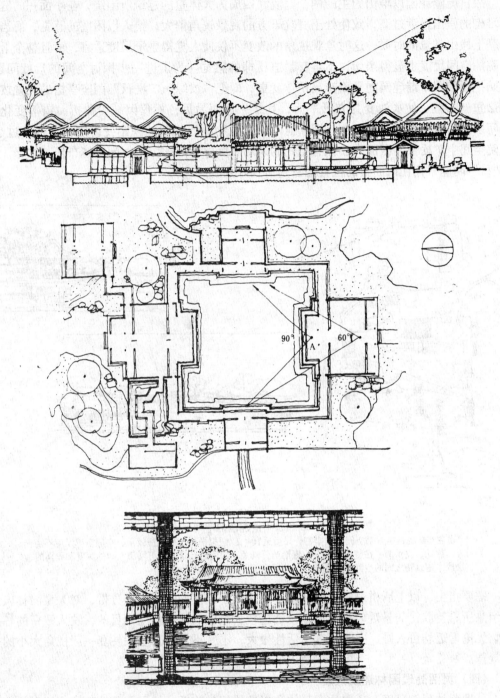

图 2-81　北京北海公园画舫斋水庭空间尺度分析

　　一般视觉规律可以用来推敲园林建筑室外空间尺度的大致关系，恰当的水平视锥和垂直的视锥约控制在 60°～90°之间，所获得的画面中应包括建筑物和树、石、云天、水池等自然景物的理想范围。画舫斋水庭空间尺寸如图分析正好也是符合以上规律的，右下角的画面是在平面图 A 点处获得的。画舫斋水庭呈正方形，沿水池四周廊榭各个角度拍照都能取得较好的效果，空间尺度感亦亲切宜人

(引自杜汝俭等《园林建筑设计》)

故宫乾隆花园以堆山为主的两个庭院，四周为大体量的建筑所围绕，在小面积的庭院中堆砌的假山过满过高，致使处于庭院下方的观景视角偏大，给人以闭塞的感觉，而当人们登上假山赏景的时候，这时景观视角的改变不仅使人觉得亭子尺度适宜，而且整个上部庭院的空间尺度也显得亲切，不再有紧迫压抑的感觉。为了进一步探讨空间的尺度问题，不妨把颐和园中谐趣园的平面布局稍作变更，即把"饮绿"、"洗秋"两座亭榭的位置按图2-82重新布置，使水池变为方形平面，其结果显而易见，不仅因缺少曲折、错落变化使空间层次消失，同时也将显出，沿水池四周建筑物隔池相望的视距变得过大，视角过小，庭院空间空旷松散。因而失去原有空间的亲切尺度感。因此，谐趣园总体布局"饮绿"和"洗秋"两座亭榭往内曲折的位置经营是恰到好处的。

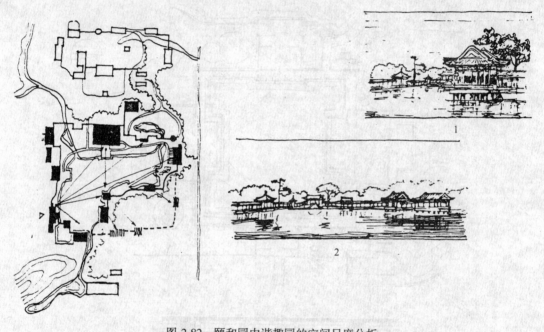

图 2-82　颐和园中谐趣园的空间尺度分析
1. 现在实际的透视效果空间层次丰富，尺度适宜　2. 假拟平面所得透视效果，空间空旷尺度不当
饮绿、洗秋两亭在整体布局中位置恰当，既是入园后的对景，又可增添空间的深度和画面的
层次。建筑物之间的空间组织亦显得十分紧凑

需要指出，以上所讲的视觉规律主要用于较小规模的庭园尺度分析，对大型园林风景区组景所希望取得的景观效果，因是以创造较大范围的艺术意境为目的，映入眼帘的各种景物无论远近均可入画，空间尺度灵活性很大，不宜不分场合生搬硬套一般视角大小的视觉规律。

（四）灵活处理园林建筑尺度

处理园林建筑尺度，还要注意整体和局部的相对关系。如果不是特殊的功能和艺术思想需要，通常处于小范围的室外空间建筑物的尺度宜适当缩小，才能取得亲切的尺度感受。同样，在大范围的室外空间中的建筑物尺度也应适当加大，才能使整体与局部协调和取得理想的尺度效果。加大建筑的尺度，一般可采用适当放大建筑物部分构件的尺寸来达到，但如过分夸大，把它们一律等比例放大，则会由于超越人体尺度使某些功能显得不合

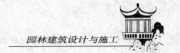

理，并给人以粗陋的视觉印象。

古代匠师处理建筑尺度方面的经验是十分宝贵的，如为了适应不同尺度和建筑性格的要求，建筑整体构造有大式和小式的不同做法，屋顶形式有庑殿、歇山、悬山、硬山、单檐、重檐的区别。为了加大亭子的面积和高度增大其体量，可采用重檐的形式，以免单纯按比例放大亭子的尺寸造成粗笨的感觉，这些宝贵经验，今天仍可以给我们对空间尺度的探索以良好的启迪（图2-83）。

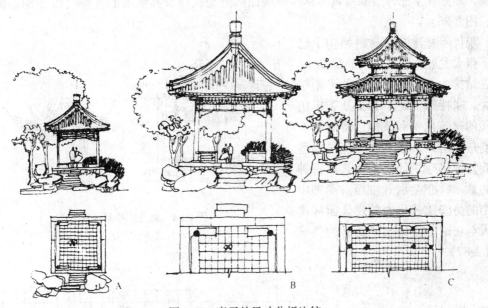

图 2-83 亭子的尺寸分析比较
古典建筑亭子尺度一般要求亲切，图 A、C 亭子尺度适宜，B 亭照 A 亭原来形状按比例放大成 C 亭的尺寸，由于尺度过大失去亲切感。

二、比　例

比例是指园林建筑各个组成部分在尺度上的相互比较关系及其与整体的比较关系。园林建筑的整体、各个部分之间以及各部分自身都有这种比较关系，犹如人的身体有高矮胖瘦等总的体形比例关系，又有头部与四肢，上肢与下肢的比例关系，而头部本身又有五官位置的比例关系。推敲园林建筑比例是园林建筑设计与研究空间尺度同时进行的另一重要内容。

（一）比例与尺度的关系

比例与尺度紧密关联，都具体涉及处理建筑空间各部位的尺寸关系，好的设计应该做到比例良好，尺度正确。与尺度问题一样，园林建筑推敲比例和其他类型的建筑有所不同，一般建筑类型通常只需推敲房屋本身内部空间和外部体形从整体到局部的比例关系，而园林建筑除了房屋本身的比例外，园林环境中的水、树、石等各种景物，因需人工处理也存在推敲其形状、比例问题，不仅如此，为了整体环境协调，还特别需要重点推敲建筑和水、树、石等景物之间的比例协调关系。

（二）对建筑比例规律的认识

　　园林建筑主张因地制宜、随机异宜，忌讳生搬硬套、成法定式，很难采用类似数学中比率或模数度量等方法归纳出一定的建筑比例规律，我们只能从一定的功能、结构特点和传统园林建筑的审美习惯去认识和继承。我国江南一带古典园林建筑造型式样轻巧秀丽，这与木构架用材纤细，细长的柱子、轻薄的屋顶、高翘的屋角、纤细的门窗栏杆细部纹样等，在处理上采用一种较小尺度的比例关系分不开的。同样，粗大的木构架用材、较粗壮的柱子、厚重的屋顶、低缓的屋角起翘和较粗实的门窗栏杆细部纹样等采用了较大尺度的比例，却形成了北方皇家古典园林浑厚端庄的造型式样及其恢宏的气势（图2-84，图2-85，图2-86）。

　　现代园林建筑在材料结构上已有了很大发展，以钢、钢筋混凝土、砖石结构为骨架的建筑物的可塑性很大，非特殊情况不必去抄袭模仿古代的建筑比例和式样，而应有新的创造，但是，如能适当蕴涵一些民族传统的建筑比例韵味，取得神似的效果，亦会别开生面。本书中介绍的一些比较优秀的现代园林建筑大都在这方面做出了可喜的尝试（图2-87）。

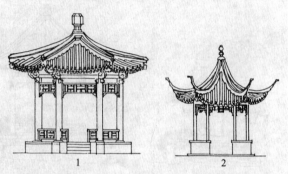

图2-84　南北式亭形象比较
1. 北式　2. 南式

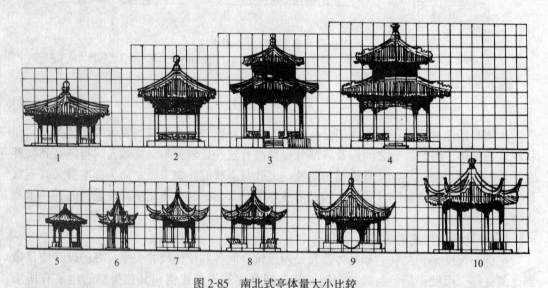

图2-85　南北式亭体量大小比较
1. 离宫烟雨楼六角亭　2. 烟雨楼方亭　3. 颐和园长廊六角亭　4. 颐和园知春亭
5. 留园舒啸亭　6. 留园东园六角亭　7. 留园可亭　8. 拙政园荷风四面亭
9. 拙政园梧竹幽居亭　10. 怡园沧浪亭

　　园林中亭的大小变化幅度很大，通过南、北园林中亭的尺度比较，可以看出，北方园林中较小的亭，还大于江南园林中中等或偏大的亭

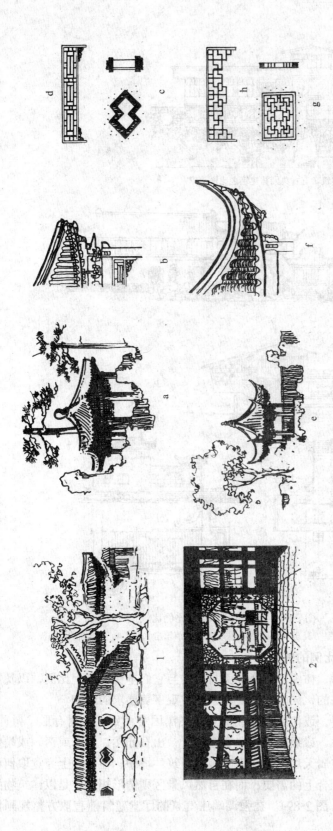

图2-86 南北方园林建筑处理手法比较

1.北方园林外观较墩实、厚重、封闭 2.南方园林则十分开敞、通透

a.北方六角亭外观 b.北方亭的翼角处理 c.北方园林常用的漏窗 d.北方园林常用的挂落
e.南方六角亭外观 f.南方亭的翼角处理 g.南方园林常用的漏窗 h.南方园林常用的挂落

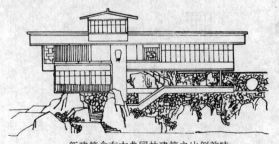

新建筑含有古典园林建筑之比例韵味

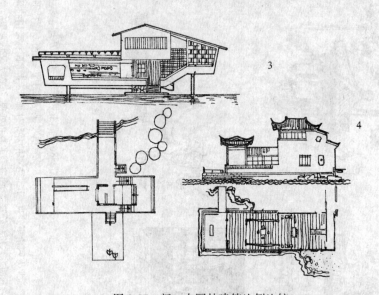

图 2-87　新、古园林建筑比例比较

1.桂林芦笛岩接待室　2.苏州留园曲溪楼　3.桂林芦笛岩水榭　4.苏州拙政园香洲

（三）园林建筑环境与比例的关系

园林建筑环境中的水形、树姿、石态优美与否是与它们本身的造型比例，以及它们与建筑物的组合关系紧密相关的，同时它们受着人们主观审美要求的影响。

水本无形，形成于周界，或池或溪，或涌泉或飞瀑因势而别；是树有形，树种繁多，或高直或低平，或粗壮对称，或袅娜斜探，姿态万千；山石亦然，或峰或峦，或峭壁或石矶，形态各异。这些景物本属天然，但在人工园林建筑环境中，在形态上究竟取何种比例为宜则决定于与建筑物在配合上的需要；而在自然风景区则情形相反，是以建筑物配合山水、树石为前提（图 2-88，图 2-89）。在强调端庄气氛的厅堂建筑前直取方整规则比例的

图 2-88　网师园水庭建筑、树、石比例关系

图 2-89　桂林伏波山听涛阁

　　伏波山矗立于漓江西岸，巍峨壮观，山石脉络以竖直为主，听涛阁建于半山可俯借漓江烟云声浪，建筑轮廓高低起伏，阳台做大的悬挑，由栏杆、雨棚、房檐所构成的水平线条与山形脉络形成对比，使建筑与伏波山结合得生动、自然。

水池组成水院；强调轻松活泼气氛的庭院，则宜曲折随宜组织池岸，亦可仿曲溪构泉瀑，但需与建筑物在高低、大小、位置上配合协调。树石设置，或孤植、群栽，或散布、堆叠，都应根据建筑画面构图的需要认真推敲其造型比例，即属现状也要加以调整剪裁。我国已故园林建筑专家刘敦帧先生在修整南京瞻园时，对池、山造型比例，以至池中每一块伏石的形状、大小、位置都进行精心推敲，经多年始成佳作（图 2-90）。

图 2-90 瞻 园
1. 瞻园内景 2. 瞻园一角

第六节   色彩与质感

一、色彩、质感与园林空间的艺术关系

色彩与质感的处理与园林空间的艺术感染力密不可分，形、声、色、香是园林建筑艺术意境中的重要因素。其中形与色范围更广，影响也较大，在园林建筑空间中，无论建筑物、山石、池水、花木等主要都以其形、色动人，形与色是园林建筑风格的两个主要特征与表现方面。

我国传统园林建筑以木结构为主，南方风格体态轻巧，色泽淡雅；北方则造型浑厚，色泽华丽。现代园林建筑采用玻璃、钢材和各种新型建筑装饰材料，造型简洁、色泽明快，建筑材料的变换引起了建筑形、色的重大变化，建筑风格也因此正以新的面貌出现。

园林建筑中的色彩、质感问题，除涉及房屋的各种材料性质外，还包括山石、水、树等自然景物。色彩有冷暖、浓淡的差别，色的感情和联想及其象征的作用可予人以各种不同的感受（表2-1）。

表 2-1 色彩与人的情感联想

色 彩	情感联想	色 彩	情感联想
红	热情、吉祥、警告	蓝	清爽、明快、协调
黄	温暖、华丽、高贵	黑	严肃、沉重、静默
绿	宁静、协和、安全	白	纯洁、轻盈、整洁

质感表现在景物外形的纹理和质地两个方面。纹理有直曲、宽窄、深浅之分，质地有粗细、刚柔、隐显之别。质感虽不如色彩能给人多种情感上的联想、象征，但质感可以加强某些情调上的气氛则毋庸置疑，苍劲、古朴、柔媚、轻盈等建筑风格的获取与质感处理

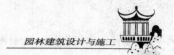

关系很大（表2-2）。

表2-2 材料质感

材　料	质　感	材　料	质　感
原木	自然、温馨、亲切	混凝土	牢固、坚硬、现代
竹材	古朴、自然、幽雅	金属	坚硬、寒冷、光滑
花岗岩	坚硬、牢固、自然	塑料	轻盈、鲜明、清洁
汉白玉	优雅、华贵、纯洁		

总之，色彩与质感是建筑材料表现上的双重属性，两者相辅相存，只要善于去发现各种材料在色彩、质感上的特点，并利用它去组织节奏、韵律、对比、均衡等各种构图变化，就有可能获得良好的艺术效果。

例如，墙面处理一般不外粉墙、砖墙和石墙诸种，但由于材料和砌筑、修饰方法上的不同，色彩和质感给人情感上的诱惑却效果迥异。绿林深处隐露洁白平整的粉墙产生清幽宁静的情趣；小空间庭园中饰以光洁、华丽的釉砖、马赛克墙面可增添几分高贵典雅的气息；而灰褐、青黄、表面粗糙、勾缝明显的石墙用于庭园，则富有古拙质朴的韵味。再以石墙为例，由于天然石材品种多，又可任意配色造斧琢假石，因此，石墙造法很多，表现的效果也很不一样，设计中应因地制宜使用（图2-91），园林自然景物中的山石、池水、

图2-91 装饰性石墙做法举例
1.毛石勾凹缝 2.人工分格剁斧假石 3.毛石勾凸缝 4.料石剁粒状毛面勾凹缝
5.料石剁条状毛面勾凹缝 6.长条石砌墙面加点状石构图

树木质感各不相同，多数山石纹理以直线条走向为主，质地刚而粗，池水涟漪呈波形纹理，质地柔而滑且有动感，而树木则介于两者之间。

因此，在组景中，水和石一般表现为对比关系，水和树、石和树，则多表现为微差关系，在一些现代园林建筑中，如广州华南植物园的接待室水庭，白云山庄内庭，于池中散置几块顽石，对比强烈，增色不少。

前面所述建筑物与自然景物的对比中，也包括色彩与质感的内容。采用汉白玉、大理石精雕细刻的栏杆，加上闪闪发光的琉璃瓦屋顶和色彩艳丽的彩画装修，是皇家园林建筑的特色。它与自然景物在色彩与质感上的对比均十分强烈。飘浮在碧绿池水上的廊、桥、汀步同样也是通过彼此在色彩与质感上的对比而显得格外生动突出。小天井式的庭园组景，宜用平整光洁的白色粉墙衬托色彩丰富、质地纹理粗犷的花木山石，通过对比可以取得良好的效果，所得的景观往往酷似用白纸点染而成的优美图画，如苏州怡园入口庭园（图 2-92）、豫园隔水水花墙（图 2-93）。

图 2-92　苏州怡园入口庭园

图 2-93　豫园隔水水花墙

二、南、北园林建筑的色彩处理的差异

南、北园林建筑的色彩处理也有极明显的差别，即北方园林较富丽，江南园林较淡雅。北方皇家苑囿中的建筑，如果与宫殿、寺院建筑相比其色彩处理还是比较朴素、淡雅的。例如承德离宫中的澹泊敬诚殿，不仅没有运用琉璃瓦作为屋顶装饰，而且木作部分也一律不施油漆，而使楠木本色显露于外，从而给人以朴素淡雅的感觉。另外一些北方皇家园林如颐和园、北海等，虽然有不少建筑也采用了青瓦屋顶、苏式彩画、墨绿色立柱等比较调和、稳定的色调来装饰建筑，但其主要部分的建筑群如排云殿、佛香阁、智慧海等，其色彩却十分富丽堂皇。

与北方园林建筑相比，江南私家园林建筑的色彩处理则比较朴素、淡雅。在这里构成建筑最基本的色调不外三种：以深灰色的小青瓦作为屋顶；全部木作一律呈栗皮色或深棕色，个别建筑的部分构件施墨绿或黑色；所有墙垣均为白粉墙。这样的色调与北方皇家苑圃那种以金碧辉煌而炫耀富贵至尊的色调，形成鲜明对比。由于灰、栗皮、墨绿等色调均属调和、稳定而又偏冷的色调，不仅极易与自然界中的山、水、树等相调和，而且还能给人以幽雅、宁静的感觉。白粉墙在园林中虽很突出，但本身却很高洁，正可以借调于黑、白的对比而破除沉闷感。

三、提高园林建筑艺术效果需要注意的问题

园林建筑使用色彩与质感手段来提高艺术效果时，需要注意下列几点：

1. 立足于园林建筑的空间整体的艺术质量和效果进行推敲 作为空间环境设计，园林建筑对色彩与质感的处理除考虑建筑物外，对各种自然景物相互之间的协调关系也必须同时进行推敲，一定要立足于空间整体的艺术质量和效果。

环境是一种非我的存在，这里的"我"即是园林建筑，"非我"则是山水、植物等自然因素。园林的物质组成分为自然因素和人工因素。自然因素包括土、石、水、植物、动物、光、声、气、色、气候等；人工因素包括人在其中生活与游览所必需的建筑及室内与室外条件，如室内的桌、椅、凳、几、灯、床、罩等和室外的路、桥、栏杆、围墙、大门、平台等。在这些因素中，以山、水、植物、建筑为基本因素，即园林的四大要素。所以我们在研究园林建筑的色彩和质感与自然环境的关系时，要着眼于如何正确地处理好空间整体的艺术质量和效果，即处理好地形、景物与建筑的关系。

"源于自然而高于自然"，是中国园林艺术创作的基本思想。古老的中华民族经历了漫长的探索过程，建立了自己的自然美学体系。在自然美学思想的影响下，中国园林建筑的色彩与质感的处理，既不是喧宾夺主地压抑环境，也不是简单地躲避环境，而是正确地处理好与环境的关系，取得水乳交融的艺术境界，并由此诞生了独具特色的中国园林建筑。

2. 通过对比或调和，取得主次分明的整体感，提高艺术的感染力 处理色彩与质感的方法，主要通过对比或调和取得协调，突出重点，以提高艺术的表现力。

（1）对比。在前面已讨论过体量、形状、明暗、虚实等各个方面的处理手法，色彩、质感的对比与它们的处理原则基本上是一致的。在具体组景中，各种对比方法经常是综合运用的，只在少数的情况下根据不同条件才有所侧重。主要靠色彩或质感对比取胜的作品如桂林榕湖饭店四号楼餐厅室外小天井庭园，面对餐厅的墙面用大型彩色洗石壁画装饰，壁画题材取意桂林山水，墙下设池，墙根池边以一行绿草连接，墙脚两端置石种竹、灌木，靠餐厅用鹅卵石铺地，洗石

图 2-94 桂林榕湖饭店四号楼餐厅庭园洗石壁画

壁画在水石植物的烘托下，真假山水交相错杂，显得格外鲜明生动（图 2-94）。

在风景区布置点景建筑，如要突出建筑物，除了选择合适的地形方位和创造优美的建筑空间体型外，建筑物的色彩最好采用与树丛山石等具有明显对比的颜色。如要表达富丽堂皇端庄华贵的气氛，建筑物可选用暖色调高彩度的琉璃砖瓦、门、窗、柱子，使得与冷色调的山石、植物取得良好的对比效果。

（2）调和。在艺术手法中，对比的反义词是调和，调和也可以看成是极微弱的对比，有的也称作微差。园林建筑中的艺术情趣是多种多样的，为了强调亲切、宁静、雅致和朴素的艺术气氛，多采用调和的手法来取得谐调和突出艺术意境。如成都杜甫草堂、望江亭

图 2-95　各种材料的亭

1.浙江杭州黄龙洞竹亭　2.四川成都杜甫草堂茅草碑亭　3.四川灌县青城山树皮亭
4.江苏南京煦园茅亭　5.北京颐和园原木片石顶五角亭　6.云南陇川塔边茅草祭亭
7.四川新都桂湖重檐茅亭　8.四川灌县青城山树皮亭

公园、青城山风景区和广州兰圃公园的一些亭子、茶室，采用竹柱、草顶或墙、柱以树枝、树皮建造，使建筑物的色彩与质感和自然环境中的山石、树丛尽量一致，经过这样的处理，艺术气氛显得异常古朴、清雅、自然、耐人玩味，是利用调和手法达到协调效果的一些优秀范例（图2-95）。园林建筑设计，不仅单体建筑可用上述处理手法，其他建筑小品如踏步、桌凳、园灯、栏杆等，也同样可以仿造自然的山与植物以与环境相协调。值得注意的是在采用此类手法必须以巧妙的设计构思与高超的施工技术为前提，否则会产生粗制滥造的作品。

3. 注意视线距离的影响因素　考虑色彩与质感的时候，对于色彩效果，视线距离越远，空间中彼此接近的颜色因空气尘埃的影响容易变成灰色调，而对比强烈的色彩，其中暖色相对会显得比较鲜明。而在质感方面，距离越近，质感对比越显强烈，但随着距离的增大，质感对比的效果也就随之逐渐削弱。例如，太湖石是具有透、漏、瘦特点的一种质地光洁呈灰白色的山石，因其玲珑多姿，造型奇特，适宜散置近观，或用在小型庭园空间中筑砌山岩洞穴，如果纹理脉络通顺，堆砌得体，尺度适宜，景色将十分生动；但若用在大型庭园空间中堆砌大体量的崖岭峰峦，在视线较远时，由于看不清山形脉络，不仅达不到气势雄伟的景观效果，反而会予人以虚假和矫揉造作的感觉，不如用尺度较大夯顽方正的黄石或青石堆山显得更为自然逼真。

此外，建筑物墙面质感的处理也要考虑视线距离的远近，选用材料品种和决定分格线条的宽窄和深度。

如果视点很远，墙面无论是用大理石、水磨石、水刷石、普通水泥色浆，只要色彩一样，其效果不会有多大的区别；但是，随着视线距离的缩短，材料的不同，以及分格嵌缝宽度、深度大小的不同，质感效果就显现出来了。天津水上公园熊猫馆主馆外墙面处理，贴凹凸起伏较大的水刷石预制块，由于在观赏路线上的视线距离恰当，从而收到加强质感的良好效果（图2-96）。设计中不顾视线距离是否恰当，盲目选用高级材料的做法，只能造成经济上的浪费，艺术效果甚微，甚至会事与愿违。

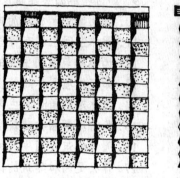

图2-96　天津水上公园熊猫馆主馆外墙饰面

墙外预制块小饰面，拼成浅绿色图案纹样，在阳光作用下，墙面上的阴影与质感效果显著

本章小结

园林建筑与环境的巧妙结合，是园林建筑最大的特色，也是园林建筑设计最为根本的原则。园林建筑为适应所在地园林的特点及园林整体环境的要求，就必须在布局、空间组织、建筑造型、建筑艺术处理上进行精心的设计。本章从园林建筑的特点出发，结合园林建筑与环境的关系，总结了园林建筑布局与空间组织的一般规律和常见手法，园林建筑的

比例与尺度的确定依据与方法，以及提高园林建筑艺术感染力的注意要点，阐述了园林建筑设计的基本原理。

复 习 思 考 题

1. 园林建筑所应遵循的建筑设计原则有哪些？
2. 阐述园林建筑的特征。
3. 园林环境的构成要素有哪两大类？分别阐述二者之间的关系。
4. 园林地表塑造主要手法有哪些方面，具体内容有哪些？
5. 园林建筑营造主要通过哪些手段？
6. 园林建筑立意在园林建筑设计中所起的作用。
7. 园林建筑选址对园林建筑设计产生的影响有哪些方面？
8. 园林建筑布局的主要手法是什么？
9. 如何理解园林建筑设计中统一与对比的关系？
10. 如何营造园林布局中空间的渗透与延伸？
11. 园林空间主要有哪些形式？
12. 园林建筑空间主要的组合形式有哪些？
13. 如何处理园林建筑室内外空间之间的关系？
14. 园林建筑借景的主要方法及其作用？
15. 如何理解园林建筑空间序列的特点？
16. 园林建筑空间序列的类型有哪些？
17. 什么是园林建筑的比例与尺度？
18. 园林建筑设计中决定尺度的依据是什么？
19. 南北方的园林建筑的比例与尺度有何差异？它们在色彩处理上有何差别？
20. 园林建筑使用色彩与质感手法来提高艺术效果时，需要注意哪些问题？

第3章 园林建筑单体设计

[本章学习目标与方法]

通过对各种不同类型园林建筑的基本知识的学习，正确认识园林建筑的设计特点，了解单体设计在园林设计中的重要性，并通过典型实例，学习其优秀的创作手法，培养对园林建筑的鉴赏能力，为园林建筑设计打下扎实的理论基础。

"多看、多比较、多思考"是学习本章的最基本而又最重要的方法。"多看"：在熟悉园林建筑个体设计基本理论的基础上，多看一些有关优秀园林建筑设计的参考资料，多到典型实例现场感悟其设计特点；"多比较"：在看的过程中，多进行园林建筑个体设计特点比较；"多思考"：要求学生在学习时，带着问题学，多问为什么，注重理论联系实际，以积累丰富的设计知识。

第一节　亭

一、概　述

亭，特指一种有顶无墙的小型建筑物，是供行人停留休息之所。汉代许慎《说文》释名："亭，停也，人所停集也"。亭，在园林中是最为常见的建筑，无论是在古典园林或是在现代园林中，各式各样的亭子随处可见。

园林中亭的功能有休息、赏景、点景、专用四种，主要是为了满足人们在游赏活动过程中驻足休息、纳凉避雨、眺望景色的需要。亭的功能比较简单，因此设计中，就可以主要从满足园林建筑空间构图的需要出发，灵活安排，最大限度地发挥其园林艺术的特色。

从中国传统文化的角度考察，亭在中国古代文人心目中具有非常独特的审美意义。亭的空间构成的最大特点就在于它的"空"，也即"虚"。苏东坡《涵虚亭》诗云："唯有此亭无一物，坐观万景得天全"，感叹"虚"的魅力，"虚空纳万境"点明了亭的"虚"的含义。"虚"是一种内心境界，亭作为人与自然空间的媒体，它使人充分融会于大自然之中，是一种沟通自然景物和人的内心感受的中介空间，为人们提供了"仰观"、"俯察"和"远望"的机会。关于亭的虚空间的特性，乾隆在《昭旷亭》中曾有这样生动的描写："四柱虚亭不设桯，天容寥廓水清冷。适然俯仰得佳会，回绝寻常色与形"。

亭一般以木柱支撑三角、四角、六角、八角或正多角形攒尖顶部，下设栏杆坐凳，空间虚透，轻灵秀美。有时亦可置墙，但多为木格门窗或各类透窗，外观形似楼阁，雍容华贵。其形体可大可小，置地灵活，便于建构；其用材多为木构，亦有石亭、铜亭、竹亭、草亭；其平面有正方形、长方形、三角形、圆形、扇形及其他正多边形。

刘致平《中国建筑类型及结构·亭》："亭在园林建筑里是最常用的，它在中国园林里已是不可缺少的东西，一有了亭子便算是花园了，所以有人将园林叫做亭园的"。周维权《中国古典园林史·绪论》："亭这种最简单的建筑物在园林中随处可见，不仅具有点景的作用和观景的功能，而且通过其特殊的形象体现了以圆法天、以方像地、纳宇宙于芥粒的哲理"。戴醇士有曰："群山郁苍，群木荟蔚，空亭翼然，吐纳云气"。这些都说明了亭与园林的休戚关系。古时候人们常将园林称作"园亭"、"池亭"、"林亭"、"亭馆"等；还有以"亭"来给园林命名的，如绍兴兰亭、苏州沧浪亭、北京陶然亭等。可见，亭在园林中地位之重要。

二、亭的发展历程

亭作为一种建筑物的出现可上溯至商周时期。亭之名称，则始于春秋战国前后，据考古资料表明，在甲骨文和金文中虽尚无"亭"字出现，但却已见诸先秦时期的古陶文和玺文之中，汉代画像石上已有清晰的图样。

随着社会的发展，亭的功能和形式都有了很大变化。大致以魏晋南北朝为界，先秦至秦汉之亭，注重实用价值，魏晋尤其是隋唐以后，则注重观赏价值。先秦时期，亭的基本形制尚未十分成熟，秦汉以后则十分普遍，且发展成为一种多用途、实用性很强的建筑形象的统称。秦汉时期的亭，就其功能而言，有设在边塞上主要用于候望的亭候、亭障、亭燧；有主要用于传递文书的邮亭、驿亭；有负责屯田事宜的农亭；有接待、迎候官吏与公使的乡亭、都亭；有管理集市贸易的市亭、旗亭；有守护城市的街亭、市亭、门亭、郡亭和作为行政治所的亭等等。需要提醒的是，古代的亭曾多半是有许多房间或者成组的建筑，与后来所说园林里的亭是大不相同的。

我们今天所说的亭，主要是指魏晋南北朝以后出现的供人游览和观赏的亭。它们大多建于园林和自然风景区内，是中国园林中最常用的园林建筑形式，故又称园林中的亭。

中国园林中亭的真正运用，最早的史料开始于南朝和隋唐时代，距今已有约 1 500 年的历史了。从唐代修建的敦煌莫高窟壁画中，我们还可看到那个时代亭子的一些形象史料。那时亭的形式已相当丰富，有四方亭、六角亭、八角亭、圆亭，有攒尖顶、歇山顶、重檐顶，有独立式亭，也有与廊结合在一起的角亭等。但多为佛寺建筑，顶上有刹（图3-1）。此外，西安碑林中现存宋代摹刻的唐兴庆宫图中沉香亭，是阔三间的重檐攒尖顶方亭，十分宏丽壮观。

这些资料都说明：唐代的亭，已经和沿袭至明、清时代的亭基本相同。唐代园林中亭是很普遍使用的一种建筑物，官僚士大夫的第宅、别业中筑亭甚多。例如，当时还有一种"自雨亭"，到了炎热的夏天，它会自动下雨，雨水从屋檐往四处飞流形成一道水帘，在亭内就会感到凉爽。

图3-1　唐代敦煌莫高窟壁画中亭的形象

到了宋代，宋徽宗有"叠石为山，凿池为海，作石梁以升山亭，筑山岗以植杏林"的诗句。著名的汴梁艮岳，利用景龙江水在平地上挖湖堆山，人工造园，其中亭子很多，形式也很丰富，并开始运用"对景"、"借景"等设计手法，把亭与山、水、绿化结合起来组景了。从北宋王希孟所绘《千里江山图》中，我们可以看到那时的江南水乡在村宅之旁、江湖之畔，建有各种形式的亭、榭，与大自然的山水环境非常融合。

明、清以后，园林中的亭式在造型、形制、使用内容各方面都比以前大为发展。今天在我国古典园林中看到的亭，大多是这一时期的遗物。明末计成著的《园冶》一书中，还辟有专门的篇幅论述了亭的形式、构造、选址等。

新中国成立后，特别近些年来旅游热的兴起，亭在古园林的保护与重建及新园林的建设与发展中取得了很多成就。今天，亭不仅作为一种传统的民族文化的象征，成为风景名胜中不可或缺的建筑形式，如园林中的路亭、花亭、桥亭、凉亭、水中亭，名胜中的半山亭、钟亭、鼓亭、碑亭。同时亭还成为了一种便民利民的场所，为人们休息游乐服务提供保障，如日常生活中的书亭、报亭、商亭、岗亭、电话亭等等，利用亭子还可作为小卖、图书、展览、摄影、儿童游戏等用途。亭在建筑功能性方面的扩展与进步，使这一传统的建筑形式能够更好地为大众服务。

近年来我国这一传统的亭的建筑形式又有新发展，在建筑的造型风格上，既继承和发扬了我国古代建筑的优良传统，又致力于革新的尝试，结合各地的文化、传统、地理、气候等特点，同时运用新技术及各种地方性材料，创作了一批很富于地方特色及时代感的亭子，并大胆地将其融进现代化的建筑中去，甚至使它走出国门，向世界展示其独特的魅力。

1980年，美国纽约的大都会艺术博物馆建造了一座仿苏州网师园中殿春簃和冷泉亭的"明轩"。1982年，日本明石市和江苏无锡市分别建造了"明锡亭"和"锡明亭"。1984年，我国以北京北海静心斋中的泌泉廊和枕峦亭为依据仿造了"燕秀园"，在英国利物浦国际园林节上获得"大金奖"金质奖章、"最佳艺术造型永久保留奖"和"最佳亭子奖"。这一切说明了中国的古亭正迈着时代的步伐，"半槛云烟过四海，一亭诗境飘域外"，步入世界艺术的殿堂。

三、亭的造型

亭子一般小而集中，造型独立而完整，有向上感。亭从立面可划分为三个部分：顶、柱身、台基。顶的造型常结合曲线变化丰富；柱身部分一般仅为几根承重的柱子，可做得很空灵，以体现虚空间的特色；台基随地形环境而异（图3-2）。

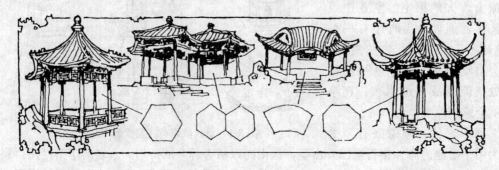

图3-2　亭的造型举例

（一）亭的构造与造型特点

亭子的体量不大，但造型上的变化却是非常多样、灵活的。亭的造型主要取决于其平面形状、平面上的组合、屋顶形式等。

我国古建筑是一种木结构的梁架系统，它的承重结构不是砖墙而是一根根的木柱，墙只起围护及分隔内部空间的作用，水平与斜向叠架、搭接起来的木梁架支撑了屋顶。由于木材是一种很易于加工和搬运的建筑材料，因此，屋顶的造型与曲线可由当时人们的审美观点和视觉需要来确定。支撑屋顶的木柱可以很细，而它们的开间尺寸却可以较大。这样一种具有丰富变化的屋顶形象，轻巧、空透的柱身，以及随机布置的基座的建筑形式，就很适合亭子这种"观景"与"点景"建筑的要求。这也使得我国园林中的古亭与主要从古希腊、罗马的古典柱式体系发展起来的、以砖石作为承重骨架的西方古典式亭，在造型和风格上完全相异其趣。

我国古代亭子，起初的形式是一种体积不大的四方亭，木构草顶或瓦顶，结构简易，施工方便。以后，随着技术的提高，逐渐发展成为多角形（三角、五角、六角、八角等）、圆形、十字形等较复杂的形体。在单体建筑平面上寻求多变的同时，又在亭与亭的组合，亭与廊、墙、房屋、石壁的结合，以及在建筑的立体造型上进行创造，出现了重檐、三重檐、两层等亭式，产生了极为绚丽多彩的建筑形象。

亭子的顶，造型最为丰富。通常以攒尖顶为多，也有用歇山顶、硬山顶、桑顶、卷棚顶的，解放后用钢筋混凝土做平顶式亭较普遍。下面以亭子的顶部造型归纳其主要特点。

1. 攒尖顶的构造做法及造型特点　攒尖顶在结构构造上比较特殊,它一般应用于正多边形和圆形平面的亭子上。攒尖顶的各戗脊由各柱中向中心上方逐渐集中成一尖顶,用"顶饰"来结束,外形呈伞状。屋顶的檐角一般反翘。北方起翘比较轻微,显得平缓、持重;南方戗角兜转耸起,如半月形翘得很高,显得轻巧飘洒。

攒尖顶的结构做法,南、北方不尽相同。

北方的园亭多按清《工部工程做法》:方形的亭子,先在四角按抹角梁以构成梁架,在抹角梁的正中立童柱或木墩,然后在其上安檩枋,叠落至顶,在角梁的中心交汇点安"雷公柱","雷公柱"的上端伸出屋面做顶饰,称为"宝顶"、"宝瓶"等,瓦制或琉璃制,其下端隐在天花内,或露出雕成旋纹、莲瓣之类。六角亭、八角亭最重要的是先将檩子的步架定好,两根平行的长扒梁搁在两头的柱子上,在其上搭短扒梁,然后在放射性角梁与扒梁的水平交点处承以童柱或木墩。这种用长扒梁及短扒梁互相叠落的做法,在长扒梁过长时显然是不经济的。圆形的攒尖顶亭子,基本做法相同,不过,因为额枋等全需作成弧形的,比较费工费料,因此作得不多。据估计,亭子这类建筑,木材用量约 $1m^3/m^2$,耗材是相当可观的(图 3-3)。

江浙一带的攒尖顶的梁架构造,按《苏州古典园林》一书总结的经验,一般分为以下三种形式:第一种用老戗支撑灯心木,此做法可在灯心木下做轩,加强装饰性,但由于刚性较差,只适用于较小的亭。第二种用大梁支撑灯心木,一般大梁仅一根,如亭较大,可架两根,或平行,或垂直,但因梁架较零乱,须做天花遮没。第三种用搭角梁的做法,如为方亭,结构较为简易,只在下层搭角梁上立童柱,柱上再架成四方形的搭角梁与下层相错45°即可,如为六角或八角亭,则上层搭角梁也相应地须成六角形或八角形,以便架老戗。梁架下可做轩或天花,也可开敞(图 3-4)。

2. 翼角的构造做法及造型特点　翼角的做法,北方的宫式建筑,从宋到清都是不高翘的。一般是子角梁贴伏在老角梁背上,前段稍稍昂起,翼角的出椽也是斜出并逐渐向角梁处抬高,以构成平面上及立面上的曲势,它和屋面的曲线一起形成了中国建筑所特有的造型美(图 3-5)。

江南的屋角反翘式样,通常分成嫩戗发戗与水戗发戗两种。嫩戗发戗的构造比较复杂,老戗的下端伸出于檐柱之外,在它的尽头上向外斜向镶合嫩戗,用菱角木、箴木、扁檐木等把嫩戗与老戗固牢,这样就使屋檐两端升起较大,形成展翅欲飞的态势。水戗发戗没有嫩戗,木构体本身不起翘,仅戗脊端部利用铁件及泥灰形成翘角,屋檐也基本上是平直的,因此构造上比较简便(图 3-6)。

扬州园林及岭南园林中的建筑,出檐翼角没有北方那么沉重,也不如江南一带那么纤巧,是介于两者之间的做法,比较稳定、朴实。

3. 屋面及其他构造　屋面构造,用桁、椽搭接于梁架之上,再在上面铺瓦作脊。北方宫廷园林中亭子,一般采用色彩艳丽、锃光闪亮的琉璃瓦件,加上红色的柱身,在檐下以蓝、绿冷色为基调的彩画,洁白的汉白玉石栏、基座,显得庄重而富丽堂皇。南方园亭的屋面一般铺小青瓦,梁枋、柱等木结构刷深褐色油漆,在白墙、青竹的陪衬下,看上去宛若水墨勾勒一般,显得清素雅洁,另有一番情趣。

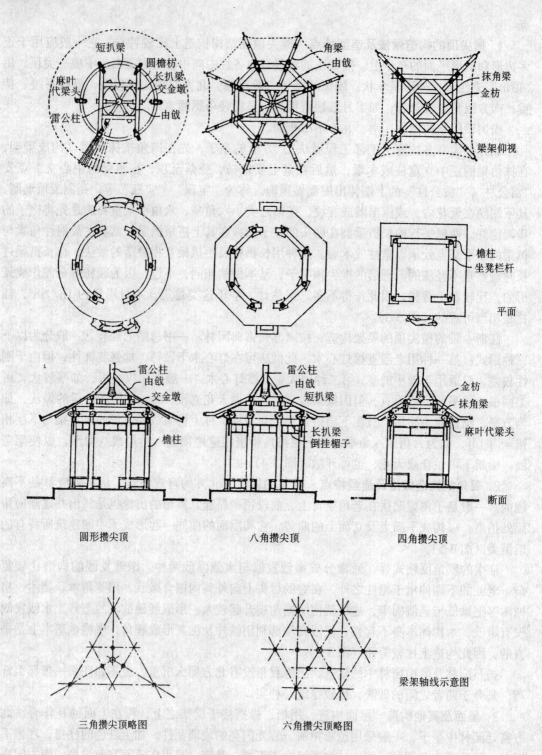

图 3-3　清式攒尖顶亭构造做法

（引自杜汝俭等《园林建筑》）

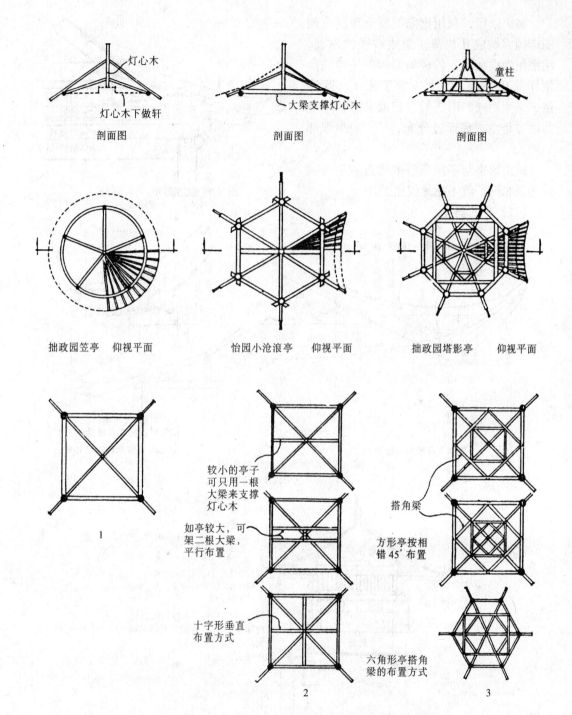

图 3-4　南方攒尖顶亭构造做法

1. 老戗支撑灯心木这种做法，屋面重力所形成的横向推力，主要由檐边衍梁来承担。建筑物的整体刚性较差，
因此一般只适用于较小的亭子　2. 用大梁支撑灯心木　3. 用搭角梁的做法
（引自杜汝俭等《园林建筑设计》）

解放以后，利用钢筋混凝土现浇或预制结构，做成几块薄壳组成亭子的屋面，用水泥做成瓦垅，各种局部构件按传统形象作简化处理，大大方便了施工，既简洁、又生动（如图3-7），但通常感到不足的地方是屋檐底面过分光、平，缺少细部处理。

歇山顶亭与平屋顶亭的构造做法与一般建筑相同，就不在此叙述了。

（二）亭的类型

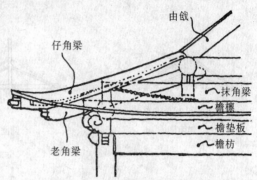

图 3-5　北方翼角的构造做法
（引自冯钟平《中国园林建筑》）

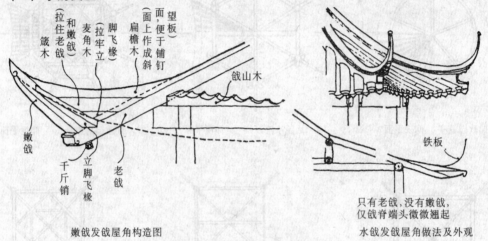

嫩戗发戗屋角构造图

只有老戗，没有嫩戗，仅戗脊端头微微翘起
水戗发戗屋角做法及外观

图 3-6　南方翼角的构造做法
（引自冯钟平《中国园林建筑》）

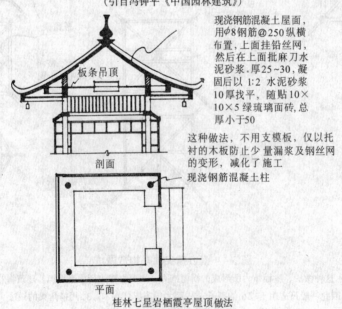

板条吊顶

剖面

平面

桂林七星岩栖霞亭屋顶做法

现浇钢筋混凝土屋面，用φ8钢筋@250纵横布置，上面挂铅丝网，然后在上面批麻刀水泥砂浆。厚25~30，凝固后以 1:2 水泥砂浆10厚找平，随贴10×10×5绿琉璃面砖，总厚小于50

这种做法，不用支模板，仅以托衬的木板防止少量漏浆及钢丝网的变形，减化了施工
现浇钢筋混凝土柱

图 3-7　钢筋混凝土攒尖顶亭做法

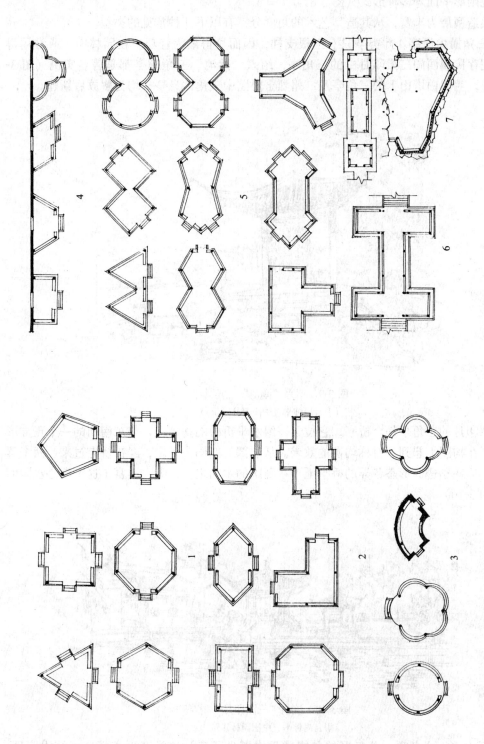

图 3-8　亭的平面形状

1. 正多边形平面　2. 不等边形平面　3. 曲边形平面　4. 半亭平面　5. 双亭平面　6. 组亭及组合亭平面　7. 不规则形平面

亭从平面形状分有正多边形、不等边形平面、曲边形、半亭、双亭、组亭及组合亭平面、不规则形平面等多种形式（图3-8）。

亭顶造型最为丰富，从其造型艺术的角度分，有以下几种常见的类型。

1. 三角攒尖顶亭 此类亭只有三根支柱，因而显得最为轻巧。在园林中，通常用得较少，现存杭州西湖三潭印月中的三角亭，绍兴"鹅池"三角碑亭都是著名实例（图3-9）。此外，兰州白塔山上的三角亭及广州烈士陵园中三角休息亭，均为解放后新建。

图 3-9　绍兴"鹅池"三角碑亭
（引自冯钟平《中国园林建筑》）

三潭印月的三角亭是个桥亭，它位于一组水平折桥的拐角上，与东南面的一个正方形攒尖顶亭在构图上起到不对称均衡的效果。从北部的船码头上岸，经折桥走过来，两个驾水凌空、玲珑剔透、形态各异的桥亭漂浮在开阔的水面之上，大大丰富了这个湖心水园的景色（图3-10）。

图 3-10　杭州"三潭印月"桥亭
（引自冯钟平《中国园林建筑》）

2. 正方形、六角形、八角形的单檐或重檐攒尖顶亭 这类亭形态端庄，结构简易，可独立设置，也可与廊结合为一个整体，是园林中最常见的亭式。例如北京颐和园中位于东宫门入口处水边小岛上的"知春亭"，和建在长廊中间的"留佳"、"寄澜"、"秋水"、"清遥"四亭。

还有一种称为"海棠亭"与"梅花亭"的，把亭的平面形状、基座、栏杆、梁枋和屋檐的边缘轮廓都仿照海棠四瓣、梅花五瓣的外形。由于制作上比较麻烦，实例已不多见。著名的有上海南翔县古漪园中的白鹤亭，杭州龙井的五角梅花亭等。

上海天山公园中的"荷花亭"是近年新建的，以太湖石为基座，凌空架设于荷池之畔，造型轻巧，清新挺丽，革新中有传统，与自然环境也很协调。

3. **重檐攒尖顶亭** 这类亭的顶有两重及三重之分，重檐较单檐在轮廓线上更为丰富，结构上也稍复杂，在亭与廊结合时往往采用重檐形式。在北方的皇家园林中，园林的规模大，对建筑要求体型丰富而持重，因此采用重檐式亭很多。例如北京颐和园十七孔桥东端岸边上的"廊如亭"，是一座八角重檐特大型的亭子，它不仅是颐和园40多座亭子中尺度最大的一座，在我国现存的同类建筑中也是最大的一个。它的面积达130多 m^2，由内外三圈24根圆柱和16根方柱支撑，体形稳重，气势雄浑，颇为壮观。在构图上，好像只有这么大的分量，才能取得与十七孔桥及南湖岛大体均衡的架势（图3-11）。

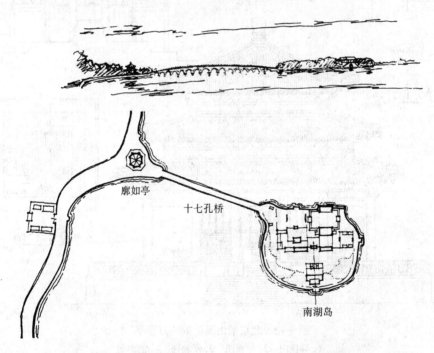

图3-11 北京颐和园廊如亭与十七孔桥、南湖岛之间的构图关系

在南方园林中，重檐的多角亭也常见。近几年新建的亭中还有一些很好的实例，如位于南宁邕江大桥桥头公园中的"冬泳纪念亭"等。

三重檐攒尖顶亭，是最庄重的一种形式，北京景山顶上正中的"万春亭"是一个著名的实例。它位于贯穿全城南北中轴线的中心制高点上，起着联系与加强南起正阳门、天安门、端门、午门、故宫三大殿、神武门，北至钟楼、鼓楼的枢纽作用。为突出强调它的地位，"万春亭"本身不仅作成了三重檐的宏丽壮观的形象，而且在其两翼山脊上，分别建造了相对应布局的"富览"、"周赏"两座重檐八角亭和"缉芳"、"观妙"两座重檐圆亭，较小而有变化，使一组五亭连成一气，造成极为强烈的气氛，起到了作为故宫背景的烘托、陪衬作用（图 3-12）。

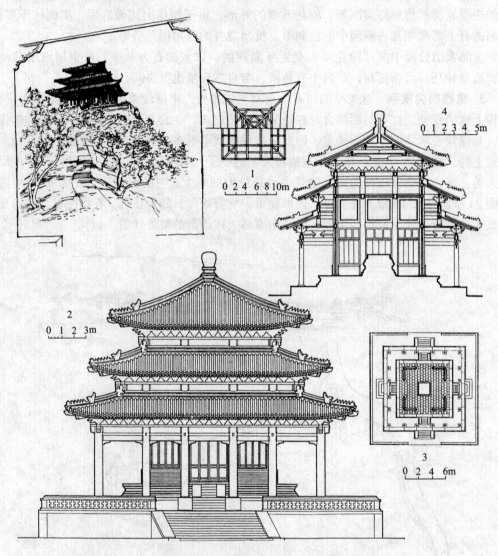

图 3-12　北京景山顶上的"万春亭"

1. 仰视图　2. 立面图　3. 平面图　4. 剖面图

万春亭在北京景山山巅，位于北京的中轴线上，过去是北京城的制高点。亭平面为正方形，
三重檐，地面有高差。金柱以内地面升高，且装有槅扇，亭内有须弥座石供，原供有佛像

还有一种盝顶的亭子，一般为正多边形平面，也可以看做是攒尖顶的一种变格，通常用于井亭。顶中央开孔，用天井枋构成的框架来支撑屋顶，在檐柱的外圈上面做成平脊加小坡檐而构成盝顶的外形，如北京劳动人民文化宫中的盝顶亭。

苏州天平山的御碑亭是重檐八角攒尖顶，但上檐戗脊在中途合并成四脊，使顶部不致

图 3-13　苏州天平山的御碑亭
（引自冯钟平《中国园林建筑》）

过分拥挤繁复，处理手法十分巧妙（图 3-13）。

4. **正脊顶亭**　可做成两坡顶、歇山顶、卷棚顶等形式，采用木梁架结构，平面为长方、扁八角、三角形、梯形、扇面形等。

采用歇山顶的梁架，因步架少，在构造上比较简单，南方庭园中常见。歇山顶通常不做厚重的正脊，屋面一般平缓，戗脊小而轮廓柔婉，翼角轻巧，以取得与环境的结合。歇山顶与攒尖顶亭的不同处还在于有一定的方向性，一般以垂直于正脊的方向作为主要立面来处理。长方形、梯形、扇面形的亭，在平面布置上往往把开敞的一面对着主要景色，而将后部或侧面砌筑白墙，墙上开着各种形式的空窗、漏窗、葫芦形的门洞，既有方向感，又丰富了立面上的虚实对比，如苏州拙政园的"绣绮亭"（图 3-14）和"与谁同坐轩"等。

5. **组合式亭**　有两种基本方式：一种是两个或两个以上相同形体的组合；另一种是一个主体与若干个附体的组合。

组合式亭是为了追求体型组合上的丰富与变化，寻求更优美的轮廓线。例如北京颐和园万寿山东部山脊上的"荟亭"，平面上是两个六角形亭的并列组合，单檐攒尖顶。从昆明湖上望过去，仿佛是两把并排打开着的大伞，亭亭玉立在山脊之上，显得轻盈、丰富。北京天坛公园中还有两个套连在一起的双环亭，是两个重檐圆亭的组合，它与低矮的长廊

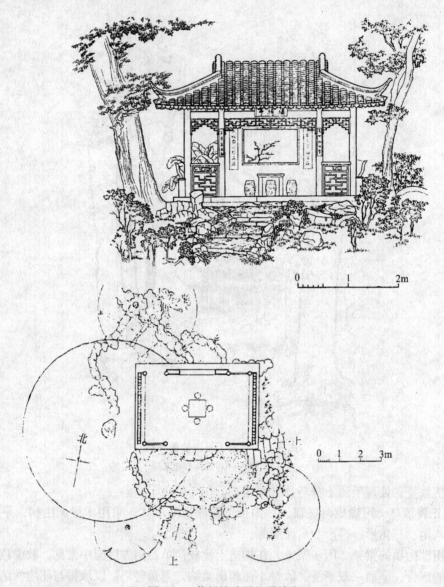

图 3-14　苏州拙政园的绣绮亭

组成一个整体，显得圆浑、雄健。其他如南京太平天国王府花园中两个套连的方亭，苏州天平山一座长方亭与两个方亭组合一起的"白云亭"等都是很有名的（图 3-15）。

　　组合式亭中还有一种情况，就是把若干个亭子按一定的建筑构图规律排列起来，形成一个丰富的建筑群体——亭子组群，造成层次丰富、体型多变的建筑形象和空间组合，给人们更为强烈的印象，例如：北京北海的"五龙亭"，承德避暑山庄的"水心榭"，扬州瘦西湖的"五亭桥"（图 3-16），广东肇庆星湖中的湖心五亭（图 3-17）等，它们都已成了全国闻名的风景点。

　　6. **半亭**　亭依墙建造，自然形成半亭，还有的是从廊中外挑一跨，形成一个与廊结合在一起的半亭，有的在墙的拐角处或围廊的转折处做出 1/4 的圆亭，形成扇面形状，使

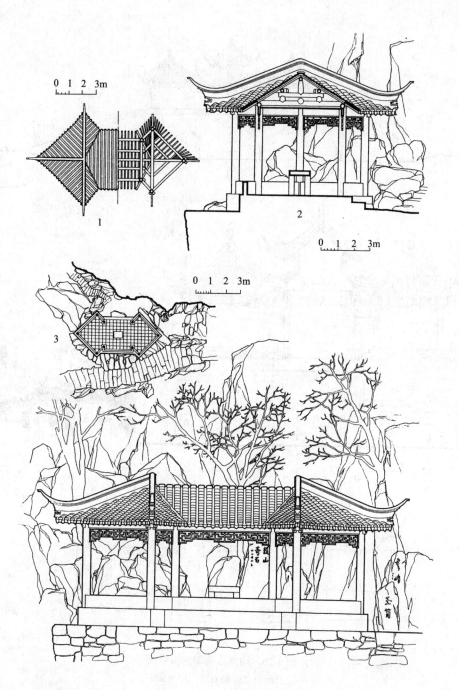

图 3-15　苏州天平山白云亭
1. 俯视、仰视图　2. 剖面图　3. 平面图
白云亭在苏州天平山山腰的一线天前。亭的造型十分灵活，是由两个扭转 45°的正方形
与另一正方形组合而成，可谓因地制宜，别出新意，很有特色。亭四周奇岩怪石壁立，
林木花树丛生，绿阴满地，景若天成，是一处绝妙所在
（引自高钤明等《中国古亭》）

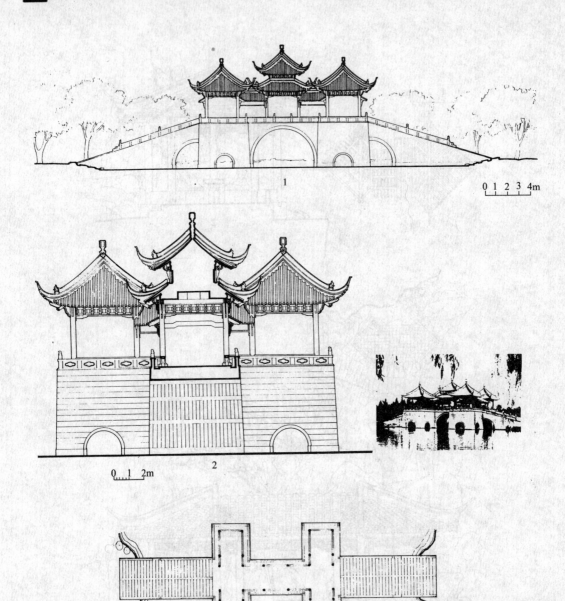

1

0 1 2 3 4m

2

0 1 2m

3

0 2 4 6 8 10m

图 3-16　扬州瘦西湖的五亭桥

1. 立面图　2. 剖面图　3. 平面图

　　瘦西湖位于扬州市西北，五亭桥横跨其上，是从莲性寺通往观音山、平山堂的必由之路。原名"莲花桥"，建于清乾隆 22 年（1757），桥身全部用青石砌成，下由 12 个大小不同的桥墩支撑，平面呈工字形，全长 55.3m，两端为石阶，桥上架设五亭，均为覆琉璃瓦的攒尖顶方亭，正中为主亭，体大且高，双重檐，四角各一单檐亭。桥身结构精巧，造型优美，常作为象征扬州的标志。

（引自高钤明《中国古亭》）

图 3-17　广东肇庆星湖中的湖心五亭

易于刻板的转角活跃起来，例如苏州狮子林的扇面亭与古五松园中的半亭等。此外，墙上的半亭还往往作为建筑的出入口，起突出重点的作用。

7. **其他亭式**　运用钢筋混凝土材料建造出的各种亭式：如上海肇家浜公园的一组伞亭（图 3-18），桂林榕湖中的一群蘑菇亭，南宁人民公园中的仿竹亭，广州兰圃公园中的松皮亭，以及各种形式的平顶式亭等。伞亭因为只有一根中心支柱，屋顶为一片薄板，因此非常轻巧。伞亭也有做成钢筋混凝土预制结构的，杯形基础，柱身中预埋落水管道，屋顶面积较大时周边向上反折。独立或成组的伞亭在四周加上玻璃幕墙，在园林中或城市绿地中可供小卖、书亭、茶室、冷饮等用途。把伞亭拼合一起还可组成任意的灵活平面，在国外也广泛应用。

平顶式亭，平面上由于没有攒尖、歇山顶的限制，可根据设计要求更自由、灵活地进行布局，以平面、体型上的错落变化、虚实对比等手法来弥补屋顶造型上的不足。

四、亭的位置选择

亭的设计主要应考虑好两个方面的问题：位置的选择和亭子本身的造型。其中，第一个问题是园林空间规划上的问题，是首要的；第二个问题是在选定基址之后，根据所在地段的周围环境，进一步研究亭子本身的造型，使其能与环境很好地结合起来。

亭子位置的选择，一方面是为了观景，以便游人驻足休息，眺望景色，另一方面，是为了点景，即点缀景色。眺望景色，主要应满足观赏距离和观赏角度这两方面的要求，同时还要考虑到景物在迎光面与背光面的不同光影效果。对于不同的观赏对象，所要求的观赏距离与观赏角度是很不相同的。

例如，在素有"天下第一江山"之称的江苏镇江北固山上，立于百丈悬崖陡壁的岩石边建有一个"凌云亭"，又名"祭江亭"。北固山三面突出于长江之中，站在这"第一江山第一亭"中观察奔腾大江的巨大场面。低头俯视，万里长江奔腾而过，"洪涛滚滚静中听"；极目远望，"行云流水交相映"；左右环顾，金、焦二山像碧玉般浮在江面之上，"浮玉东西两点青"，环境的气势极大。这样，通过俯视、远望、环眺这些不同的观赏角度赏

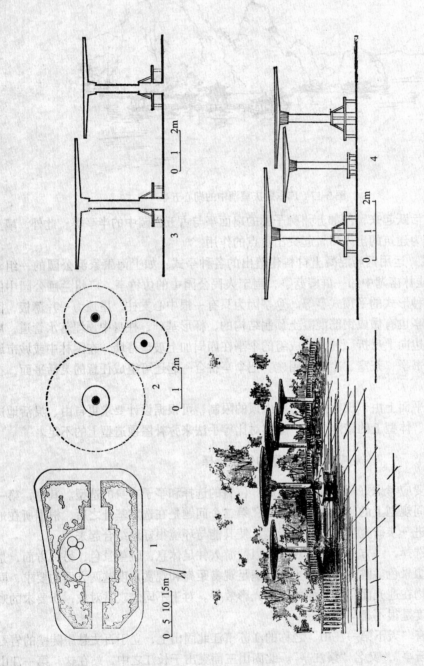

图 3-18　上海肇家浜公园的一组伞亭
1.总平图图　2.平面图　3.剖面图　4.立面图
平面为圆形,平顶,钢筋混凝土结构,造型简洁,新颖,色彩明快
为五亭成组布局,是小广场中主体景物。
(引自卢仁《园林建筑设计》)

距离，使得"凌云亭"成了观望长江景色的著名风景点。

再如，北京颐和园中的"知春亭"，是颐和园中主要的观景点之一，在这个位置上，大致可以纵观颐和园前山景区的主要景色。在180°的视阈范围内，从北面的万寿山、西堤、玉泉山、西山直至南面的龙王庙小岛、十七孔桥、廓如亭，视线横扫过去，形成了极为完整、壮观的风景立体画面，恰似一幅长卷中国画。在距离上，知春亭距万寿山前山中部排云殿、佛香阁建筑群及龙王庙小岛各为500～600m，在这个视距范围内，大致是人们正常视力能把建筑群体轮廓看得比较清晰的一个极限，成了画面的中景，作为远景的西堤、玉泉山、西山，剪影般地退在远方，一层远似一层。而从东堤上看万寿山，知春亭又成了使画面大大丰富起来的近景。从乐寿堂前面南望，知春亭小岛遮住了平淡的东堤，增加了湖面的层次，形成了一个环抱状的宁静水湾。知春亭位置的选择在"观景"与"点景"两方面看都是极其成功的（图3-19）。

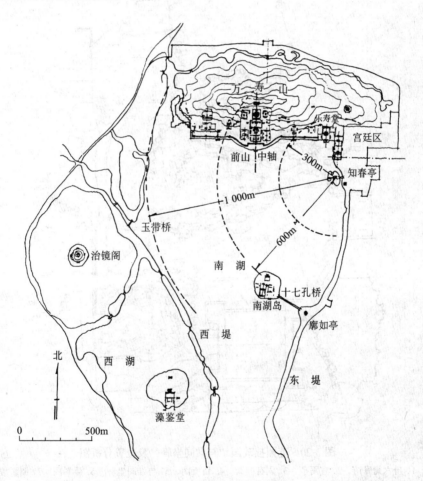

图3-19　颐和园知春亭位置分析图

（引自冯钟平《中国园林建筑》）

江南的庭园，多半是在城市的平地上人工造园，空间范围有限，视阈与视距较小。因此，着重以直接的景物形象和间接的联想境界互相影响，互相衬托，以突破空间的局限。在亭的位置安排及园林建筑构图上，很讲究互相之间的对应关系，运用"对景"、"借景"、"框景"等设计手法，同时把亭等园林建筑的尺度做得较小，在咫尺园林之中创造出多层次的风景画面，获得小中见大的效果。例如苏州拙政园西部的扇子亭——"与谁同坐轩"，位于一个小岛的尽端转角处，三面临水，一面背山，前面正对"别有洞天"的圆洞门入口，彼此呼应。在扇面前方180°的视角范围，水池对岸曲曲折折、高高低低的波形廊飘浮在水面之上。扇面亭两侧实墙上开着的两个模仿古代陶器形式的洞口，一个对着"倒影楼"，另一个对着"三十六鸳鸯馆"，这在平面上确定了它们之间的对应关系及观赏的视界范围。而它背面墙上的空窗正好成了山坡上笠亭的框景。可以看出它在位置上的经营和亭子的造型设计是何等精心（图3-20）。

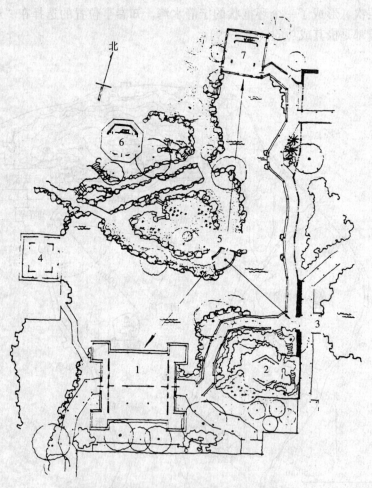

图 3-20 苏州拙政园 "与谁同坐轩" 及位置分析图

1.卅六鸳鸯馆 2.宜雨亭 3.别有洞天 4.留听阁 5.与谁同坐轩 6.浮翠阁 7.倒影楼

（引自冯钟平《中国园林建筑》）

总之亭的位置选择在不同情趣的自然环境中没有固定不变的程式可循，以下就亭子经常选择的几种地形环境来探讨其设计特点。

1.山地建亭 这是宜于远眺的地形，特别是山巅、山脊上，眺览的范围大，方向多，同时也为游人登山中的休息提供了一个坐坐看看的环境。山地建亭，不仅丰富了山的主体轮廓，使山色更有生气，也为人们观赏山景提供了合宜的尺度（图3-21）。

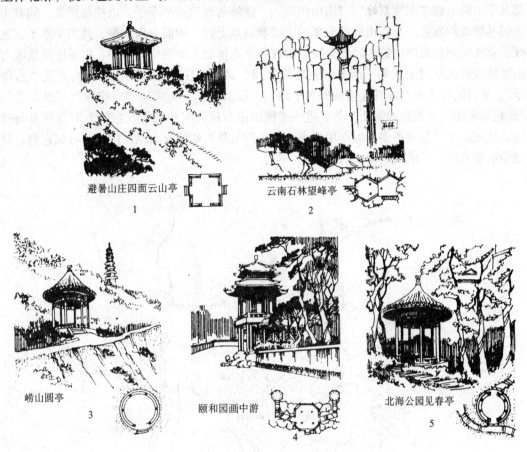

避暑山庄四面云山亭
1

云南石林望峰亭
2

崂山圆亭
3

颐和园画中游
4

北海公园见春亭
5

图 3-21 山地建亭
1. 山顶建亭 居高临下，俯瞰全园，可作风景透视线焦点，控制全园
2. 山顶建亭 宜选奇峰林立，千峰万仞之巅，点以亭飞檐翘角、具奇险之势
3. 山腰建亭 宜选开阔台地，利于眺望及视线引导，为途中驻足休息佳地
4. 山腰建亭 宜选地形突变、崖壁洞穴，巨石凸起处，紧贴地形大落差建二层亭
5. 山麓建亭 常置于山坡道旁，既方便休息，又作路线引导
（引自《建筑设计资料第3集》）

我国著名的风景游览地，在山上最好的观景点上常常设亭。例如，桂林的叠彩山是鸟瞰整个桂林风景面貌的最佳观景点之一，从山脚到山顶在不同的高度上建了三个形状各异的亭子。最下面的是"叠彩亭"，游人到此而展开观景的"序幕"，亭中悬挂"叠彩山"匾额，点出主题。亭侧的崖壁上刻有明人题字："江山会景处"，使人一望而知，这是风景荟萃的地方。行至半山，有"望江亭"，青罗带似的漓江就在脚下盘旋而过，登上"明月峰"绝顶，有"拿云亭"。"明月"、"拿云"的称呼不仅使人想见其高，而且站在亭中，极目千里，真有"天外奇峰挑玉笋"、"山为碧玉水青罗"之胜，整个桂林的城市面貌及五笋峰、象鼻山、穿山等美景尽收眼底。

于山上建亭来控制景区范围最成功的实例之一，要数承德避暑山庄了。清康熙帝选中这块有山区、有平原、有水面的地段进行建园的初期，首先决定在接近平原和水面的西北部几个山峰上建"北枕双峰"、"南山积雪"、"锤峰落照"三个亭子，以控制风景。随着山区园林建筑的发展，又在山区西北部的山峰制高点上建"四面云山"亭，共四个亭子。这样，就在空间的范围内把全园的景物控制在一个立体交叉的视线网络中，把平原风景区与山区建筑群在空间上联系了起来。到乾隆年间，又在山庄最北部的山峰最高处筑"古俱亭"，其目的在于俯视建在北宫墙外狮子沟北山坡上的"罗汉堂"、"广安寺"、"殊象寺"、"普陀宗乘庙"、"须弥福寿庙"等，进一步使山庄与这几组建筑群在空间上取得联系与呼应。这五座亭子数量不多，但作用很大，在山庄与外八庙的很大范围内都可看到它们，规划手法非常出色、成功（图3-22）。

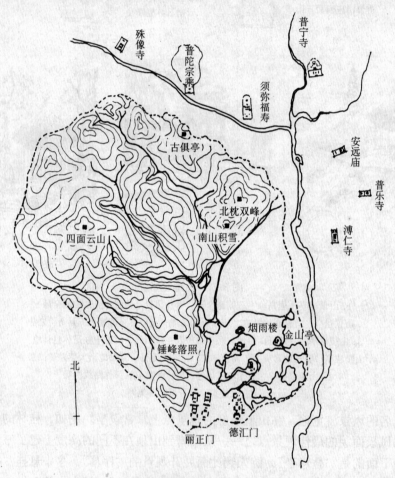

图 3-22　承德避暑山庄在山区五亭规划布局图
（引自冯钟平《中国园林建筑》）

苏州园林中建在山石上的亭子，在丰富园林的空间构图上所起作用也很突出。如留园中部假山上的"可亭"，拙政园中部假山上的"北山亭"，沧浪亭园林中部山石上的"沧浪亭"等，它们与周围的建筑物之间都形成了相互呼应的观赏线，成为园林内山池景物的重心。由于私家园林中的假山高度一般在 5m 以下，因此亭子的尺度一般也较小，象怡园中部假山上的六角形"罗阶亭"，各边长仅 1m，柱高 2.3m，留园的六角形"可亭"，各边长 1.3m，柱高 25m。虽是咫尺园林，却也能小中见大。

2. **临水建亭** 在我国园林中，水是重要的构成因素，因此经常在水边设亭、榭一类园林建筑。水面设亭，一般宜尽量贴近水面，宜低不宜高，宜突出于水中，三面或四面为水面所环绕。如扬州瘦西湖中的"吹台"，《宋书》载："徐湛之筑吹台，盖取其三面濒水，湖光山色映人眉宇，春秋佳日，临水作乐，真湖山之佳境也"。亭子三面临水，一面由长

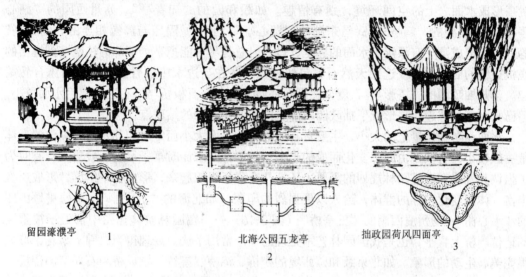

留园濠濮亭　　1　　　　　北海公园五龙亭　　　拙政园荷风四面亭
　　　　　　　　　　　　　　　　2　　　　　　　　　　　　3

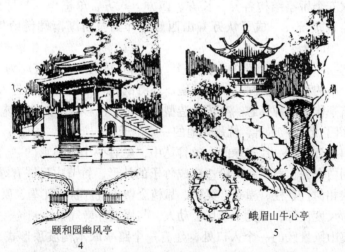

颐和园幽风亭　　　　　　峨眉山牛心亭
4　　　　　　　　　　　　5

图 3-23　临水建亭实例

1. 水边建亭　最宜低临水面，布置方式有：一边临水，二边临水及多边临水等
2. 近岸水中建亭　常以曲桥、小堤、汀步等与水岸相连，而使亭四周临水
3. 岛上建亭　类似者有：湖心亭、洲端亭等，为水面视线交点，观景面突出，但岛不宜过大
4. 桥上建亭　既可供休息，又可划分水面空间，唯在小水面的桥更宜低临水面
5. 溪涧建亭　景观幽深，可观潺潺流水、听溪涧泉声

堤引入水中，益见瘦西湖之瘦。步至亭入口处，但见亭于圆洞门中五亭桥及白塔正好嵌入其中，宛如两幅天然图画。

北京颐和园谐趣园中的"饮绿"亭，苏州留园的"濠濮亭"，拙政园的"与谁同坐轩"，沧浪亭的"观鱼亭"，上海天山公园的"荷花亭"，杭州西湖的"平湖秋月"，广州兰圃的"春光亭"——都是把亭建于池岸石矶之上，三面临水的良好实例（图3-23）。

驾凌于水面的亭，也常立基于小岛、半岛或水中石台之上，以堤、桥与岸相连，岛上置亭形成水面之上的空间环境，别有情趣。如颐和园的"知春亭"，苏州西园的"湖心亭"，绍兴剑湖的"鹤亭"，武昌东湖的"湖心亭"，上海城隍庙与豫园相连的"湖心亭"等。为了造成亭子有漂浮于水面的感觉，设计时总是尽可能把亭子下部的柱墩缩到挑出的底板边缘的后面去，或选用天然石料包住柱墩，并在亭边水中散置叠石，以增添自然情趣。苏州拙政园的"塔影亭"，就架在湖石柱墩之上，有石板桥与岸相连，前后水面虽小，但已具水亭的意趣，并形成了拙政园西部水湾的一个生动的结束点。

水面设亭在体量上的大小，主要看它所面对的水面大小而定。如苏州园林临池的亭体量一般较小，有些是由曲廊变化而成的半亭；位于开阔水面时亭子尺度一般较大；有时为了强调其气势和满足园林规划的需要，还把几个亭子组织起来，形成亭子组群，形成层次丰富、体型变化多样的群体，给人以更强烈的印象，如北海的"五龙亭"，承德避暑山庄的"水心榭"，扬州瘦西湖的"五亭桥"（图3-16）……在园林整体构图中都处于很重要的地位。桥上置亭，也是我国园林艺术处理的一个常用手法。处理得当，锦上添花，形成很完美、生动的形象。如北京颐和园西堤的柳桥、练桥、镜桥、幽风桥和石舫旁的荇桥上都建有桥亭，这五个桥亭结构各异，长方、四方、八方、单檐等，与桥身都很协调，与全园的建筑风格也很统一，成了从万寿山西麓延伸到昆明湖南端绣绮桥的一条精致链环。

3. 平地建亭 一般位于道路的交叉口上，路侧的林阴之间，有时为一片花木山石所环绕，形成一个小的私密性空间气氛的环境。还有的在自然风景区内进入主要景区之前，在路旁或路中筑亭作为一种标志。亭子的造型、材质、色彩与所在的具体环境统一起来考虑。图3-24介绍了北京、苏州、杭州等地的一些亭子。

广西南宁南湖公园在一片翠绿的金丝竹丛中，建有一个六角形的"竹亭"。亭为钢筋混凝土结构，用白水泥、石粉和黄粉塑造成竹子的外形，竹节中还嵌有绿色的有机玻璃，与真的金丝竹很相似。亭柱、屋脊、梁枋、靠椅全塑成竹杆状，瓦垄、顶饰等塑成竹叶片状。亭的比例、尺度良好，感觉上亲切、动人，与周围环境气氛协调统一。

在通向武夷山风景区的一个入口处，建有一个路亭取木构坡顶形式，形象与当地民居相近，与两旁的山谷形势也很协调，平面、立面都不受程式束缚，自由灵活，朴实无华。

与建筑物结合起来建亭，有的与建筑物贴得很紧，成为一种半亭的形式，与建筑物合为一个整体。这时，亭子的形象与尺度大小应主要服从于主体建筑的风格和总体上空间的要求。

三潭印月路亭   兴庆公园沉香亭   留园冠云亭

    1   2   3

天平山御碑亭   北海公园鲜碧亭

    4   5

图 3-24 平地建亭

1. 路亭　常设在路旁或园路交汇点，可防日晒避雨淋，驻足休息

2. 筑台建亭　是皇家园林常用手法之一，可增亭之雄伟壮丽之势

3. 掇山石建亭　可抬高基址标高及视线，并以山石陪衬环境，增自然气氛，减平地单调

4. 林间建亭　在巨树遮阴的密林之下，虽为平地，但景象幽深，林野之趣浓郁

5. 角隅建亭　利用建筑的山墙及围墙角隅建亭，可破实墙面的呆板，并使小空间活跃

五、不同材料亭的设计特点

亭的材料选择和结构选型与自然环境、工程条件、使用功能、园林审美等因素都有直接关系。

建亭所用的材料虽然种类较多，繁简不一，但大多数都比较简单，施工制作也较方便。过去常以传统的木构瓦顶为多，现在多用钢筋混凝土，也用竹、石、不锈钢、铝质合金、玻璃钢等建筑材料，形制也愈加丰富多彩。

（一）不同材料亭的设计特点

1. 木结构亭　我国传统木结构亭的承重结构不是砖墙而是木柱，墙只起到围护作用。因此亭的形态灵活变化，而且，由于亭的形体小，其构造可不受传统做法的限制。亭的造型主要取决于平面形状和屋顶形式。

　　按照传统做法，亭的面阔与进深有一定的比例关系。方亭一般是 1:1；长方亭和多开间亭子的面阔和进深之间的比例接近黄金比。较大或较小的亭子或多个亭子组合时，其面阔和进深比又有所变化。

　　屋顶的造型与曲线，会因环境及审美观点不同而异。按照传统木结构亭子的做法，北方亭顶的曲线角度较平缓，而南方的则较陡峭。亭还有单层、双层和单檐、重檐的形式，这方面也直接影响到结构。由于支撑屋顶的木柱直径可以很小，尤其是在我国南方，亭的体形显得格外轻巧、通透，这与砖石为承重骨架的亭在造型上有很大差别（图3-25）。

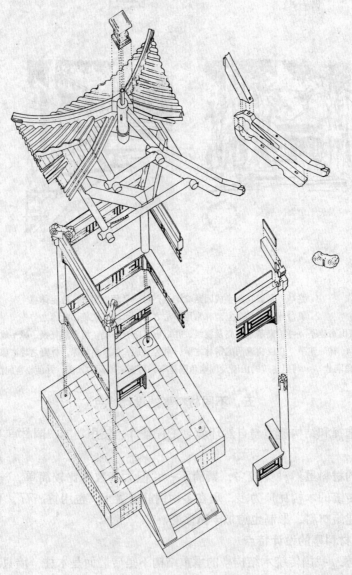

图 3-25　木结构亭的剖视图

北京中山公园松柏交翠亭高 11.5m，柱距 6.5m，六角重檐，结构巧妙，用角梁和鎏金斗拱承接上层屋顶的重量，运用杠杆原理省去了笨重的扒梁，构架更加合理。江南私家宅园中的小亭结构比较简洁，如苏州拙政园中的笠亭高3.8m，柱距2.7m，亭顶浑圆有若笠帽，故名笠亭。

2. **砖结构亭**　砖结构的亭，一般是用砖发券，支撑屋面。北方不少碑亭如此，体型厚重，与亭内的石碑相称。也有一些小亭略显轻巧，是由于其跨度较小所致，如北京北海公园团城玉瓮亭，亭高6.7m，柱距2.3m，四面坡顶，木檐椽上覆琉璃瓦，上部结构用砖砌锅盔券。

在我国有很多纪念性的亭子使用石材结构，也有梁柱用石材结构，其他仍用木制结构的，如苏州沧浪亭，既古朴庄重，又富自然之趣。但须注意的是，这些石材选取必须得当，否则受重压后石质可能开裂而成为危险的建筑。为了安全起见，一般石材用料尺寸都较大，与轻巧的木结构亭相比有很大差别，如福建泉州灵山圣墓墓亭高5.5m，进深4m，柱径达45cm。

3. **竹亭**　竹亭源自江南一带，取材方便，形式上轻巧自然。北方亦有仿江南竹韵意境而建竹亭的实例。近年来，随着处理北方气候干燥造成竹材开裂和南方湿潮竹材易霉变虫蛀等技术的逐步发展与完善，用竹材造亭榭者日多。竹亭建造比较简易，内部可用木结构、钢结构等，而外表用竹材，使其既美观牢固，又易于施工。

4. **钢筋混凝土结构亭**　随着科学技术的进步，使用新技术、新材料造亭日益广泛。用钢筋混凝土建亭主要有三种方式：第一种是现场用混凝土浇筑，结构比较坚固，但制作细部比较浪费模具；第二种是用预制混凝土构件焊接装配；第三种是使用轻型结构，顶部用钢板网，上覆混凝土进行表面处理。

5. **钢结构亭**　钢结构亭在造型上可以有较多变化，在北方需要考虑风压、雪压的负荷。另外屋面不一定全部使用钢结构，可使用其他材料相结合的做法，形成丰富的造型。如北京丽都公园六角亭，高6.45m，柱间距4.0m。

以上内容可参见图3-26。

（二）亭的施工中应注意的问题

亭的施工不同于一般的园林建筑的施工，主要是规模小、设备少、工期短，其特点是构造和装修多种多样，坐落的地址有山地、水上、林中，或建于院落之内，或建于屋顶、桥面之上等等。除一般建筑施工技术环节之外，还要特别注意选料和基础的处理，木质亭

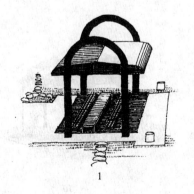

1

2

3

4

5

6

7

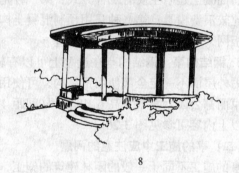

8

9

10

11

12

13

14

图 3-26　各种材料的亭

1．日本以钢材制成的小亭　2．洛阳白居易墓园石亭　3．上海东安公园中的竹亭
4．日本以钢材构成装配式亭子　5．北京丽都公园中用茅草和钢材制成的园亭
6．法国巴黎以钢材制成的有传统风格的亭子　7．上海延春公园钢筋混凝土凉亭
8．上海兰溪公园钢筋混凝土圆亭　9．金属六角亭　10．和谐园（中美合建）中八角亭
11．金属、透花顶六角亭　12．泰国园中六角亭　13．木制树式方亭　14．木制方亭

子用的木料材质干燥程度必须合格，竹亭、石亭用料多取自山林自然界中，要选择优良品
种。基础处理要防止冻涨和沉陷，特别是在新堆的土山上建亭，其基础要按规定标准慎重
施工。

六、实例分析

（一）华夏名亭园

北京陶然亭公园内的华夏名亭园于 1987 年建成，1988 年获北京市优秀工程设计一等
奖，1989 年获城乡建设环境保护部授予的城乡建设优秀设计一等奖，1990 年获国家优秀
设计金质奖。该园在设计方面完全达到了国家规定的优秀设计的各项标准（图 3-27）。

1．**项目策划**　在策划华夏名亭园的过程中，公园的全面规划已基本确定，华夏名亭

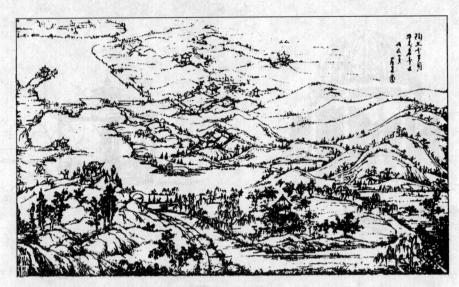

图 3-27　华夏名亭园鸟瞰
(引自刘少宗《说亭》)

园是一个园中园。由于这个地区除部分景观比较好外，大部分景观质量都比较差，可塑性比较大。但据当时了解，中国历史上的名亭相当多，仅《古今图书集成》中就列有 800 多个，其中有价值的也不在少数。虽然园的面积有 $10hm^2$，容量还是有限，建亭必须有选择。

在讨论和进行构思方案的过程中，关于亭的选择提出了三个条件：

①现存名亭中精选少量的、影响大的，达到以少胜多。

②亭的内涵要与陶然亭公园的历史风貌和现在的气质相近。

③适合于现有的环境条件。

第二个条件在前面章节中已经有所叙述。对第一个条件要说明的是，为什么要用现存的名亭，因为有很多名亭有美妙的传说或文字记载，经过复杂的考证复原后，还要考虑群众的接受程度。第三条是必须要考虑环境，如唐长安的沉香亭，尽管很有名，并可以和牡丹园与之相谐，但由于其体量过大，与环境的尺度难以协调，所以只好割爱。最后名亭园中所选中的亭子有：独醒亭（图 3-28）、兰亭、鹅池碑亭、二泉亭、浸月亭、沧浪亭、杜甫碑亭、吹台亭、百坡亭、醉翁亭以及后来增加的滴仙亭、一揽亭。

2. **选址**　园的选址基本上是合适的。有利的方面是地貌上有山有水，只是山都比较陡，坡度在 1:2～1:3，有的局部坡度甚至更大；园一面临陶然亭公园大湖，还有河道引入内部，但水面高度距地面一般在 2m 以上。园的西部是 1964 年建的"标本园"，虽然"文化大革命"期间失于管理，但基础很好，稍加点缀即可成景。在地形处理上，在园的北部加土堤，提高园内湖的水面，将河坡稍略加固，点缀山石，形成亲切又有层次的湖面。原来比较呆板的平地根据亭的环境需要局部降低或加高，与原有土山衔接。

3. **风格**　亭的本身不需要建筑设计上的创造，而是要真实地表现原来名亭的风貌。至于亭的环境倒要突出其重点，特别是与亭的形式或内涵有关的部分，要把那些与亭无关的部分删除，使亭的特点更加突出。例如醉翁亭作了较大的减除，兰亭则进行了集中，百

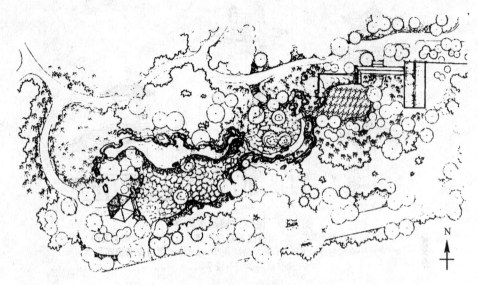

图 3-28　独醒亭景点平面
（引自刘少宗《说亭》）

坡亭加强了渲染，杜甫草堂碑亭作了一些模拟。这种创造是为了形成名亭园整体的需要，也是适应现代旅游的需要。

为了增加亭的艺术特色，了解亭的文化内涵，精心设置了近 50 处匾额、碑刻。对于王羲之、苏轼、赵孟俯等名家的原迹注重仿真，其余的均请当代书法名家加以撰写。

华夏名亭园是一座表现我国传统亭的文化艺术的园林，它有较高的格调，同时也能满足群众的游憩需求。有休息、散步的道路，广场，还有溪流、瀑布、潭、泉、叠水等各种形态的水体十几处。园内可登高眺望，可在幽静的草坪中休息，也可在水边赏荷、垂钓。它是一座优美的自然式园林，亭间都有 50～100m 的绿阴，因而各亭都自成一个意境单元。可以说园的设计在继承传统中有所创新。

4．**主要成就**　概括其设计上的成就主要有三个方面：

①选择了一批我国历史上的名亭，布置于一园，每个亭自成一个意境单元，每个单元内都鲜明地表现了亭的建筑艺术、环境艺术和文化内涵。

②园的形式继承了园林优秀设计传统，也符合现代社会生活的需要。

③设计形式、内容在国内首创，其他国家也不大可能有。

此外，该园还符合国家在园林绿化方面的行业政策：少搞建筑，充分绿化。建筑面积只占总面积的 0.5%。

（二）昆明世博园中的亭

1999 年在我国昆明举办了世界园艺博览会。在国际展区内，各种庭园争奇斗艳，由很多稀有珍贵的园林植物、多姿多彩的建筑设施和美妙有趣的水体、铺装组成了具有各种特色的园林作品。其中各式各样的亭子也为庭园增色不少。

各种材料制作的亭子当中，有的富丽堂皇，有的小巧玲珑，有的简洁明快，有的民族色彩浓郁，是值得我们学习、借鉴的实例（图 3-29）。

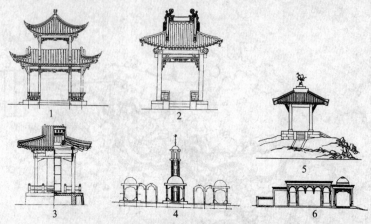

图 3-29　昆明世博园中的亭

1.重庆巴渝园滟滪亭　2.山西槐香园古井亭　3.青海江河源日月亭
4.宁夏宁春园穹亭立面　5.湖北楚园楚亭　6.新疆园与花架相连的亭
（引自刘少宗《说亭》）

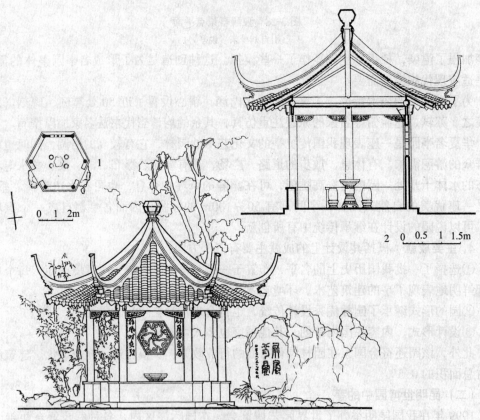

图 3-30　怡　园

1.平面图　2.剖面图

　　小沧浪亭在苏州怡园中部北面。亭为六角攒尖，翼角做水戗发戗，亭北面柱间设有粉墙，开锦窗，亭中置石桌、石凳。此亭的梁架采用大梁上架灯心木（雷公柱），再辅以斜撑加固，形成木框架的方法，虽然构造简便易行，但结构受力不太合理。亭旁立有湖石，东面石屏上书"屏风三叠"四个篆字，周围翠竹林阴，情趣高雅，仿沧浪亭之意境

（引自高钤明《中国古亭》）

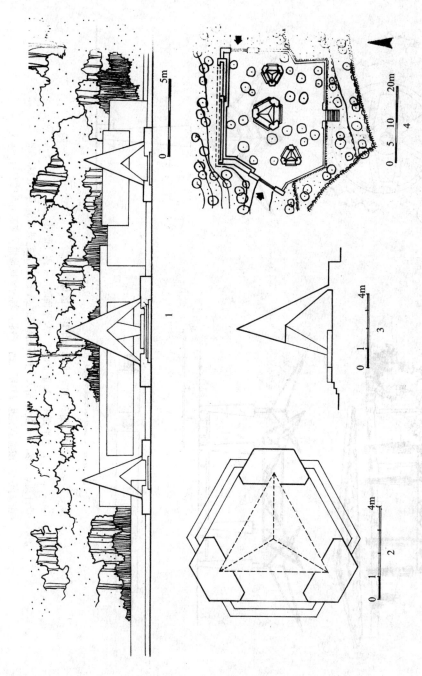

图3-31 北京香山"一·二·九"纪念亭

1. 北立面 2. 单体平面 3. 单体剖面 4. 总平面

该亭是一组由三个小亭构成的群体。亭单体形象为立体三角锥,单体立面为"人"字,三个人字组成"众"字,喻意当年爱国青年众志成城的战斗意志,有强烈的感染力,并与山林环境融合一体,更奏出纪念意义

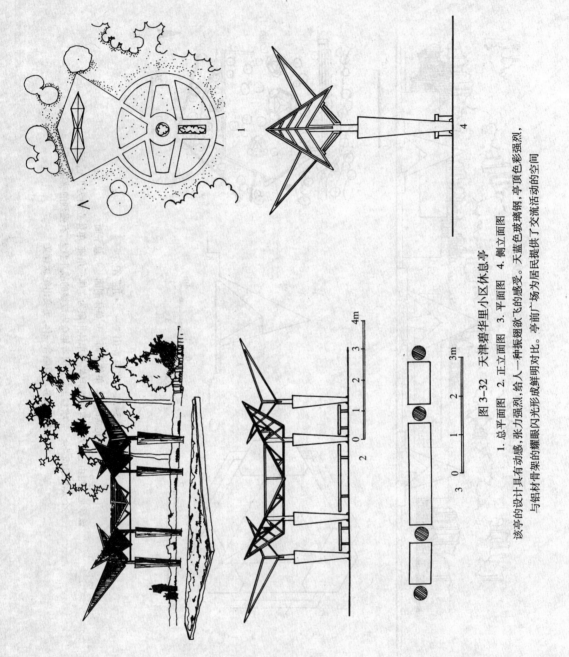

图 3-32　天津碧华里小区休息亭

1. 总平面图　2. 正立面图　3. 平面图　4. 侧立面图

该亭的设计具有动感，张力强烈，给人一种振翅欲飞的感受。天蓝色玻璃钢，亭顶色彩强烈，与铝材骨架的耀眼闪光形成鲜明对比。亭前广场为居民提供了交流活动的空间

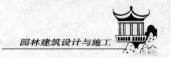

（三）其他实例（图3-30，图3-31，图3-32，图3-33）

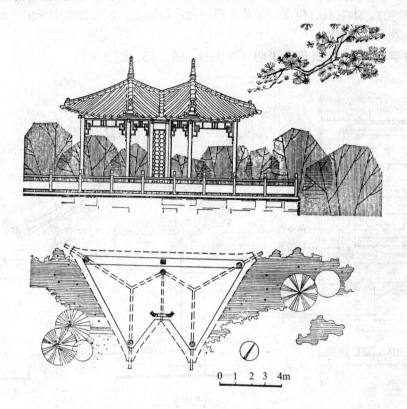

图3-33　广州白云山滴水岩双三角亭

该亭采用钢筋混凝土结构，柱挂落及地面均做白水磨石，亭面盖金鱼红色琉璃瓦，
亭身高昂，色泽鲜明，造型新颖，颇有风趣

七、亭的设计手法小结

有关亭的设计归纳起来应掌握下面几个要点：

1. **必须选择好位置**　按照总的规划意图选点，无论是山顶、高地、池岸水矶、茂林修竹、曲径深处，都应使亭置于特定的景物环境之中。要发挥亭子占地小，受地形、立基、方位影响小的特点，运用"对景"、"借景"等手法，使亭子的位置充分发挥"观景"与"点景"的双重作用。

2. **亭的体量与造型的选择**　主要应看它所处的周围环境的大小、性质等，因地制宜而定。较小的庭园，亭子不宜过大，但亭作为主要的景物中心时，也不宜过小，在造型上也宜丰富些。在大型园林的大空间中设亭，要有足够的体量，有时为突出亭子特定的气氛，还成组布置，形成亭子或亭廊组群。山顶、山脊上建亭，造型应求高耸向上，以丰富、明确山与亭之轮廓，周围环境平淡、单一时，亭子造型可丰富些，周围环境丰富，变化多时，亭子造型宜简洁。总之，亭之体量与造型要与周围的山石、绿化、水面及临近的建筑很好地搭配、组合、协调起来，要因地制宜，没有固定的模式可循。

3. **亭子的材料及色彩**　应力求就地取材，多选用地方性材料，不仅加工便利，又易于配合自然。竹、木、石、树皮、茅草的巧妙设计与加工，也可做出别开生面的亭子，不必过分地追求人工的雕琢。

附：古亭与新亭的设计图及说明（图 3-34，图 3-35，图 3-36）。

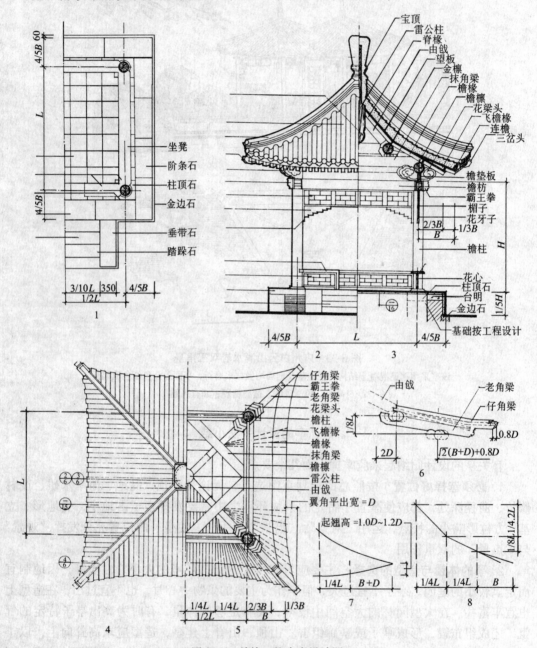

图 3-34　单檐四柱古亭设计图

1. 平面　2. 立面　3. 剖面　4. 屋顶平面　5. 梁架平面
6. 角梁详图　7. 翼角起翘比例　8. 举折比例
注：B 一般为 H 的 3/10，但不应大于檐檩与金檩的水平中距

（1）本图仅以一般常用木结构古建单檐、四柱方亭的平、立、剖基本图为示例。亭子平面形式也可由设计人设计成六角或八角形的，而各部位配件仍可选用或参照配制。

（2）亭子配件包括宝顶、博脊、三岔头、雷公柱头、花梁头、霸王拳、楣子、花牙子、垂头、美人靠、坐凳花心、柱顶石、台明、台阶以及屋面、地面做法等。

（3）亭子的平面尺寸可根据工程需要确定。但一般情况，四柱方亭面宽宜控制在2.7～3.6m，六角亭柱距宜控制在1.8～2.4m，八角亭总面宽（指两个平行面之间）宜控制在3.6～4.5m。

（4）亭子基础应视具体工程地基条件由结构自行设计。

（5）施工要求：

①古建木结构亭除图注外，须严格按照古建规制施工，以保障结构安全。

②钢筋混凝土仿木构件，如无条件采用钢模板，可用刨光涂腊清水木模板。如有抹灰面层，须保证抹灰后的外包断面尺寸符合本页表二构件尺寸关系的要求。

③木构件有条件时，安装完毕，待其干透再行撕缝、披麻提灰、刮腻子、上油。如为混凝土仿木者，须待混凝土干透后再披灰上油。

④脊头和宝顶做砖雕时，应选用质地优良的砖板材。

⑤青瓦屋面苫背后，须晾背，待完全干透再行宽瓦。

（6）本设计四柱方亭尺寸代号及构件有关数据情况如表3-1，表3-2。

表3-1　方亭尺寸代号表

代　号	说　　　明
L	开间尺寸（即方亭檐柱两柱中心间距）
H	檐柱高度尺寸（即檐柱从台明至檐枋上皮的高度）
D	檐柱直径
B	檐平出尺寸（即檐柱中至平檐口飞椽头外口的水平投影尺寸）

表3-2　方亭构件尺寸选用与代号尺寸关系表

类　别	构件名称	构件比例			示例（以 $L=3\,000$ 定比例关系）		
		高	宽	径	高	宽	径
柱	檐柱	$H=0.8\sim0.9L$		$D=0.08\sim0.1H$	2 400～2 700		200～270
	金柱			$1.2D$			240～320
	雷公柱			$1.5D$			300～400
枋梁檩	檐枋	D	$0.8D$		200～270	160～220	
	承檐枋	$1.1D$	$0.9D$		220～300	180～240	
	抹角梁	$1.2D$	$1.0D$		240～320	200～270	
	老角梁	D	$0.7D$		200～270	140～200	
	仔角梁	D	$0.7D$		200～270	140～200	
	檐檩			$0.9\sim1.0D$			180～270
	金檩			$0.9\sim1.0D$			180～270

（续）

类　别	构件名称	构　件　比　例			示例（以 $L=3\,000$ 定比例关系）		
		高	宽	径	高	宽	径
椽及其他	檐椽	0.3D	0.3D		60～80	60～80	
	飞椽	0.3D	0.3D		60～80	60～80	
	连檐	0.3D	0.3D		60～80	60～80	
	花梁头	1.4D	1.3D		280～380	260～350	
	檐垫板	0.9D	0.3D		180～240	60～80	
	由戗	0.9D	0.6D		180～240	120～160	

注：①表内数据系参照清式做法编制。为了避免亭子造型笨重，对原比例关系做了适当调整。

②本表以方亭开间尺寸（L）为基本尺寸定檐柱高（H）的比例关系，再以（H）定出檐柱径（D）的比例关系，其余构件均以（D）为基本尺寸确定各自的比例关系。以（L）定（H）时，应注意自亭内地面至楣子下皮净高不低于2米的要求。

③亭子装修工程宝顶、楣子、凳子以及出檐、台明等的尺寸比例关系分别列于各图之中。

④本表仅适用于本设计限定开间尺寸范围的方亭，如设计为六角亭或八角亭，其（L）与（H）之比一般可调整至：

$L=1\,800～2\,400$ 时，$L:H=1:1.2～1:1.5$

$L=1\,200～1\,500$ 时，$L:H=1:1.8～1:2.2$

檐柱高（H）确定以后，檐柱径（D）以及其他各构件尺寸比例关系大体可参照本表选定或参考配制，以符合或相似法式的比例关系即可。

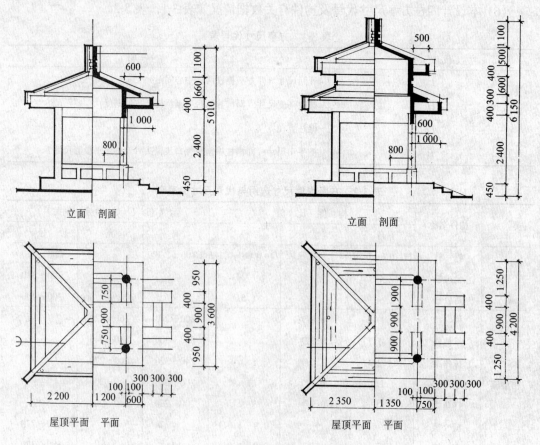

图 3-35　有脊四角新式亭设计图

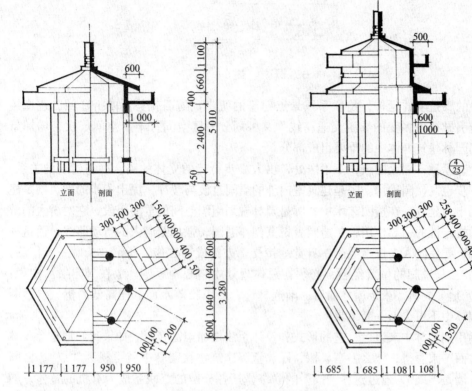

图 3-36　六角新式亭设计图

除图中给定的亭尺寸外，可根据具体工程，在适当范围内（四角亭面宽 2.4m；六角亭柱距 1.8m；八角亭总面宽 2.4～3.6m；圆亭柱距 1.2～1.8m）选用，并请注意各部构件的比例及尺度关系。

表 3-3　工程做法表

部　位	做　　　　　法
屋　面	1. 喷甲基硅醇钠憎水剂 2. 喷涂聚合物水泥砂浆三遍（颜色自定） 3. 喷一道 107 胶水溶液（配比 107 胶∶水 = 1∶4） 4. 50 厚钢丝网水泥保护层 5. 刷 0.8 厚聚氨酯防水涂膜第二道防水层 6. 刷 0.8 厚聚氨酯防水涂膜第一道防水层 7. 基层表面满涂一层聚氨酯 8. 天沟泛水 2%，坡向雨水口
宝　顶	做法同上 1，2，3
檐　口 柱　身	1. 1.8 厚白水泥罩面 2. 12 厚 1∶3 水泥砂浆打底扫毛 3. 刷素水泥浆一道
坐　凳	1. 8 厚 1∶1.25 水泥石子罩面（中小八厘石子磨光） 2. 刷素水泥浆一道（内掺水重 5% 的 107 胶） 3. 10 厚 1∶3 水泥砂浆打底扫毛 4. 刷素水泥浆一道（内掺水重 5% 的 107 胶）
地　面 台　阶	1. 40 厚 1∶2∶3 细石混凝土随打随抹上撒 1∶1 水泥沙子压实赶光 2. 150 厚卵石灌 25 号混合砂浆 3. 素土夯实
顶　棚	1. 喷涂聚合物水泥砂浆三遍（颜色自定） 2. 喷一道 107 胶水溶液（配比 107 胶∶水 = 1∶4）

第二节 | 廊

一、概　述

　　园林中的廊是亭的延伸，是联系风景点建筑的纽带，随山就势，曲折迂回，逶迤蜿蜒。廊既能引导视角多变的导游交通路线，又可划分景区空间，丰富空间层次，增加景深，是中国园林建筑群体中的重要组成部分。

　　廊是上有屋顶，周无围蔽，下不居处，供人漫步行走的立体的路。廊与建筑的关系，是"庑出一步也"（《园冶》）。庑是建筑室内外的空间过渡与缓冲，庑出一步的廊，则是建筑空间的引申与延续。在造园艺术中，廊是园林规划组织空间的重要手段，它对游人的游览起着一种规定性的引导作用，是造园者把其创作意图，强加给游人的行动路线，而这种无言的强制，要使游人在探奇寻幽中自觉地接受，方为成功之作。所谓"长廊一带回旋，在竖柱之初"，是说廊的位置经营，必须在总体规划中精心构思。计成在《园冶》中说："廊基未立，地局先留，或余屋之前后，渐通林许，蹑山腰落水面，任高低曲折，自然断续蜿蜒，园林中不可少斯一断境界"。

　　廊被运用到园林中来以后，它的形式和设计手法更加丰富多彩。如果我们把整个园林作为一个"面"来看待，那么，亭、榭、厅、堂等建筑物在园林中就可视为"点"，而园林中的廊、墙是"线"，通过这些"线"的联络，把各分散的点联系成为有机的整体，同时它又是一种把全园的空间划分成相互衬托、各具特色的景区的重要手段。它们与山石、植物、水面等相配合，也就是说，"点"、"线"、"面"的巧妙结合，创造出多姿多彩的景观效果，使全园的结构和谐统一。

　　过去江浙一带私家园林中廊子宽度一般较窄，很少超过 1.5m，高度也很矮。北京颐和园的长廊是属于宽的，达 2.3m，廊的柱高 2.5m。由于廊的构造和施工比较简单，在总体造型上就比其他建筑物有更大的自由度，它本身可长可短，可直可曲，既可建造于起伏较大的山地上，也可置于平地或水面上，运用起来灵活多变。可以"随形而弯，依势而曲。或蟠山腰，或穷水际。通花渡壑，蜿蜒无尽"（《园冶》）。

二、廊的作用及基本类型

　　园林建筑，无论是建造在风景区中，还是建筑在小的园林环境中，都具有一个共同的特点：既要求满足观赏自然风景的需要，又是构成景观的内容。也就是说，它具有观景和点景的双重功能。因此，在中国园林的创作中，如何把山、水、植物、建筑等基本要素，按构成自然山水美的艺术规律恰当地组合起来，特别是如何把人工的建筑物与山水、植物等自然因素很好地协调起来，是取得园林景观整体艺术效果的关键之一。

　　（一）廊的作用

　　1. **联系建筑**　廊子本来是作为建筑物之间联系而出现的。中国木构架体系的建筑物，一般个体建筑的平面形状都比较简单，通过廊、墙等把一栋栋的单体建筑物组织起

164

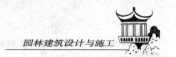

来，形成了空间层次上丰富多变的建筑群体。无论在宫廷、庙宇、民居中，都可以看到这种手法的运用，这也是中国传统建筑的特色之一（图3-37）。

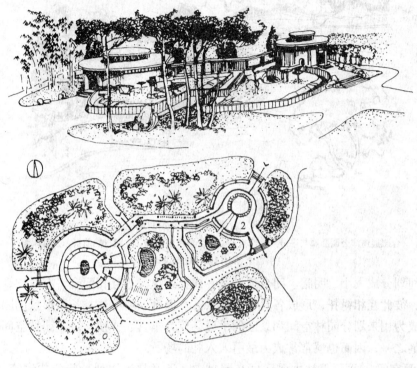

图 3-37　廊联系建筑的作用

1. 大熊猫馆　2. 小熊猫馆　3. 熊猫馆室外活动场地

天津水上公园大、小熊猫馆以曲廊连接，既满足了使用功能，又创造了丰富的景观

（引自李恩山《园林建筑设计》）

2. 划分和组织园林空间　廊子通常布置于两个建筑物或两个观赏点之间，成为空间联系和空间划分的一种重要手段，它不仅具有遮风避雨、交通联系上的实用功能，而且对园林中风景的展开和观景程序的层次起着重要的组织作用（图3-38）。

我国园林建筑的设计，依据我国传统的美学观念与空间意识——美在意境，虚实相生，以人为主，时空结合，总是把空间的塑造放在最重要的位置上。当建筑物作为被观赏的景物时，重在其本身造型美的塑造及其与周围环境的配合；而当建筑物作为围合空间的手段和观赏景物的场所时，侧重在建筑物之间的有机结合与相互贯通，侧重在人、空间、环境的相互作用与统一。

为创造丰富变化的园景和给人以某种视觉上的感受，中国园林建筑的空间组合，经常采用对比的手法。在不同的景区之间，两个相邻又不尽相同的空间之间，一个建筑组群中的主次空间之间，都常形成空间上的对比。其中主要包括：空间大小的对比，空间虚实的对比，次要空间与主要空间的对比，幽深空间与开阔空间的对比，建筑空间与自然空间的对比等。

我国一些较大的园林，为满足不同的功能要求和创造出丰富多彩的景观气氛，通常把

图 3-38　合肥逍遥津公园曲廊

合肥逍遥津公园曲廊与亭分隔水湾空间，围合成水院空间，空间自然曲折，别具风韵
（引自李恩山《园林建筑设计》）

全园的空间划分成大小、明暗、闭合或开敞、横长或纵深等互相配合、有对比、有节奏的空间体系，彼此互相衬托，形成各具特色的景区。而廊、墙等这类长条形状的园林建筑形式，常常成为用来划分园林空间和景区的手段，成为丰富、变换、过渡园林空间层次的最精彩的手笔之一，因而也就常常成为最引人入胜的场所。

3.过渡空间　廊不仅被大量运用在园林中，还经常运用到一些公共建筑（如旅馆、展览馆、学校、医院等）的庭园内。它一方面是作为交通联系的通道，另一方面又作为一种室内外联系的"过渡空间"。因为廊内容易给人一种半明半暗、半室内半室外的效果，所以在心理上能给人一种空间过渡的感觉。从庭园空间的视觉角度说，如果缺少廊、敞厅这类"过渡空间"，就会感到庭园空间的生硬、板滞，室内外空间之间缺少必要、内在的联系；有了这类"过渡空间"，庭园空间就有了层次，就"活"起来了，仿佛在绘画中除了"白"与"黑"的色调外，又增加了"灰调子"。这种"过渡空间"把室内外空间紧密地联系在一起，互相渗透、融合，形成生动、诱人的一种空间环境。

北京颐和园的长廊（图 3-39）是这类廊子中一个突出的实例。它始建于 1750 年，1860 年被英法联军烧毁，清光绪年间重建。它东起"邀月门"，西至"石丈亭"，共 273 间，全长 728m，是我国园林中最长的廊子。整个长廊北依万寿山，南临昆明湖，穿花透树，曲折蜿蜒，把万寿山前山的十几组建筑群在水平方向上联系起来，增加了景色的空间层次和整体感，成为交通的纽带。同时，它又是作为万寿山与昆明湖之间的过渡空间来处理的，在长廊上漫步，一边是整片松柏的山景和掩映在绿树丛中的一组组建筑群，另一边是开阔坦荡的湖面，通过长廊伸向湖边的水榭及伸向山脚的"湖光山色共一楼"等建筑，可在不同角度和高度上变幻地观赏自然景色。为避免单调，在长廊中间还建有四座八角重檐顶亭，丰富了总体形象。

4.廊也是极具通透感的建筑　廊还是一种"虚"的建筑物，两排细细的列柱顶着一

图 3-39　北京颐和园长廊

1. 石丈亭　2. 邀月门

（引自冯钟平《中国园林建筑》第二版）

个不太厚实的廊顶（图 3-40）。在廊子一边可透过柱子之间的空间观赏到廊子另一边的景色，像一层"帘子"一样，似隔非隔，若隐若现，把廊子两边的空间有分又有合地联系起来，起到一般建筑物达不到的效果。

廊的结构构造及施工一般也比较简单，过去中国传统建筑中的廊通常为木构架系统，屋顶多为坡顶、卷棚顶形式。解放后新建园林建筑中，廊多采用钢筋混凝土结构，平顶形式，还有完全用竹子作成的竹廊等，结构与施工都不困难。

（二）廊的类型

廊的类型丰富多样，其分类方法也较多。如按廊的经营位置可分为平地廊、爬山廊、水走廊；按平面形式分为直廊、曲廊、抄手廊、回廊；按廊的横剖面可分为双面空廊、单面空廊、双层廊、暖廊、复廊、单支柱廊等形式（图 3-41）。其中最基本、运用最多的是双面空廊。

图 3-40　苏州拙政园"波形廊"一段

"波形廊"的这段可在廊的一侧透过柱子空间观赏到另一侧的景色，"似隔非隔"、

"互为因借"是较为成功之作

（引自冯钟平《中国园林建筑》第二版）

下面介绍几种常见廊的形式（表 3-4）。

表 3-4　常见廊的主要特点

名　称	特　点	适　用　性	主要作用	实　例
双面空廊	既是通道，又是游览路线，只有屋顶用柱支撑，四面无墙	两面有景观的空间环境，互相渗透，互为因借	"虚"、"实"对比	图 3-42
单面空廊	完全隔离或似隔非隔形式，一边为空廊面向主要景色，另一边设墙或附属其他建筑物	利用廊的墙面的不同处理，以达到掩映、透漏、敞空的手法，产生引人入胜的效果	过渡空间	图 3-43
复廊	延长交通路线，增加游赏内容，达到小中见大的目的，廊子宽度较大，空窗两边的景色互相因借	划分各不相同的空间环境，产生不同的感受	划分空间	图 3-44 图 3-45
双层廊	联系不同高程上的建筑和景物，增加廊的气势和观景层次，层次上变化丰富	丰富园林建筑的体型轮廓，多层次地欣赏园林景观	联系建筑、抬高视点	图 3-46
单支柱廊	各具形态，造型新颖、轻巧、舒适	街头绿地的休息廊、现代公园绿地中	组织空间	图 3-47
暖廊	设可装卸玻璃门窗的廊，既可防风避雨又能保暖隔热	古典私家园林、展览廊等，增加空间意境的创造	联系建筑	图 3-48

1. **双面空廊**　只有屋顶用柱支撑、四面无墙的廊。园林中既是通道又是游览路线，能两面观赏，又在园中分隔空间，是最基本、运用最多的廊。不论在风景层次深远的大空间中，或在曲折灵巧的小空间中均可运用。廊子两边景色的主题可相应不同，但当人们顺着廊子这条导游线行进时，必须有景可观。如北京颐和园长廊、拙政园的"小飞虹"、锡

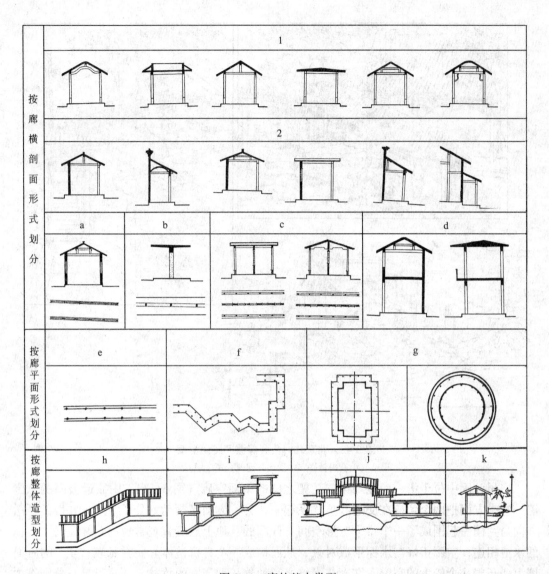

图 3-41　廊的基本类型

1. 双面空廊　2. 单面空廊

a. 暖廊　b. 单支柱廊　c. 复廊　d. 双层廊　e. 直廊　f. 曲廊

g. 回廊　h. 爬山廊　i. 叠落廊　j. 桥廊　k. 水走廊

惠公园的"垂虹"爬山游廊、北京北海公园濠濮间爬山游廊（图 3-42）等等。

　　2．**单面空廊**　在双面空廊一侧列柱间砌有实墙或半空半实墙的，就成为单面空廊。单面空廊一边面向主要景色，另一边沿墙或附属于其他建筑物，其相邻空间有时需要完全隔离，则作实墙处理；有时宜添次要景色，则须隔中有透、似隔非隔、透过空窗、漏窗、什锦灯窗、格扇、空花格及各式门洞等，可见，几竿修篁、数叶芭蕉、二三石笋，得为衬景，也饶有风趣。其屋顶有时做成单坡形状，以利排水，形成半封闭的效果。

169

图 3-42　北京北海公园濠濮间爬山游廊
（引自冯钟平《中国园林建筑》第二版）

　　广州兰圃中位于第一兰棚与第二兰棚之间的单面空廊（图 3-43），廊靠近公园的东围墙，它一方面把两个兰棚在交通线上联系起来，另一方面又帮助划分了空间。在廊的开敞方向与兰棚一起围成了一个"冂"形空间，开阔的草地上点缀着观赏植物，绿地与大面积的水池相连，空廊正好与水榭形成对景，从而构成一个有机整体。而在廊较"实"的一面墙上，开着几个较大的空窗，在廊与围墙之间种着一列茂密的竹林，并衬以景石分别作为空窗的对景并与廊内主景相呼应。

　　3. **复廊**　又称之为"内外廊"，是在双面空廊的中间隔一道各种式样的漏窗之墙，或者说，是两个有漏窗之墙的单面空廊连在一起而形成，因为在复廊内分成两条走道，所以廊子的跨度一般要宽一些，从廊子的这一边可以透过空窗看到空廊那一边的景色，两边景色互为因借。这种复廊，要求在廊两边都有景可观，而景观又在各不相同的园林空间中。此外，通过墙的划分和廊子的曲折变化来延长交通线的长度，增加游廊观赏中的兴趣，达到小中见大的目的。在中国古典园林中有不少优秀的实例。

　　例如，苏州沧浪亭东北面的复廊（图 3-44）。它妙在借景，沧浪亭本身无水，但北部园外有河有池，因此，在园林总体布局时一开始就把建筑物尽可能移向南部，而在北部则顺着弯曲的河岸修建空透的复廊，西起园门、东至观鱼池，以假山砌筑河岸，使山、植

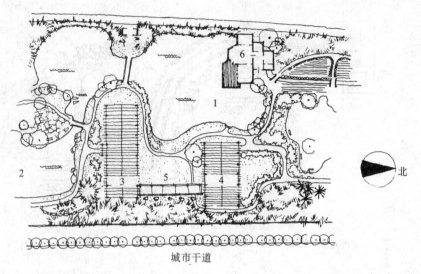

城市干道

图 3-43　广州兰圃单面空廊

1. 观鱼池　2. 水池　3. 第一兰棚　4. 第二兰棚　5. 敞廊　6. 水榭茶室

广州苗圃连接第一与第二兰棚的单面空廊，一侧是开敞，另一侧开着较大空窗的"实墙"

物、水、建筑结合得非常紧密。经过这样处理，游人还未进园即有"身在园外，仿佛已在园中"之感。进园后在曲廊中漫游，行于临水一侧可观水景，好像河、池仍是园林的不可分割的一个部分，透过漏窗，隐约可见园内苍翠古木丛林。反之，水景也可从漏窗透至南面廊中。通过复廊，将园外的水和园内的山互相因借，联成一气，手法极妙。

怡园复廊（图 3-45）取意于沧浪亭。沧浪亭是里外相隔，怡园是东西相隔。怡园原来东、西是两家，以复廊为线，东部是以"坡仙琴馆"、"拜石轩"为主体建筑的庭园空间；西部则以水石山景为园林空间的主要内容；复廊的穿插划分了这两个大小、性质各不相同的空间环境，成为怡园的两个主要景区。

4. 双层廊　又可称楼廊，有上、下两层，便于联系不同高程上的建筑和景物，增加廊的气势和观景层次。园林中常以假山阁道上下联系，作为假山进入楼厅的过渡段。有

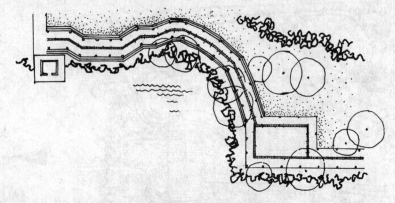

图 3-44　苏州沧浪亭复廊

通过复廊将园外的水和园内的山互为因借，联成一气，手法极妙

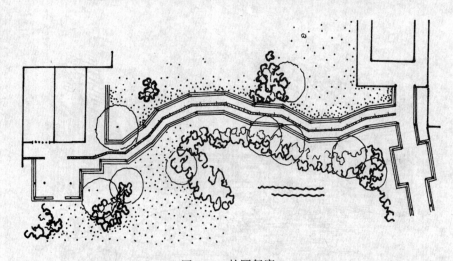

图 3-45　怡园复廊

复廊的穿插划分了两个大小性质不同的空间环境，成为怡园的两大景区

时，也便于联系不同标高的建筑物或风景点以组织人流，同时，由于它富于层次上的变化，也有助于丰富园林建筑的体型轮廓。如扬州的何园（寄啸山庄）（图 3-46），用双层折廊划分了前宅与后园空间，楼廊高低曲折，回绕于各厅堂、住宅之间，成为交通纽带，经复廊可通全园。双层廊的主要一段取游廊与复道相结合的形式，中间夹墙上点缀着什锦空窗，颇具生色。园中有水池，池边安置有戏亭、假山、花台等。通过楼廊的上、下、立体交通可多层次地欣赏园林景色。

　　5. **单支柱式廊**　近年来由于采用钢筋混凝土结构，加上新材料、新技术的运用，单支柱式廊也运用得越来越多。其屋顶两端略向上反翘或作折板或作独立几何状连成一体，落水管设在柱子中间，其造型各具形态，体型轻巧、通透，是新建的园林绿地中备受欢迎的一种形式（图 3-47）。

　　6. **暖廊**　它是设有可装卸玻璃门窗的廊，这样既可以防风雨又能保暖隔热，最适合气候变化大的地区及有保温要求的建筑（图 3-48）。如为植物盆景等展览用的廊，或联系

图 3-46　扬州何园的双层折廊

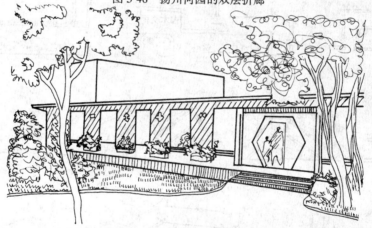

图 3-47　单支柱式廊

桂林街头的单支柱式廊作为街道与建筑内院的分隔设置，构思新巧，造型简洁明快，对比感强

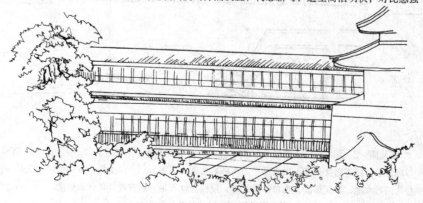

图 3-48　暖　廊

有采暖空调的房间，一般性的园林较少运用。

三、选址和造型

在园林的平地、水边、山坡等各种不同的地段上建廊，由于不同的地形与环境，其作用与要求也各不相同。

中国园林建筑在与自然环境的协调统一上概括起来主要是以自然山水作为园林景观构

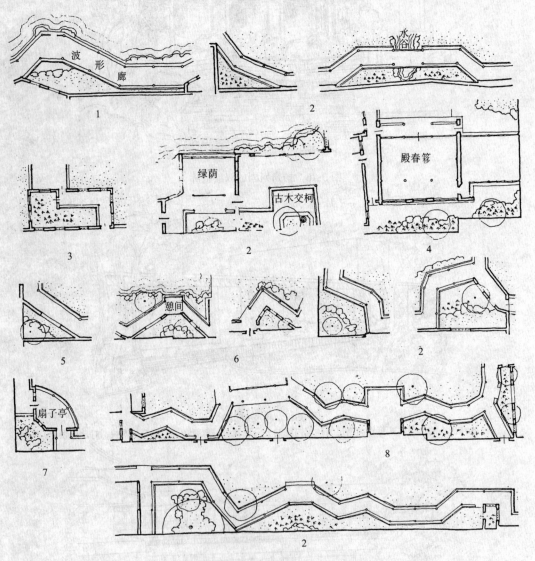

图 3-49　苏州古典园林中廊的布置

1．拙政园　2．留园　3．沧浪亭　4．网师园　5．景德路杨宅　6．畅园　7．狮子林　8．鹤园
廊位于公园道路交叉点，以圆形平面与环境协调，回廊由三个单支柱折顶廊组成一圆形空间，
中心为圆形水池，形式活泼，惟单体廊过短，使围合性不足，更宜增长单体廊长度

（引自冯钟平《中国园林建筑》第二版）

图的主体，园林植物配合着山水自由配置，穿插于山水、花木、建筑之间，建筑只是为了观赏风景和点缀风景而设置，以形成富有自然山水情调的园林艺术效果。"山水为主，建筑为从"的建筑布局主要强调"依山就势"，"自然天成"，他们穿插、点缀在自然景色之间，起着画龙点睛的作用，在自然美中渗透人工美的气息，强烈渲染着人们现实生活的情调。苏州古典园林中，廊的巧妙运用可谓典范，各种体量大小不同的建筑物，与周围的环境有机地组织在一起（图 3-49）。

"化大为小，融于自然"是园林建筑选址和造型的重要准则。首先，建筑体量化大为小以后，就有助于协调建筑与自然之间的恰当位置，建筑物或掩映于山林之间，或依山傍水，在体量上不处于支配环境的地位，从而突出风景景观，保持自然山水的格局。其次，把建筑物从一个集中的大个体中分散成为一些独立的小个体之后，就有助于建筑物与自然风景之间互相穿插、交融地进行布局，从而产生"你中有我，我中有你"的效果，使建筑融于自然，点缀风景。同时，有助于结合地形地貌的具体特点，因山就势地进行布置，以取得与环境协调的效果。最后，不同性质、不同形象的建筑个体，可随环境特点的不同及景观对建筑造型的需要灵活运用，自由点缀。建筑与自然结合的灵活性、可变性、丰富性大大增加了，建筑与自然山水相依成景，构成有特色、丰富变化的景观。人们观赏到的建筑和人们从建筑中观赏到的风景，既是"风景中的建筑"，又是"建筑中的风景"。

园林建筑为取得与自然环境的协调统一，不是被动地去适应环境的需要，去"躲"、去"藏"、去"化"……而是主动地、创造性地适应环境，创造出各种富有地方或民族特色的建筑形象，以适应各种环境的需要。

1. **平地建廊**　平坦的地形通过建廊，配合环境争取变化。在园林的小空间中或小型园林中建廊，常沿界墙及附属建筑物以"占边"的形式布置。形制上有在庭园的一面、二面、三面和四面建廊的，在廊、墙、房等围绕起来的庭园中部组景，形成兴趣中心，易于组成四面环绕的向心布置，以争取中心庭园的较大空间。稍大一些的园林，如苏州拙政园、狮子林、沧浪亭等，沿着园林的外墙布置环路式的游廊也是常见的手法。这种回廊除了起导游路线与避免日晒雨淋外，还在形象上打破了高而实的外墙墙面的单调感，增加了风景的层次和空间的纵深。

这些年来，在一些公园或风景区的开阔空间环境中新建的游廊，主要着眼于利用廊子围合与组织空间，并常在廊子两侧柱间设置坐椅，提供休息环境，廊子的平面围合方向则面向主要景观。如南宁人民公园中的圆廊（图 3-50）。

2. **水边或水上建廊**　一般称之为水廊，供欣赏水景及联系水上建筑之用，形成以水景为主的空间。水廊有位于岸边和完全凌驾水上的两种形式。

（1）位于岸边的水廊。廊基一般紧接水面，廊的平面也大体贴紧岸边，尽量与水接近。在水岸曲折自然的情况下，廊大多沿着水边成自由式布局，顺自然地势与环境融合一体，廊基也不用砌成整齐的驳岸。如苏州拙政园西部有名的波形廊（图 3-51），它联系"别有洞天"入口与"倒影楼"和"三十六鸳鸯馆"两栋建筑物，呈"L"形布局。在体型上它高低曲折、翼然水上，中间一处三面凌空突出于水池之中，紧贴水面舞动着，有一种轻盈跳跃的动感。为了使廊子显得轻快、自由，除了注意其尺度做得较小外，还应特别

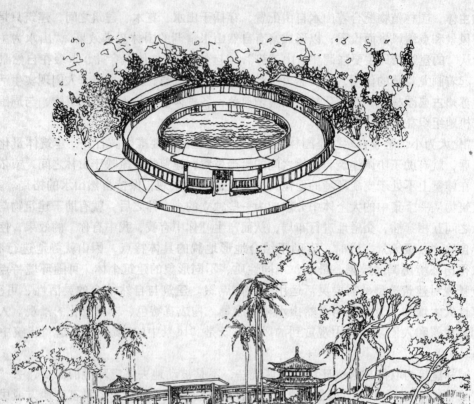

图 3-50 南宁人民公园中的圆廊
廊位于公园道路交叉点，以圆形平面与环境协调，圆廊由三个单支柱折顶廊组成一圆形空间，
中心为圆形水池，形式活泼，惟单体廊柱过短，使围合性不足，更宜增长单体廊长度

注意廊下部的支撑处理，有时选用天然的湖石作为支点架于水中，也有从界墙上伸出挑板，从外观上看不到支撑。行走于廊中时左时右，时高时低，变幻着观景的角度与视野，非常有趣。

（2）凌驾于水上的水廊。以露出水面的石台或石墩为基，廊基一般宜低不宜高，最好使廊的底板尽可能贴近水面，并使水经过廊下互相贯通。人们漫步水廊之上，左右环顾，宛若置身水面之上，别有风趣。

（3）桥廊。桥廊在我国很早就开始运用，它与桥亭一样，除休息观赏外，对丰富园林

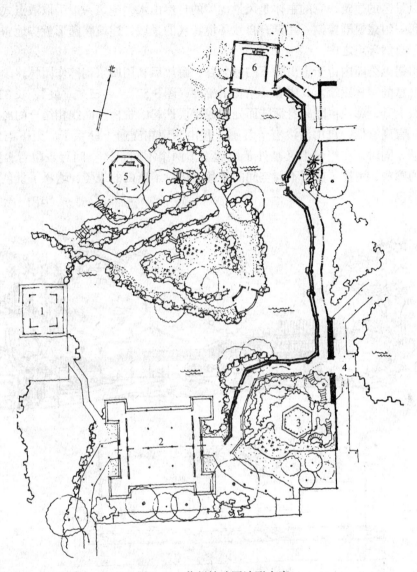

图 3-51　苏州拙政园波形水廊

1.留听阁　2.卅六鸳鸯馆　3.宜两亭　4.别有洞天　5.浮翠阁　6.倒影楼　7.与谁同坐轩

景观也有很突出的作用。桥的造型在园林中比较特殊，它横跨水面，在水中形成倒影，别具风韵，引人注目。桥上设亭、廊更可锦上添花。例如，苏州拙政园松风亭北面的一带游廊，特别曲折多变，其中"小飞虹"一段是跨越水上的桥廊，形态纤巧而优美，其北部是香洲舫面对的较大水面空间，南部是小沧浪前面的小水庭空间，前后都与折廊相连通，可达"远香堂"和"玉兰堂"等主体建筑，在划分空间层次、组织观赏路线上起着重要的作用。

　　3.**山地建廊**　供游人登山观景和联系山坡上下不同高程的建筑物之用，也可借以丰富山地建筑的空间构图，爬山廊有的位于山之斜坡，有的依山势蜿蜒转折而上。廊子的屋顶和基座有斜坡式和层层跌落的阶梯式两种。

位于风景区的建筑，它的主体是风景优美的自然山水，建筑一般采取散点式的分散布局方式，每一组建筑群控制一片具有自然环境特色的景域，建筑物随形就势地布置，使建筑完全融于自然环境之中。

无锡市锡惠公园内位于惠山脚下的愚公谷，解放后利用旧宗祠辟作园林，改建了不少富有乡土气息的园林建筑。其中有一条爬山游廊（图3-52），名曰"垂虹"，长32m。廊身随地形逐级上升，廊顶也随廊身渐陡而处理成层层迭起的阶梯和曲线相结合的形式，阶梯有长有短，有高有低，自由活泼有节奏感。爬山游廊在交通上联系了"天下第二泉"与"锡麓书堂"，同时，在组景上又是处于山麓上下两个不同景区空间界景位置，空透、迤长、精巧的廊身，引连了前后不同空间的景色，陪衬了惠山的雄姿，增添了景色层次，设计上很有特色。

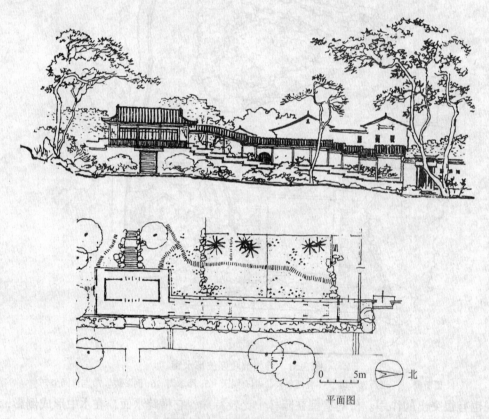

平面图

图 3-52　无锡锡惠公园爬山游廊
（引自冯钟平《中国园林建筑》第二版）

四、设计特点

1. 廊的体量尺度

①廊的开间不宜过大，宜在3m左右，柱距3m上下，而一般横向净宽在1.2～1.5m。现在一些廊宽度在2.5～3.0m之间，以适应游人客流量增长后的需要。

②檐口底皮高度一般2.4～2.8m。

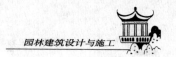

③廊顶为平顶、坡顶、卷棚均可。

④廊柱设计一般柱径为150mm，柱高为2.5~2.8m，柱距为3 000mm。方柱截面控制在150mm×150mm~250mm×250mm，长方形截面柱长边不大于300mm。

⑤廊因作用不同其体量尺度有不同的变化（图3-53）。

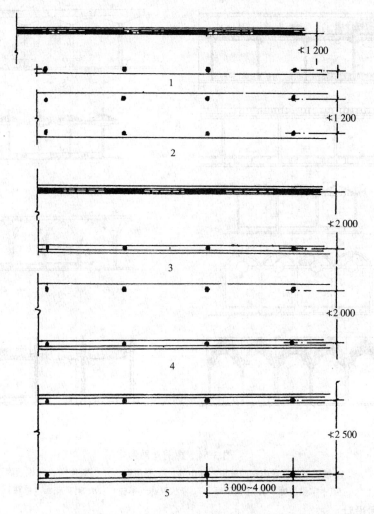

图3-53 廊的基本尺度（单位：mm）

1.单面空廊无坐凳 2.双面空廊无坐凳 3.单面空廊，单面有坐凳

4.双面空廊，单面有坐凳 5.双面空廊，双面有坐凳

2. 廊的立面设计（图3-54）

①为开阔视野四面观景，立面多选用开敞式的造型，以轻巧玲珑为主。在功能上需要私密的部分，常常借加大檐口出挑，形成阴影。为了开敞视线，亦有漏明墙处理。

②在细部处理上，可设挂落于廊檐，下设置高1m左右之栏杆或在廊柱之间设0.5~0.8m高的矮墙，上覆水磨砖板，以供坐憩，或用水磨石椅面和美人靠背与之相匹配。

③廊的吊顶，传统式的复廊，厅堂四周的围廊，结顶常采用各式轩的做法。现今园中

之廊，一般已不做吊顶，即使采用吊顶，装饰也以简洁为宜。

④亭廊组合是我国园林建筑特点之一，廊结合亭可以丰富立面造型。扩大平面重点地方的使用面积，设计时要注意建筑组合的完整性与主要观赏面的透视景观效果，使亭廊形成有统一风格的整体。

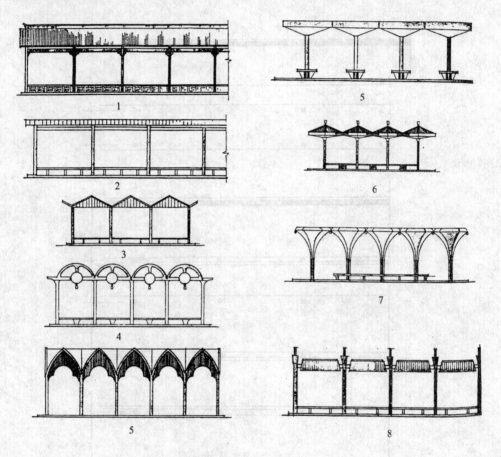

图 3-54 廊的立面形式

1.坡屋顶部有悬山、四坡顶、歇山等 2.平顶廊 3.折板顶廊 4.拱顶廊
5.十字拱顶廊 6.斗状顶廊 7.伞状顶廊（单柱） 8.喇叭花廊（单柱）

3. 空间设计

（1）我国园林设计运用廊或障或漏分隔空间。要因地制宜利用自然环境，创造各种景观效果。平面曲折迂回可以划分大小不同的空间，增加平面空间层次；墙角尽处划出小天井使尽端有不尽感，围墙以廊相加也没有园外之感；更有廊的墙面一侧装有镜子来扩大空间感。

（2）廊的出入口是人流集散要地。出入口通常设在廊的两端或中部某处，将其平面及空间作适当扩大，以疏导人流及其他活动需要，在立面及空间处理上也应作重点强调，以突出其美观效果（图 3-55）。

（3）内部空间处理。廊内部空间设计是廊在造型景致处理上的重要内容。狭长的直廊，空间单调，多折的曲廊在内部空间上可产生层次变化。此外，在廊内适当位置作横向隔断，也可增加廊曲折空间的层次及深远感，廊内设以月洞门、花格隔断及漏花窗等均达到同样效果。将植物种植到廊内，廊内地面上升……这些手法均可丰富廊内的空间变化效果（图3-56）。

（4）"间"的灵活运用。廊以相同的单元"间"组成，但我国传统形制南、北略有不同。北方传统以四檩卷棚屋架、筒瓦屋顶，廊内无天花，没有雕刻而多施苏式彩画，方柱抹角又称海棠柱。南方私家园林廊的形制不很统一，屋顶有一面坡、两面坡和小青瓦屋面，内部不施彩画但多做成砖棚顶，用料也比较细小，梁柱间架撑木以增加其强度。

4. 廊的装饰 中国建筑装饰是与功能结构密切结合的，廊当然也不例外。檐枋下有挂落，古式多用木做，雕刻精细；新式多取样简洁坚固、廊下部置坐凳栏杆，既能休息防护又与上面挂落相呼应构成框景效果。在南方园林中，为了防止雨水溅入及增加廊的稳定性，将坐凳做成实体短墙。一面有墙的廊，在墙上尽可能开些漏花窗，开辟取景、采光、通风的效果。

传统廊的色彩，南方与建筑配合多以深褐色为主的素雅色，而北方以红绿色为主色配合苏式彩画的山水人物丰富装饰内容。新建的廊多用新水泥材料，以浅色为

图 3-55　上海静安公园廊的出入口

1

2

图 3-56　廊的内部空间处理
1. 将廊内地面分段提高，并配以植物，使空间变化丰富
2. 廊内设景物，廊顺势增减，空间上丰富多变

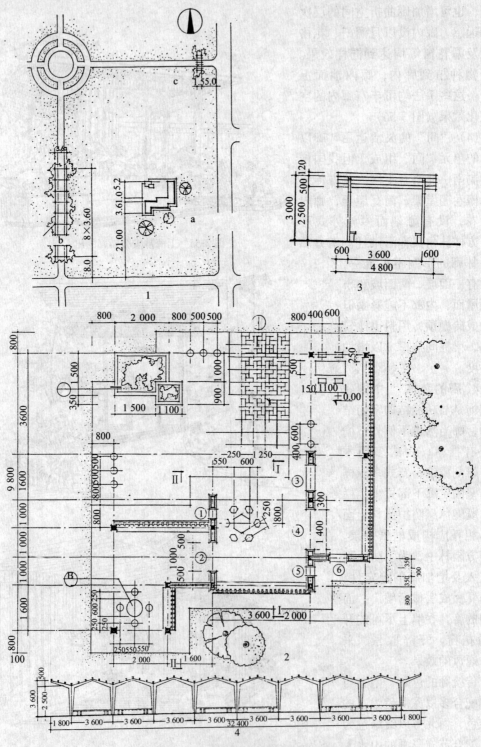

图 3-57　南京航空学院庭园廊设计图

1.总平面图　2.休息廊平面图　3.门式花架廊侧立面图　4.休息廊立面图

a.休息廊　b.门式花架廊　c.花架拱门

主，以取得明快的色调。

5．**材料与造型**　新材料新结构的使用，给园林中廊的造型提供了多种可能。用钢筋混凝土结构当然可以造成古代的形式，但做成平顶方便简洁，与近代建筑配合适宜，可以不要装饰，梁也可以做在屋顶上（反梁）。平面也可以做成任意曲线，立面利用新结构可做成各种薄壳、折板等丰富多彩的造型。廊有统一单元性，钢筋混凝土结构可实现单元标准化，制作工厂化，施工装配化，创造很有利的条件。

此外，利用新型轻质高强复合材料可以做成悬索，钢网架等造型各异的廊。因为廊只有防雨遮阳而没有保温要求，这给利用新材料做顶以方便，因此用复合材料弯曲自由的特点可做成各式新颖美观的造型。

五、实例分析

南京航空学院庭园廊的设计是恰到好处的，尤其是休息廊、门式花架与花架拱门这三者有机组成一个庭园建筑的整体，既有联系又有区别。对于休息廊所在的小广场来说，因地制宜，因情分析，采用钢筋混凝土柱与青石贴面，把校园整洁、优雅、美丽的气氛烘托得淋漓尽致（图3-57）。

第三节　　楼、阁

一、概　述

中国木构架建筑重叠构筑的一种建筑类型。最早解释词义的古籍《尔雅·释宫》曰："四方而高曰台，狭而修曲曰楼"。可见，在西汉以前"楼"尚无重屋之义。单从狭而修曲的建筑形状，难以明确界定"楼"与其他建筑的区别，故有诠释注疏《尔雅》者，将两句联解："凡在高台之上，狭而屈曲的房屋，称之为楼"。这是合乎中国木构建筑发展初期情况的一种解释。

东汉时，刘熙《释名·释宫室》一书，从建筑外部形象解释："楼，谓牖户之间，有射孔，楼楼然也"。这是个模糊的非实质的界定。许慎《说文解字》说："楼，重屋也。巢，泽中守竹楼也"。用立柱架高的守望竹楼与"楼"区别，正说明楼已非造在高台上的建筑，而是建筑自身增层而高的一种形式。从建筑结构与空间上释楼，是符合木构架建筑"楼"的特点的科学的解释。自东汉废除了秦代和西汉国家财政与帝室财政分别运筹的制度，随之"大苑囿、高台榭"的时代也结束了，建造在高台之上"狭而修曲"的房屋，为保持其高爽纵观的特点，成为屋上架屋"重屋"的形式。"重屋"不仅是建筑在空间高度上的重叠，在结构构架上也是梁柱的叠架，从而形成中国木构架体系中"楼"的特定的形制。中国木构架的楼房基本是二层（包括底层），极少是多层的。

园林中的楼在平面上一般呈狭长形，面阔三、五间不等，也可形体很长，曲折延伸，立面为二层或二层以上的建筑物。由于它体量较大、形象突出，因此，在建筑群中既可以丰富立体轮廓，也能扩大观赏视野。

园林中的阁与楼相似，也是一种多层建筑。造型上高耸凌空，较楼更为完整、丰富、轻盈，集中向上。平面上常做方形或正多边形。《园冶》上说："阁者，四阿开四牖"。一般的形式是攒尖屋顶，四周开窗，每层设围廊，有挑出的平座等。位置上"阁皆四敞也，宜于山侧，坦而可上，便以登眺，何必梯之"（《园冶》）。一般选择显要的地势建造。

阁是楼式建筑的一种类型。中国建筑的基本类型，基本上都与"土""木"二字有关系，如堂、室、屋、榭、楼等等。《说文》："阁，所以止扉也"，门中和门内两旁插在地上底长橛，以止住门扇开关定位的东西，叫"阁"，横插于墙架板，"可以庋物亦为阁"。古藏书之楼称阁，是搁书籍的意思。阁，可引申作为庋藏之所。阁皆楼房，功用不同，形式亦不同。古凡藏书楼，多称阁，如汉代石渠阁、天禄阁；清代的《四库全书》告成，为藏抄本的文渊、文溯、文源、文津"内廷四阁"，扬州的文汇、镇江的文宗、杭州的文澜称"江南三阁"。

阁多为二层、多间重檐的楼式建筑，庭院均掇石凿池，既为防火，亦使环境园林化。寺庙佛殿之阁，平面方形，多层重檐，设平座（四面挑出的平台），内部空间上下贯通，是为陈列大型圆塑佛像的需要形成的特殊建筑形式，如天津蓟县独乐寺的观音阁，正定隆兴寺的大悲阁，山西大同善化寺的普贤阁等等。园林之阁，随意所宜，精在体宜。皇家园林，如颐和园万寿山佛香阁，具塔耸立之势，体与山宜，典丽冠于全园；私家园林小阁，如《园冶》所说：可立于半山半水之间，"下望上是楼，山半拟为平屋"，有空间形象因境而变之妙。

"阁"是由干阑（即以树干为栏的木阁楼，曰"干阑"，亦作"干栏"）建筑演变而来的，古代关于阁的记载比较多而且早，一般是指底层空着或作次要用途，而上层作主要用途的单体建筑，供贮藏或观赏之用。"而一般的阁却带有平坐，这平坐也可以说是楼与阁主要区别之所在"。后来把贮藏书画用的楼房也叫阁，如宁波的天一阁；把供佛的多层殿堂也称之为阁，如独乐寺的观音阁，颐和园的佛香阁等。楼与阁在形制上不易明确区分，而且后来人们也时常将"楼阁"二字连用，因此，有人认为"楼与阁无大区别，在最早也可能是一个东西，它们全是干阑建筑同类"。

古代的楼是指许多单座的房子叠落起来而形成的，中国古代楼的形式是多种多样的。总之，楼阁是园林内的高层建筑物，它们不仅体量较大，而且造型丰富，变化多样，有广泛的使用功能，是园林内的重要点景建筑。

二、楼阁的建筑艺术

我国的楼阁具有多种多样的使用功能与丰富多彩的造型，美在"形"、"神"，美在意境。许多风景区中的楼阁，带有浓厚的宗教色彩，有些综合了汉、藏建筑的许多特征而创造出了十分丰富而有特色的形象，在中国建筑史上有着重要的地位。这些手法都运用得十分成功，使它的总体形象庄重雄伟，轮廓丰富，色彩绚丽，在周围松柏与远处山峦的衬托下，给人一种宗教建筑的神秘感，又给人一种优美、高傲的印象，成为山区景色的重要点缀。

1. 美在"形"、"神" 人对客观事物的认识，是通过眼、耳、鼻、舌、身这五官进行的，这其中视觉在环境知觉中占有支配性的地位，视觉是主要的感觉，是定向和识别的主要手段。也就是说，在一个风景园林的环境中，最引起人们注意的首先是各种物体的轮廊、质感、界面等，如黄鹤楼、苏州拙政园倒影楼、苏州留园的冠云楼等等。

中国人的美学观念认为，不仅要观察物体的形，而且还要透过物体的"形"去领会物体的"神"。在园林艺术创作中主要表现在两方面，园林作为一种空间造型艺术，它的美既表现在构成园林景观的各个物质要素本身的造型上，也表现在它们组合起来的空间效果之中。必须在自然物质"形"的基础上，抓住自然物质的"神"，抓住它内在美的规律。这样的景观，与观赏者主观的思想相结合，就会产生意境，产生联想，思想上的境界就会越过现有园林的有限范围而无限地扩展开去，从而让游赏者获得精神上的愉悦。

2. 美在"意境"　　意境的美是艺术家通过观察自然景物，迁想妙得，情景交融而获得的一种优美的境界。它是客观的"景"与主观的"情"相统一的产物，是园林创作追求的目标。

中国人在追求自然美的过程中，喜欢把客观的"景"与主观的"情"联系起来，把自我摆到自然环境中去。这种情景交融的状态，只有那些"登山则情满于山，观海则意溢于海"的艺术家，才能真正体会、获得。因此，在园林中为了令人遐想，则要求设计者寓情于景，要求观赏者见景生情，从而达到情景交融，如承德避暑山庄的烟雨楼（图2-52）。

总之，中国传统的楼阁建筑艺术所表现的艺术境界，主要还是一种"天然之趣"，追求一种自然情调，追求一种把现实生活与自然环境协调起来的、幽雅闲适的美。因此中国的楼阁建筑随着社会的发展，时代的变迁，虽然其内容与形式已发生了巨大的变化，但仍然保持着经久不衰的艺术魅力。从总体上看，还是有感染力的，有生命力的。

三、布局和造型

（一）楼阁布局的主要特点

楼阁的布局受园林空间环境的影响与制约，园林的性质不同、大小不同、地理环境不同，那么，楼阁的布局显然是不同的。但由于园林都是以自然风景作为创作依据的，所以，楼阁布局上的主要特点有：

1. **师法自然，创造意境**　中国的园林包含着对自然山水美的渴望和追求，是在一定的空间范围内创造出来的，人们经过长期观察和实践，在大自然中发现了美，发现了山水美的形象特征和内在精神，掌握了构成山水美的组合规律。人们在利用自然美的基础上，经过高度提炼和艺术创作，从而达到"虽由人作，宛自天开"的艺术境界。如桂林伏波山听涛阁与自然环境结合得十分巧妙。

2. **巧于因借，精在体宜**　"巧于因借"、"精在体宜"是在明确了"师法自然，创造意境"的布局指导思想下必须遵循的基本原则和方法。其中的"因"就是因地制宜，从客观实际出发。这"因"是园林布局中最重要的，从"因"出发达到"宜"的效果，如桂林七星岩水牙楼（图3-58）与山的比例恰到好处，可谓是从山形的特点出发，楼与山有机地组织、联系，从而构成一个著名的风景点建筑。

3. **划分景区，创造空间**　庭院是园林的最小单位，空间构成简单，一般由楼阁、廊、墙等建筑环绕，在庭院内布置山石、植物等作为点缀。庭院较小时，庭院的外部空间从属于庭院的整体空间，它的布局和造型受到自然环境的影响和制约。当庭院空间扩大，就产生了很多平面和空间构图的方式，楼阁结合廊、墙等建筑将空间划分为若干个大小不同、形状不同、性格不同、各有风景主题与特色的小园，通过这些小园组合，形成主次分明的空间环境，如苏州留园的冠云楼、网师园的濯缨水阁（图 3-59）等等。

图 3-58　桂林七星岩水牙楼
（引自李恩山《园林建筑设计》）

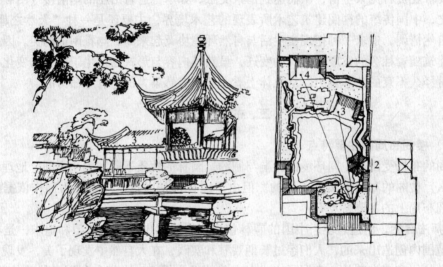

图 3-59　网师园的濯缨水阁空间处理
1. 平石桥　2. 月到风来亭　3. 濯缨水阁　4. 小山丛桂轩
（引自李恩山《园林建筑设计》）

在我国历史上著名的楼阁很多，如武昌黄鹤楼、湖南岳阳楼、南昌滕王阁，曾并称为江南的三大名楼。它们是杰出的创作，既丰富了我们的建筑艺术，也点缀了我国的锦绣山河。有些虽现已不存在，但许多诗人、画家为我们留下了不少诗篇和绘画，使我们能揣摩到它们的一些具体形象和意境。

（二）楼阁布局的方式与造型

楼阁的布局，就是在一定的基础上，根据楼阁的性质、规模、使用要求和地形地貌的特点进行构思。这样的构思是在一定的空间范围内进行的，它不仅要考虑楼阁内部的空间现状，还要研究外部空间的特点。这样的构思是通过一定的物质手段——山石、水体、植物的配合来实现的，要考虑这些物质手段本身的特性，按照形式美的规律创造出各种适合人们游赏的空间环境。因此，正确的布局一是来源于对楼阁所在地段环境的全面认识，分清利弊，扬长避短，二是对楼阁整个空间中各种空间环境的丰富想象和高度概括。

下面介绍几种楼阁在园林中的布局和造型，大体可归纳为以下几种方式。

1. 位于建筑群体的中轴线上，成为园林艺术构图的中心 采用这种布局方式的楼阁，通常位于一组性质比较庄重的建筑群（如宗教性建筑或纪念性建筑等）中心偏后部，楼阁成为整个建筑群空间序列的高潮和构图中心，如北京颐和园的佛香阁（图 3-60），山东蓬莱水城中的蓬莱阁等。

北京颐和园的佛香阁位于前山中央建筑群的高处，在陡斜的山坡

图 3-60　北京颐和园的佛香阁

上面建起高 20m 的基座，阁高达 40m，它的高度在我国的古代木结构建筑中位居第二。

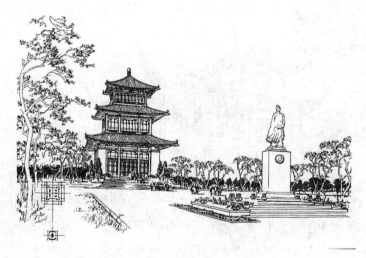

图 3-61　武汉东湖的行吟阁
（引自冯钟平《中国园林建筑》第二版）

阁的平面呈八角形、三层、重檐攒尖顶，底层有挑出的宽敞的群廊，二、三层设有周围廊，但自上而下每层外廊的宽度逐层缩小，使建筑的外形轮廓形成逐渐向上收缩的构图，体态敦实、丰满，巍然耸立，气宇轩昂，成为前山前湖景区艺术构图的中心。

2. **独立设置于园林内的显要地位，成为园林中的重要景点** 它们有的建在山顶；有的建在临水岸边，如武汉东湖的行吟阁（如图3-61）、昆明的大观楼、成都望江公园崇丽阁都是建于临近水边平地上的高阁；还有的建在水中，如台湾高雄莲花潭春秋阁（图3-62）。都可登高远望，由于独立设置，因此造型上都是平地拔高而起，十分突出、完整，成为控制园林风景线的重要点景建筑。

图 3-62　台湾高雄莲花潭春秋阁
（引自冯钟平《中国园林建筑》第二版）

台湾高雄莲花潭中的春秋阁，左右成双地分立潭中，莲花潭在高雄市北部，面积有60～70hm²，这里曾是清处凤山县治的学宫泮池，因植莲而得名。春时清波荡漾，夏日菱叶如茵，潭畔垂柳依人。建造了两个八角、四层檐、攒尖顶的阁，造型丰富生动，颇具民族特色，莲池潭的景色更是锦上添花，游人络绎不绝。

图 3-63　苏州沧浪亭的看山楼
（引自冯钟平《中国园林建筑》第二版）

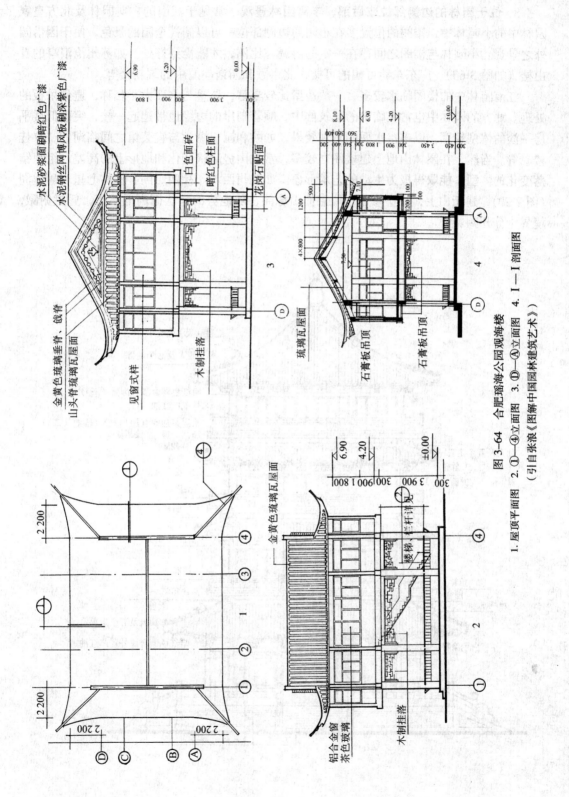

图 3-64　合肥瑶海公园观海楼

1. 屋顶平面图　2. ①—④立面图　3. ⑩—④立面图　4. Ⅰ—Ⅰ剖面图

（引自张浪《图解中国园林建筑艺术》）

　　3．位于园林的边侧部位或后部，丰富园林景观　　常见于江南的古典园林及北方皇家园林中的小园林中，楼阁的位置多在小园的边侧部位，可以俯视全园的景色，便于因借园外之景观。小园林与楼阁之间存在一定的协调与比例，才能恰到好处。如苏州沧浪亭的看山楼（如图 3-63）、广东东莞可园的可楼、北京颐和园谐趣园中的瞩新楼等。

　　江南园林中的楼阁临水较多，一般造型比较丰富，体量与水面大小相称，避免呆板的处理。北方的园林中也常在临水的建筑群中，顺着湖岸的边缘地带建起一楼，突破低矮平房平淡的体型轮廓，以丰富水面的景观效果，如颐和园玉澜堂与宜芸馆之间临湖的"夕佳楼"等。当然，在园林山地上建楼阁也较多，常就山势起伏变化和地形上的高差，组织错落变化的体型，能取得极为生动的艺术形象。如杭州西泠印社四照阁、桂林七星岩碧虚阁（图 2-20），建于山上，临崖修建，取意仙山琼阁，随地势的起伏而高低错落，凭栏俯瞰，境界十分开阔。

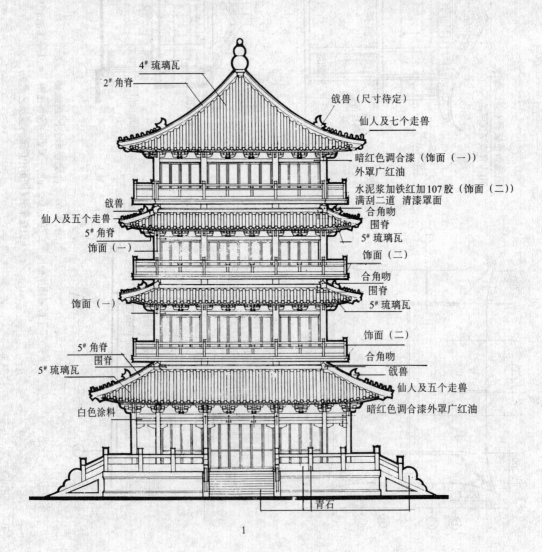

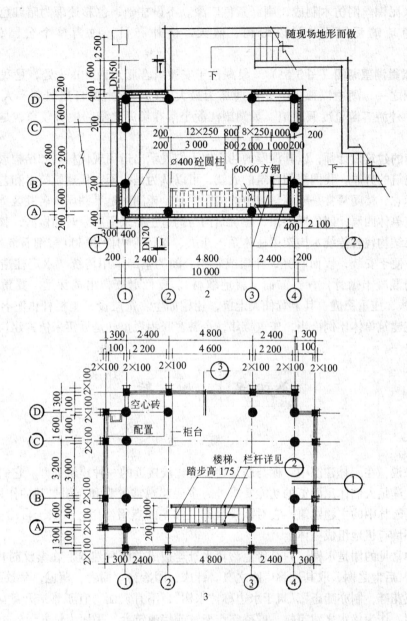

图 3-65　安徽巢湖望湖阁
1. 立面图　2. 底层平面图　3. 二层平面图
（引自张浪《图解中国园林建筑艺术》）

四、实例分析

1. 合肥瑶海公园观海楼（图 3-64）　观海楼坐落于公园湖中山体顶部。上下两层，歇山式屋顶，底层四面立柱，不设墙体，采用我国西南民居的吊脚楼处理手法，沿柱下端设美人靠坐凳，便于观赏景色。二层为音乐茶室，四面设窗，视线通透，可俯瞰全园景色。整体结构采用钢筋混凝土框架形式。局部处理上，有脊无吻，翼角飞翘，山墙的搏风板和悬鱼用水泥钢丝网仿木制成,刷深紫色广漆。不设柱础,色彩处理为暗红色柱,白红墙面,黄色琉璃瓦屋面,衬以绿树、蓝天,格外夺目,成为整个公园的视觉焦点。

2.**安徽巢湖望湖阁**(图3-65) 巢湖位于安徽省合肥市南40km处,是我国著名的五大淡水湖之一,湖中以孤山、姥山两岛为最大,以其丰富的自然景观和人文景观资源,成为中外游客游览度假胜地。巢湖望江阁坐落在巢湖之滨,地势较高,是观湖的佳处。

望湖阁的建筑设计师,以其深厚的功底向人们展示出运用现代材料和结构形式,再现我国传统建筑的辉煌。我国楼阁建筑的成就,可以认为是我国古代建筑技术和艺术达到最高水平的标志,楼阁常常是园林景观中的构图中心。望湖阁是巢湖风景名胜区重要的点景建筑。建筑单体四层,四角攒尖顶,建筑结构与构造主要采用唐宋时期做法,整体以钢筋混凝土框架结构代替传统木构架梁柱体系。斗拱、雀替等构件用300号细石混凝土预制,预留插筋,便于安装,表面收光,涂漆或彩绘。阁的基部采用传统"永定柱造平座"形式,用钢筋混凝土做骨,青石饰面(就地取材)。屋面舒展,出檐深远。翼角用传统的"老戗"做法,庄重稳健,其上置仙人走兽,栩栩如生。每层设平坐栏杆供游客观赏湖光山色。整座建筑单体比例恰当,庄重雄伟,令游客叹为观止,是近年来仿古建筑设计中的成功作品之一。

第四节 榭、舫

一、概　述

一般来说,在园林建筑中,榭与舫是性质上比较接近的一种建筑类型。它们的共同特点是:除了满足人们休息游览的功能要求外,主要起观赏景观和点缀景观的作用,因此,榭与舫不是园林中的主题建筑,它对园景起锦上添花的点缀作用,从属于自然空间环境,又与自然环境有机地组成一体。

园林中常见的榭是水榭,它是傍池沼藉水景建造成的园林建筑。在秦汉时代,"台上有木曰榭",后世之榭,取其远眺广瞻之义。计成《园冶》:"榭者,藉也,藉景而成者也。或水边,或花畔,制亦随态"。筑于水边称"水榭",不宜宏丽,宜于雅洁开敞。《营造法原》:"水榭,作为傍水之建筑物,或凌空作架,或傍池筑台。平面为长方形,一间三间最宜。柱间或装短栏,或置短窗,榭高仅一层,深四、五、六界,作回头、卷棚诸式,或薄施油漆,或幔糊白纸,甚觉雅洁"。

如苏州拙政园的芙蓉榭(图3-66)位于东部池畔,座东面西,有深远的视野,是园林东部景区的重要点景建筑。建筑基部一半在水中,一半在池岸,跨水部分以实支柱凌空架设于水面之上。四周立面开敞、简洁、轻快,与环境有机协调。暮春两岸桃红柳绿,景色醉人,夏日赏荷,绝妙之处,故称"芙蓉榭"。

桂林芦笛岩水榭(图3-67),位于芦笛岩山峰脚下的湖畔,与山坡上的贵宾接待处成错落状互相呼应,作为景区内的重要点景建筑。水榭参照广西民居传统形象,做成舫与榭

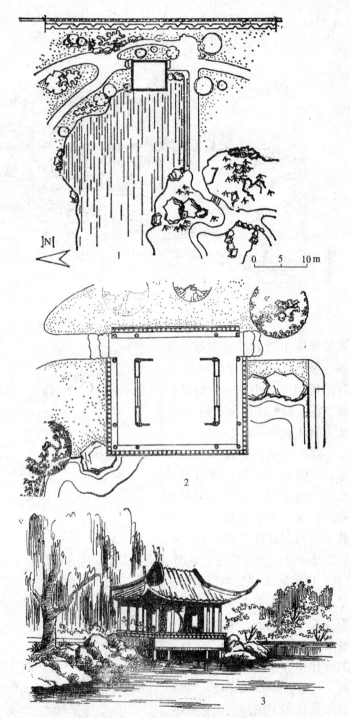

相结合的形式,一头高而一头低,头、尾部位都仿船形作成斜面,建筑形象空透、轻巧,有莲叶形蹬步与岸相连,生动有趣。

建筑位于芳莲池西岸水中,平面呈十字形,主体与池岸之间以桥廊相连,临湖平台贴水面而建,与主体平面互相垂直。作为游船码头,底层敞厅作休息及小卖,二层楼阁及平台做眺望远景,建筑有四个不同标高,空间多变,造型吸取传统舫形式,其体形扁平,接近水面,有漂浮游动之感,此外有莲叶汀步与对岸相连,自由布局,形式新颖。

传统的舫是依照船的造型在园林湖泊中建造起来的一种船形建筑物,供人们在内游玩饮宴、观赏水景,身临其中有乘船荡漾于水上的感受。船首一侧常设有平桥与岸相连,仿跳板之意,通常下部船体用石,上部船舱多用木构,虽然像船但不能动,所以亦名"不系舟"。舫的基本形式与真船相似,宽约3～4m,船舫一般分为前、中、后三个部分,中间最矮,后部最高,一般做成两层,类似楼阁的形象,四面开窗,以便远眺。船头做成敞棚,供赏景谈话之用。中舱是主要的休息、宴客场所,舱的两侧做成通长的长窗,以便坐着观赏时有宽广的视野。

图3-66 苏州拙政园的芙蓉榭
1.总平面图 2.水榭平面图 3.效果图
"芙蓉榭"位于水池东岸,建筑前部跨水而建,跨水部分以支柱凌空架设,平面为方形,内圈以粉墙、漏窗及落地罩加以分隔,建筑四周设鹅颈靠椅,建筑立面开敞明快,是典型的传统榭

图 3-67 桂林芦笛岩水榭

尾舱下实上虚，形成对比。屋
顶一般做成船篷式样或两坡顶，
首尾舱顶为歇山式样，轻盈舒
展，在水面上形成生动的造型，
成为园林中的重要景点。

江南园林，造园多以水为
中心，因此，园主人很自然地
希望能创造出一种类似舟舫的
建筑形象，尽管水面很小，水
载不动船，却能令人产生似有
置身于舟楫中的感受。这样，
"舫"这种园林建筑类型就诞生
了，它是从人们现实生活中模
拟、提炼出来的，是我国人民
群众智慧的一个创造。在江南
的园林中，苏州拙政园的"香
洲"（图 3-68）、怡园的"画舫
斋"是比较典型的优秀实例。
此外，苏州狮子林、南京太平
天国王府花园、西安的华清池
九龙汤旱船、四川的一些园林
中，都可以看见明、清时代舫

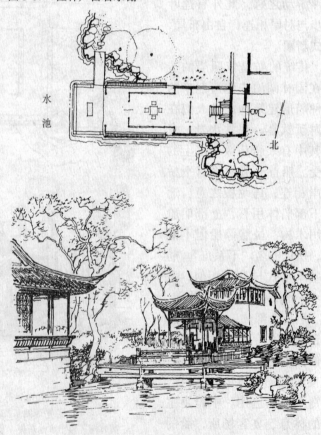

图 3-68 苏州拙政园"香洲"
（引自冯钟平《中国园林建筑》第二版）

的遗物。

北方园林中的舫是从南方引进的。相传清乾隆六次南巡，对江南园林非常欣赏，希望在北方皇家园林中也创造出江南水乡的风韵，因此，舫除了保留它的基本形式外，增加了宫廷建筑的色彩，建筑风格比较浑厚持重，尺度也相应加大。除在颐和园中模仿江南舫的形式建造了"水街"外，还在湖面修筑石舫，以满足"雪棹烟蓬何碍冻，春风秋月不惊澜"的意趣，如著名的颐和园石舫——"清宴舫"（图3-69）。它全长36m，船体用巨大石块雕造而成，上部的舱楼原本是木构的船舱样，分前、中、后三舱，局部为楼层。它的位置选得很妙，从昆明湖上看过去，很像正从后湖开过来的一条大船，为后湖景区的展开起着预示作用。1860年被英法联军烧毁后，重建改成现在的西洋楼建筑式样。

图 3-69　北京颐和园石舫

（引自冯钟平《中国园林建筑》第二版）

二、榭的建筑艺术

水榭作为一种临水的建筑物，要求建筑与水面及池岸很好地结合，使它们之间配合有机、自然而贴切。

1. **水榭平台的构造类型**　榭与水体的结合方式有多种，从平面上看，有一面临水、两面临水、三面临水以及四面临水等形式，四面临水者以桥与湖岸相连。从剖面上看，平台形式有的是实心土台，水流只在平台四周环绕，而有的平台下部是以石梁柱结构支撑，水流可流入部分建筑底部，甚至有的可使水流流入整个建筑底部，形成驾临碧波之上的效果。近年来，由于钢筋混凝土结构的运用，常采用伸入水面的挑台取代平台，使建筑变得更加轻巧，帖临水面。下面是几种水榭平台的构造类型（图3-70）。

2. **水榭与水面、池岸的关系**

（1）水榭宜尽可能突出于池岸。水榭的位置安排最好是造成三面或四面临水的形势。如果建筑物不宜突出于池岸，也应以伸入水面上的平台作为建筑与水面的过渡，以便为人

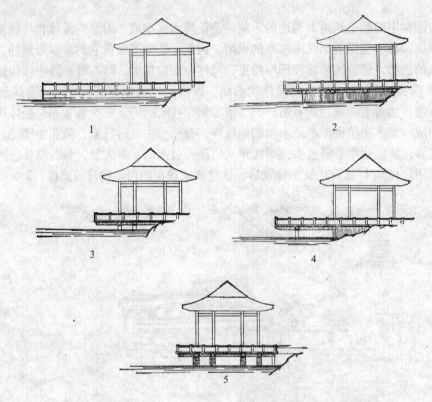

图 3-70 水榭平台的构造类型

1．以实心土台作为挑台的基座 2．在实心土台的基座上，伸出挑梁作为平台的支撑

3．以梁柱结构作为挑台的基座，平台的一半挑出水面，另一半坐落在湖岸上

4．以梁柱结构做挑台基座，在岸边以实心土台做榭的基座

5．整个建筑及平台均坐落在水中的柱梁结构基座上

们提供身临水面上的宽广视野。在水榭不能突出水中时，以宽敞的平台凸入水中作为过渡的实例有苏州拙政园的"芙蓉榭"，杭州的"平湖秋月"，承德避暑山庄的水心榭（图 3-71）及北京陶然亭公园水榭等。解放后，由于广大群众对现代游园活动需要，人数多，活动方式多样，临水建筑又是游人乐于游赏停留的地方，因此，把临水露台作得宽敞一些是恰到好处的。

图 3-71 承德避暑山庄水心榭

（2）水榭造型及与水面、池岸的结合，以强调水平线条为宜。水榭平平扁扁地贴近水面，有时配合着水廊、白墙、漏窗，平缓而开朗，再加上几株竖向的树木或翠竹，在线条的横、竖对比中一般能取得较好的效果。在建筑轮廓线条的方向上，榭与亭、阁那种集中向上的造型是不同的。如桂林杉湖水榭（图 3-72），建于水中，与岛上圆亭组成整体，以单柱架空走道与圆亭相连，建筑采用圆形构图，由三个圆形平面交错组成，外形富有高低虚实变化，造型别具一格。

（3）水榭宜尽可能贴近水面。水榭贴近水面可造成浮架于水面的轻快感觉，并且宜低不宜高，应使水面深入榭的底部，避免采用整齐划一的石砌驳岸。

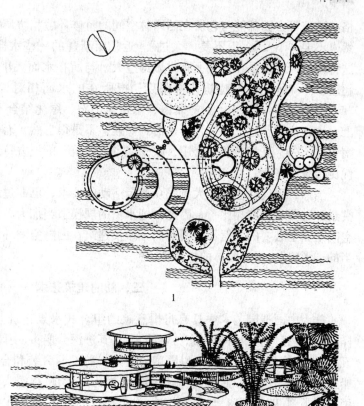

图 3-72　桂林杉湖水榭
1．总平面图　2．效果图

建筑立于水中，与岛上圆亭组成整体，以单柱架空走道，与圆亭相连，建筑由三个圆形平面交错组成，外形富有高低虚实变化，造型别具一格

在岸上的平地距水面高差较大时，也可以把水榭设计成高低错落的两层形式，从岸边下半层到水榭底层，上半层到水榭上层，从岸上看过去水榭仿佛仅为一层，但从水面上看为两层。北京紫竹院与陶然亭的水榭就采取此种方式。

水榭与水面的高差关系在水位无显著变化的情况下容易掌握，有时水位的涨落变化较大，这时，设计前就要仔细了解水位涨落的原因与规律，特别是最高水位的标高，以稍高于最高水位的标高作为水榭的设计地平，以免被水淹。

在建筑物与水面之间高差较大，而建筑物地平又不宜下降时，应对建筑物下部的支撑部分作适当处理，创造出新的意境。如广州泮溪酒家之临水餐厅位于二层，距水面很高，在其侧畔以英石叠砌假山，塑造一种高悬崖的气氛，也很有特色。

为了造成水榭有凌空于水面之上的轻快感，除了要把水榭尽量贴近水面外，还应避免把建筑的下部作成整齐的石砌岸边，而宜将支撑的柱墩尽量向后退入，以造成浅色平台下部一条深色的阴影，在光影的对比中增加平台外挑的轻快感觉。

3．榭与园林整体空间的关系　榭应与园林整体空间协调、统一。园林建筑在造型艺术方面的要求，不仅应该使其本身比例良好、造型美观，而且还应使建筑物在体量、风格、装修等方面都能与它所在的园林空间的整体环境相协调统一。在处理上，要恰当、自然，不要"不及"，更不要"太过"。近几年新建的一些水榭容易出现的毛病是"太过"。这种太过，首先是在体量上有时做得过大，与所在水面大小、空间环境的大小不相适应，超过了环境所允许的建筑体量限度，把所在的水面相对说来给"比"小了。其次，在"藏"与"露"关系上，过分暴露，水榭与山石、绿化结合不够，显得一览无余。在装饰上，也往往做"过"了头，不是恰到好处，不是很自然，而是繁琐堆砌。在风格上，有时南、北不分，互相抄袭、套用，缺少"乡土建筑"的地方特色。这些都与我国园林建筑的优良传统相违背。

当然，现代社会由于大量民众游园活动的要求，已非过去少数文人雅士在水榭中品茗赏景那种要求所能相比了，因此，把水榭的规模适当加大，作得宽敞一些，有足够的活动空间是完全必要的，但不能因此而不顾及建筑在园林空间环境中所应具有的"身份"和恰当的"形象"，损害园林的整体性。

三、舫的建筑艺术

舫为中国造园艺术中具有舟楫意象的组合式水景建筑。《营造法原》："旱船的装置式样,宜令人起似置身舟楫之念。宽约丈余,其进深分船头,中船厅,后稍棚楼三部。船头深约五六尺,中舱深约丈六七尺,以隔扇分内外二舱。两旁装和合窗,启闭颇似舟船。屋顶可做船篷轩、鹤胫轩,或作回顶、卷棚拨落翼作歇山式屋顶(指船头部分),顶多用黄瓜环瓦脊。后稍棚楼类阁,四面开窗,与中舱相连,设小梯以上下"。作为水景建筑,明·刘炯《帝京景物略》中始有"台如桌,楼如船"的记载,我们从今日遗存的古典园林建筑知道,这是一种以亭、台、厅、阁组合似船舫的特殊建筑,它保持了古典建筑形式的特点,经过相互组合有舟船之意,是中国园林建筑中具有高度象征性和艺术性的一种建筑形式。

自然风景园林中水以清新、明净的感受，给人一种亲切感，因而备受青睐。人与水交往的过程中，产生了园林建筑——舫，舫与水之间的结合方式大致有以下几种："点"、"凸"、"飘"等。

1. "点"　就是把建筑点缀于水中，或建置于水中孤立的小岛上，建筑成为水面上的"景"。一般情况下，舫贴近水岸布置，形象突出，特色分明。尤其在我国江南地区，气候温和，湖泊罗布，河港纵横，自古以来就以船泊作为重要交通工具，有些渔民以船为家，长期生活在水面之上，对船是熟悉而有感情的。

2. "凸"　舫临岸布置，三面凸入水中，一面与岸相连接，视阈开阔，与水面结合紧密，要求尽可能的贴临水面，似停靠在岸边的船，整装待发。通过这种"写意"式的再现手法，把日常生活中普普通通的事情模拟、缩小在有限的空间范围之中，而且有真山真水的感受。在这样的园林中游赏，感受到的仿佛就是自然美景的凝固的诗歌，可以令人重回大自然的怀抱。

3. "飘"　为了使舫与水面紧密结合，伸入水中的舫基址一般不用粗石砌成实的驳岸，而采取下部架空的办法，使水漫进舫底部，舫有漂浮于水面之上的感觉。

过去还有一种画舫，专供富人家在水面上荡漾游玩之用，画舫上装饰华丽，还绘有彩画等，北海公园中的"画舫斋"就取的这种寓意。然而舫的造型不宜完全照搬船的形式，而应有所创新，妙在似与不似之间。

解放后园林中新造舫虽不多，但形式上都作了不少创新。如图 3-73 广州泮溪酒家在荔湾湖中建了一个船厅——"荔湾舫"，取舫的意思、船的造型，供休息饮茶之用。船体特别宽敞，船舱用轻钢架支撑，四周钢窗玻璃，显得轻快、新颖。进入船舱后略下几步，从座位上向外眺望，视线正贴近水面。入夜，船上灯火通明，湖上光影摇曳，格外诱人，构思上是相当成功的。

图 3-73　广州泮溪酒家荔湾湖 "荔湾舫"
（引自冯钟平《中国园林建筑》第二版）

四、榭、舫设计要点

（一）榭的设计要点

①位置宜选在水面有景可借之处，并以在湖岸线凸出位置为佳。要考虑好确切的对景、借景视线。

②建筑朝向切忌朝西，因建筑物伸向水面，且又四面开敞，难以得到绿树遮阳。尤其夏季为园林游览旺季，更忌西晒。

③建筑地坪以尽量低临水面为佳，当建筑地面离水面较高时，可将地面或平台作上下层处理，以取得低临水面的效果，并可利用水陆气流的对流风，使室内清风徐来，同时又可兼顾高低水位变化的要求。

④榭的建筑风格应以开朗、明快为宜。要求视线开阔,立面设计应充分体现这一特点。

图 3-74 为四明山庄公园水榭设计图。

（二）舫的设计要点

①舫建在水边，一般是两面或三面临水，其余面与陆地相连，有条件的可四面临水，其一侧设有平桥与湖岸相连，注意舫的体量应与所处的环境协调。

②舫一般由三部分组成，即船头、中舱及船尾。船头前部有跳台，似甲板，船头常做敞棚，供赏景用，屋顶常做成歇山式。中舱是主要空间，是休息、宴客的场所，其他面与一般地面略低 1~2 步，有入舱之感，中舱两侧面，常做长窗，以便坐着休息时，也具有畅通的视线，其屋顶一般做成船篷式样或卷棚顶。尾舱一般为两层建筑，下层设置楼梯，上层做休息眺望空间,尾舱立面做成下实上虚形成对比,其屋顶常做成歇山顶,轻盈舒展。

③选址宜在水面开阔处，既可取得良好的视野，又可使舫的造型较完整地体现出来，并应注意水面的清洁，避免设在易积污垢的水区。

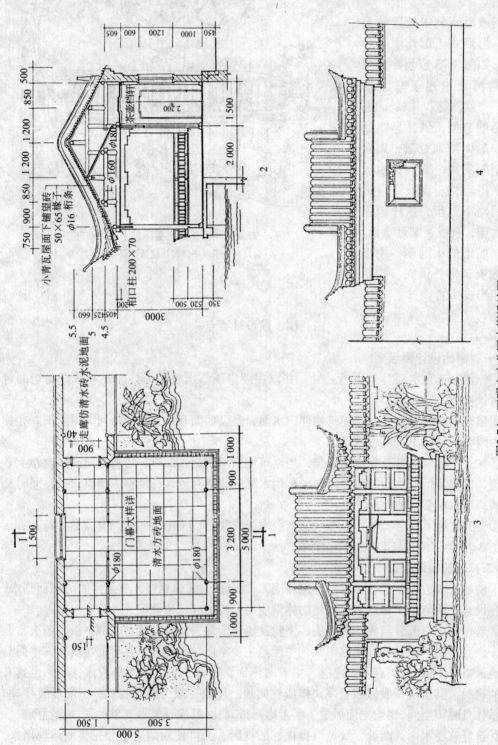

图3-74　四明山庄公园水榭设计图

1.水榭平面　2.Ⅰ-Ⅰ剖面　3. 正立面　4.背立面

图 3-75 为白鹭洲公园舫设计图。

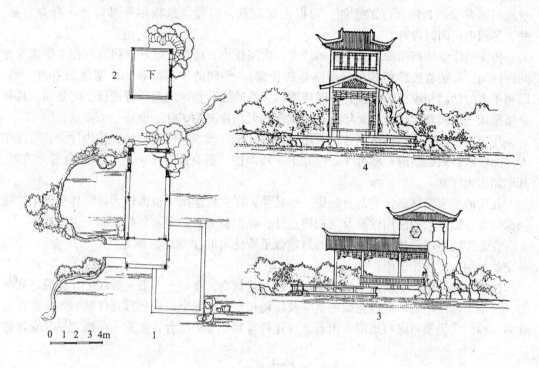

图 3-75　白鹭洲公园舫设计图
1. 底层平面图　2. 二层平面图　3. 北立面图　4. 东立面图

第五节　厅　堂

一、概　述

　　园林中的建筑，不但位置、形体与疏密不相雷同，而且种类繁多，布置方式亦因地制宜，灵活变化。建筑除满足功能需求外，还与周围景物和谐统一。厅堂主要出现在东方古典园林之中，是此类园林中的主体建筑，在园林中占据主导地位。明代造园大师计成在其著作《园冶》中写到："凡园圃立基，定厅堂为主"。可见厅堂在园林中的地位之重要。

　　厅堂一般是园林中进行室内活动的主要场所，园主人在此会客、治事，举行礼仪等活动，所以这类建筑一般高大宏敞、装修精美。位于园林的适中位置，既与生活起居部分之间有便捷的联系，又有良好的观景条件与朝向，本身亦是风景构图中心。

　　厅堂的建筑风格和位置的选定，直接影响到整个园林的风格和布局。是园林建造是否成功的重要因素。

　　名园中的厅堂建筑绝不雷同，或依山，或傍水。山浅则护以松竹，藏以小径，使之幽深；水小则绕以回廊，缭以石桥，以起跌宕作用。厅堂体型，或阔或狭，或高或矮，或封闭，或开旷，或宜夏，或宜冬，或宜月，或宜雨，或富丽，或野逸，因地形不同，厅堂的风格亦随之多变；为适应厅堂的风格，厅堂外山水竹石的设置也随之发生相应变化。如拙政园的远香堂，是四面厅的形制，可以四面观景，四周之景物则各具特色，有春、夏、秋、冬四山，四时皆宜。

传统的厅堂较高而深，正中明间较大，次间较小，前部有敞轩或回廊；在主要观景方向的柱间，安装着连续的槅扇（即落地的长窗）；明间的中部都有一个宽敞的室内空间，以利于人的活动与家具的布置，有时周围以灵活的隔断和落地门罩等进行空间分隔。其装修质量较一般园林建筑复杂而华丽，厅堂内的天花普遍用"轩"也是一个特点。

厅与堂一般而言按构造划分，采用扁作者（长方形木料做梁架的）称为厅，采用圆作者（圆形木料做梁架的）称为厅，但并不一概而论。还有园林中一些厅堂被命名为馆等，其形制实为厅堂。

江南的私家园林是住宅部分的进一步延伸，厅堂被运用到范围较大的园林空间中，除仍保留着它们一般的使用性质及结构特点外，在类型上更加丰富，在布局上也有变化。

在北方的皇家园林，作为园主的封建帝王所使用的厅堂建筑称为"殿"、"堂"，要与一定的礼制、排场相适应。

园林中的"殿"是宫式做法中最高等级的建筑物，布局上一般主殿居中，配殿分列两旁，严格对称的形式；并以宽阔的庭院及广场相衬托，完全是一种宫廷气氛。但布置在园林内，殿、堂仍要考虑与地形、山石、绿化等自然环境的结合，创造一种既堂皇又变化的

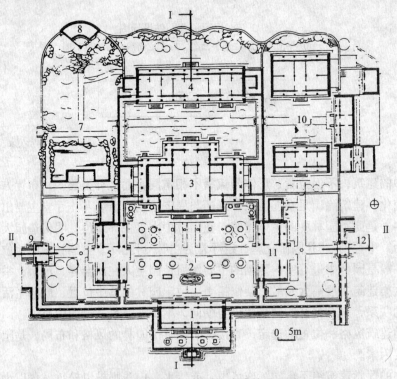

图 3-76 北京颐和园乐寿堂建筑平面图

1.水木自亲 2.青芝岫 3.乐寿堂 4.后照殿 5.仁以山悦
6.邀月门 7.扬仁风 8.扇面殿 9.长廊 10.永寿斋 11.舒华布实 12.垂花门

园林气氛，与紫禁城内的殿宇很不相同，如颐和园中的仁寿殿、排云殿等。

皇家园林中的"堂"，是帝后在园内生活起居、游赏休憩性的建筑物，形式上要比"殿"灵活得多。它的布局方式大体有两种情况：一种是以厅堂居中，两旁配以次要用房组成较封闭的院落，供帝后在园内生活起居之用，如颐和园的乐寿堂（图3-76）、玉澜堂、益寿堂，避暑山庄的莹心堂，乾隆花园中的遂初堂等。另一种是以开敞的方式进行布局，厅堂居于中心地位，周围配置亭廊、山石、花木组成不对称的构图，厅堂内有良好的观景条件，供帝后游园时在内休憩观赏，如颐和园中的知春堂、畅观堂、涵虚堂等。

二、类型与建筑处理

1. **按实用性** 划分为以下四类。

（1）主厅。主厅体量宏大，装修精美，家具陈设富丽堂皇，多建于环境开阔和风景富于变化之所，一般坐南朝北，面向主要的特色景点，并且有典型的特征。苏州留园的五峰仙馆（图3-77），就是此例。

（2）厅。有的厅堂布置于附属的小庭院中，位置多接近住宅，庭院点缀山石花木，形成有特色的小园林气氛，构成安静，幽深的环境，供生活起居兼作会客之用，也称做花厅。花厅体量灵巧，造型丰富。如苏州拙政园的玉兰堂，南部是住宅，北部是园林，厅前为四方形较封闭庭院，内植高大玉兰树，沿南墙筑湖石花台，植以竹林、牡丹，配以石峰，以白墙作衬，十分清幽淡雅。

（3）荷花厅、船厅。把厅堂临水建造，使其一面临水或前后两面或三面临水，如荷花厅，船厅等。厅堂的临水一侧一般做得特别开敞，有时还以挑向水面的平台作为建筑与水

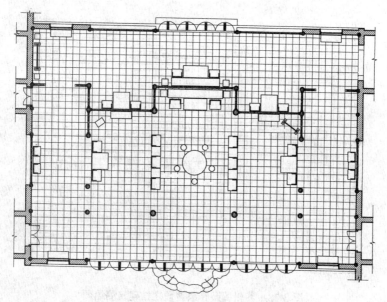

图3-77 苏州留园的五峰仙馆建筑平面图

面的过渡,如苏州狮子林的荷花厅,怡园的藕香榭,留园的涵碧山房等。南京莫愁湖公园的赏荷厅是前后两面临水的厅堂,位于水庭的北部,与南部的光华亭入口取轴线对位关系,水庭中置莫愁女塑像,由赏荷厅北部大空窗可借景莫愁湖中的湖心亭,气氛幽雅,空透敞达。

岭南庭园喜欢设"船厅",它兼具厅堂、楼阁的多种功能。广东顺德大良清晖园中的船厅,是全园建筑配置的中心。

(4)辅厅。辅厅主要用于主厅功能的补充,环境相对要求静谧,常与主景区隔离,自与别的附属建筑组合成院落,此类厅堂在建筑处理上也自成一种格调。建筑风格相对要朴素,于小中见大。一般有小庭院或前或后,或前院后庭,庭园之中花木扶疏,石峰几点,浑然天成。

厅堂在小型园林中也有一厅兼具几种用途而不能明确区分的。具体厅堂的体量与风格也一般与园林的规模和风格相一致,相对其他园林建筑而言造型比较规整,建筑形式虽无定制,但一般三间五间较多。

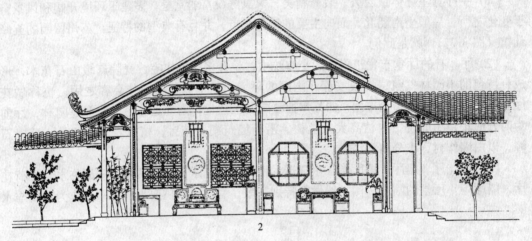

2

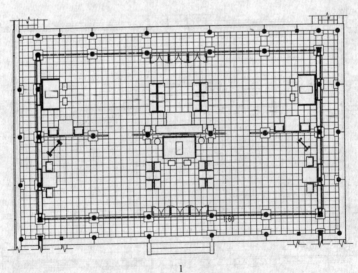

1

图 3-78　苏州留园林泉耆硕之馆建筑测绘图
1.平面图　2.剖面图

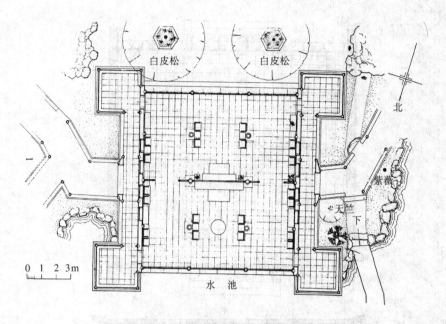

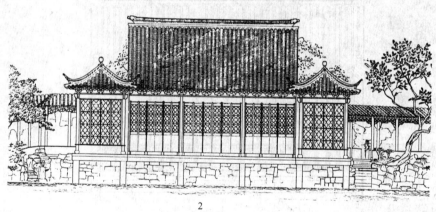

2

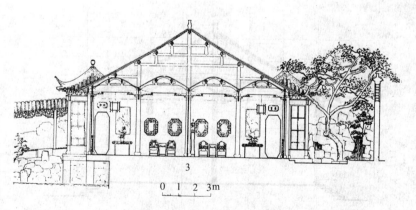

3

图 3-79　卅六鸳鸯馆建筑测绘图

1. 平面图　2. 正立面　3. 横剖面图

（引自刘敦桢《苏州古典园林》）

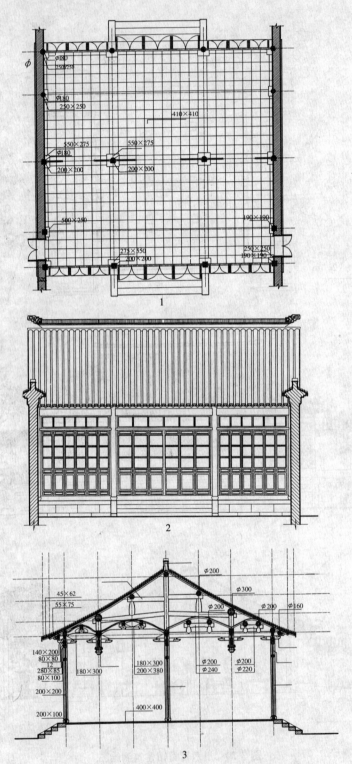

图 3-80　苏州拙政园住宅东庭园内的鸳鸯厅建筑测绘图
1. 平面图　2. 正立面　3. 剖面图

2. 按形制 分为四面厅、鸳鸯厅、花篮厅和普通大厅四种形式。

(1) 四面厅。即四面有廊，往往四面设落地长窗，也有前后两面设落地长窗，左右设半窗的。因此不出厅堂，可观四周之景，同时还给人以人与建筑都与周围的自然环境融合一体的感觉。苏州拙政园的远香堂是典型的四面厅，其厅位于拙政园中部水池南面，四周落地长窗透空，环观四面景物，犹如观赏长幅画卷。

(2) 鸳鸯厅。用屏门、罩、纱槅等装修手法将厅分隔为空间大小相同的前后两部分，好像两座厅堂合二为一。前半部向阳，宜于冬日，后半部面阴，宜于夏季，把不同的时间空间组合在一起。厅前后两部分的梁架前为扁作，雕饰精细，多为男主人待客之处，有阳刚之美。后为圆作，极为简练，多为女主人待客之处，有阴柔之美。由此形成对比，如同鸳鸯雌雄不同的外形，故名鸳鸯厅。留园的林泉耆硕之馆（图 3-78）及拙政园的卅六鸳鸯馆（图 3-79）是典型的鸳鸯厅。

(3) 花篮厅。这是一种梁架形式别致的厅堂，其特点是室内中间的前面或后面的两根柱子不落地，而悬吊于搁在山墙的大梁上，柱下端雕镂成花篮形，故名为花篮厅。这种梁架处理方式既扩大了室内空间，又增添了装饰性。由于受木材性能的限制，花篮厅的面积一般较小，多作花厅。花篮厅常见于中国江南的私家园林之中。

在苏州拙政园住宅东庭园内的鸳鸯厅，前后两部分均有花篮吊柱，将两种厅的形式组合在一起，形成别致的鸳鸯花篮厅，整个建筑显得轻盈灵巧（图 3-80）。

(4) 普通大厅。其面积与体量一般较大，或前后有廊，或仅设前廊，也有不设廊者，形式无定制。留园五峰仙馆面阔五间，室内高敞，由纱槅和屏门分隔成主次分明的前后两部分，是留园的主要厅堂。

在狭隘的景象空间中，对于功能要求空间、体量较大的厅堂，不能够缩小尺度时，则有将体型化整为零的处理方法。例如苏州拙政园西部补园的卅六鸳鸯馆，十八曼陀罗馆，即在大厅的四角各附加一个亭子，使外观为四角亭的小体量建筑遮挡了大体量的厅堂。屋盖也相应地在主体四隅附加了四个攒尖顶，这样，便改变了尺度的印象，起到缩小尺度的作用。

三、选址与场地

厅堂因其体量较大，所以其位置的选择及其本身的造型是厅堂建筑设计尤为重要的两个方面。选址是园林空间规划的组成要素，是首要的方面。在合理选址之后，根据所在地段的周围环境，以及使用要求，进一步研究厅堂本身的造型，使其能与环境有机结合。

1. 选址

(1) 要满足聚景的要求。厅堂和大多数园林建筑一样，其修造是为了观赏周围的山水，欣赏园中的景色。像苏州拙政园西部补园的卅六鸳鸯馆，十八曼陀罗馆，中部的玉兰堂，留园的五峰仙馆，它们的作用除提供室内活动场所外，更重于聚集景观，它们的审美价值在于水、花木，峰石等景观主体，而非建筑本身。而且，为了避免厅堂体量过大对园林建筑造成的影响，往往用小庭园围合，淡化建筑外观形象，在建筑周围点缀山水，增强山林气氛，并向室内延伸。"四面有山皆入画，一年无日不看花"，这样厅堂收纳和聚集景观的作用更加明显。

（2）要满足点景的要求。厅堂一般出现在东方古典园林风格的园林之中，这类园林的一个特征是建筑自然化，建筑交织融合在山池、花木的自然环境之中。苏州拙政园的远香堂，为满湖莲花所环抱，成为整个景观空间的一部分，与园林自然环境结合成和谐的艺术整体。并且，厅堂可以点出风景的特征和内涵，有助于明确景观主题和意境，强化景观的价值。远香堂与满湖莲花可谓惺惺相惜。

（3）要满足观景的要求。厅堂可供游人驻足休息，眺望景色，观景主要应满足观赏距离和观赏角度这两方面的要求。而面对不同的观赏对象，其所要求的观赏距离与观赏角度是有很大区别的。

远香堂是拙政园的主要观景点之一。在这个位置上可以纵观拙政园中部景区的主要景色，在180°的视阈范围内，从西面的柳荫路曲、见山楼、荷风四面亭、梅桃相间、雪香云蔚亭，到东面的梧竹幽居、倚虹亭，视线横扫过去，形成了一幅中国风景画长卷，而且是远景、近景皆有，单一面完整，构图精妙绝伦的立体长卷。在距离上，远香堂前有满池莲花凌波而立，此为近景；距雪香云蔚亭及荷风四面亭大约在30m的视距范围内，此为中景；距柳荫路曲、见山楼及梧竹幽居、倚虹亭大约在65m的视距范围内，此为远景；再远处还有花木隐现的高墙为背景。反过来从上述池北的被观赏点观池南景色，远香堂四面玲珑的别致造型，精细的水作、木作使其又成为了使画面大大丰富起来的近景。无论从"观景"、"点景"还是"聚景"来说，远香堂位置的选择都是极为成功的范例（图3-81）。

2. 场地　场地是由自然力和人类活动共同作用所形成的复杂的空间实体，它与外部环境有着密切联系，这里的场地是指厅堂的拟建地。在进行厅堂设计之前应对场地进行全面、系统的调查和分析，为设计提供细致、可靠的依据。场地分析包括地形、水体、土壤、植被等自然因素；地形气候、小气候等气象因素；人工设施、人工因素；环境景观、环境因素等等。

《园冶》中关于厅堂场地有如下叙述：厅堂立基，古以五间三间为率；须量地广窄，四间亦可，四间半亦可，再不能展舒，三间半亦可。深奥曲折，通前达后，全在斯半间中，生出幻境也。

释文：建立厅堂地基，古来大都以五间或三间为标准，这要衡量地面的宽窄，宽的可以建成四间或建成四间半也可，如地狭不能舒展，就建成三间半也可。深奥曲折，通前达后，全在这半间中，生出变幻的境界。

由此可见厅堂场地并无定式，一切以合宜为准绳。

（1）自然因素要求。厅堂之场地应土质坚实干爽，有一定的承载力，以保证厅堂建筑基础的稳固。如在坡地边缘或悬崖处要考虑是否会发生塌方或山泥倾泻等事故，在较寒冷的地区还应考虑土壤的冻胀等对建筑基础的影响。要充分利用原有地形条件，合理分配土方工程，合理组织排水系统，以节省工程费用。要利用好现有地表径流、水池、地下泉水，赋予厅堂自然灵境（图3-82）。

（2）气象因素要求。在朝向上遵照当地习惯，一般说来尽量避免冬季寒风吹袭、夏日炎阳直照。注意周围地形、植被的分布，营造合宜的场地小气候。还需考虑厅堂建筑本身对小气候的影响，即建筑物的平面、高度、墙体以及墙面材料的质感应对周围的日照、墙面反射和气流尽量产生好的影响（图3-83）。

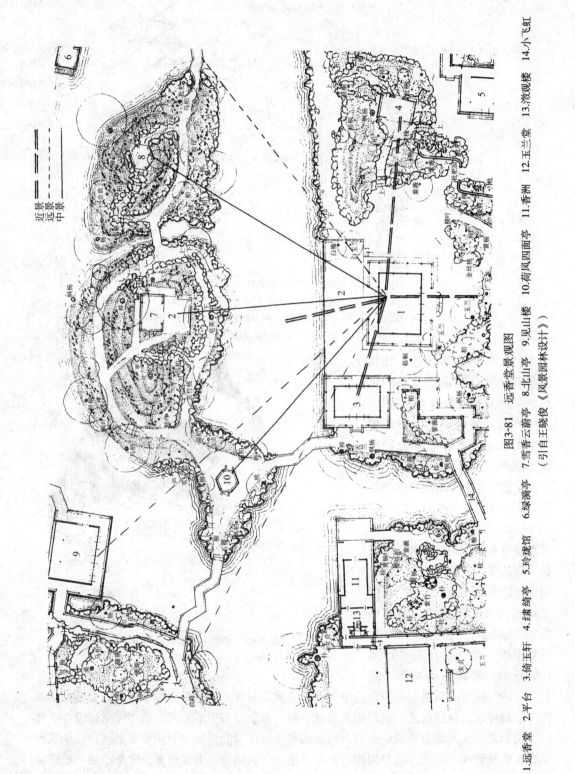

图3-81　远香堂景观图

1.远香堂　2.平台　3.倚玉轩　4.绣绮亭　5.玲珑馆　6.绿漪亭　7.雪香云蔚亭　8.北山亭　9.见山楼　10.荷风四面亭　11.香洲　12.玉兰堂　13.激观楼　14.小飞虹

（引自王晓俊《风景园林设计》）

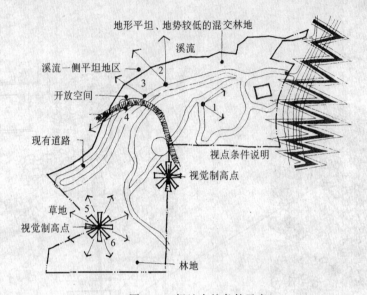

图 3-82　场地自然条件示意

1.游戏场地　2.草地和常绿植物覆盖的小山丘　3.苗圃地

4.远处山景　5.草地和山景　6.四周为森林和山体等自然景色

(引自王晓俊《风景园林设计》)

（3）环境因素要求。环境因素对厅堂及其周围景观的定位，对游客的吸引力关系密切，在厅堂设计时应尽量发挥环境因素的优越条件，仔细分析所在环境的景观资源及其性质，使厅堂能表达景区的特有风貌，为之添色加彩。

厅堂作为园林中重要的观景点应有意识地组织景物，厅堂设计应从视觉观赏的角度出发，利用各造景要素进行构景设计，将景物与视线巧妙组合，对可观之景如何与厅堂建筑配合要反复推敲，衡量估计观景点实际的景效。通常采用对景、敞

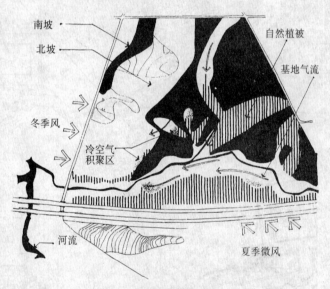

图 3-83　场地小气候分析图示意

(引自王晓俊《风景园林设计》)

景、分景、框景、漏景、夹景及借景等处理方式。对厅堂所处的环境及因借的景观均需本着"俗则屏之，佳则收之"的原则来剪裁空间，以获得理想的效果。园中厅堂多设在主要山水景物之前，大部分采取隔水对山而立的办法，厅堂除正面应有主要对景外，其他几面也力求有景可观。四面厅就是周围门窗可以敞开，四周皆有美景可赏。鸳鸯厅和一般厅堂除在前后组织景物外，两侧墙上也往往开有若干窗洞，或用门窗、挂落组成景框。

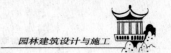

四、建筑实例

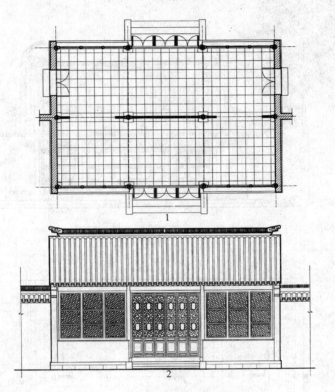

1

2

图 3-84 拙政园立雪堂建筑测绘图
1.平面图 2.立面图

图 3-85 拙政园远香堂建筑平面图

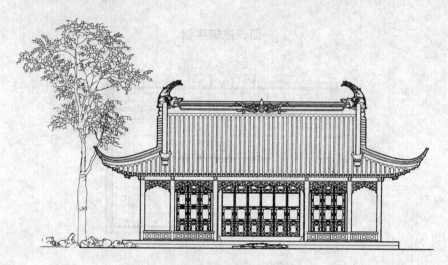

图 3-86 拙政园远香堂建筑立面图

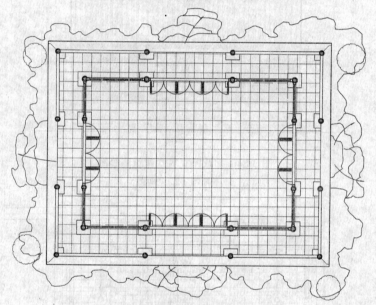

图 3-87 拙政园东部住宅四面厅平面图

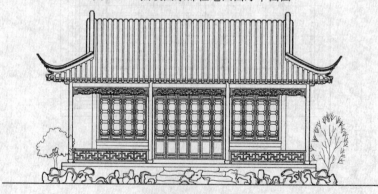

图 3-88 拙政园东部住宅四面厅正立面图

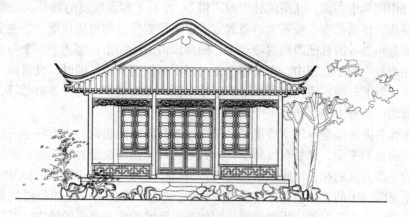

图 3-89　拙政园东部住宅四面厅侧立面图

第六节　轩、馆、斋、室

一、概　　述

轩，《园冶》中说："轩式类车，取轩轩欲举之意，宜置高敞，以助胜则称"。轩有多种形式，并无特定的形制。馆，《园冶》中说："散寄之居曰'馆'，可以通别居者"。园林中的馆常是休憩会客的场所，体量可大可小，但一般而言不大。斋，《园冶》中说："斋较堂，唯气藏而致敛，有使人肃然斋敬之意。盖藏修密处之地，故式不宜敞显"。因此，一般称需要安静环境的学舍、书房为斋。室，一般说来是辅助性用房，位于园林边隅处，或处于主体建筑翼侧。

馆、轩、斋、室是园林中数量最多的建筑物，在个体造型、布局方式、建筑与环境的结合上，都表现出比厅堂更多的灵活性。这类建筑的体量比厅堂小，在园林中布置在次要的地位，一般与主体建筑组合在一起。其布置方式、建筑形式和装修都比较自由活泼，不拘泥于一定的形制，而注重和环境的协调，形成多样化的园林景观。在丰富园林景观和游览内容上起着突出的作用。

二、基本类型及分析

馆、轩也属厅堂类型，但尺度较小、布置于次要位置。斋、室则一般是附属于厅堂的辅助性用房，布置上与主体建筑相配合。

馆、轩、斋、室等这类建筑的使用功能，在我国早先是有不同含义的。自明、清以后已无一定的制度，常常是一座建筑物落成以后经文人雅士在建筑匾额上的题字而任意称呼。因此，在称谓上已常常混用，在使用功能上区别也不严格，在其中书画、会客、起居、宴饮均无不可。

今天我们不必去细加追究，仅依据它们过去一般确认的性质，选择一些典型的实例来略加分析。

1. 馆

（1）江南园林中的馆。江南园林中的"馆"，并不是客舍性质的建筑，一般是一种休憩会客的场所，建筑尺度一般不大，布置方式也多种多样，常与居住部分的主要厅堂有一定联系。如苏州拙政园枇杷园内的玲珑馆、网师园内的蹈和馆，都建于一个与居住部分相毗连而又相对独立的小庭园中，在交通上，入园后可便捷到达，同时，又自成一局，形成一个清幽、安静的环境。留园的清风池馆紧贴水面，面阔仅有一跨，类似敞轩，在性质上仅是五峰仙馆向园林方向延伸的一个辅助用房而已。

苏州宋代名园沧浪亭中的翠玲珑是"馆"中颇具特色的建筑。它由一主一次三座小体量建筑组成曲折形平面，穿插在竹林中，人在室内可见四周窗外竹影摇曳，翠绿满怀，正如沧浪亭园主苏舜钦的咏竹诗所描绘的意境："秋色入林红黯淡，月光穿竹翠玲珑"。

（2）皇家园林中的馆。在北方的皇家园林中，"馆"常作为一组建筑群的称呼，如颐和园中的听鹂馆、宜芸馆等。听鹂馆原是清代帝后欣赏戏曲和音乐的地方，其庭院中还设有一座表演用的小戏台，解放后已改为宴饮用的餐馆。宜芸馆原是清帝后妃游园时的休息处，重建后改为光绪帝之后的住所，位居于玉澜堂之后，成为其内宅。

2．轩 在园林中，轩一般指地处高旷、环境幽静的建筑物。

（1）江南园林中的轩。苏州留园的"闻木樨香轩"是个三开间的敞轩，位于园内西部山岗的最高处，背墙面水，西侧有曲廊相通，地势高敞，视野开阔，是园林内的主要观景点之一。武汉东湖西岸的听涛轩，四周环绕苍松翠竹，气氛清幽雅静，登临其上，一览湖山，风光无限，狂飙之际，碧波汹涌，宛若松涛，因以轩名。苏州拙政园的倚玉轩（图3-90），留园的"绿荫"，网师园的"竹外一枝轩"，上海豫园的"两宜轩"等，都是一种临水的敞轩，临水一侧完全开敞，仅在柱间设鹅颈靠椅供人凭依坐憩，形式与性质上都与水榭相近，但一般不像榭那样伸入水中。

图3-90 苏州拙政园倚玉轩
（引自徐建融，庄根生《园林府邸》）

此外，还有许多轩式建筑采取小庭院形式，形成清幽、恬静的环境气氛，这也是中国园林中很有特色的一个组成部分。如留园的"揖峰轩"，拙政园的"海棠春坞"（图3-91）与"听雨轩"，网师园的"小山丛桂轩"，"看松读画轩"等。这里的小庭院，都以一个轩馆式建筑作为主体，周围环绕游廊与花墙，庭院空间一般不大，比较小巧、精致，

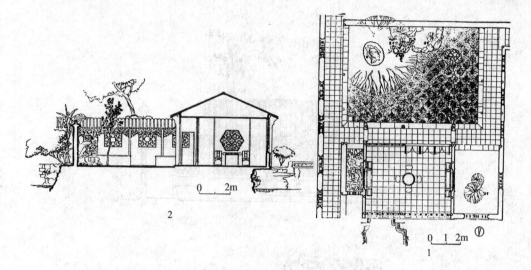

图 3-91 苏州拙政园海棠春坞
1. 平面图 2. 西侧剖面图
（引自冯钟平《中国园林建筑》）

以静观近赏为主。

苏州拙政园的听雨轩独成一小院，轩偏南建筑，前面小院中，清池一泓，砌黄石驳岸，假山可赏可坐。池上古木交柯，轩后满植芭蕉翠竹，下雨时分，在此坐听雨打芭蕉，别有情趣（图 3-92）。

（2）皇家园林中的轩。北方皇家园林中的轩，一般都布置于高旷、幽静的地方，本身就是一处独立的有特色的小园林。如颐和园谐趣园北部山冈上的霁清轩，后山西部的倚望轩、嘉荫轩、构虚轩、清可轩等，避暑山庄山区中的山近轩、真意轩等，都是因山就势，取不对称布局形式的小园林。它们都与亭、廊等结合组成错落变化的庭园空间。由于地势高敞，既宜近观，又可远眺，真有轩昂高举的气势。颐和园前山山腰高处的福荫轩，地势高敞、幽静，朝南可俯览昆明湖与南湖岛、西堤景色，建筑平面似书卷形，平顶，两端以曲廊与石洞相接，是清代晚期之作，造型上有些特别。

3. 斋 "斋"，是斋戒的意思，在宗教上指和尚、道士、居士的斋室。"斋"字用到一般的建筑上，燕居之室曰斋，学舍书屋也叫斋。

（1）江南园林中的斋。江南园林中的"斋"，一般处于静谧、较封闭的小庭院中。网师园中的"集虚斋"、留园中的"还我读书处"、常熟燕园的书斋等都是一种书屋性质的建筑物。其中"集虚斋"取庄子"惟道集虚，虚者，心斋也"之意，是个修身养性的地方。斋外为"竹外一枝轩"，临水而筑，轻巧、明敞，凭栏可览全园景色，栏前竹梅盘曲，低枝拂水，相映成趣。轩与斋之间夹一小院，内植几竿修竹，令斋室更为宁静。留园的"还我读书处"面对着一个独立、亲切的小院，一屋一院，与外界隔离相对独立，仅有一扇不易察觉的门可供出入，小院空间也是书斋的一部分，形成统一完整的空间气氛，是个不受干扰、潜心读书的好地方。正如《园冶》所说："书房立基，立于园林者，无拘内外，择偏僻处，随便通园，另游人莫知有此"。

（2）皇家园林中的斋。在北方的皇家园林中以"斋"命名的园林建筑，一般已是一个

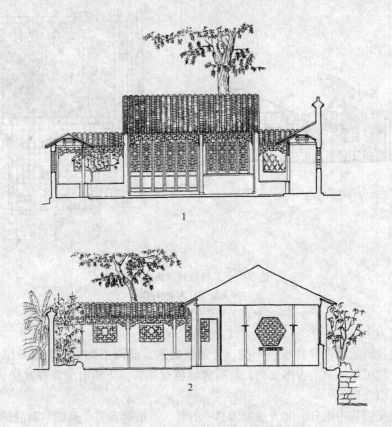

图 3-92 苏州拙政园听雨轩
1. 立面图 2. 剖面图
（引自刘敦桢《苏州古典园林》）

小园林建筑群，里面建筑的内容与形式比较多样，如北海公园的静心斋、画舫斋。

4. **室** 室，多为辅助性用房，配置于厅堂的边沿，但也有一些很有趣的处理。如怡园的"碧梧栖凤"是座一开间的小室，位于独立的庭院内，有云墙与外界分隔，东至藕香榭，西通面壁亭，庭院内植梧桐树，小室的北部还附带着一个 3m 左右进深的小天井，小台上植有凤尾竹，取白居易"栖凤安于梧，潜鱼乐于藻"的诗意而名。室内朝庭院整个开放，小天井似成室内盆景，环境幽闲舒适，富有诗意。网师园中的琴室，也是一个一开间的小室，是过去弹琴习唱的地方，位于一个独立的小院中，庭前砌有湖石壁山，配以丛竹，环境幽静闲适，与居住、园林部分的联系都很便利。扬州瘦西湖小金山南麓的琴室与江苏镇江焦山的别峰庵西跨院著名清代书画家郑板桥的读书处，都位于僻静的小庭院中，虽是"小筑"，片山"斗室"，规模不大，也要"予胸中所蕴奇"，把不凡的构思充分体现出来。郑板桥在这三间斋室中的题字："室雅何需大，花香不在多"，正点出了所追求的精神所在。

三、选址与基地

1. **选址** 在园林建筑中轩、馆、斋和室和亭、舫等在性质上属于比较接近的建筑类

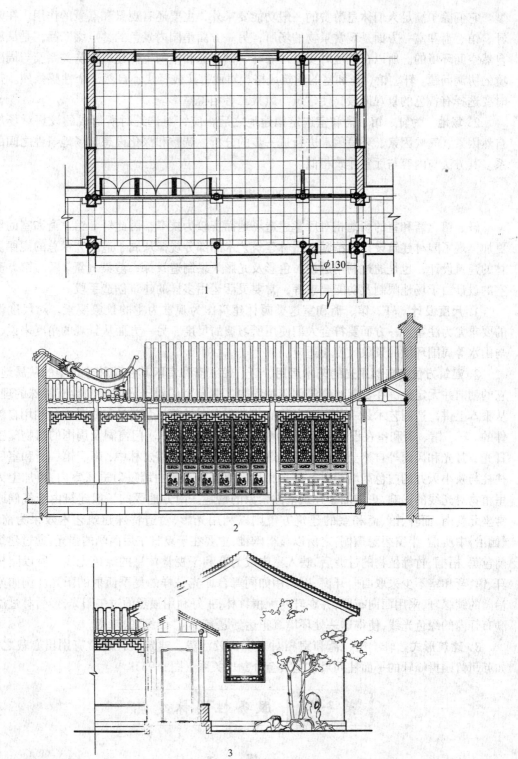

图 3-93　苏州留园揖峰轩建筑测绘图
1. 平面图　2. 正立面图　3. 侧立面图

型。它们除了满足人们休息游赏的一般功能要求外，主要还有观景和点景的作用。在园中轩、馆、斋和室一方面是观赏景物的场所，另一方面是园内景色的"点缀"品，是从属于自然空间环境的。所以在选址时要处理好轩、馆、斋和室与主体建筑主从关系及与周围环境的协调问题。轩、馆、斋和室的建筑风格相对而言比较轻快、自然，个性感强烈。选址时要选择有特色的景观地段，使建筑与风景二者相得益彰。

2．**场地**　为轩、馆、斋和室选定拟建地之后，应针对选址时所形成的设想对场地的自然因素、气候因素、环境因素进行进一步的分析，调整和深化设想与场地条件之间的关系。其方法与内容与厅堂建筑相似。

四、建筑设计

轩、馆、斋和室的场地相对厅堂建造场地而言较为狭窄，因此轩、馆、斋和室的设计更加体现了园林建筑设计的精髓，园林建筑艺术的部分规律从属于造园艺术总的规律。园林的建筑设计，也是通过利用透视、色彩及光影效果制造景深，渲染气氛。轩、馆、斋和室的设计由于场地限制及功能要求等，常要灵活运用多样的建筑创造手段。

1．**尺度设计**　轩、馆、斋和室这类园林建筑作为观赏为主的景象要素，对尺度设计的要求尤为注重。一方面要符合人们使用所习惯的尺度，另一方面从景观的角度来说，要与山水等周围环境的景象尺度相适应。

2．**建筑方位与自然采光的艺术运用**　轩、馆、斋和室因其在园林建筑中的从属地位，它的朝向并无定论。在长期的建筑创造过程中，造园家们对于光照朝向也有特殊的理解。从根本上讲，造园艺术是一种经营自然的艺术，它在景象的营造过程中是充分利用自然条件的。轩、馆、斋和室在设计中，经常利用朝向、建筑墙体、门窗洞及周围的植物配置将日光、月光和风雨等自然要素组织在建筑景观之中。在江南园林中，轩、馆、斋和室后窗往往与狭小天井的白色高墙相对，日光和月光通过高高的白墙反射进入室内，再加上天井里植物对光线的影响，更增加了建筑室内景象的情趣。南方地区的一般建筑由于气候原因常坐北朝南，而轩、馆、斋和室的建筑方位则以利用光影、营造特殊建筑艺术效果为前提。《园冶》中所谓"半窗碧隐蕉桐"之所以显得幽雅，主要在于夏日午后西晒的强光，通过建筑窗前芭蕉、梧桐、竹等植物的过滤后，映入室内成为有利于视觉休息的绿色光线。所以园林中轩、馆、斋和室不少采取西向开窗，以利用如同舞台面光一样的夏季西射的阳光。例如苏州怡园的锁绿轩，采用西向布置，并在轩西配植竹林，正好利用强烈的过午阳光，经竹林过滤而满布轩内的绿色光线，使得这一处环境真正达到题名所言"锁绿"的诗意。

3．**建筑形式**　轩、馆、斋和室相对来说比较活泼，建筑设计也常有别出心裁之举。如苏州留园揖峰轩的平面柱间尺寸呈黄金分割比关系（图3-93）。

第七节　服务性园林建筑

一、概　述

园林中的服务性建筑是具有使用价值的园林建筑，包括接待室、展览馆（室）、饮食业建筑、小卖部、摄影部、游船码头等。这类建筑体量不大、但因它们大都设置在风景区和公园里面，所以建筑物的选址和设计是否得当，对方便游人的使用，增添风景区和公园的优美景色有着密切的关系。

（一）布点与场地

1. **布点** 根据服务、休憩、观赏等要求，服务性建筑需均匀地分布在游览路线上。距离和高差要恰当，以减小游人的疲乏和方便游人在游园中的种种需求。至于接待室、展览馆（室）、游艇码头等建筑，其位置还须与选址条件相适应。在大型风景区景点距离较远时，亦可采取综合性集中式的布点方法。

2. **场地**

（1）一般要求。在景区内服务性建筑的基地，土质要坚实干爽，要充分利用原地形合理组织排水，在朝向上要尽量避免冬天的寒风吹袭或夏日的炎阳直照。

建在险峻悬崖、深渊狭谷间的各项服务性建筑要注意游客的安全，妥善安排各项安全措施，以防止失足、迷向或暴风雨吹袭等所产生的种种意外。

（2）环境景观。优美的环境景观会引起游客的关注，服务性建筑在布点时应尽量发挥环境的优越条件，仔细分析所在环境的景观资源及其性质，使建筑本身与环境相辅相成，并能表达所在环境景观的特有风貌。

园林服务性建筑既为景观添景，又为游客提供较佳的赏景场所，因而在建筑选址时对建筑可借之景如何与建筑基址配合须反复推敲，衡量利弊。当建筑朝向和视野有矛盾时，可采用遮阳、隔热和其他技术手段来尽量满足视野的要求。

（二）建筑空间组织与环境

1. **总体布置** 服务性园林建筑大部分是分散设置，穿插在各风景点或游览区中，也有把功能不同的几幢建筑串联起来，组成若干个建筑空间。这种处理方式有利于节约用地，创造较丰富的庭园空间，同时也便于经营管理。

服务性园林建筑在功能上不仅要满足游客在饮食和休息等方面的要求，同时它们往往也是园中各景区借景的焦点和赏景的较佳地点。因此这些风景建筑无论在体型、体量和风格等方面都要从全园的总体布置出发，在空间组织上使之能相互协调，彼此呼应。

一些属营业性建筑的辅助用房，如厨房、堆场、杂务院等在总体布置时要注意防止对景观的损害，并要妥善解决好后勤、交通、噪音、三废等问题，不要污染风景区。

风景区各种服务性建筑一般分布在游览线上或离游览线不远的地方。游览线是组织风景的纽带，建筑则是纽带上的各个环节，彼此需相互衬托，互为因借。

2. **建筑从属于环境** 服务性园林建筑除考虑其本身使用功能外，还要注意建筑在园林景区序列空间中所产生的构图作用，处理好与园林景观的主从关系。应明确以环境为主，衬托环境，建筑宜起点缀作用。

从某种意义上讲，服务性园林建筑存在的目的首先是衬托主景，突出主景，装点自然，然后才是个体形象的建筑处理。在园林景区中出现压倒周围环境的建筑物，不论其自身形象处理得如何成功，从总体景效来说，终属败笔。如广州七星岩新建的一座旅游建筑，由于其体量过大，损害了毗邻岩区的景致。杭州西湖"西泠印社"原是一群小品建筑，依山而建，富有情趣。近年在山麓"西泠印社"旁新建餐馆"楼外楼"，巨大的体量对孤山轻盈的体态亦不相称。

建筑空间的处理，无论在体型选择、体量大小、色彩配置、纹样设计以至线条方向感等各方面都要与所在基址协调统一，浑成一体。如新建筑毗邻旧建筑，则须注意新旧建筑间的间距，以保持原有环境的气氛与格调。如在景区中确需兴建较大规模的建筑，则应遵循"宜小不宜大，宜散不宜聚，宜藏不宜露"等原则，切忌损害环境，压倒自然。如因某种功能需要而兴建较大规模的服务性建筑时，其基址一般应选在景区外，既可避免大体量建筑倾压景观，又可减小彼此间的干扰。

3．**有利于赏景**　服务性园林建筑在起点景（添景）作用的同时，也要为游客赏景创造一定的条件。所以在设计前要详细踏勘现场，对基址布置作多方案比较，既要反复推敲建筑体型、体量，也要创造良好的视野，包括对不同景象的视距视角的分析。

此外在进行建筑设计时一定要树立全局观念，不能顾此失彼，只注意创造新建筑的赏景条件，却忽略了自身对毗邻景点视线的障碍。如广州西樵山主要景区白云洞，瀑布"飞流千尺"即在这洞天胜地深处。昔日从这危石凌空，飞瀑溅响的洞天往外眺望，视野开阔。洞内外动静对比、明暗对比异常强烈，倍添"飞流"磅礴的气势和洞天的挺拔幽深。但后来在洞口不远处修建了一座体量较大的"龙松阁"，尽管"龙松阁"有较佳的赏景条件，但是它的存在既破坏了原来洞天的视野，又堵塞了洞天的空间，也削弱了飞瀑的气势。

4．**保持自然环境，防止损害景观**　较佳的服务性园林建筑应巧妙结合自然，因地制宜。如能充分利用地形、地物，就能借景，以衬托建筑和丰富建筑的室内外空间。

二、接待室

1．贵宾接待室

（1）功能作用。规模较大的风景区或公园多设有一个或多个专用接待室，以接待贵宾或旅行团。这类接待室主要是供贵宾休息、赏景，也有兼作小卖（包括工艺品和生活用品）和小吃的功能。

（2）位置。贵宾接待室的位置多结合风景区主要风景点或公园的主要活动区选址。一般要求交通方便，环境优美而宁静。即使在周围景观环境欠佳的情况下，也需营造一个幽静而富于变化的庭园空间。

（3）组成。一般包括入口部分、接待部分和辅助设施部分。

（4）建筑处理。成功的贵宾接待室建筑大多因地制宜，天然成趣。例如桂林芦笛岩接待室筑于劳莲山陡坡之上，建筑依山而筑，高低错落，颇有新意。主体建筑为两层，局部三层，每层均设一个接待室，可以同时接待数批来宾。一、二层均有一个敞厅，作为一般游客休憩和享用小吃的场所。登接待室，纵目远眺，正前方开阔的湖山风光，两山间飞架的新颖天桥，山麓濒池的水榭，遥遥相对的洞口建筑以及四周的田园风光，诸般景色均为

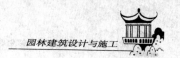

接待室创造了良好的赏景环境。

在构筑上，接待室底层敞厅筑小池一方，模拟涌泉，基址岩壁则保留天然原样，建筑宛似根植其上。这样的处理，不仅使天然的片岩块石成为室内空间的有机组成部分，且与室外重峦叠嶂遥相呼应，深得因地制宜、景致天成的效果（图3-94）。

图 3-94　桂林芦笛岩接待室

1.一层平面图　2.二层平面图　3.剖面图

（引自冯钟平《中国园林建筑》）

桂林伏波山接待室筑于陡坡悬崖，它借岩成势，因岩成屋，楼分两层供贵宾休息和赏景用。建筑室内空间虽然比较简单，但利用山岩半壁，与入口前之悬崖陡壁相互渗透，颇富野趣。由于楼筑山腰，居高临下视野开阔，凭栏可远眺漓江，秀美山水得以饱览无遗（图3-95）。

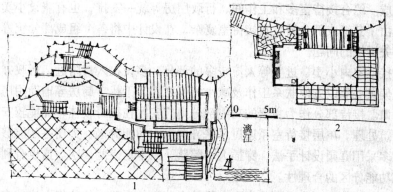

图 3-95　桂林伏波山接待室

1.总平面图　2.接待室平面图（二层）

（引自杜汝俭，李恩山，刘管平《园林建筑设计》）

贵宾接待室应发挥环境优势，创造丰富空间，如广州华南植物园临湖的接待室。室的南面虽靠近园内主要游览道，但由于为竖向花架绿壁所障，游人虽鱼贯园道也无碍室内的宁静。接待室采用敞轩水榭形式濒湖开展。此接待室不仅充分发挥其较佳的环境优势，错落安置水榭、敞厅、眺台和游艇平台，同时极力组织好室内外的建筑空间，如通过绿化与建筑的穿插，虚与实的适宜对比，达到敞而不空的效果。又采用园内设院、湖中套池的方法增添景色层次，使规模不大的小院空间朴实自然而富有变化。

南京中山植物园的前身为孙中山先生纪念馆，建于 1929 年，为我国著名植物园之一。该园地处紫金山南麓，背山面水，丘陵起伏，为南京主要风景点之一，园内的"李时珍馆"以接待、会议

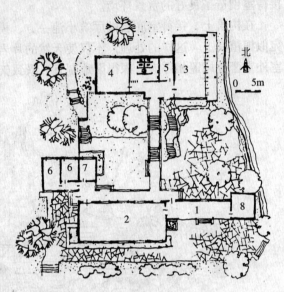

图 3-96　南京中山植物园李时珍馆
1. 门廊　2. 陈列室　3. 接待室（会议室）
4. 接待室　5. 服务　6. 办公　7. 贮藏　8. 水泵房
（引自杜汝俭，李恩山，刘管平《园林建筑设计》）

和陈列中草药物为主（图 3-96）。该馆设计吸取了江南园林的处理手法，采用我国传统建筑形式，较好地结合基地的周围环境。建筑体型和空间显得朴实而丰富。

有些接待室环境虽平庸，但只要善于构思，经营得体亦可创造出较佳的内部空间。

2. 综合接待室

（1）功能作用。这类接待室面向大众开放，服务内容较贵宾接待室多，主要供游客们休憩、赏景，一般会有小卖和简单的饮食服务。

（2）位置。应选择在人流集中的地段，适当靠近游览路线；同时要考虑到建筑本身的景观效果应对环境有好的影响，以及建筑周围的环境条件能满足接待室的观景功能。

（3）组成。综合接待室多和工作间、行政用房等统一安排，也有兼设小卖、小吃或用餐等内容。由于其组成部分较贵宾接待室复杂，在设计中将各个组成部分统筹安排、合理组织是一个关键性的问题。

综合性接待室内小卖、进餐等人流较多的部分，多设在入口附近。行政办公等可邻近入口，但宜偏置一隅以方便联系工作及减小相互之间的干扰。厨房等辅助用房应隐蔽，并另设供应入口。接待部分作为主要的功能部分则应安置在视野较佳、环境较安静的地方。

（4）建筑处理。单层接待室系通过水平方向组织功能分区，为使各区能够获得较好的空间环境，多采用庭园设计手法，穿插大小院落，以丰富空间层次。这也有利于分区管理和保证建筑功能分区的合理性。

多层的综合接待室则多采用垂直和水平综合分区的手法，往往把人流较多、要求交通联系方便的组成内容置于首层，如小卖、冷饮、餐厅、厨房、仓库等。而人流较小、要求环境较宁静的功能部分则安排在楼上，如接待室及其工作间等。为方便来宾也可在楼上设

置小卖、小吃或餐厅等。

3. 附属接待室　除上述两类接待室外，尚有一种接待室是附设在专业性展室范围内的，如桂林花桥展览馆、桂林佳海碑林、上海复兴公园展览温室、济南大明湖花展室等。这类展览馆（室）一般设有专用接待室，供贵宾休息用，其中也兼设小卖。有些园林亦利用较高档次的茶室兼作接待室用，如桂林七星岩盆景园接待室、广州兰圃阴生植物棚接待室、广州文化公园品石轩接待室，这些接待室既是展览场所又是贵宾品茗憩息的好地方。

三、展览馆（室）

1. 功能作用　展览馆（室）一般用于展出历史文物和文艺作品，或用于科普教育，如展出书画、金石、工艺、盆栽、花鸟、虫鱼、摄影和动植物等。

2. 位置　展览馆（室）作为经营性服务建筑，应尽量靠近游览路线；同时，应根据展览内容的特点选择合适的周围环境景观，使建筑的内容与建筑的外环境相辅相成。桂林花桥展览馆在选址时注意了与周围环境的关系，从而取得较好的景观效果（图3-97）。

3. 类型和组成

（1）专展室。专展室以展出专题性展品为主，此类展览室展品展出的时间较长，故对展品要有良好的保护措施。除需通风、防潮和防日晒等一般措施外，尚需根据不同的地区、不同的展品内容采取不同的相应措施。如金鱼展廊（图3-98）需考虑金鱼对水温、环境、水质和氧气等方面的要求；又如有些作物不宜阳光过多，其生长条件以阴湿为主，广州植物园和广州兰圃设有阴生植物棚，某些花卉在生态上要有一定的日照与温湿度；有些专展室还需设置专门温室，如广州西苑温室、华南植物园展览温室和上海复兴公园展览温室等。不少作物不时要露水湿润，故除室内展场外还需添设露天展场，以便展品能经常调换不同性质的场地，满足其生态要求。

总之专展室如不能符合展品的保护或展品的生态要求，则不论展馆的造型和空间处理如何巧妙都是没有意义的。展品忌罗列与堆砌，而烘托展品的环境与背景要注意主从关系。过于追求建筑空间的变化或过于渲染展品之背景亦易冲淡展览之主题。

展览馆要提高展览的艺术效果，须深入了解各类展品的特性和展出的特点。如盆景是一项富有生机的展品，因而要有较好的通风采光条件和便于栽培养护的设施，建筑空间与展品背景也宜朴素、清雅，使之易与盆景的自然情趣相协调。盆景配置有高低起伏，不仅可以增添空间的变化，在观赏时亦便于随意仰观俯视。千姿百态的盆景宜配以不同类型的盆钵几架，以烘托各种盆景的特有韵味和组成各种不同的画面。

一般专展馆都具有接待的任务，因而建筑的室内外空间要求淡雅而丰富。如上海植物园小盆景展览室（图3-99），南京中山植物园李时珍馆，要注意主从关系，在建筑空间处理方面一定要以有利于展品之保护和突出展品为主。

对于某些展出对象是珍贵的历史文物如遗址和题刻的，需采取措施保护展品，以免遭受自然和人为的破坏。

桂林七星公园的"桂海碑林"位于月牙山西麓，洞与岩一带有许多古代的具有历史价值的碑刻题铭。为了保护碑刻并展出桂林各山岩有名的碑刻拓片，修建了藏碑阁及休息廊，

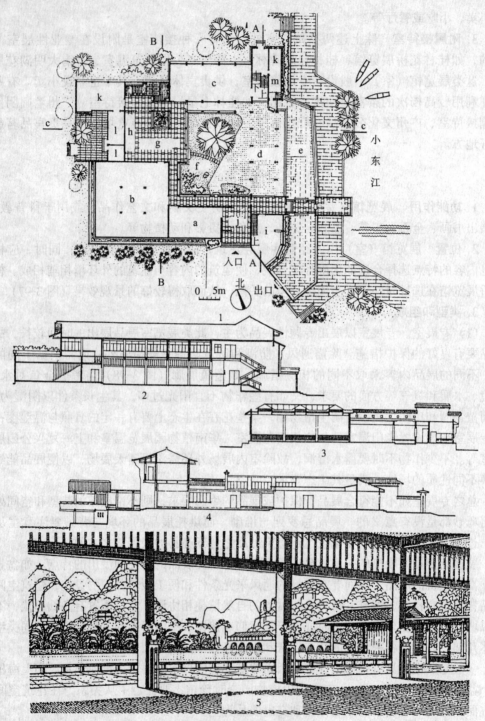

图 3-97　桂林花桥展览馆

1.底层平面图　2.A—A剖面图　3.B—B剖面图　4.C—C剖面图　5.自架空层看七星岩

a.展室1　b.展室2　c.展室3　d.架空层　e.平台　f.庭院　g.休息敞厅　h.壁画

i.接待室　j.门厅　k.贮藏　l.宿舍　m.服务

（引自冯钟平《中国园林建筑》）

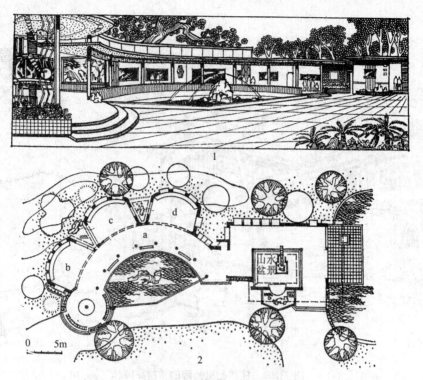

图3-98 上海动物园金鱼廊

1.效果图 2.平面图

a.展览廊 b.展览厅 c.三叠瀑 d.竹石小景

（引自《城市园林绿地规划》）

主楼靠岩洞一边设置，以免堵塞洞口，遮挡光线而影响阅读碑文，休息廊沿洞口前高台边缘布置，可眺望外景，同时也把岩洞围合成一个半封闭的内庭空间（图3-100）。

（2）轮展室。轮展馆（室）展出的特点是展览的主题不固定，展品主题经常更换。有些较大的轮展室还可同时展出多项主题展品。

轮展室可结合不同的时令、不同的节日展出不同性质的主题展品，既可丰富游客的文化生活，也有利于提高展室的使用效率。此类展览室由于灵活性较大，规模可大可小，一般公园多有设立。轮展室有些是独立设置，有些则与其他项目综合组成建筑群。

轮展室除了要符合一般展览建筑交通路线和灵活分区等要求外，其内在使用功能比

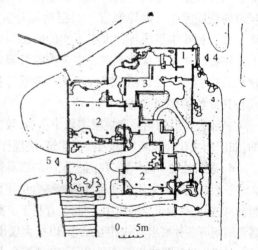

图3-99 上海植物园小盆景展览室

1.门厅 2.展室 3.展廊 4.入口 5.出口

（引自杜汝俭，李恩山，刘管平《园林建筑设计》）

专展室简单，专业性要求较低。因而其室内外空间处理和造型较专展室更为自由，在不影响表达展出主题的基础上，较多建筑作品着意其空间的划分和室内外空间的渗透。

图 3-100 桂林七星公园的"桂海碑林"

1. 底层平面图 2. 二层平面图 3. 三层平面图

(引自杜汝俭、李恩山，刘管平《园林建筑设计》)

不同规模的轮展室，其设计重点也不同，规模较小者，着重于其造型和室外环境设计，也有在室内套以小院，以丰富室内空间景效和有利于某些展品的基本生态要求。中等规模的轮展室，可因地制宜，根据功能分区和展室的内容采用亭、廊、轩、榭，结合墙垣、水石和花木组成各种大小不同的庭园空间。如上海虹口公园艺苑、桂林花桥展览馆、上海植物园水石盆景展览室、南宁南湖公园中草药展览廊等。规模较大的轮展室亦可结合建筑的功能分区，运用障景、借景、造景等各种造园手法，把建筑空间分成若干庭院，组成各具特色的序列空间。

一般公园内的轮展室规模多属中小型，较大规模的轮展室为节约用地亦有采用多层建筑的，如广州文化公园新展馆为四层建筑，底层作园林茶厅——"园中院"，楼上作展览室。

4.建筑处理 近年来，我国公园内的展览馆由于展览内容日趋丰富，展的规模亦日趋增大。一般展览馆多采用套间和外廊相结合的平面类型，以有利于组织庭园空间。多体量的空间组合，功能上有利于灵活使用，空间上有利于丰富层次。展览建筑除室内展出外尚可采用展廊和露天展场等各种展出方式相互结合，以扩大展出范围和丰富展出效果。桂林花桥展览馆（图3-97）、上海虹口公园艺苑等是利用厅、廊、墙配合水石景栽组织展览室内外空间的良好例子。

城市公园中的展览建筑，一般规模较小，同时又要与园内各建筑协调，多采用园林建筑手法进行设计。

有些公园的展览建筑群落，如广州文化公园，在建筑平面和立面造型上结合专业展出的特性和功能，塑造出变化较多的体型空间，宛如博览会的小缩影。在展览建筑林立的公园里，建筑各具特色，设计时要注意其总体间的相互协调，在总体布局上则要加强建筑环境的处理。如广州"盆景之家"西苑，属中等规模的专业性花园，园址濒临流花湖，西苑展览建筑地段并不宽阔，造园者巧妙地根据该公园主题，雕琢环境与地形的特点，沿湖错落布置了建筑群，巧妙地安排了游览路线。展览空间融合园林布局手法，由建筑、墙垣、山石、花木组成各类小型的庭园，为静观近赏、细品盆景妙趣创造了清幽宁静的空间环境。这种着重环境处理、突出空间的手法，西苑是比较成功的。

四、茶室、餐厅

茶室餐厅作为饮食业建筑近年来在风景区和公园内已逐渐成为一项重要设施，该项服务性建筑在人流集散、功能要求、建筑形象等方面对景区的影响较其他类型建筑为大。如能深入调查，结合实际，因势利导，不仅可以避免或减少对景区所产生的种种弊端，且可为园景添色，为游客的饮宴提供方便。

1. **功能作用**　顾名思义，茶室餐厅主要是供游人饮茶、就餐的地方。同时供游人在品茶之余，休息、赏景、交往和从事文娱活动。

2. **位置**　园林茶室餐厅一般位于游人集中的景点附近，或在园林的安静区中，其选址要结合园林的整体环境通盘考虑。人们在茶室餐厅品茶、就餐时，应有开阔的视野、美丽的风景或静谧的环境与其相伴，因此茶室餐厅的选址要尽可能处在构图的中心，以及游人视线的焦点，茶室具有既观景又点景的意义（图3-101）。

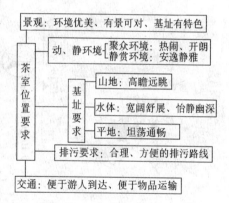

图 3-101　茶室餐厅位置要求
（引自卢仁《园林建筑》）

为方便游客，应配合游览路线布置茶室餐厅服务点。在一般公园里，茶室餐厅建筑（特别是餐馆）应与各景区保持适当距离，避免抢景、压景而又能便于交通联系。建筑位置经营适当尚能达到组织风景的作用。

在中等规模的公园里，本项建筑亦宜布置在人流活动较集中的地方。建筑地段一般要交通方便、地势开阔，以适应客流处于高峰期的需要，也有利于管理和供应。为吸引更多的游客，基址所在的环境应考虑在观景与点景方面的作用。有些饮食业建筑为取得幽静的环境，将建筑物略偏离主园道。

在风景区或大规模的公园里，一般采取分区设点。在规模较大的风景区为方便远道而来的游客亦设置规模较大、设备较完善的生活服务点，以供游客食宿。在各景区则分设一些饮食点、茶室、冰室等，在总体布局上形成一个完整的服务网。

这样结合游览线路布置饮食服务点，还可使动态的饮食服务区和园中其他宁静的游览区交替出现，使园林空间序列富有节奏。

在位置经营方面要注意下列两种不良倾向：一是设施过于集中，二是选址过于偏僻。茶室餐厅建筑为取得幽静的景效，建筑基址稍偏一隅，以减小公共活动地段对建筑的干扰及便于饮食业建筑辅助部分的处理，但要注意偏倚要适度，否则在使用中会影响营业（图3-102）。

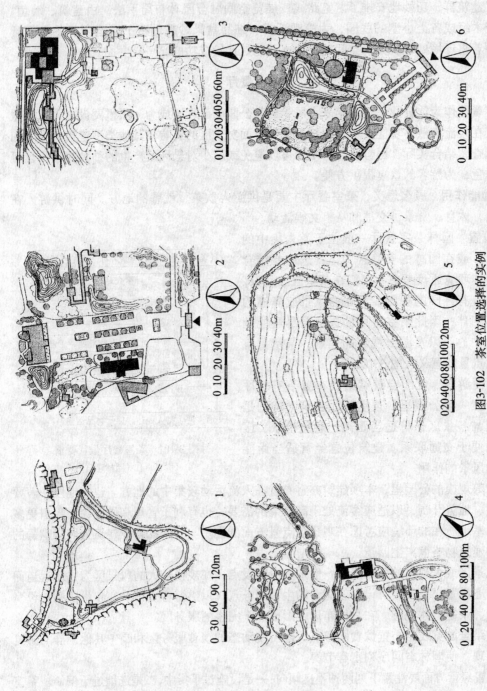

图3-102 茶室位置选择的实例

1.芦笛岩风景点茶室:位于池岸突出处,有多条观景线通向池四周的多处风景点,茶室位于优越的观景点上。 2.武汉汉阳公园公园茶室:位于公园入口附近,来往人流频繁,环境热闹,是公众交流的佳地。 3.上海松江公园茶室:位于公园一隅,并有小山与园内人流稍作隔障,环境幽雅安静,是良好的舒心畅谈之地。 4.龙港观鱼茶室:位于水边,视野开阔,便于欣赏水面风景色。 5.无锡锡惠公园茶室:位于山腰及山顶,具高瞻远瞩的优点,适于人们休息。 6.南昌八一公园茶室:位于平地基址,借茶室侧边边山体及围墙,构成休息游赏空间(引自卢仁《园林建筑》)

上海西郊公园一新建餐厅位于原餐厅附近，新餐厅的室内外处理、建筑质量和环境均较原餐厅为优，管理人员也较多，但新餐厅的营业额却远较原餐厅低。原因固然与布点过于集中有关，但新餐厅选址不当，位置过偏，亦有重大影响。

3. **组成** 茶室的室内外空间应相互交融，园林中游人量随季节变化较大，应注意利用室外空间调整人流。餐厅主要包括餐厅、室外餐座、值班休息、厕所、储藏及厨房等部分，一般还应有杂物院。

4. **类型** 茶室餐厅名称繁多，有以景区、景点命名的，如桂林七星岩月牙楼、驼峰茶室；有以公园名称直呼的，如广州流花公园流花茶室，杭州花港观鱼茶室；有依其所在环境、气氛之特点另设雅号的，如北京颐和园听鹂馆、广州越秀公园听雨轩、武汉东湖公园听涛酒家、杜甫草堂浣花园、杭州玉泉观鱼鱼乐国等；有以馆子菜谱特点称号的，如南宁南湖公园鱼餐馆等。至于店名和其营业内容，从其实质而言也有不尽确切之处。一般称为馆、轩、餐厅、楼等者多属餐馆性质；称茶室、茶圃者，其营业性质多样，有属中小型餐室，有属小吃或茶座（音乐茶座或普通茶座）等；冰室则多是名副其实。为了方便游客和合理经营，其中不少冰室冬季改营小吃或做茶室。

茶室除了一般茶室外，常见的尚有文艺茶室、曲艺茶室、音乐茶室、冰室、茶艺馆等类型。

5. **建筑处理**

（1）建筑造型和空间组织。茶室餐厅的形象应与周围自然环境相协调，美观而不落俗套，吸引游人。点景是茶室餐厅的精神功能，要体现这精神功能的作用则要根据不同地区的气候条件，不同环境的具体情况，因地制宜，结合功能要求仔细推敲其建筑造型与空间组织，创造出较丰富的建筑形式（图 3-103）。

①湖心建筑：这类建筑多取船意，低濒水面，是宾客揽胜登临的好场所。由于建筑居湖心，故对建筑各面之造型均需仔细推敲，根据游览路线和建筑环境在眺望上的要求，对主要立面要作重点处理。这类建筑造型多采用榭舫和楼船等形式，以取临湖之意。

②临水建筑：包括跨水建筑和濒水建筑，不同的水局，建筑风采亦因之而异。

临水建筑大多面临较宽阔的水域，这类建筑宜向湖面铺开，常采用厅、棚、亭、台等艺术形象去组织轮廓丰富的建筑空间。如杭州"平湖秋月"、杭州花港观鱼茶室、杭州植物园茶室、广州白云山冰室等。杭州平湖秋月以丰富的水岸轮廓和立体空间构图，活跃了宽阔平静的西湖。广州白云山明珠楼景区的冰室凌香馆，运用现代材料和技术，以简洁大方的设计手法表现了传统的临水"舫"意。

一些规模较大、内容较多的临水建筑也可组织廊、亭、树和小堤穿插于湖面，或另行组织岸际的庭园空间使临水建筑得以两面成景。特别对于进深较大的临水建筑，增设岸际庭园，丰富空间层次，多面对景，其作用更大。

水云乡兴建在武汉东湖西部游览区，是 20 世纪 70 年代早期的作品。西濒宽阔的莲花湖，东西利用湖面辟作游泳池，这里环境优美，建筑群包括冷饮部、茶厅、制冰间、摄影站、水榭及游泳更衣室等，占地 3 500m²，建筑面积达 1 200m²。在布局上建筑群体因地制宜，依势而筑，利用空廊、花架、墙垣和绿化与几栋建筑组成各种大小不同、功能各异的庭园空间。园内植树栽花，挖池叠石，砌台铺路，高低错落，纵横穿插，富有空间层次（图 3-104）。主体建筑冷饮部采用大挑廊，既满足了观景要求，又方便高峰人流时扩大客

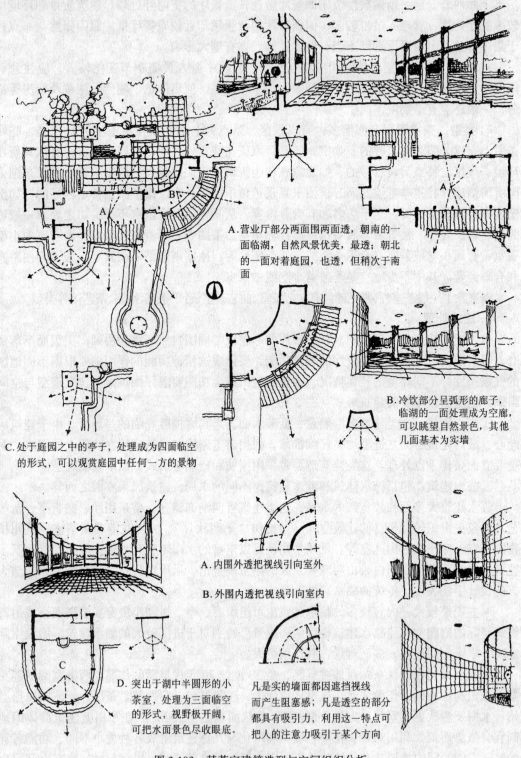

A.营业厅部分两面围两面透，朝南的一面临湖，自然风景优美，最透；朝北的一面对着庭园，也透，但稍次于南面

B.冷饮部分呈弧形的廊子，临湖的一面处理成为空廊，可以眺望自然景色，其他几面基本为实墙

C.处于庭园之中的亭子，处理成为四面临空的形式，可以观赏庭园中任何一方的景物

A.内围外透把视线引向室外

B.外围内透把视线引向室内

D.突出于湖中半圆形的小茶室，处理为三面临空的形式，视野极开阔，可把水面景色尽收眼底。

凡是实的墙面都因遮挡视线而产生阻塞感；凡是透空的部分都具有吸引力，利用这一特点可把人的注意力吸引于某个方向

图 3-103 某茶室建筑造型与空间组织分析

(引自彭一刚《建筑空间组合论》)

1

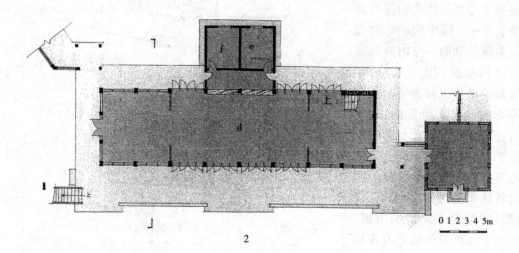

2

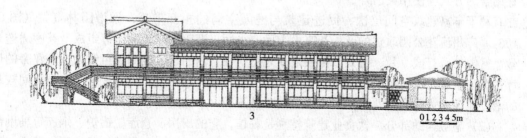

3

图 3-104　武汉东湖水云乡

1. 总平面图　2. 平面图　3. 立面图

a. 水云乡茶室　b. 制冰间　c. 游泳场更衣室　d. 茶室　e. 洗涤间　f. 备茶室

（引自卢仁《园林建筑》）

231

容量，在遮阳方面亦有一定作用。水云乡虽是一组占地较多、规模较大的建筑群，但它修筑在规模较大的水上公园内，面临宽广水域，因而其功能、布局、比例还是适当的。天然游泳池和这组建筑群是不可分割的整体，二者形成了东湖公园重要的活动中心区。

③岸边建筑：此类建筑大多隔开水面有一段距离，加上绿化和来往游人对视野的干扰，削弱了亲水感，如桂林南溪山茶室。为了弥补近水而不能亲水的缺憾，宜组织内庭空间，如桂林七星岩驼峰茶室等。

④旱地建筑：岩崖绿野的环境使山地建筑在选址上都能利用自然景色。但旱地建筑一般周围环境平庸，为了创造较佳的室内外空间，宜组织一些内聚性的庭园空间。广州文化公园把新建的展览大楼底层辟为新型的高级茶厅——园中院。它对庭园主题的刻画，室内外庭园空间的组织，建筑和绘画、雕塑的结合以及意境的创作等方面做出了可贵的探索，对庭园空间的传统与革新也作了大胆的尝试，成为旱地建筑中利用内聚性庭园空间的较佳实例（图3-105）。在建筑造型和空间组织方面，比例与尺度对景效亦有密切的影响。

在建筑处理上采用室内外结合的方式除使用灵活外，

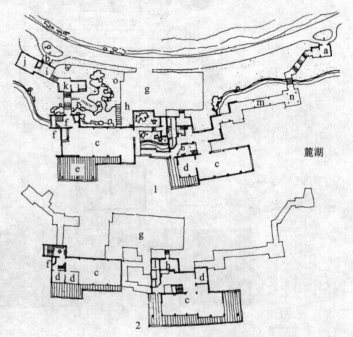

图3-105 广州文化公园园中茶室
1.一层平面图 2.二层平面图
a.贵宾入口 b.入口 c.餐厅 d.小餐厅 e.敞厅
f.小卖（收款） g.厨房 h.备餐 i.小卖 j.贮藏 k.办公
l.厕所 m.游廊 n.亭 o.内庭
（引自杜汝俭，李恩山，刘管平《园林建筑设计》）

亦有利于丰富建筑空间层次，促进建筑与庭园空间的相互渗透，添增园林气氛（图3-106）。广州流花公园改建的音乐茶座由大厅、小厅、廊座和露天散座等组成。茶座通透开敞，室内外可打成一片，给人以明快清新之感，在室内品茗，四周景色宜人。茶座旁的地坪在客流量较大时也可增加座位，扩大营业面积。这种内外结合的方式对于夏季时间较长的南方地区尤为适合。北方地区由于气候条件不同，不宜过于开敞。

（2）隐蔽辅助部分。饮食业建筑特别是餐馆，它的厨房、仓库、锅炉、烟囱等辅助部分用房和构筑物，庞大而杂乱，一般较难与园林风景相协调，极易破坏建筑周边景观。要解决好这项功能和建筑形象间的矛盾，主要是充分利用自然环境的特点，因地制宜，合理进行功能分区，并采取绿化和其他建筑手段，以突出风景建筑的主体，隐蔽辅助部分。

不同的地理环境，隐蔽辅助部分的方式各异。

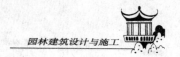

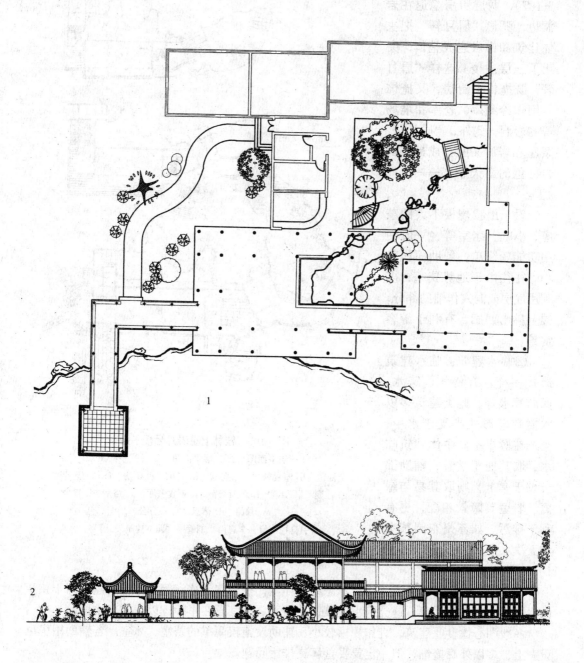

图 3-106　某餐厅建筑设计方案

1. 平面图　2. 立面图

233

①山地建筑：建于山麓的餐馆，其辅助部分宜设于靠山一侧或视野死角，务求隐蔽。以利于生产加工、后勤供应、交通运输、对外联系和"三废"处理。

桂林七星岩月牙楼（图3-107），两层厨房隐退在岩洞边，弧形"眉月轩"把主体建筑和山岩连成整体，突出了三层主楼。这样"眉月轩"既掩饰了厨房，又掩饰了用作冷藏库、仓库和堆场等的岩洞，此外，"眉月轩"茶座和岩洞又围合成具有山岩特色的露天茶座——"桂庭"。

设于山腰规模不大的茶座、小吃、冰室等，一般使用功能较简单，辅助面积较小。往往由于地势狭窄，多利用底层或洞穴作辅助部分，楼上挑出回廊，有利于游客赏景。

②临水建筑：临水建筑形式多样，有傍水、跨水、四周濒水等。此类建筑多以水榭敞轩形式半支于水中，半筑在驳岸上。主体建筑临水，取其便于赏景，辅助部分设于岸上，则取其易与绿篱、墙垣等障景相配，更有利于排污。如苏州东园茶室和天津水上公园茶室（图3-108）等。

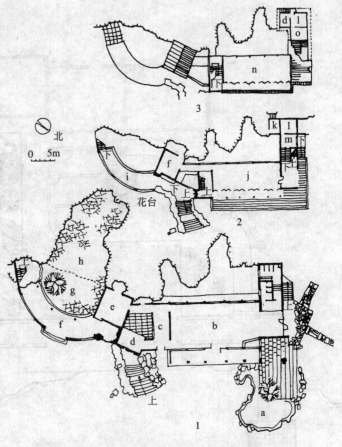

图 3-107　桂林七星岩月牙楼平面
1. 一层平面图　2. 二层平面图　3. 三层平面图
a. 金池鱼　b. 荤食餐厅　c. 备餐　d. 贮藏　e. 厨房　f. 眉月轩茶座
g. 桂庭　h. 岩洞　i. 露天茶座　j. 素食餐厅　k. 浴室　l. 宿舍
m. 月门　n. 休息厅　o. 办公
（引自杜汝俭，李恩山，刘管平《园林建筑设计》）

如水面不大，一带湾流，也可考虑结合环境，把茶室、冰室等小体量的建筑驾于狭窄的水面之上，紧贴浮萍。这类跨水建筑，其辅助部分宜设在岸际，以免污染水面。

一般湖心饮食业建筑，宜作规模较小、辅助设施较简单的茶室、冰室。若辅助用房也设湖上，多以外廊掩饰，但一定要妥善解决排污问题。

③平地建筑：建于平地的饮食业建筑为便于隐蔽其辅助部分，应尽量主体面向景区，把辅助部分障于主体之后，如广州烈士陵园茶画、广州文化公园茶画。

设于园中心地段的饮食业建筑，辅助部分难于利用视野死角掩蔽。一般利用院墙和辅

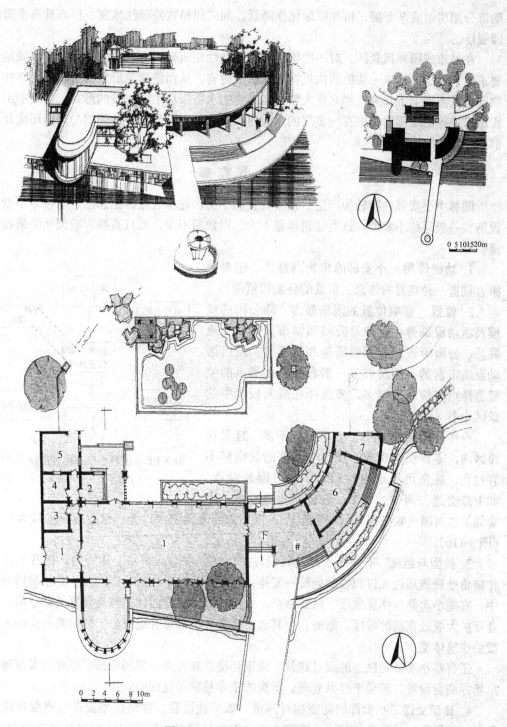

图 3-108 天津水上公园茶室
1. 茶室 2. 小卖部 3. 冷冻房 4. 贮藏
5. 杂院 6. 冷饮廊 7. 管理
（引自卢仁《园林建筑》）

助部分用房组成杂务院，再加以绿化作障景，如广州植物园蒲江冰室、广东珠海市海滨公园餐厅。

在城市或园林风景区，对一些构筑物或辅助性建筑要求有一定的艺术形象以满足景观要求时，可把这类单一功能的构筑物附以新的内容，从而使建筑形象换上新装。有些构筑物则在其造型上下功夫，如北京大学未名湖畔的水塔采用中国木塔的形式，广州中山温泉宾馆水塔等辅助用房集中在一多层的点式建筑中，盖上琉璃瓦，达到能与周围环境及建筑群体相协调的目的。

五、小 卖 部

园林中小卖部内容较为广泛，包括有食品小卖、花木、旅游纪念品、书报等小型服务设施，一般通称小卖部。这类建筑体量不大，但数量不少，而且直接影响园林的景观和人流。

1. 功能作用 小卖部除出售商品外，还要为游客创造一种良好的休息、赏景的环境和氛围。

2. 位置 影响位置的因素颇多，除公园的规模及活动设施外，还涉及公园和城市关系、交通联系、公园附近营业点的质量和数量等。园内活动设施丰富的公园游客量一般较多，小卖点的位置选择点亦应随之增多，多选择在游人较集中的景区中心（图3-109）。

有些公园规模较小，活动设施不多，且又在市区内，零售供应也较方便，小卖部的规模则不宜过大，甚至可考虑内外结合，兼对园外营业。如上海交通公园位处闹市，四周营业点较多，小

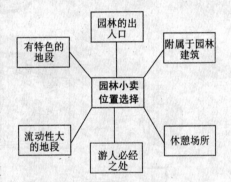

图 3-109　园林小卖部位置选择示意图
（引自卢仁《园林建筑》）

卖部单独对园内服务时营业额较低，现将小卖部改设于入口旁，营业额有了较大的改善（图3-110）。

3. 类型与组成 有些小卖部是附设在接待室、餐室或茶室、冰室内，在营业厅内有作倚角处理或靠近入口和收款处统一安排；有时还附设于大门、影剧院、游乐场所等设施中；有些小卖部与休息敞厅、敞廊结合，为游客提供较佳的休息与赏景等活动空间，或营业厅扩大成较宽阔的敞厅、敞廊，与其他一些服务项目综合组成较丰富的庭园空间和较活泼的建筑体型。

还有些小卖部是独立的园林建筑，周围环境景观秀美，常与庭园、亭廊以及草地、小广场等结合设置。较便于经营管理，景观眺望亦易取得良好的效果。

4. 建筑处理 小卖部的功能相对简单，如单独设置，建筑造型应在与周围环境景观和谐的前提下，尽量独特新颖，富有个性。组合设置时，则应以建筑的其他功能为前提，应处于从属的地位（图3-111）。

花店临街并与公园大门紧连，便于公园内外游人购买花木。平面布局紧凑，室内外通透，融成一体，具体园林特色。

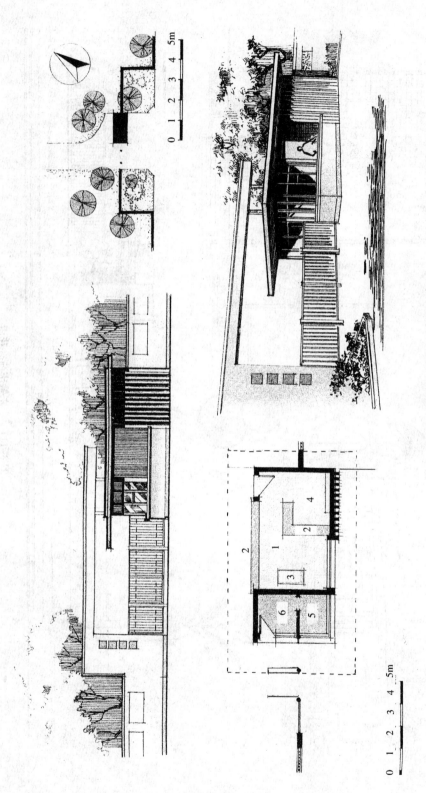

图 3-110　上海交通公园小卖部

1. 小卖部　2. 柜台　3. 冰箱　4. 贮藏　5. 售票　6. 收票

(引自卢仁《园林建筑》)

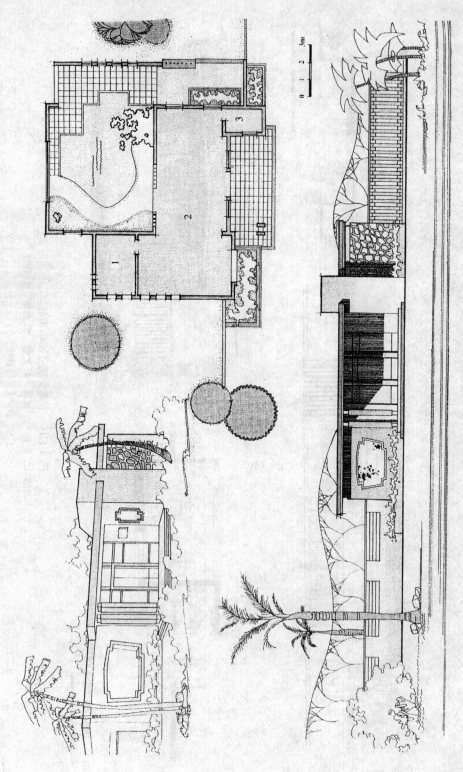

图 3-111　广东肇庆尚香花店
1. 办公室　2. 营业室　3. 售房
（引自卢仁《园林建筑》）

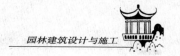

六、摄影部

1. 功能作用 风景区和公园的摄影部（室），营业范围主要是供应照相材料、租赁相机、展售园景照片和为游客进行室内外摄影等。在摄影部里展销公园的风景照，既可形象地介绍园中优美景致或有名的风景点，又可扩大宣传，增添游客的游园兴趣。此外，对导游也有一定的作用。

2. 位置 一般摄影部多设在主要游览线上的主要景区或主入口附近，交通联系方便，目标显著。

3. 管理与组成 摄影部由于服务内容繁简不一，规模各异，有独立设置，亦有与园内其他营业部分相互串联，形式多样。

规模较小的摄影点只设服务台，而无工作间和暗室，这类多属摄影部之分散营业点。中等规模的摄影室除服务台、工作间和暗室外，尚有休息亭、廊与之相结合，为游客创造休息、赏景的环境。也有的在摄影部里设置雅致的小庭园，配以景窗和一些建筑小品。这种设施既方便游客的休憩和眺望，又可为游客创造园中小院的摄影佳景。在摄影部（室）内设置小院或建筑小品时要雅洁、明快，如上海人民公园摄影部的建筑布局（图3-112）。

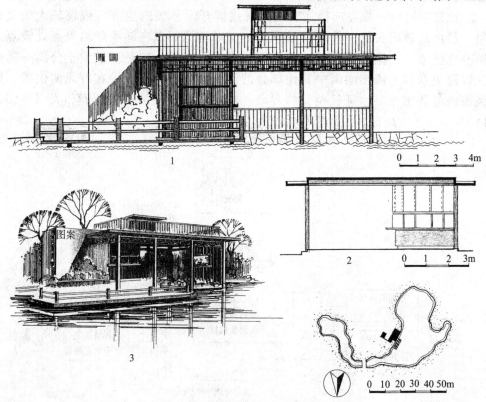

图3-112 上海人民公园摄影部
1. 立面图 2. 剖面图 3. 效果图

建筑位于公园内湖畔，选址充分考虑园林环境，提供优美的取景画面，一层空间与园林景物互相渗透，二层拍摄园林景色

（引自卢仁《园林建筑》）

摄影部除独立设置外，尚有和其他类型小品建筑组合设置的。如武汉东湖公园"水云乡"的摄影部，通过游廊和水云乡主体建筑冷饮部相连，形成有对比、有起伏的建筑体型。天然的游泳池和临水的水榭，宽广的湖光山色和景观丰富的室内外空间均有利于摄影部的经营。

4．建筑处理　独立设置的摄影部一般体量较小，加之功能较简单，建筑形式应尽量轻灵，与周围的环境相互融合。组合设置的摄影部造型应简练，各功能部分布局巧妙，方便使用。

七、游艇码头

有较大水面的公园中，码头往往是比较重要的园林建筑。公园中一般设有不少小游艇供游客们随意泛舟或竞渡，每当假日吸引着大批游客，是公园经济收益的一个重要项目。这些小游艇有的漆以鲜艳色彩，有的采用天鹅等水禽形象，更添湖面生动的情趣。

1．功能作用　组织公园中的水上交通、游览，供游人休息、造景，提供水上活动等，租借游艇一般都在游艇码头进行。

2．位置　码头一般应选择在有较好视线、开阔平展的地方。规模较大的交通游览船一般由轮渡码头统一管理；中小型的交通游览船多在湖滨陆地景点处设点，以方便游客往来；小型的游览船如小舢板、水上单车等，则是尽量设于公园一隅或尽端，以避免众多人流影响园中其他部分的活动。游艇码头应设在背风的位置，以减小风浪经常袭击船只，延长船只的寿命，同时这也方便游客的上落（图 3-113，图 3-114）。

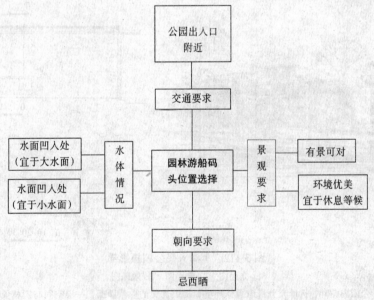

图 3-113　园林游船码头位置选择示意
（引自卢仁《园林建筑》）

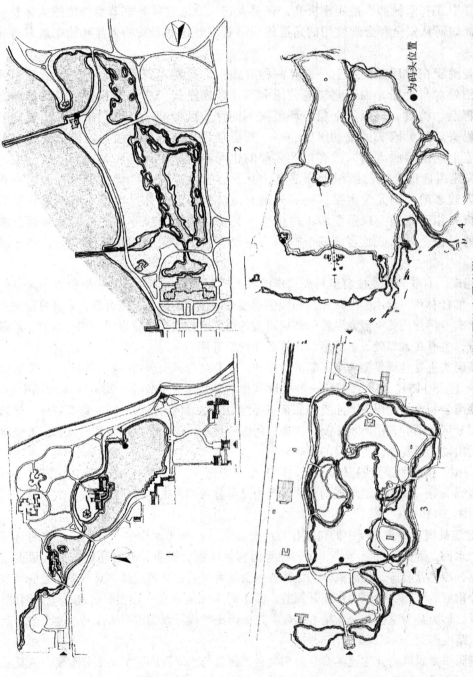

图3-114 游船码头布置实例

1. 公园水面较小时，码头宜布置于湖岸突出处，便于游船出入 2. 公园水面较大时，游船码头宜布置在湖岸凹入处，可避免大面风浪的袭击 3. 南京白鹭洲公园的码头，均位于大门附近，便于游人便捷到达 4. 北京颐和园龙王岛码头，位于西向万寿山佛香阁的轴线上，是欣赏万寿山佛香阁这一颐和园主景建筑的绝佳角度

（引自卢仁《园林建筑》）

全园中有多处码头的公园，在考虑码头总体布局时，就要注意大船与小船、机动船与人力船码头的分别设置，避免其航线的相互交叉，以确保行驶安全。

3．**管理与使用** 园内游艇码头上的小游艇或水上单车等在使用上受季节影响较大。在夏季或春末秋初，使用率极高，假日尤甚。反之在寒冬季节船艇则进入休整阶段，因而如何从安全和合理使用的角度组织、管理好这些码头的人流和船舶就显得非常重要。

这类游艇在管理和使用上一般有两种方式：一是游客到票房购票，然后凭票到船艇停泊处对号上船，如广州晓港公园和烈士陵园游艇码头；另一种是二次候船方式，把售票、检票、候艇、上船各环节按不同性质区分开来，如广州白云山麓湖公园游艇码头。这类码头另设候艇廊、亭，通过检票入口等候上船。这样处理既有利于分开上下船的两股人流，游客排队候船时也可在廊亭中休息和眺望。

码头建筑内部交通的组织十分重要，上下船的游客应该尽量互不干扰。这一点对于游人较多的公园尤为重要。码头还要有足够的等候和休息空间，内部路线不宜过于曲折和相互穿插，以避免游人过多发生拥挤。码头路线等候平台面临水面，要有足够的面积，以保证游客的安全。码头还要有与主要道路相联系的广场，便于游人疏散。

4．**组成** 有些非营业性游艇码头只作游客上下船之用，多设于某些游览点或风景建筑一侧，如桂林芦笛岩水榭、广州植物园临湖接待室。这类码头不需管理，游客可随意上落或供贵宾专门使用。一般营业性的游艇码头的组成也较简单，分售票房和维修间、贮藏室两部分，也有在入口处设管理室，作管理和检票等用。

游艇码头主要是提供游客上下船的所在地，也有结合码头创造一些空间环境供游客休息、赏景（图3-115）。有些游艇码头和公园其他活动设施统一安排，形成一个活动中心。如广州荔湾公园由游艇码头、小卖部和茶室等组成的建筑群落活泼轻巧，错落有序。建筑采用竖向分区、闹静分明。出于安全考虑，码头应设救生船只停放的专用泊位，以方便救生船只的出动，还要有救生用品的存放处。

5．**类型** 按照所停泊船只的不同，码头可分为多种：手划、脚踏船码头，碰碰船码头，摆渡码头等。按照建筑形式的不同，码头又可分为伸入式、挑台式、驳岸式、浮船式等多种（图 3-116）。

6．**建筑处理** 码头在园中的位置往往十分显要，在整个水面中十分突出，有时甚至统帅整个水面。因此，并常与亭、廊、榭等园林建筑组合设景，有时还根据游人量设小卖，茶座，冷热饮食等，供游人休憩之需。码头既可得景，又可成景，对于湖岸处的景观起着十分重要的作用，特别是水面开阔时，整个码头都展现在一段很长的湖岸边，因此，它的体量、形象甚为重要，必须精心推敲。好的码头的确可以为整个水面乃至整个公园起到画龙点睛的作用。

游艇码头在景区内其建筑体型空间和组合，建筑与水岸及环境关系十分重要。从其总体而言，要注意建筑与环境结合，建筑的虚实景效及其总体轮廓线（图 3-117）。公园里的游艇码头，一般都属于风景建筑设计，但对风景区的水路入口或景区水上游览线的码头则往往重视不够，不应把这类码头看做是普通的交通建筑。也应将其视为公园景观的重要

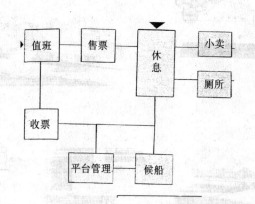

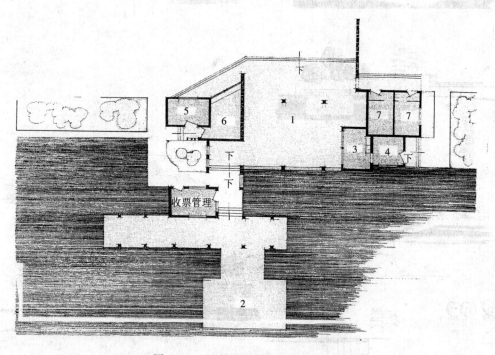

图 3-115　园林游船码头的组成及示例

1.门厅　2.平台　3.小卖　4.贮藏　5.值班　6.售票　7.厕所

　　码头建筑由停船、管理及靠船平台、蹬运台级等组成。规模较大的有时还设有休息、小卖部及厕所等设施。管理部分包括值班、售票、收票，工作人员休息、贮藏，有的还有设备间、了望、救生、医护等用房。对于小型码头，停船往往与平台合并，但人流大的码头，可以有专门的候船厅（室）。码头建筑的各部分要流线合理，分区明确，便于游人疏散。还要特别注意安全

（引自卢仁《园林建筑》）

图 3-116　园林游船码头的类型示意

1.驳岸式　2.挑台式　3.伸入式（伸入式码头能较多地泊船）　4.浮船式

a.用于水位多变但变化不大的地方　b.用于水位多变且变化较大之处

（引自卢仁《园林建筑》）

组成部分和景效的体现者。

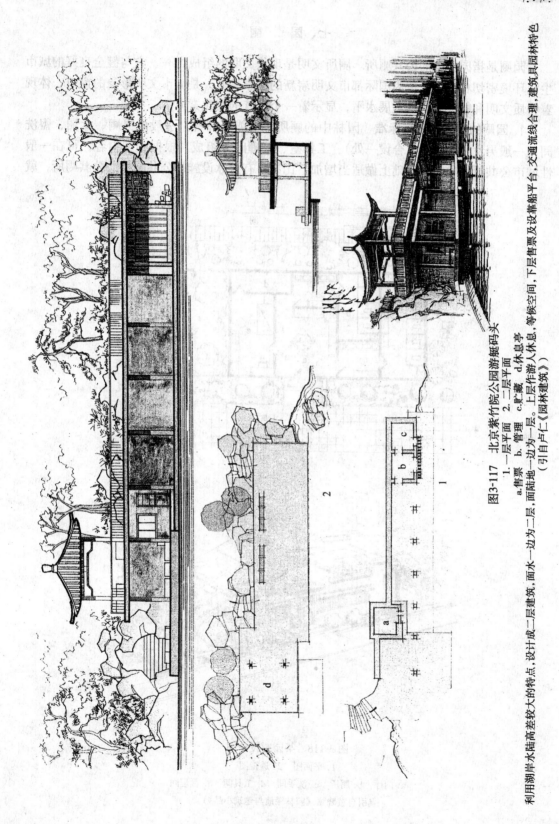

图3-117　北京紫竹院公园游艇码头
1. 一层平面　2. 二层平面
a.售票　b. 管理　c.贮藏　d.休息亭
（利用湖岸水陆高差较大的特点，设计成二层建筑，面水一边为二层，面陆地一边为一层。上层作游人休息、等候空间，下层售票及设靠船平台，交通流线合理，建筑具园林特色
（引自户仁《园林建筑》））

七、园　厕

　　园厕是指园林中的公共厕所。厕所文明是现代文明的组成之一，它与健全良好的城市生活环境密切相关，已成为国际都市文明崭新的探索领域，是城市文明形象的窗口，体现着物质文明和精神文明的发展水平，显示着一个民族的文化素质。

　　1. 园厕的组成与设施标准　　园林中的厕所，功能应齐备，一般由男厕、女厕、盥洗间（一般男女分设，也可合设一处）、工具室、管理间等组成。根据游览内容，可在一般性城市公共厕所功能的基础上做适当增加，比如，有游泳设施的公共园林的公共厕所，就

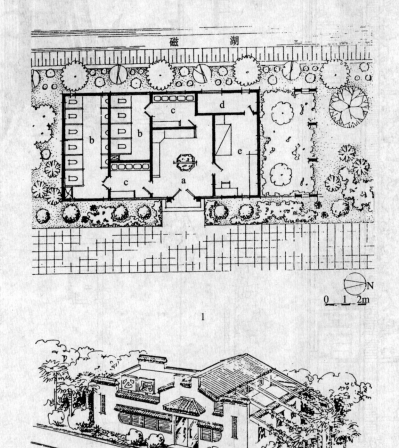

图 3-118　某园厕设计图
1. 平面图　2. 透视图
a. 门厅　b. 厕所　c. 洗手间　d. 工具间　e. 管理间
（引自黄晓鸾《园林绿地与建筑小品》）

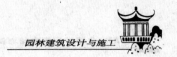

可放大盥洗室，并酌情增设更衣室。

园林中的厕所应当达到一定的标准，但并不是盲目追求公厕建筑与设施的豪华，而是在与社会发展水平相协调的前提下，使园厕有一个根本性的改变，即布局合理化、设施现代化、内外美观化、功能多样化、管理秩序化、清洁卫生标准化。

2. **园厕的选址**　园厕选址应当在隐蔽的同时又便于游客寻找，在园厕的进出口处应有明显的标志。园厕的选址应考虑到厕所建筑对环境景观及人的心理感受的影响，还要考虑到与城市排污系统的连接。

3. **园厕的布点**　在园林中的布点可根据园林的规模和大致的游客人数来定夺，园厕之间的距离以繁华街道的公厕距离为依据，宜为 300～600m。

4. **园厕的建筑处理**　园厕的室内净高以 3.5～4.0m 为宜，通风应优先考虑自然通风，建筑的朝向应尽量使厕所的纵轴垂直于夏季主导风向，门窗构造应尽量满足通风要求，建筑四周应植树种花，美化建筑的同时亦美化环境（图 3-118）。

5. **生态厕所**　近年来，生态厕所作为一种行之有效的保护环境手段，出现在园林之中。

(1) 组成部分

①屋顶覆土种植花、草、灌木。

②墙体垂直绿化。

③沼气净化池。该池能将粪便污水无害化处理，达到二级排放标准。

沼气可解决管理人员生活用能，沼液可用于屋顶浇灌（图 3-119）。

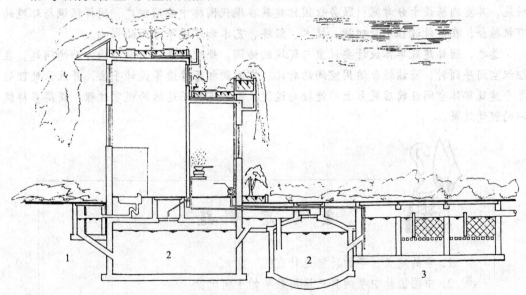

图 3-119　生态厕所结构示意图

1. 沉淀池　2. 发酵池　3. 过滤池

（引自《中外公厕文明与设计》）

(2) 优点。

①节约土地。利用屋顶种植，土地回收利用率一般可达 70% 以上，高的可达 128%。

②节约用水。粪便污水经发酵后可施于植物。

③节约能源。

④优化建设结构，延长屋顶寿命。

⑤改善建筑环境，室内冬暖夏凉，空气清新，绿化美化建筑周围环境。

⑥改善环境卫生，就地分散、无害化处理生活污水。

本章小结

园林建筑是园林中不可缺少的构成要素，是体现园林文化基调、美学风格的重要因素。

本章主要介绍了不同类型园林建筑单体设计的基本知识。亭是中国园林中应用最多、形式变化最为丰富的一种建筑形式；廊作为建筑物之间的联系，它的形式和设计手法是丰富多彩的，通过廊这条"线"把各分散的"点"联系成为有机整体，与山石、水体、植物等互相配合，形成了一个个相对独立的景区；榭、舫虽然不是园林中的主题建筑，它对园林景观起锦上添花的点缀作用，使建筑与水面和池岸有机结合创造水景环境；楼阁作为园林内的高层建筑物，不仅体量较大，而且造型丰富、变化多样，是园林内的重要点景建筑；厅、堂、轩、馆、斋等作为传统园林中的建筑主体，也是园林中进行室内活动的主要场地，其室内陈设十分考究；服务性园林建筑在现代园林中应用较广，同样强调与环境的有机结合，在设计过程中受功能、技术、经济、艺术和环境等方面的影响。

总之，园林建筑单体设计要注重与环境的协调，处理好选址与造型两方面的问题。在组织空间序列时，应该综合运用空间的对比、空间的相互渗透等设计手法，并注意处理好各个建筑单体空间在前后关系上的连接与过渡，形成完整而连续的观赏过程，获得多样统一的视觉效果。

复习思考题

1. 亭的定义、亭的功能是什么？
2. 中国园林中亭的真正运用最早始于何时？
3. 亭的设计归纳起来应掌握哪几个要点？
4. 园林中廊的作用有哪些？廊的类型有哪些？
5. 园林中不同地形建廊的要求是什么？
6. 园林中廊的设计应注意哪些问题？

7. 如何识别楼、阁？并简述楼、阁在园林中的运用。

8. 楼、阁建筑艺术主要体现在哪些方面？

9. 描述榭、舫的来源及实用性。

10. 描述榭、舫与水体的关系。

11. 榭、舫的建筑艺术主要表现在哪些方面？

12. 榭、舫设计要点是什么？

13. 厅堂主要有哪些形式？

14. 厅与堂如何大致区分？

15. 选择厅堂位置有何讲究？

16. 必要时，化解厅堂体量的方法有哪些？

17. 阐述场地分析的主要内容。

18. 轩、馆、斋和室主要特点有哪些？

19. 试举例说明建筑方位与自然采光在建筑设计中的运用？

20. 选择轩、馆、斋和室位置大致有何讲究？

21. 服务性园林建筑的主要特点有哪些？

22. 服务性园林建筑布点的要求是什么？

第4章 园林建筑小品设计

[本章学习目标与方法]

园林建筑小品在园林中占据十分重要的位置，这些建筑小品是园林景观的主要组成部分，因此，对于园林设计人员来讲，掌握园林建筑小品的设计方法是十分重要的。

通过本章学习，正确认识建筑小品在园林绿化中的作用；熟悉各种小品的尺寸和一般位置安排；根据园林绿地性质的需要设计相应的小品；对各种小品进行设计，包括平面图、立面图、剖面图和效果图。

在了解基本理论的前提下，注意多看多练。"看"：既要多看设计实例，又要理解设计者的设计思想，即目的、作用、效果；"练"：就是要在积累丰富资料的前提下，多做练习。各种小品虽然有相应的形态和尺寸，但并非是不可变化的，因此如何取长补短、广开思路是设计者必须注意的问题。

第一节　园林建筑小品在园林建筑中的地位与作用

一、园林建筑小品的概念

构成园林建筑空间的景物，除亭、廊、榭、舫外，还有大量的小品性设置，例如通透的花窗、精美的铺地、造型独特且具有一定象征意义的雕塑、供游人休息的坐椅等等，这些小品或者依附于其他景物或建筑之中，或者相对独立，其造型取意均需经过一番艺术加工与精心琢磨，与园林整体协调一致。园林建筑小品就是指在一定的环境条件下，经过设计者艺术加工处理，具有独特的观赏和使用功能的小型建筑设施。

二、园林建筑小品在园林中的地位与作用

1. 组景作用　在园林造景中，建筑小品的一个重要作用就是具有很好的组景作用。园林小品作为园林空间的点缀，体量虽小，但在园林造景中可以起到很重要的作用，例如各种造型新异的围栏、园凳等均在一定的特殊环境条件下，与其他景物一起共同组成新的园林艺术景观。

2. 烘托主景　一般园林中的主景是在一定特殊的环境条件下独立存在的，其景观效果必须以一些作为配体的配景作为衬托。作为园林建筑的配体，园林建筑小品具有很好的烘托主景的作用，建筑小品的设计及处理，只要剪裁得体，配置得宜，完全可以起到红花配绿叶的作用。例如园林中的园灯对园林建筑轮廓的烘托作用就是属于此种类型。

3. 造景作用　在园林造景时，设计者常常使用建筑小品把外界的景色组织起来，使园林意境更为生动，画面更富诗情画意。例如颐和园邀月门附近的景墙上开设了许多造型各异的漏窗，游人漫步在廊间，窗外昆明湖和湖中岛的景观隐现其间，为游览者提供了一幅幅生动的立体画面，强烈地吸引着人们的视线。在苏州园林中，有很多门窗洞口具有很好的框景作用，例如拙政园中游人通过"与谁同坐轩"的扇面漏窗可以观赏到远处的笠状小亭，扇形漏窗起到了很好的框景作用（图4-1）。

图4-1　拙政园中的扇面窗

4. 作为主景　一些园林小品在园林中常作为重要的景观，具有很高的观赏性。例如，园林中各种曲折变化的小桥常是组成园林水景的重要素材，又如造型独特的雕塑等等。

5. 装饰作用　园林建筑小品在园林景观中还有一个重要的装饰作用。常见一些园林建筑运用小品进行室内外空间形式美的加工，如各种园路的铺装、造型独特的花窗等，可用来提高园林艺术的价值。例如杭州西湖的"三潭印月"就是一种以传统的水庭

图4-2　杭州西湖三潭印月

石灯的小品形式"漂浮"于水面，使月夜景色更为迷人（图4-2）。有时把那些功能作用较明显的桌凳、地坪、踏步、桥等予以艺术化、景致化，例如，园林建筑中桌凳可以用天

然树桩作素材，以水泥塑制的仿树桩桌凳就比用钢筋混凝土造的一般形式更能增添园林气氛。同样，仿木桩的蹬道、桥板都会取得既自然又美观的造园效果。

6. 其他 正是由于园林小品的小巧、造型独特、种类繁多、可塑性大等特点，使得园林建筑小品在屋顶花园中被广泛应用。例如北京首都宾馆屋顶花园的水池和小拱桥（图4-3）、上海高压油泵厂屋顶花园中的花墙景窗（图4-4）。

图4-3 北京首都宾馆屋顶花园的小品　　　图4-4 上海高压油泵厂屋顶花园中的花墙景窗
（引自黄金锜《屋顶花园设计与营造》）　　　　（引自黄金锜《屋顶花园设计与营造》）

第二节　园林建筑小品设计

一、门窗洞口

(一) 门窗洞口在园林中的作用

园林中的门窗洞口包括门洞、空窗、漏窗等小品设施。

门窗洞口在建筑设计中除具有交通及采光通风作用外，在空间处理上，它可以把两个相邻的空间分隔开，又联系起来，同时园林意境的空间构思与创造，往往又具体通过它们作为空间的分隔、穿插、渗透、陪衬来增加景深变化，扩大空间，使方寸之地能小中见大，形成园林空间的渗透及空间的流动，以达到园内有园，景外有景，步移景异，通过视线的遮移达到变化多彩的意境。在园林艺术上利用门窗洞口巧妙地作为取景的画框，使人在游览过程中不断获得生动的画面，因此，门窗洞口不仅是重要的观赏对象，同时又是形成框景的主要手段。

园林建筑中，门窗洞口就其位置而言，大致分成两类：一类属于园墙中的门洞（图4-5，图4-6，图4-7，图4-8，图4-9，图4-10，图4-11，图4-12），一类属于分隔房屋内外的窗洞。就其作用而言，窗洞主要取其组景和达到空间的相互渗透；门洞主要用于空间的流动和游览路线的组织。

(二) 常见园林中门窗洞口的形式

图 4-5　苏州园林中艺圃园门

图 4-6　葫芦形园门

图 4-7　苏州园林中虎丘内园门

图 4-8　苏州园林中虎丘园门

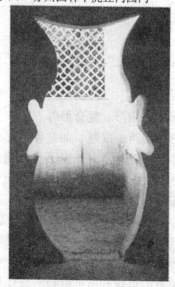

图 4-9　沧浪亭花瓶形园门

图 4-10　苏州园林中狮子林园门

图 4-11　拙政园"别有洞天"园门　　　　　　图 4-12　月牙形园门

1. **门洞形式**　门洞形式的设计要结合具体的环境条件，同时考虑园林造景的目的、人流的多少等因素，例如，月牙形门洞观赏性很强，但不适合于人流量大的场所，直方形门洞则适合于人流量大的场所，但观赏价值却不如月牙形和圆形，因此在具体设计时必须综合考虑。常见的形式有两大类（图 4-13）。

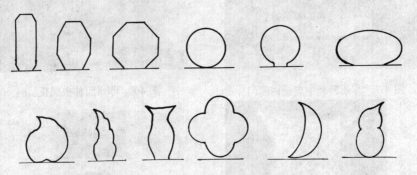

图 4-13

（1）几何形。圆形、横长方、直长方、圭形、多角形、复合形等。

（2）仿生形。海棠形、桃、李、石榴水果形、葫芦、汉瓶、如意等。

2. **窗洞形式**　除空花窗外，基本形式多与门洞相同，由于窗不受人流通过的限制，其形式较门洞更为灵活多变，特别是传统园林中的什锦窗，不论形式大小，更是不拘一格。窗洞一般分为空窗、景窗和漏窗，其中景窗和漏窗可合称为花窗。

（1）空窗。园墙上下装窗扇的窗洞孔称为空窗（明洞）。空窗有时完全是一空洞，也有时为了防风避雨而安装双面透明玻璃。空窗既可供采光通风，又可作取景框，并能使空间互相穿插、渗透，扩大了空间效果和景深。形式多为横长或直长方形等。空窗的高度以便于游人眺览观景时的视点高度为准，注意其位置的选择和所框景物的最佳观赏位置（图4-14）。

图 4-14　几种空窗实例

（2）景窗。即以自然界的花草树木、鸟兽鱼虫形体为图案的漏窗，有时也称之为花窗。现代园林中多用扁铁、金属、有机玻璃、水泥等材料组合景窗的内容与表现形式。景窗是园林建筑中的重要装饰小品，它同漏窗不同，漏窗虽也起分隔空间的作用，但以框景为主，而景窗本身就具有较高的观赏价值，自身有景，窗花玲珑剔透，窗外景亦隐约可见，具有含蓄的造园效果（图 4-15）。

（3）漏窗。在园墙空窗位置，用砖、瓦、木、混凝土预制小块花格等构成灵活多样的花纹图案窗，游人通过漏窗来观赏墙外"漏"进来的景色，此窗称为漏窗，通过漏窗看到的景色给人一种空间似隔非隔、景物似隐非隐的效果，更能增添园林的意境与效果（图4-16）。

（三）门窗洞口构造与做法

1. 门洞　门洞是给游人的最初印象，能影响人们对整个园林或园林小区的感受，其体量较小，主要起引导出入和造景的功能，园林特征比较鲜明，易产生"触景生情"的效果。传统门洞还用门楣题额来点明该园意境，如"探幽"、"别有洞天"等，现代园门设计

图 4-15　苏州园林中部分景窗

常追求自然、活泼。

门洞的设计首先要从寓意出发，同时考虑其交通作用，对于人流较多的场所，宜选择较宽阔的形式，如寓意"曲径通幽"的门洞可采用狭长的形式。门窗洞口在形式处理上，直线型的门窗洞口要防止生硬、单调；曲线型的要注意避免矫揉造作。苏州沧浪亭中的汉瓶门的曲线本属繁琐，但由于它在颜色与形状上同园中芭蕉取得恰当的对比效果，显得自然新颖。

门洞的选型往往对园林建筑的艺术风格起着一定的支配作用，有的气质轩昂庄重，有的格调小巧玲珑，因此在门窗洞口形式的选择上绝不能凭个人的偏爱随意套用，应多从园林艺术风格上的整体效果加以推敲。门窗洞口在形式处理上虽然不需过分渲染，但却要求精巧雅致。《园冶》对园林建筑修饰的要求是："应当磨琢窗垣"，而"切忌雕镂门空"，意指门窗洞口的周边加工应精细，但又不必过分渲染。园林建筑创作实践经验表明，处理得宜的门窗洞口加工重点应放在门窗磨空上，也就是对门窗洞口内壁要进行必要的加工。常

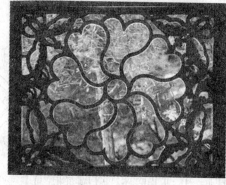

图 4-16　园林中部分漏窗图

见门洞的尺寸和结构见图 4-17。

2.**窗洞**　几何窗洞在园林建筑中使用较广，主要用砖瓦或混凝土制件在窗洞中叠砌成各种几何图案。在传统园林中，瓦砌空花窗以及磨砖空花窗，图案多样、形式灵活，常见的有绦环式、菱花式、竹节式、梅花式等（图 4-18）。预制钢筋混凝土窗洞可以做出层次较多、疏密相间、虚实有致的纹样，图 4-19 是部分空窗的尺寸，仅供参考。

漏窗图案多用望砖做成，超过望砖长边的直线以及较复杂的锦纹，则改用木片外粉水泥砂浆做成，而圆弧形和圆形则常用不同尺寸的板瓦或筒瓦代之。也可用标准砖及混凝土

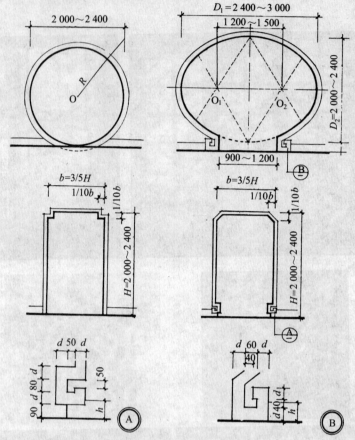

图 4-17　常见门洞的尺寸

（引自《建筑构造通用图集-88J》）

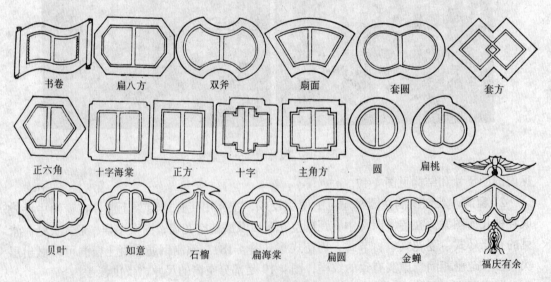

图 4-18　常见窗洞的形式

（引自 蔡吉安等《建筑设计资料集》）

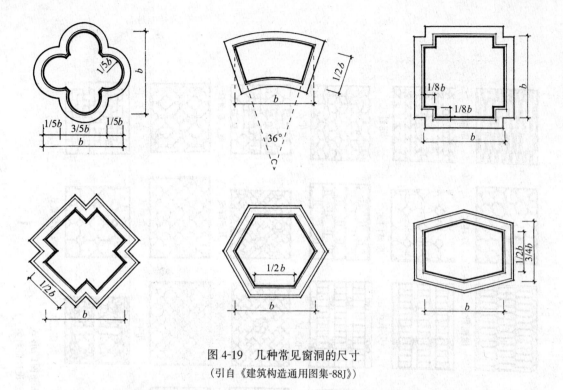

图 4-19　几种常见窗洞的尺寸

（引自《建筑构造通用图集-88J》）

与琉璃为窗条构成预制漏窗和花格漏窗，例如，北京陶然亭公园中华夏名亭园的景墙就是用金黄色的琉璃瓦制成的（图 4-20）。

图 4-20　北京陶然亭公园中的琉璃瓦漏窗

　　在现代园林中，以金属为材料的花窗发展很快，主要用扁钢、方钢或圆钢构成主题性图案，也有采用琉璃制品砌成漏花的，如北京紫竹院入口围墙处的绿竹琉璃漏花窗。在单调的墙面上如花窗开设得宜，往往顿使一室生辉，园景添色。这类景窗在建筑构图上常用以调剂壁面的虚实和体量的均衡。

　　花窗的艺术效果主要是以其明暗对比和光影的关系来体现的。因此花窗一般都选择较为明快的色调，甚至在白粉墙上的空花窗，也多使花窗同墙面采用同一色彩，这样，

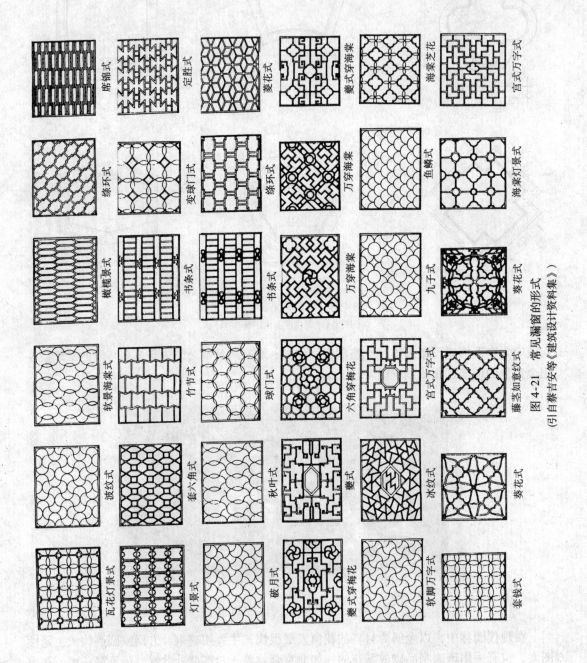

席锦式　定胜式　菱花式　夔式穿海棠　海棠芝花　宫式万字式

绦环式　变球门式　绦环式　万字海棠　鱼鳞式　海棠灯景式

横槛景式　书条式　书条式　万字海棠　九子式　葵花式

软景海棠式　竹节式　球门式　六角穿梅花　宫式万字　藤茎如意纹式

波纹式　套六角式　秋叶式　夔式　冰纹式　葵花式

瓦花灯景式　灯景式　破月式　夔式穿梅花　软脚万字式　套钱式

图 4-21　常见漏窗的形式式
（引自蔡吉安等《建筑设计资料集》）

在阳光照射下，外面看去黑白对比明确、醒目，室内看出，明暗对比柔和、宜人。有时为了满足远看时造成空透的效果，近看时又有内容可以观赏，可把空花做成深色调。空花的纹样在设计中应精心琢磨，金属空花虽可自由地采用抽象构图、灵活布局，但要注意形象的完美性。几何纹样的花窗可以大量取材于民间建筑，也可自行创造，但应注意不同材料对花窗在构图上可能带来的影响。下面是一些常见漏窗的形式，仅作参考（图4-21）。

在一般情况下，园林建筑中使用砖瓦组成的空窗花尺寸是比较适宜的，用钢筋混凝土做成的花窗易产生尺度过大的现象，而过大的尺度又会产生不协调之感，在设计中要注意尺度与建筑物的协调性。

二、花　架

1. **花架在园林中的用途和位置**　花架是攀缘植物的棚架，也是人们消夏之所。花架在园林中是最接近自然的，而且也是中国园林特有的一种园林建筑，是由室内向室外空间的一种过渡形式，具有亭、廊的作用。作长线布置时，能发挥建筑空间的联系作用，形成导游路线；还可以用来划分和组织空间，增加风景的深度；作点状布置时，就像亭、廊一样，本身具有较高观赏价值，形成新的观赏点。它与一般的亭廊相比，布置更灵活，造型更富于变化，结构更为简洁，因此，可组织对环境景色的观赏。花架又不同于亭、廊，其空间更为通透，特别是由于绿色植物及花果自由地攀缘和悬挂，成为一种具有生机的园林建筑。

花架在现代园林中除供植物攀缘外，还经常与其他建筑小品结合，形成一组内容丰富的小品建筑，如布置坐凳，墙面开设景窗、漏花窗（图4-22），周围点缀山石，形成新的吸引游人的景点。花架在园林布局时，可根据需要和环境条件设置，一般主要安置在以下几个位置：

图4-22　瑰廊花架
（选自孙利民《绿地规划与小品设计》）

①地形起伏处布置花架，花架本身可随地形的变化而变化，形成一种类似山廊的效

果，这种花架在远处观赏具有较好效果。

②环绕花坛、水池、山石布置圆形的单挑花架，可以为中心的景观提供良好的观赏点，或起到烘托中心主景的作用（图4-23，图4-24）。

图4-23　环行花架　　　　　　　　　　　图4-24　圆拱式花架
（引自马涛《居住区环境景观设计》）　　　　（引自吴涤新《花卉设计与应用》）

③在园林或庭院中的角隅布置花架，可以采取附建式，也可以采取独立式，附建式属于建筑的一部分，是建筑空间的延续，在此布置可以起到扩大空间的效果。在功能上除供植物攀缘或设桌凳供游人休憩外，也可以只起装饰作用。如果花架半边沿着墙面来设置，还可以在墙面上结合开设一些窗洞，使其更富有情趣，同时也对划分封闭或开敞的空间起到良好的作用，造园趣味类似半边廊。

花架如同廊道也可起到组织游览路线和组织观赏点的作用，布置花架时一方面要格调清新，另一方面要注意与周围建筑和绿化栽培在风格上的统一。

④与亭廊、大门结合，形成一组内容丰富的小品建筑，使之更加活泼和具有园林的性格。

在我国传统园林中较少采用花架，因其与山水田园格调不尽相同，但在现代园林中，花架这一小品形式在造园中是十分常见的。

2.　**常见花架的形式**　花架造型比较灵活和富于变化，最常见的形式有以下几种：

（1）单片式。这种花架是最简单的网格式，其主要的作用是为攀缘植物提供支架，在高度上可根据需要而定，而在长度上可以任意延长，材料可以用木条或钢铁

图4-25　单片式花架
（引自吴涤新《花卉设计与应用》）

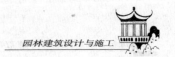

制作，一般布置在面积较小的环境内，特别是一些庭院。单片式花架的植物选择以观花植物为主，诸如藤本月季、金银花、多花蔷薇等，如果植物叶或株形较好，也可使用（图 4-25）。

（2）独立式。这种花架在园林中一般是作为独立观赏的景物，在造型上要求较高，这种花架在造型上可以设置为类似一座亭子，顶盖是由攀缘植物的叶与蔓组成，架条从中心向外放射，形式舒展新颖、别具风韵。这种花架一般布置在视线的焦点处，因为其具有较好的观赏效果，因此攀缘植物布置不宜过多，只要达到装饰和陪衬的效果即可（图 4-26，图 4-27，图 4-28）。

（3）直廊式（连续型花架）。这种花架在园林中是一种最为常见的形式，类似于人们所熟悉的葡萄架。这种花架是先立柱，再

图 4-26　方形独立花架

图 4-27　六边形独立花架

图 4-28　四角攒尖形独立花架

沿柱子排列的方向布置梁，在两排梁上按照一定的间距布置花架条，两端向外挑出悬臂，在梁与梁之间，布置坐凳或花窗隔断，不但为游人提供休息场所，还具有良好的装饰效果。

（4）组合式。一般是直廊式花架与亭、景墙或独立式花架结合，形成一种更具有观赏性的组合式建筑。这种组合要求要结合实际，安排好个体之间的位置，同时在体量上要注意平衡。

3. 花架个体设计

（1）常见花架的材料。

①建筑材料：花架的建筑材料主要是钢筋混凝土预制，当然也 不乏一些用木材、竹材或钢铁制成的。各种花架形式的处理重点是造型，特别注意花架与植物的协调性，保持一种自然美的格调。钢筋混凝土梁头一般不做处理，形成悬臂梁的典型式样，平直伸出也简洁大方。

一般钢筋混凝土预制的花架要将其表面涂上白色的涂料，如果做成仿木制或仿竹制的形式，则应与原形有相同的色彩。

②植物材料：花架上所使用的植物材料有广泛的选择性，原则上讲，只要能够攀缘的植物均可使用，但必须结合花架的主要用途来选择，例如：以遮阳为主的花架可选择枝叶浓密、绿期长、且具有一定观赏价值的植物，如果以观赏为主要目的的花架则应选择具有观花、观果或观叶的植物种类。常见的木本植物类型有紫藤、中国地锦、美国地锦、蔷薇、藤本月季、木香、常春藤、葛藤、葡萄、猕猴桃等，在南方地区还可用叶子花，如果想见效快，可选用一些草本植物，如葫芦、南瓜、黄瓜等，南方地区还可用绿萝、红（绿宝石）等植物材料。但对于独立花架，因其本身具有较高的观赏价值，因此，在种植植物时应少些，以免植物的枝叶把花架整体全部遮挡起来。

（2）常见花架的造型和尺寸

①直廊式：下面是一些常见花架的平、立面形式，可根据需要选定适合的立面造型（图 4-29，图 4-30，图 4-31，图 4-32，图 4-33，图 4-34）。

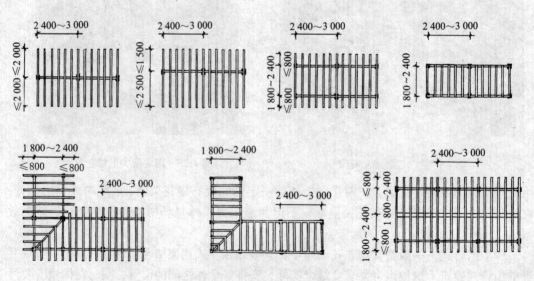

图 4-29　直廊花架平面类型

（引自《建筑构造通用图集-88J》）

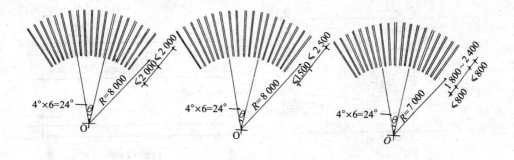

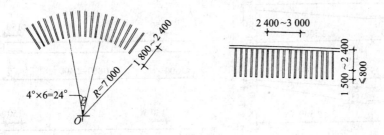

图 4-30　环行花架平面类型

（引自《建筑构造通用图集-88J》）

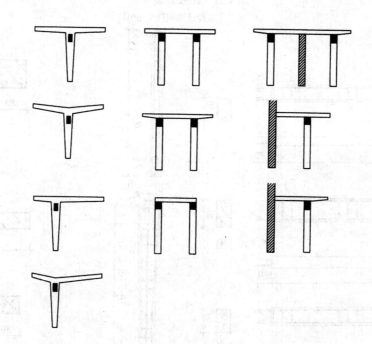

图 4-31　花架立面类型

（引自《建筑构造通用图集-88J》）

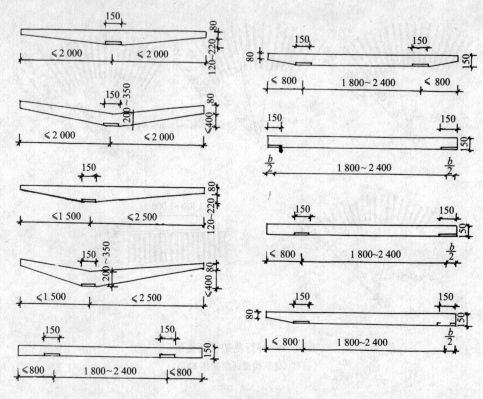

图 4-32　花架架条类型
（引自《建筑构造通用图集-88J》）

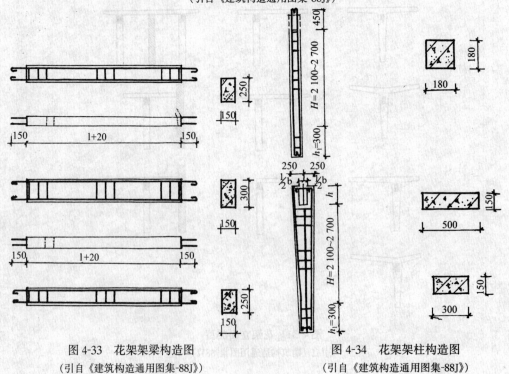

图 4-33　花架架梁构造图
（引自《建筑构造通用图集-88J》）

图 4-34　花架架柱构造图
（引自《建筑构造通用图集-88J》）

②独立式：高度可根据实际需要而定，一般为 2 100～2 700mm（图 4-35）。

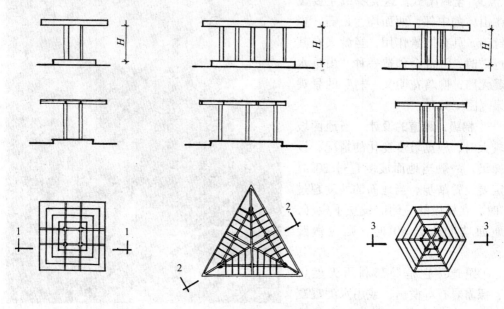

图 4-35　独立花架平面、立面类型
（引自《建筑构造通用图集-88J》）

三、梯级、蹬道

1. 梯级、蹬道在园林中的作用　中国园林以其自然起伏的山水园特色吸引中外游客，变化起伏的地形在园林中成为重要的造景手段之一。梯级、蹬道是游人在变化的地形中游览时重要的游览线，它可以增加游人视线的竖向变化，使景观在竖向不断发生变化，因此能增加美感。

梯级、蹬道能创造某种环境特色，从而产生巨大的艺术魅力。渐层的造景方法就可以通过梯级、蹬道的变化来实现，当人们由梯循级而上，有一种步移景异的动态景观感受，起着支配园景变化的作用，例如北京颐和园佛香阁的建筑巧妙地利用地形的坡势，使佛香阁建筑益发显得气宇轩昂，高入云霄而凌驾于一切之上。

梯级在园林建筑中主要作为垂直方向的联系手段，在构图上可以分隔空间，打破水平构图的单调感，能使游人产生一种美好的韵律感。

梯级具有导游的作用，引导人们按一定的游览路线观赏景物。

2. 梯级、蹬道的形式和位置安排　梯级、蹬道的位置应服从平面构图的要求，在满足功能的前提下考虑其造园效果。

（1）开敞式。这类梯级、蹬道一般设置在景观效果良好的位置，在梯级、蹬道的两侧经常有秀丽的景观，游人在行走过程中，随着视点的升高，周围的景观不断发生变化，有一种步移景异之感，使游人在观赏中不知不觉地向上攀登。

（2）半开敞式。这类梯级多位于地势较险要的位置，其一面为其他物体所遮挡，视线不能够通过，而在另一侧则设有隔断或围栏，游人可以通过此面观赏庭园景色（图 4-

36）。

（3）全封闭式。这类梯级主要设置在山体的中部，两面均为山石，视线封闭，具有抑景作用，当游人在其中行进时，常常会创造一种"山重水复疑无路，柳暗花明又一村"的景观效果（图4-37）。

3. **梯级、蹬道的设计** 当地面坡度较大时，根据坡度变化的情况，设置梯级。一般当地面坡度超过20°时一定要设置踏步，当地面的坡度超过35°时，在梯级的一侧应设扶手栏杆，当地面坡度达到60°时，则应做蹬道。

①蹬道：它是局部利用天然山石、裸露岩石等凿出，或用水泥混凝土仿树桩、假石等塑成的上山的台阶。在自然风景区用蹬道的方法较多，可以是自然的山石，还可以用混凝土做成仿木板、仿木桩等形式，具有山林野趣。凡是依山就势自然凿出的蹬道，处理时应与地形地貌相协调，以保持自然的情趣。另外要考虑到排水、防滑等问题，踏面应做成稍有坡度，其适宜的坡度在1%左右为好。

另外，对于有些长度过长的蹬道，应考虑游人在游览过程中的体力消耗，应根据环境条件和功能需要而设置一些平台，蹬道每上升15~20级时，应留出1~3m长的平台作为游人小憩之用。

②梯级：在一些具有一定的坡度而又对游人的行走产生影响的地段应

图4-36 半开敞式蹬道
（引自张浪《中国园林建筑艺术》）

图4-37 封闭式蹬道
（引自马涛《居住区环境景观设计》）

设置梯级。一般当地面坡度超过12°就应设置梯级，特别是地面坡度超过20°时必须要设置梯级，在地形较平坦的环境中设置梯级时，应注意有提醒游人的标记，否则会使游人因不注意而绊倒，如北京皇城根遗址公园中的小型梯级，在梯级两侧安排圆柱形立墩，既有提醒游人注意的作用，又可起到装饰作用（图4-38）。

　　梯级可以为两步的或是多步的，踏面间隔以作成步幅舒适为准，一般踏面宽为 28~38cm，步高 15cm 左右，但不得低于 10cm 或高于 16cm，高于 16cm 时，不利于老年游人行走，在专门的儿童游戏场，踏步的高应为 10~12cm。踏步的高度应是一样的，另外，如果坡面较长、坡度较小而又必须做梯级时，可加大踏面宽度（图 4-39）。

图 4-38　皇城根遗址公园中的小型梯级　　　　　图 4-39　苏州某园梯级

　　梯级的材料可以用石材、木材、混凝土板、砖等，常用的石材有花岗石、黄石、大青石等。在公园的主要交通道上，不允许设置梯级，那样会影响车辆通行。

四、园路铺地

　　1. 园路铺地在园林中的作用　在园林中，游人在观赏风景时是沿着一定的游览线路进行的，这种线路的引导必须依靠园内的园路，因此，园路的形式和路面铺装往往留给游人以最初的、也是深刻的印象，园路铺装的风格主要体现在铺装材料、铺装色彩和整体效果方面，另外，不同位置的园路应体现不同的风格，图 4-40 绿地中的园路铺装，其整体线形流畅，路面采用与流线相协调的抽象图案，并采用与绿地对比的色彩处理方法，给人以自然、流畅、活泼和轻松的感觉。

图 4-40　园路铺装
（引自《中国园林》2000 年第二期）

　　园路路面的铺设，在我国古典园林中形成了独有的传统格局与作法。在现代园路路面的艺术设计中又有创新发展，所有的风景园路以及广场、坪台等处都得到应用，特别是一些混凝土预制的材料组成的简洁图案，既有实用性，又符合艺术要求。园路路面还是人工景观和构成庭园空间的底界面不可缺少的艺术工程要素之一。园路首先是交通线，然而它又是风景线，同时也是联系各个景点的"纽带"，园路的曲折迂回与一定的景石、景树、园凳、池岸相配，它不仅为景象组织所需求，而且还具有延长游览路线、增加游览程序、扩大景象空间的效果。

我国造园讲究含蓄，崇尚自然，安排园路则索纤回环、曲径通幽，在隐现中求变化、有节奏，形成了一种暗香浮动、花荫小径、景因路成、路因景胜的最佳境界。

2. 园路的类型 园路分主路、次路与小径，主园路连接各景区，次园路连接各景点，小径则通幽。主次分明，层次分布好，才能将风景、景致连缀一起，组成一个艺术景区整体。

（1）主园路。景园内的主要道路，从园林景区入口通向全园各主景区和园务管理区，形成全园骨架，组成导游的主干路线。主路一般较宽，能够满足机动车辆的并排行驶，一般为6m左右，且转弯半径较大，路线相对较直。

（2）次园路。是主园路的辅助道路，连接景区内各景点和景观建筑，车辆可单向通过，路宽在3～4m，自然曲度大于主园路，路线设置时，要求具有优美舒展的曲线线条。

（3）小径。是园路系统的最末端，其作用主要是供游人休憩、散步、游览，可通达园林绿地的各个角落，宽度一般为0.8～1.5m。

3. 常见园路铺地材料 我国古典园林建筑中铺地常用的材料有方砖、青瓦、石板、石块、卵石，以至砖瓦碎片等。在现代园林中，除继续沿用这些材料外，各种水泥材料在造园中得到很快发展。园林铺地按材料不同可分为下列几种：

（1）石材铺地。有石块、石板、乱石、鹅卵石等。石板路面可以铺砌成多种形式，采用多种规格搭配，用于园林小路，颇具自然情调。乱石铺地可采取大小不同规格的搭配组合成各种纹样，或与规整的石料组合使用，气氛活跃、生动。在规则的环境条件下，可采用与之相协调的铺地材料，一般主路的铺装属此类型；而在自然环境条件下，应选用不规则的石板、乱石效果较好。

（2）砖块铺地。以各种规格的块砖为铺装材料，这种方法在我国古典园林铺地中被广泛采用，在现代园林铺地中仍随处可见，使用方砖铺地时应尽量避免形成单调的"田"字效果，如北京黄城根遗址公园中的块砖铺地，其特点是在统一中求变化（图4-41）。

图4-41 块砖铺地

（3）综合使用砖、瓦、石铺地。是园林铺地的一种普通的方式，俗称"花街铺地"。常见的有用砖和碎石组合的"长八方式"，砖和鹅卵石组合的"六方式"，瓦材和鹅卵石组合的"球门式"、"软锦式"以及用砖瓦、鹅卵石和碎石组合的"冰裂梅花式"等（图4-42）。

（4）水泥预制块铺地。采用水磨石、水泥、造型水泥铺地砖铺地，可以成片铺设，也

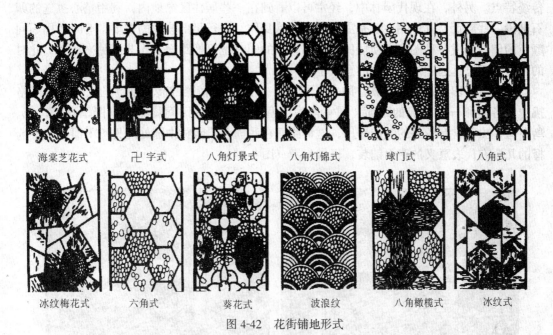

| 海棠芝花式 | 卐字式 | 八角灯景式 | 八角灯锦式 | 球门式 | 八角式 |
| 冰纹梅花式 | 六角式 | 葵花式 | 波浪纹 | 八角橄榄式 | 冰纹式 |

图 4-42　花街铺地形式

（引自蔡吉安等《建筑设计资料集-3》）

可以散置在草坪中，水泥块地面具有多种式样，与卵石组合形成各种图案。

现代园林中，用水磨石夹铺碎大理石块形成的冰裂纹格调亦雅致；庭院可用石板、乱石铺砌；山路一般以乱石、碎石铺地为多；平地小径则可采用片石仄砌，应根据不同环境因地制宜地合理选择铺地的方式，以满足使用与观赏的要求。

4. 常见园路铺地的形式

（1）花街铺地。花街铺地是指用砖瓦为骨，以石填心组成各种精美图案的彩色铺地。中国古典园林十分重视园林意境的创造，利用铺地纹样来强化意境。如苏州拙政园海棠春坞采用万字、海棠纹铺地，以表现玉堂富贵（见图 4-43）。花街铺地主要是利用卵石、碎石等天然材料组成。

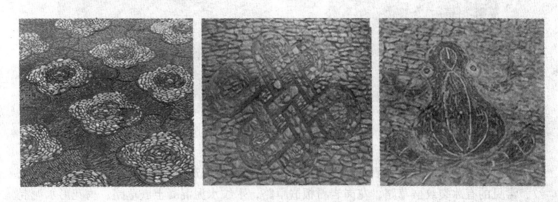

图 4-43　拙政园中的铺地

（2）卵石路面。采用卵石铺成各种图案，这种路面耐磨性好，防滑，富有江南园路的传统特点。另外，在现代园林中，经常可以看到在一些居住区绿地内，利用精心挑选的卵石铺设一些路面，其作用主要是满足居民锻炼身体、进行足部按摩的需要，有时还用不同颜色的卵石铺成各种图案，使居民在锻炼身体的同时也可把路面当作艺术品来欣赏，此时的园路作用已远远超过其原有的意义了。

（3）雕砖卵石路面。又被誉称"石子画"，它是选用精雕的砖、细磨的瓦和经过严格挑选的各色卵石拼凑成的路面，图案内容丰富。有传统的民间图案，有四季盆景，花、鸟、鱼、虫等，有较好的装饰作用，这种路面在我国苏州园林中随处可见。下面是从中选择的几个有代表意义的路面铺装，仅供参考（图4-44）。

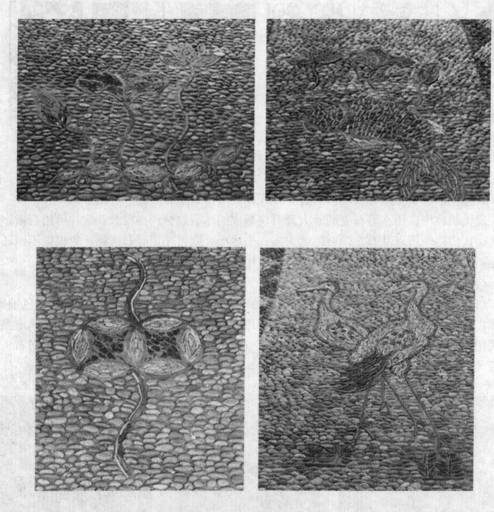

图4-44 几种雕砖卵石路面

（4）嵌草路面。把天然石块和各种形状的预制水泥混凝土块，铺成冰裂纹或其他花纹，常见的有冰裂纹嵌草路，花岗岩石板嵌草路，木纹水泥混凝土嵌草路，梅花形水泥混凝土嵌草路等（图4-45）。

（5）块料路面。以大方砖、块石和预制水泥混凝土砖等筑成的路面，如木纹板路、拉条水泥板路、假卵石路等。

（6）整体路面。用水泥混凝土或沥青混凝土铺筑成的路面，它平整度好，路面耐压、耐磨，养护简单，便于清扫，但色彩多为灰、黑色，观赏性较差。一般适合于在公路上使用，在园林中的主路多采用此种路面。

图 4-45 方砖嵌草路面 　　　　　　　　　　图 4-46 步 石

（7）步石。在草地或建筑附近的小块绿地上，用数块天然石板或预制成圆形、树桩形、木纹板形等自由组合于草地之中，效果良好。但步石的数量不宜过多，块体不宜太小，两块相邻块体的中心距离应考虑人的跨越能力和不等距变化，这种步石易与自然环境协调，能取得轻松活泼的效果（图 4-46）。另外，在布置时，为避免整体效果过于单调，可采用左右交错和不等距变化的方法来处理。

5. **园路铺地设计图的制作**　不同的园路由于其作用和用途是有区别的，因此其结构也是不同的，在竖向上，其结构一般分为三层。最上层是表现铺装纹样质感的面层，也是表现铺装效果的主要部分；其下是柔性承托垫接的垫层，可用煤渣、砂石、水泥砂浆或灰土筑成；再下层是结构基层，承受上层传来的荷载，向下扩散，每层所用材料厚度与技术要求，视具体情况而定，以下是几种常见铺地结构（图 4-47，图 4-48，图 4-49，图 4-50）。

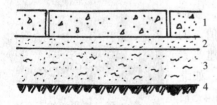

图 4-47 方砖路面
1. 500×500×100　150# 混凝土方砖　2. 50 厚粗砂
3. 150~250 厚灰土　4. 素土夯实
注：胀缝加 10×10 橡皮条

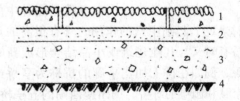

图 4-48 卵石嵌花路面
1. 70 厚预制混凝土嵌卵石　2. 50 厚 25# 混合砂浆
3. 一步灰土　4. 素土夯实

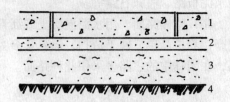

图 4-49　石板嵌草路面
1. 100 厚石板　2. 50 厚黄砂
3. 素土夯实
注：石缝 30～50 嵌草

图 4-50　乱卵石路面
1. 500×500×100　150# 混凝土方砖　2. 50 厚粗砂
3. 150～250 厚灰土　4. 素土夯实
注：胀缝加 10×10 橡皮条

五、园桥、汀步

1. 园桥、汀步在园林中的作用　中国传统园林历来以自然山水园为特色，几乎所有的园林均离不开水景，因此水上的交通设施——园桥也就随之可见。不论在传统的园林建筑中还是现代园林景观中，各种造型新颖、风格独特的园桥随处可见，诸如北京颐和园中的十七孔桥、玉带桥等，苏州私家园林中的各种曲桥、石板桥等，这些园桥在园林中的作用、观赏价值是有目共睹的。

自然界景物中的水面、山谷、溪涧、断崖、峭壁等虽是千姿百态，美不胜收，其间的园桥却总能引起人们关注。桥在园林中以其优美的造型点缀山川，塑造园林美景。在组织水面风景中，桥是必不可少的组景要素，园桥在园林中具有以下三重作用：

图 4-51　北京颐和园的练桥

①组织交通：它是位于水面上的道路，可以起组织游览线路和交通的功能，桥具有联系水面风景点、引导游览路线的功能，曲桥还可以通过改变游人的行走方向变换观景的观赏角度，从而达到步移景异的作用。

②点缀水景：园桥本身就是园林中的一景，在园林景观上起到主景的作用，具有很高的观赏价值，园桥有时又与其他建筑或小品结合形成新的园林建筑景观，例如在桥上加建亭廊的桥称为亭桥或廊桥，如北京颐和园中的练桥、扬州瘦西湖的五亭桥等（图 4-51，图 4-52）。

图 4-52　瘦西湖的五亭桥

③分隔水面，增加水景层次：把单调的大水面划为小水面，此时园桥既有园路的特征，又有景园建筑的特色，桥面可抬高隆起成拱桥，突出桥本身的建筑特色，

丰富园林水景，形成层次丰富的园林空间，使水面与空间相互渗透，其倒影如扩大的画面，随荡漾的碧波给人以联想的意境，例如颐和园中著名的十七孔桥，玉带桥等。

2. 常见园桥的类型

(1) 按材料分类

①石桥：用天然的石材或经过人为加工后的石材建造的园桥。我国古典园林中有许多桥是石桥，如苏州园林中的汀步、曲桥、拱桥等（图 4-53，图 4-54）。

图 4-53　苏州某园小曲桥

②木桥：用林木树干经过加工后建制的桥，这种桥易与园林环境融为一体，但其承载量有限，且不宜长期保持完好状态，木材易腐蚀，因此，必须注意经常检查，及时更换相应材料。一般可用于小水面和临时性的桥位上，在南方地区，还可以竹材为建桥材料。

③钢筋混凝土桥：在现代园林建筑中，有许多桥是用钢筋混凝土预制板建制的，其造型丰富灵活，荷载量大，是一种用途广泛的建筑材料。

④钢桥和索桥：钢桥和索桥是在风景区特殊地段上架设的，既能显示山势的险峻，又能令人感叹天险变通途的奇胜。

(2) 按园桥的建筑形式分

①平桥：桥面平行于水面并与水面贴近，平桥可以增加风景层次，便于观赏水中倒影、水中游鱼。

图 4-54　苏州某园小曲桥

②拱桥：一般在大水面中布置，桥面高于水面，呈圆弧状。拱桥造型优美，具有良好的立面效果，同时具有一定高度的拱桥也是水上游憩活动的良好通道，便于船只穿行。

③曲桥：桥面曲折起伏，增加游人在桥面的游览时间，同时也时刻改变游人的观景视角。

④屋桥：以石桥为基础，在桥上建造亭、廊等，如扬州瘦西湖的五亭桥、北京颐和园中的亭桥。

⑤汀步：又称步石，是指在河流、湖泊的浅水中，以游人步伐为尺度，按一定距离布设露出水面的块石，供游人信步而过，这种类似于园桥作用的设施在园林中称之为汀步。汀步有时也可用钢筋混凝土预制成圆盘状，创造成荷叶形、树桩或仿石板形，则会另有一番情趣。为了游人的安全，石墩表面不宜过小，距离不宜过大，一般数量也不宜过多（图 4-55，图 4-56）。

另外，从园桥的力学角度上还可以分为拱式、梁式、吊式等。

图 4-55　圆形汀步　　　　　　　　图 4-56　自然毛石汀步
（引自周武忠《城市园林艺术》）

3. 园桥类型的选择　　园桥虽然种类繁多，造型优美，但在不同的地点设置园桥时还必须考虑其环境条件和所处的地理位置，并非所有的桥均适合于任何位置，或任何地点均可使用同一类型的桥（图 4-57）。

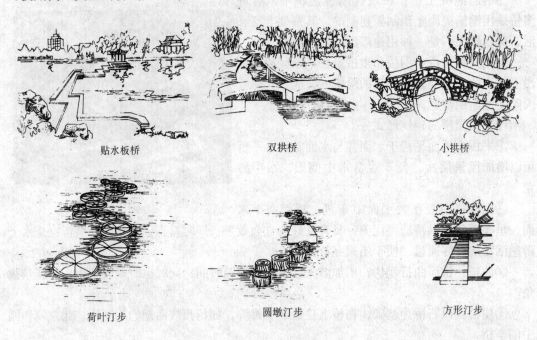

贴水板桥　　　　　　　双拱桥　　　　　　　小拱桥

荷叶汀步　　　　　　　圆墩汀步　　　　　　方形汀步

图 4-57　园桥、汀步形式
（引自蔡吉安等《建筑设计资料集-3》）

①小水面设桥：水面较小且水势平静，宜建低桥、小桥，给人以亲近之感，如北京颐和园谐趣园中的知鱼桥、苏州园林中的各种小桥，一般庭园中的桥多采用小桥或汀步。

②大水面设桥：宽广的大水面或水势急湍者，宜建体量较大、较高的桥，如颐和园在广阔水面上所采用的一些大型桥梁，尽管其体型较大，但造型上亦十分讲究。桥造型简洁大方，桥面略高于水面。在庭园中形成小的起伏，颇富新意。石材桥面及栏杆颇古朴、简洁。水景的布置除各种造型独特的桥外，在园林中还常见到一些汀步。汀步一般用在浅水河滩、平静水池、山林溪涧等地段。

4．园桥的设计

（1）园桥的造型设计。古典园林中从桥型的分布来看，大致北方园林多拱式，南方园林多梁式；大型园林多拱式，小型园林多梁式。

桥的布局及造型均与园林水面的形状、大小、水量等有关。桥的造型、体量还与两岸环境条件是分不开的，一般在平坦环境中宜建造拱桥，而在山谷、悬崖峭壁之间宜选平桥，另外还要考虑在水面较窄处架桥，经济又合理。同时行人交通的需要、人流量的多少、桥上是否通车、桥下是否通船等因素也必须考虑。如上海嘉华小区中采用园桥与汀步相结合也是一种创新（图4-58）。

图4-58　上海嘉华小区拱桥和汀步
（引自《园林》1998-3）

大水面架桥，借以分隔水面时，宜选在水面岸线较狭处，既可减少桥的工程造价，还可避免水面空旷。

园桥的设计应遵循下列原则：宜小不宜大，化大为小；宜低不宜高，化高为低；宜窄不宜宽，化宽为窄；宜曲不宜直，化直为曲（分成三折、五折、七折、九折）。

（2）园桥设计图的制作。园桥的设计图主要包括：位置平面图、园桥平面图、立面图、效果图和部分剖面（断面）图及必要的详图。以下是拱桥的部分设计图，仅供参考（图4-59）。

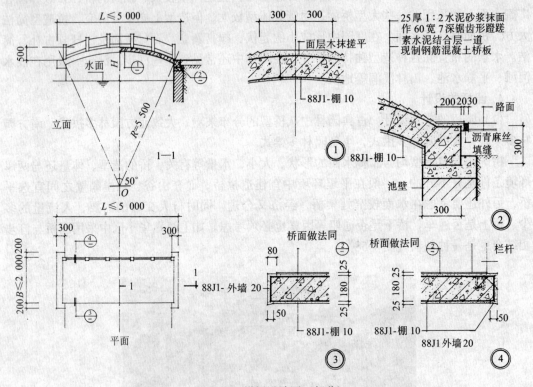

图 4-59　拱桥设计图（部分）
（引自《建筑构造通用图集-88J10》）

六、园凳、园桌

1. 园凳、园桌在园林中的作用　园林的一个重要功能就是要为游人提供休息的场所，因此，园凳、园桌在实现这一目的方面起着很重要的作用，它为人们在园林中休息歇坐、促膝畅谈创造了必要的条件。在园林环境中设置各种造型新颖的园凳还可以产生各种不同的情趣。

园凳、园桌的主要功能是供游人就坐休息，欣赏周围景物，尤其在街头绿地或居住区小型游园内，园凳就成为更不可缺少的设施。园凳不仅作为休息、赏景的设施，而又以其优美精巧的造型，点缀园林环境，成为园林装饰性小品，在庭园中设置形式优美的坐凳具有舒适诱人的效果，丛林中巧置一组树桩凳或一组石桌、石凳，可以使人顿觉林间生意盎然，在大片自然林地中，于林间树下，置以适当的园凳，则使人顿感亲切。所以园凳、园桌可以衬托园林气氛，加深体现园林意境。图 4-60 为北京房山某小区内仿

图 4-60　仿树桩园凳

树桩园凳、园桌，图 4-61 为苏州留园内自然石园凳、园桌。

2．常见园凳、园桌的形式和材料
在中国古典园林中，园桌园凳的材料主要以汉白玉、大理石材料为主，当然也不乏用木制的。

在现代园林中园桌园凳的材料和造型不断出新，创造了许多各具特色的园桌园凳，大量性的则采用预制装配为多，北京北潞园小区草坪内的仿树桩形的混凝土坐凳，不但形式新颖，而且与周围的绿草十分相宜，很有自

图 4-61　留园自然石园凳

图 4-62　北京怡海花园内仿木坐椅

然情趣。北京怡海花园内仿树根坐椅也很有艺术魅力（图 4-62，4-63）。北京皇城根遗址公园内，把坐凳与园林广场的周边结合在一起，既方便了游人的使用，又与广场整体环境十分融洽（图 4-64）。

其他各种造型可参考图 4-65。

3．园凳、园桌的位置安排　园桌园凳设置的位置多为园林中适合于休息的环境地段，如池边、路旁、园路尽头、广场周边、丛林树下、花间、道路转折处等。在设置园桌园凳的位置时应注意以下几点：

①在路的两侧设置时，宜交错布置，

图 4-63　北京怡海花园内仿树根坐凳

图 4-64　北京皇城根遗址公园坐椅

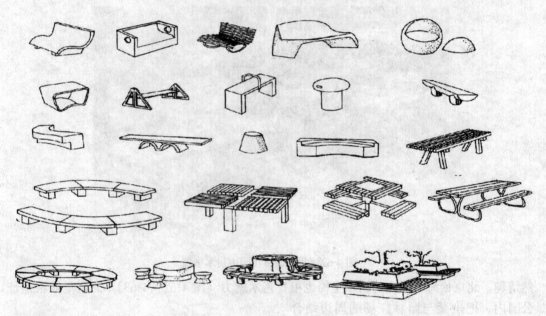

图 4-65　常见园凳类型

（引自蔡吉安等《建筑设计资料集－3》）

切忌正面相对，那样会影响游人的交谈。

　　②在园路拐弯处设置坐凳时，应开辟出一小空间，以免影响行人通行。

　　③在规则式广场设置坐凳时，宜布置在周边，以免影响他人的活动（图 4-66）。

　　④在路的尽头设置园凳时，应在尽头开辟出一小场地，将园凳布置在场地周边（图 4-67）。

　　⑤在选择园凳位置时，必须考虑游人的使用要求，特别是在夏季，园凳应安排在落叶阔叶树下，这样夏季可以乘凉，冬季树落叶之后又可晒太阳，关于这一点在北方地区尤为重要。

图 4-66　广场周边的坐凳
（引自马涛《居住区环境设计》）

图 4-67　在路的尽头设置园凳
（引自马涛《居住区环境设计》）

⑥关于建造园凳使用的材料，应本着美观、耐用、实用，同时还要考虑使用的舒适度，目前，在有些园林中，大量使用钢筋混凝土预制的园凳，虽然结实、耐用，但在冬季却不受欢迎，而使用木制或竹制的园凳则没有此问题，另外，从环保角度考虑，钢筋混凝土制成的园凳一旦损害，将变成永久的垃圾，无法再回收利用，而用木材制成的园凳则没有此问题，虽然其耐用程度不如钢筋混凝土园凳，但很容易修复，另外，可以采用凳面是木制、而凳腿使用铁制的方法来弥补其不足。

4. **园凳、园桌设计图的制作**　以几种常见坐凳的设计图为例，说明坐凳设计图的绘制方法。

①仿树桩、自然石组合凳（图 4-68）。

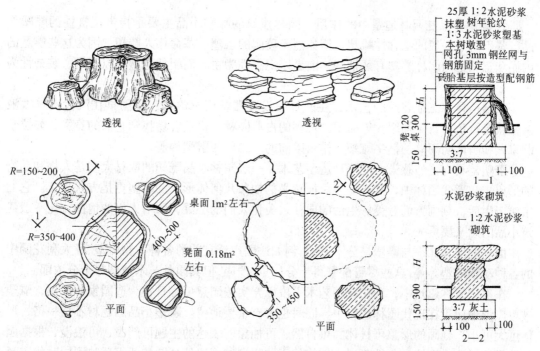

图 4-68　仿树桩坐凳、自然石坐凳设计图
（引自《建筑构造通用图集－88J10》）

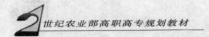

②混凝土组合坐凳（图 4-69）。

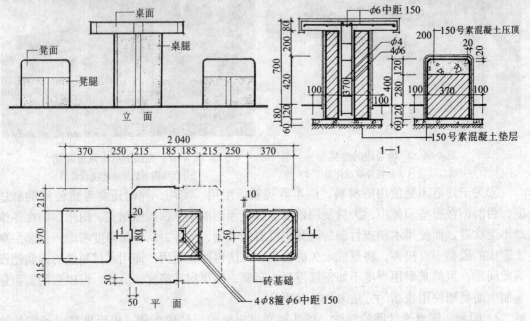

图 4-69 混凝土组合坐凳
（引自《建筑构造通用图集-88J10》）

七、雕塑小品

1. 雕塑小品在园林造景中的作用 园林建筑的雕塑小品主要是指带观赏性的雕塑作品，其不同于一般的纪念性雕塑，诸如烈士陵园的雕塑、革命伟人雕塑，因为这些雕塑的内涵和意义是与园林雕塑有区别的，前者以纪念性为主，而园林雕塑则以观赏、装饰性为主。

雕塑是具有三维空间的艺术，在园林中设置雕塑历史悠久，我国早在汉代园林太液畔，就有石鱼、石牛及织女等雕塑。现存的古典园林中仍很容易找到它们的身影，如位于北京颐和园昆明湖畔的铜牛雕塑、排云殿前的十二属相雕塑等等。

雕塑是具有强烈感染力的一种造型艺术，一般园林小品雕塑的取材大多是人物和动物的形象，在现代园林中，具有一定象征意义的抽象几何体形象的雕塑更是方兴未艾。它们来源于生活，刻画人们对美好生活的向往，美化人们的心灵，陶冶人们的情操，比一般建筑小品的意义要更大。

国外的园林几乎与雕塑是分不开的，例如法国卢浮宫前的各种人物雕塑、意大利花园中的各种动物雕塑等等，这些尽管配置得十分庄重、严谨，但其园林艺术情调却十分浓郁。

在现代园林建筑中，利用雕塑艺术手段以充实造园意境，日益为造园家所采用，雕塑被更广泛地应用在现代园林建设中，同时也占有重要地位。雕塑小品的题材不拘一格，形体可大可小，刻画的形象可具体、可自然、可抽象，表达的主题可严肃、可浪漫，根据园林造景的性质、环境和条件而定，例如位于北京皇城根遗址公园的两组反映不同时代内涵的雕塑就很有耐人寻味之感（图 4-70）。

随着社会的发展和时代的进步，雕塑不但能反映时代的精神面貌，而且又有很高的装饰作用，陶冶了人们的心灵，起到激励人们思想和生活的积极作用。

2．雕塑小品的类型和位置安排 常见的园林雕塑小品有人物雕塑、动物雕塑和抽象雕塑。

（1）人物雕塑、动物雕塑。此类雕塑以经过艺术处理的人物或动物形象为题材，例如南京莫愁湖公园的莫愁女雕塑（图4-71）受到广大游人的喜爱，题材的选择是以历史传说为依据，莫愁女雕塑的形象使人感受到她的勤劳、善良和高尚的道德情操，雕像位于一封闭的水庭小院中，采用自然式布局，并没有把雕塑安排在中轴线上，而是稍偏于一侧，不管从哪个角度观赏均可达到良好的通视目的，既有传统手法，又富于装饰效果。

图 4-70　北京皇城根遗址公园雕塑

动物雕塑以其装饰性和趣味性很强的小品造型来表达其生命的活力、青春的美妙、爱的高尚等，它们强烈的生活气息激发着人们对美好生活的热爱和对未来的向往。例如，北京长安街某绿地内的白色小象雕塑与绿地形成鲜明对比，格外醒目（图4-72）；广州越秀公园五羊雕塑，老仙羊前腿屹立在山岩上翘首含穗，颈项高昂，形成了高耸的构图，其余四只仙羊互相依偎烘托出老仙羊的威严与慈爱，雕塑素材采用浅色的花岗石以天空为背景，形象鲜明醒目（图4-73）。

图 4-71　莫愁女雕塑

（2）抽象雕塑。在现代园林中，抽象雕塑越来越普及，特别是在一些城市的文化广场中更是屡见不鲜，一般抽象雕塑通过抽象几何体的形象来表达一定象征意义。例如北京顺义区文化广场的雕塑的含义是代表顺义的精神"同心向上"（图4-74）。图4-75是几种不同象征意义的抽象雕塑。

图 4-72　绿地内的白色小象雕塑

图 4-73 广州越秀公园五羊雕塑　　　　　图 4-74 北京顺义区文化广场的雕塑

　　园林雕塑的取材应与园林建筑环境相协调，要有统一的构思，使雕塑成为园林环境中一个有机的组成部分。不同环境条件应选择与之相适应的题材，题材的选择要善于利用地方上的民间传说和历史遗迹。广州民间世代相传五羊城，穗城之得名也源于此。北京皇城根遗址公园的火炬雕塑取材于五四运动的发源地（图 4-76）。

　　园林雕塑小品的题材确定后，在建筑环境中应如何安排其位置是一个十分重要的问题，不同的雕塑小品和所在环境条件是密切相关的，特别是雕塑小品的观赏角度和方位。

　　（3）雕塑小品的位置安排。常见雕塑小品安排的位置主要有：广场的中央或广场花坛中（顺义文化广场的雕塑）、园路的两侧或路的尽头（皇城根遗址公园的雕塑）、街道绿地中或宽阔草坪中（如北京长安街某绿地内的小象）、湖河岸边（南京莫愁湖的莫愁女雕塑）、山顶（广州越秀公园五羊雕塑）、建筑物前（北京农展馆前的丰收雕塑）、园桥的桥头（北京延庆妫水河桥头的妫水女雕塑）、园门的两侧等。

　　在园林环境中，雕塑可以随意安排在很多地方，其背景有时也可随意选择，甚至照

图 4-75　几种不同象征意义的抽象雕塑
a.划时代　b.世纪朝阳　c.崛起　d.升　e.拖起明天的太阳　f.展翅

明也可以由人工进行安排，但处于园林环境中的雕塑，由于其所反映的内容和含义与地形、地物、人流活动线路、空间的开阔与封闭等因素关系密切，因此，雕塑的创作必须与其环境条件相适应。一般在绿地中的雕塑以动物形象为宜，诸如小鹿、小羊、仙鹤等，极易与环境条件取得协调；处于广场中的雕塑一般是一些抽象式雕塑；位于儿童公园中的雕塑要考虑儿童的心理要求，最好采用一些童话、传说或卡通人物或动物形象为内容。

　　3.**雕塑小品设计方法和注意事项**　作

图 4-76　皇城根遗址公园"5.4"雕塑

为园林雕塑的设计，绝不能只孤立地研究雕塑本身所要反映的主题，还必须从建筑环境的平面位置、体量大小、色彩、质感各方面进行全面的考虑。雕塑的大小、高低更应从建筑学的垂直视角和水平视野的舒适程度加以推敲。

①恰当地选择环境，是设置园林雕塑的首要工作。可以这样理解，任何雕塑必须有与之相适宜的环境条件，反过来讲就是任何环境均应有与之相适应的雕塑。因此，要求设计者必须处理好环境与雕塑内容的关系，绝不能采用"拿来主义"的方法，否则将会事倍功半。

②选择适宜的观赏位置和视距。雕塑主要是要反映其外形大轮廓及气势，因此必须有一定的远观效果。对于雕塑本身的细部、质地的观察还应有近视的距离。另外，从不同角度观察会产生不同的效果，因此，还要考虑到三维空间的多向观察的最佳方位与距离。

③雕塑体的大小应与所处的空间应有良好的比例与尺度关系，过大或过小均会影响其艺术效果。另外，还应考虑基座的有无和与主体雕塑的比例关系，有些雕塑是可以不用基座的，而有些雕塑又必须有基座，因此，在设计雕塑时，必须把基座的设计考虑进去。基座在造型上应烘托主体，并渲染气氛，但不能喧宾夺主，同时，基座的高度应与雕塑本身取得协调，过大或过高均会影响雕塑的整体效果。一般基座的处理应根据雕塑的题材和它们所存在的环境而定。

④雕塑色彩的选择除与雕塑本身欲表达的主题内容有关外，还应与环境及背景的色彩密切相关。一般白色的雕塑应以绿色的植物为背景，形成鲜明的对比，而古铜色的雕塑一般以蓝天为背景。园林雕塑在色彩处理上必须认真考虑，否则将会影响雕塑本身的艺术效果感染力。

⑤对于一些人物、动物雕塑，还要注意其各部位的比例关系，只要总体效果好，该夸张处就应夸张，不要过多的受原形原比例的影响。目前，在一些城市中的个别雕塑没有注意这种问题，比例关系严重失调，失去雕塑本身给人的美的享受，不但没有实现其观赏价值和起到装饰作用，反而对城市整体景观形象影响很大，这个问题并非是耸人听闻，而是实实在在存在的，关于这一点必须引起设计者的注意。

八、花　　坛

1. **花坛的概念和在园林造景中的作用**　　花坛是在具有几何形轮廓的种植床内，种植各种不同颜色的花卉，运用花卉群体的效果来体现图案纹样，或观赏盛花时绚丽景观的一种花卉应用形式。它以突出鲜艳的色彩或精美华丽的纹样来体现其装饰效果。

花坛是园林中不可缺少的一种种植形式，其发展速度十分惊人，无论在公园、街道、广场，还是在居住小区、机关、学校，经常可以看到各种形式、各种规模的花坛。另外，随着科学技术的不断发展，人们培育出了更多、更新的园林花卉品种，为花坛的设计和营造创造了良好的物质条件。花坛的形式也不断出新，由过去那种单一的平面式花坛发展到如今的立体花坛，在植物选择方面也更加宽广，因此，花坛在园林中的作用也更加突出。

（1）美化环境。花坛具有较高的装饰性，是美化环境的一种较好方式，花坛不同于一般的花卉种植，它不需要特殊的栽培环境，只要条件许可，就可以设置在任何地方。

（2）装饰作用。花坛可设置在建筑墙基及喷泉、水池的边缘或四周，以及雕塑、孤赏山石、广告牌等基座周围，使主体建筑醒目突出，富有生气。

（3）组织交通。交通路口的安全岛、较开阔的广场、草坪及宽阔的道路均可设置花坛，具有分隔空间、分道行驶和组织行人路线的作用。

（4）渲染气氛。盛花花坛五彩缤纷，节日期间布置于各种场所，给城市披上盛装，可增添热烈和欢快的气氛，例如每年的国庆节，在天安门广场用数百万盆鲜花组成各种形式的花坛，装点天安门广场，为国庆节增添了更加欢快的节日气氛（图4-77）。

图 4-77　天安门广场"万众一心"花坛

2. 花坛的分类　花坛的形式极为丰富，现按花坛的基本特征归类如下。

（1）依花材分类。

①盛花花坛（花丛式花坛）：主要由观花草本植物组成，表现盛花的群体色彩美或绚丽的景观。可由同种花卉不同品种或不同花色的群体组成，也可由不同花色的多种花卉的群体组成。

②模纹花坛：主要由低矮的观叶植物或花和叶均具有观赏价值的植物组成，以表现群体组成的精美图案或装饰纹样为主。包括毛毡花坛、浮雕花坛和彩结花坛等。

毛毡花坛是由各种观叶植物组成精美的装饰图案，植物修剪成同一高度，表面平整，宛如华丽的地毯。浮雕花坛依花坛纹样变化、植物高度有所不同，一般凸出的纹样用常绿小灌木来布置，而凹陷面采用低矮的草本植物或木本植物经过修剪后形成的，整体上具有浮雕的效果。彩结花坛是花坛内纹样模仿绸带编成的绳结式样，图案的线条粗细一致，一般以草本的植物、特别是五色草等为底色。

（2）按花坛的立面形式分类。

①平面花坛：花坛表面与地面相平，主要观赏花坛的平面效果，有时为避免花坛的立面效果过于单调，可在花坛中央布置一观赏花木，形成构图的中心，或在中心位置安排雕塑等（图4-78）。

②斜面花坛：花坛设置在斜坡或阶地上，花坛平面与地面成一定的角度，角度的大小可根据花坛的大小和观赏位置而定，一般在30°～45°左右，这种花坛一般适合于单面观赏，常见的有时钟花坛、布置于阶梯位置的斜面花坛等（图4-79）。

③立体花坛：花坛向空间延伸，具有竖向景观，它以四面观为多（图4-80），例如北京天安门广场的花坛多为立体花坛。

（3）依花坛的组合形式分。

①独立花坛：即单体花坛，常

图 4-78　平面花坛

图 4-79　斜面花坛（时钟花坛）

设在广场、公园入口等较小环境中。

②花坛群：由数个单体花坛组成，但在构图及景观上具有统一性，多设置在面积较大的广场、草坪或大型的交通环岛上。每一个花坛在构图中是一个整体，格调一致，但可有主次之分。

3. **花坛设计**　花坛在环境中可作为主景，也可作为配景。花坛的设计首先应考虑花坛的主题，同时要求花坛的风格、体量、形状诸方面要与周

图 4-80　立体花坛

围环境相协调。花坛的体量、大小也应与花坛设置的位置有关，同时考虑与周围建筑的高低成比例，花坛的面积一般不应超过广场面积的1/3，不小于1/5。布置于出入口的花坛以不妨碍游人通行为原则，花坛的外部轮廓也应与建筑物边线、相邻的路边和广场的形状协调一致，色彩应做到既醒目又有装饰作用，下面是一些常用的花坛轮廓（见图4-81）。

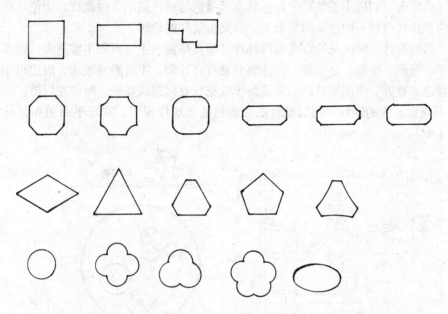

图 4-81　常见花坛的平面轮廓

（1）盛花花坛的设计。在花卉选择上应以观花草本为主体，可以是一二年生花卉，也可用多年生球根或宿根花卉。另外根据需要，可适当选用少量常绿及观花小灌木作材料，例如黄杨球、叶子花等。一般是使用花多叶少、花和叶均有观赏价值、花期长、开花期一致、植株高度一致且容易养护的植物，植株高度依种类不同而异，但以选用矮性品种为宜，另外，还应移植容易、缓苗较快，诸如矮牵牛、小菊、一串红、三色堇等。

盛花花坛表现的主题是花卉群体的色彩美，因此在色彩设计上要精心选择不同花色的花卉巧妙的搭配。

盛花花坛常用的配色方法有：

①对比色应用：这种配色较活泼而明快，适用于体现节日欢快、喜庆的气氛。

②暖色调应用：类似色或暖色调花卉搭配，这种配色鲜艳、热烈而庄重，在大型花坛中常用。

③同色调应用：这种配色适用于小面积花坛及花坛组，起装饰作用。

图案纹样的形式要根据花坛的主题和面积来定，一般小面积的花坛图案要简洁，轮廓明显，而大面积的花坛纹样可细些。

（2）模纹花坛的设计。模纹花坛主要表现植物群体形成的华丽纹样，要求图案纹样精美细致。模纹花坛选用的植物的高度和形状对模纹花坛纹样表现有密切关系，低矮、细密的植物才能形成精美细致的华丽图案。模纹花坛材料应符合下述要求：

①生长缓慢的多年生植物：如五色草、孔雀草、矮串红、四季秋海棠、香雪球、雏

菊、半支莲、三色堇。

②枝叶细小、丛生紧密、萌蘖性强、耐修剪：修剪可使图案纹样清晰，并维持较长的观赏期，例如小叶黄杨、地肤、紫叶小檗等。

（3）色彩设计。模纹花坛的色彩设计应以图案纹样为依据，用植物的色彩突出纹样，使之清晰而精美。如选用五色草中红色的或紫褐色与绿色描出各种花纹。为使之更清晰还可以用白草种在两种不同色草的界限上，以突出纹样的轮廓。

（4）图案设计。模纹花坛以突出内部纹样精美华丽为主，面积不宜过大，内部图案可选择文字、国旗、国徽、会徽等，设计要严格符合比例，不可轻易改动，周边可用纹样装饰，用材也要整齐，使图案精细。常见的模纹花坛有标题式花坛、时钟花坛等。

4. 花坛设计图的绘制　花坛设计图主要包括花坛位置图、花坛平面图和花坛立面图等（图 4-82）。

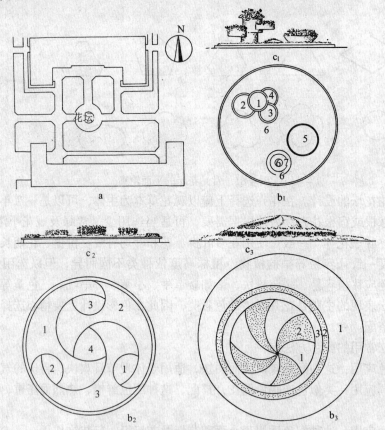

图 4-82　某花坛设计平面、立面图

a. 花坛周围环境示意　b_1：方案 1 的花坛平面图

[图内 1. 旱金莲；2. 三色堇（黄）；4、5. 金盏菊（黄）；6. 五色苋（绿）；7. 五色苋（紫）]

c_1：方案 1 的立体效果图　b_2：方案 2 的花坛平面图

[图内 1. 郁金香（红）；2. 风信子（蓝）；3. 水仙（黄）；4. 花毛茛（白）]

c_2：方案 2 的立体效果图　b_3：方案 3 的花坛平面图

[图内 1. 五色苋（绿）；2. 五色苋（紫）；3. 白草（白）]

c_3：方案 3 的立体效果图

（引自吴涤新《花卉应用与设计》）

（1）花坛位置图。此图主要标明花坛的具体位置、形状面积和与周围环境的位置关系，可根据花坛面积的大小选择适当的比例，一般为 1:500～1:1 000 即可。

（2）花坛平面图。表明花坛的图案纹样及所用植物材料、数量等，同时用列表的形式反映出与花坛植物相关的内容，主要包括：花卉的中名、拉丁学名、株高、花色、花期、用花量等，如果为永久性花坛，还应注明用各季节所使用的花卉种类及需要轮换的计划，另外，对于自然曲线的模纹花坛，还应用网格绘出详细纹样图。

（3）立面效果图。用来说明花坛的立面效果及景观，花坛中某些局部必要时还应给出立面放大图，立体花坛还可绘出侧立面图。

（4）设计说明书。简述花坛的主题、构思，要求文字要简练，对植物材料方面，可简要说明育苗计划、用苗量的计算、育苗方法、起苗、运苗、定植和花坛建立后的一些养护管理要求。

九、其　他

（一）园灯

1. **园灯在园林中的作用**　园灯在园林中也是十分引人注目的一景，选择造型新颖的园灯，在白天可以起到点缀庭园的作用，夜间色彩斑斓的灯光则又可以吸引游人观赏夜景，另外通过柔和的灯光照明，可为游人的晚间活动创造条件。例如著名的园林城市大连，在城市的各个主要场所均布置了各种组合独特的园灯，吸引着八方来客，凡是到过大连的游人无不对其城市的灯光留下深刻的印象。另外，在一些特殊的园林景观中，园灯的作用是不可忽视的，如主要园林建筑的轮廓需要用园灯的照射才能表现出来，园林中喷泉的水姿在夜晚也只有通过园灯的衬托才显得格外动人。

2. **园灯的类型**　庭园灯可分为三类：第一类纯属照明用灯。第二类是在较大面积的庭园、花坛、广场和水池间设置庭园灯来勾画庭园的轮廓。第三类属于观赏性灯，此类庭园灯用于创造某种特定的气氛。如我国传统庭园和日本和风庭园中的石灯（图 4-83），杭州西湖的"三潭印月"就是一种以传统的水庭石灯的小品形式"漂浮"于水面，使月夜景色更为迷人（图 4-84）。目前在我国园林中广泛使用的礼花灯，在创造城市景观中起到很

图 4-83　苏州某园的石灯

图 4-84　西湖"三潭印月"

好的装饰效果，具有很高的观赏价值，另外盛大节日时，在园林树木上经常安排很多节日彩灯，既有照明作用，又有好的观赏价值，对节日欢快、喜悦的气氛起到了很好的烘托作用。

一般室外灯多作远距离观赏，灯的造型宜简洁质朴，尽量避免纤细和过分繁琐的纹饰。灯杆的尺度与所在空间要配置得宜，作为局部空间中的灯或重点灯应重点处理，增添灯的情趣。因此，既要保证晚间游览活动的照明需要，又要以其美观的造型装饰环境，为园林景色增添生气。

绚丽明亮的灯光，可使园林环境气氛更为热烈生动、欣欣向荣、富有生机，而柔和、轻微的灯光又会使园林环境更加宁静、舒适、亲切宜人。因此，灯光能衬托各种园林气氛，使园林环境更富有诗意。故灯光造型要精美，要与环境相协调，要结合环境的主题，赋予一定的寓意，如北京全国农业展览馆庭院中设麦穗状园灯象征丰收的景象。设置园灯要同时注意园林环境景观与使用功能的要求，造型美观，要避免有碍视觉的眩光。

3. **常见园灯的造型和适用场所** 虽然各种园灯在园林中既有照明又有点缀装饰园林环境的功能，但在布局时必须根据具体的位置和环境条件来选择园灯，并非所有园灯均适合某一位置，在设计时必须结合环境条件选择适宜的园灯才能到达预期目的。一般位于道路两侧的园灯应力求简洁、明亮，而位于广场周边的园灯应力求与广场的面积及雕塑取得协调，下面是一些适合于安置在园路上的园灯的类型（图 4-85）。

一般在草坪之中的园灯是以装饰为主要目的，特别是位于广场草坪中的园灯，对整个广场的夜景可以起到重要的装饰作用，如果在公园中的草坪中，设置适宜的园灯，还可以为游人的夜晚活动提供很好的照明作用。在草坪中选择园灯时，必须注意其位置的安排和灯柱的高度及颜色，一般高度在 50~60cm 既可，灯光的照射方向以不影响游人的视线且向地面方向为准；灯柱的颜色一般以白色、黑色或灰色为好，因为这样可以与绿草取得对比，也可用黑色与白色同时使用，例如，黑色的灯柱、白色的灯罩。另外，要注意灯罩要有防雨设施，特别是利用喷灌设施浇水的草坪。图 4-86 是一些适合于安置在草坪中的园灯，供参考。

（二）园林围栏

1. 围栏在园林中的作用

①具有维护功能，栏杆是划分园林空间的要素之一。

②点缀装饰园林环境，用于园林景观的需要。围栏以其优美的造型来衬托环境，丰富园林景致，如北京皇城根遗址公园的竹制围栏，无论在整体造型上，还是其色泽上，均与周围环境很协调，给人以清新、淡雅之感（图 4-87）。

③具有分隔园林空间，组织疏导人流及划分活动范围的作用，园林中各种功能区分常以栏杆为界。

④具有改善城市园林绿地景观效果的作用，通过围栏的空隙将沿街各单位的零星绿地组织到街头绿化中，组成城市街道公共绿地的一部分，从视觉上扩大绿化空间，美化市容，这种做法在城市园林绿化中被称之为"拆墙透绿"，在一些大中城市中，特别是在北

图 4-85　适合于安置在园路上的园灯

京，得到了大范围的推广，其效果是相当明显的。

2.**围栏的材料**　可用于园林栏杆的材料很多，常见的有竹材、钢筋混凝土、木材、金属材料等。目前使用较多的是生铁浇铸的围栏，由于其造型美观、可塑性大，尺寸可根据需要而定，因而具有"铁艺"之称，但其缺点是造价相对较高，因而推广受到制约。而用竹材、木材、钢筋等制作的围栏则以其经济、美观的特点，在园林中得到大范围的推广。因此，在材料选择上应本着就地取材、经济、耐用、适用、美观的原则。

3.**围栏的造型**　围栏是园林中重要的一个组成部分，因此首先要有优美的造型，应与园林环境协调一致。在窄长的环境中，宜采用贴边布置，以充分利用空间；在宽敞的环境中，则宜用展览栏围合空间，构成一定的可游可越的环境；在背景景物优美的环境中，可采用轻巧、通透的造型，便于视线通透，反之则宜用实体展墙，

图 4-86 适合于安置在草坪中的园灯

以障有碍之景。其具体造型应以简洁为雅，切忌繁琐，栏杆的花格纹样应新颖，色彩可根据环境条件而定，如白色、绿色、褐色等，图 4-88 为常见围栏造型，供参考。

4. **围栏的尺寸** 围栏的尺寸包括围栏的高度和每组围栏的长度。围栏的高度确定应以围栏所在的环境条件为依据，同时考虑其综合作用，如以防范作用为主的围栏应高一些，一般为 1.5～2.0m（图 4-89）；而以观赏或陪衬作用为主的围栏可低一些，一般为 0.3～0.5m。组围栏的长度分为单组长度和总长度，围栏的总体长度和高度要求保持一定的比例关系。一般来讲，如果总体长度较长且高度在 1m 以上时，要求每组围栏的长度在 2.5～3m 左右；而高度较低的每组长度要短些，可以在 1.5～2m。

图 4-87　北京皇城根遗址公园的竹制围栏

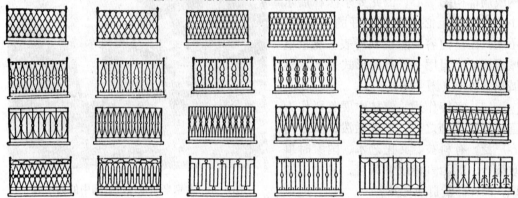

图 4-88　常见围栏造型

（引自王庭熙《园林建筑设计图选》）

5. **围栏的位置安排**　围栏的位置除受其所处的地理位置影响外，还应符合游人游览路线的制约。一般属于单位"拆墙透绿"而设置的围栏主要以其具体的单位边界为准，而处于公园绿地范围内的各种围栏在设置时，必须以不影响游人的游览需求为准。镶边围栏一般在草坪绿地的周边，主要用途是对绿地进行保护，防止游人践踏，同时又具有一定的装饰效果，因此在设置时，必须与路边保持 20cm 左右的距离，不要影响游人的行进，在具有展览性宣传栏前应留有

图 4-89　以维护作用为主的围栏

足够的空地，以便游人参观。

（三）园林展示小品

1. 园林展示小品的类型和作用　园林展示性小品是园林中最极为常见而且也是最容易引人注意的布置性宣教设施，它小到一个指路标识，大到一组展览、阅报栏，均可以吸引人们视线，使人留足观赏。常见的展示小品包括展示台、公园导游图、园林布局图、说明牌、布告板以及指路牌等。

园林展示小品种类繁多，形式多样，造型各异，因此它在园林中已成为必不可少的设施。其主要作用有：

（1）导游作用。在园林各路口，设立标牌，协助游人顺利到达各游览地点，尤其在道路系统较复杂、景点较丰富的大型园林中，更为必备。

（2）点景作用。展览栏及各种标牌，均具有点缀园林景致的作用，陪衬环境，构成局部构图中心，因此要求园林展示小品在造型上必须具有良好的观赏性，不能只注重内容而忽视其外表。北京皇城根遗址公园用一置石的形式来展示皇城根的历史（图4-90）。

图 4-90　北京皇城根遗址公园中的提示牌

（3）宣传作用。园林中展览栏作为宣传教育设施之一，形式活泼，展出内容广泛，有科技、文化艺术、国家时事政策等，既为宣传政策教育，又增进知识，因此深受群众喜爱。

（4）提示、说明作用。园林中常见各种提醒游人注意的提示牌，通过它可以告诫人们应注意什么、或应做什么，例如公园中的游（园）人须知、在绿地中为防止游人践踏绿地的告诫牌等均具有此类作用（图4-91）。

2. 园林展示小品的位置安排　园林展示小品在园林中具有很好的作用，但如果位置安排不当，不但达不到预期目的，还会对园林景观效果和游人的游览观赏产生负面影响。展示小品的位置安排应该在园林绿地总体规划中加以考虑，各种常见展示小品的位置安排要根据其用途、内容和便于游人使用为准。

图 4-91　北京皇城根遗址公园中的提示牌

（1）园林布局导游图。这类小品一般布置在公园大门内侧集散广场的周边处，面对公园大门，使游人进入公园后直接可以观赏到，以便于游人按照导游图进行游览。其布局图多采用大幅尺寸，安排公园透视图，既有导游作用又具有观赏性和装饰效果。

（2）宣传栏。宣传栏在布局上要形成优美的空间环境，使其便于参观欣赏展品，宜于休息，要有良好的尺度，要考虑游人停留、人流通行、就坐休息等必要的尺度。因此宣传栏一般布置在广场、道路的两侧，但不宜布置在空旷地中，那样会不利于游人休息纳凉。

（3）指示牌。园林中的指示牌主要包括景点指示、服务设施和场所指示等。一般作为景点指示的标牌需设置在道路的交叉口处，指明各分支路线的景点名称、方向和距离等，而作为服务性设施的指示牌除必须放在道路交叉口处之外，在道路中途的适当位置也应安排。

（4）提示牌。园林中的提示牌主要有位于公园入口等处的"游人须知"，置于园林绿地中提示游人"请勿践踏"等。这类提示牌必须安排在容易引起游人注意的场所，面对游人，使人一目了然，同时应注意其造型方面的特色，既简朴又有一定的装饰性，例如，采用树桩形式的提示牌就比用一个方方正正的木牌要好得多，另外，这类提示牌在语言文字处理上不要过于生硬，尽可能少用诸如"严禁……"、"禁止……"、"罚款……"等文字内容，这样会使人产生逆反心理（图4-92）。

图4-92　置于草坪中的提示牌

（5）题名牌。园林中有很多景观是以题（咏）名的形式命名的，根据景观的性质、用途，结合环境进行概括，常做出形象化、诗意浓、意境深的园林题咏。其形式有匾额、对联、石碑、石刻等，它不但丰富了景的欣赏内容，增加了诗情画意，点出了景的主体，给人以联想，还具有宣传和

图4-93　上海万科小区地域牌

装饰等作用，这种方法称为点景，如"迎客松"、"南天一柱"、"兰亭"、"岁寒三友"等等，这些题咏实际就是一很好的展示小品，由于它与景观密切关联，因此其位置必须安排在景观周围醒目的位置。另外，在一些住宅花园中也常使用这种小品，同样可以具有很高的观赏作用（图4-93、图4-94）。

3. 园林展示小品设计中注意的问题

①设计上展示小品的尺寸要合理，体量适宜，大小高低应与环境协调，一般小型展面的画面中心离地面高度为 1.4～1.6m 左右。

②面向要以有利于使用或引起游人注意为主。

③在造型上应注意处理好其观赏价值和内容的关系，片面注意哪一方面均会影响其功能。

④要考虑夜间的照明要求，方便游人夜间使用。

⑤要有防雨措施（如宣传栏）或耐风吹雨淋（指示牌、导游图等）的特点，以免损坏。

图 4-94　苏州某小区入口标志
（引自方咸孚《居住区的绿化模式》）

（四）果皮箱

1. 果皮箱在园林中的作用　园林为游人提供休息的环境，因此，游人在活动中必然会离不开饮食，自然会有一些废弃物的产生，而果皮箱正是解决各种废弃物的最好设施。果皮箱在园林中是一种不雅观的设施，如果处理不好，不但影响游人的使用需要，还会影响园林景观，因此，果皮箱的设计在园林中占有重要的位置。好的果皮箱设计同样可以给人一种美感，为园林增添景致。

2. 果皮箱的位置安排　果皮箱是为游人的活动服务的，而游人的活动范围是受园林游览路线影响的，因此，果皮箱的位置安排必须贯穿于园林的游览路线，须注意其位置和间距，位置既不可安排在特别醒目的场所，又不能安排在隐蔽之处，因为安排在醒目的地方会影响园林的景观效果，特别是一些废弃物很容易被丢落在果皮箱外，而放在隐蔽之处又不方便游人的使用。因此，在选择具体位置时要结合实际环境条件，果皮箱一般安排的位置主要有园路的两侧、园墙的旁边、大树下、绿篱旁等。在广场中设置果皮箱时，应本着不影响人们的活动为准。

果皮箱的间距应本着方便游人使用为原则，但数量又不可过多，一般每 50～80m 安排一个即可。

3. 果皮箱的设计　果皮箱是废弃物的集中场所，废弃物的种类主要包括包装纸、饮料罐、果皮等，这些废弃物可分为两类：一种是可回收利用的，另一种是不可回收利用的，因此，在设计时，应考虑这一特点，应有两种或三种果皮箱安置。果皮箱的材料应结实耐用，同时应防水和不易燃。目前使用较多的有不锈钢材料、玻璃钢材料、铁制材料等，这些材料在实际使用中效果良好。另外，果皮箱入口的尺寸设计应方便废弃物的投放为准，过大则废弃物易暴露，而过小又会不便使用。

因果皮箱是一种不雅观的设施，故其造型设计就更显得尤为重要，例如，珠海圆明新园中的果皮箱采用与古建相协调的形式（图 4-95），而北京皇城根遗址公园采用仿木条状（图 4-96），北京房山区某小区中的果皮箱造型也很新颖（图 4-97）。

图 4-95　珠海圆明新园中的果皮箱

图 4-96　北京皇城根遗址公园中的果皮箱

图 4-97　北京房山区某小区中的果皮箱

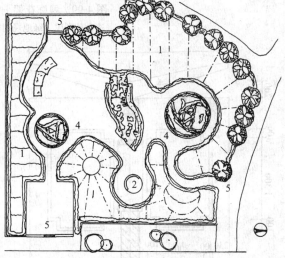

图 4-98　月季园总平面布局图
1. 月季　2. 花坛　3. 花架　4. 模纹花坛　5. 出入口
（选自孙利民《绿地规划与小品设计》）

十、实例分析

　　本实例分析是对天津某月季园中的瑰廊花架进行的。此园面积仅为 1 600m²，为了能在有限的空间内展现出月季花诱人的风采，在总体上采用了混合式布局，以自然式为主，以求达到小中见大的效果。在园内适当布置一些小品，供人们欣赏，并通过小品的设计，使此园在同类月季园中有自己的特色。瑰廊花架是此园中的一个主要小品，其位置见图 4-98。

　　该花架为此园的主景，由单臂、双臂两部分组成，单臂花架下的漏窗采用月季花图案，花架上爬紫藤，下设坐凳供人休息，两侧花池中植月季花，使绿化与建筑紧密结合起来。

瑰廊为一组花架，由单臂和双臂两部分组成，单臂花架下设两个月季花式漏窗，体现了月季花主题。双臂花架为"S"形平面，两侧设月季花池，并种植紫藤，使建筑与绿化紧密结合，其具体结构如图4-99，图4-100，图4-101。

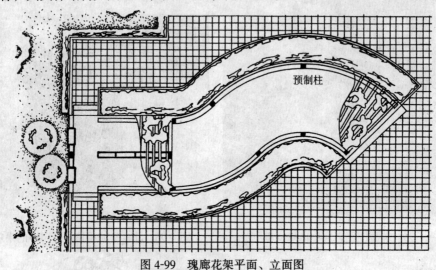

图 4-99　瑰廊花架平面、立面图

（选自孙利民《绿地规划与小品设计》）

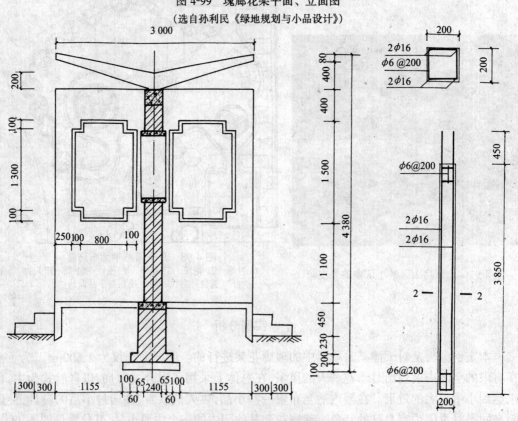

图 4-100　瑰廊花架立面结构图

（选自孙利民《绿地规划与小品设计》）

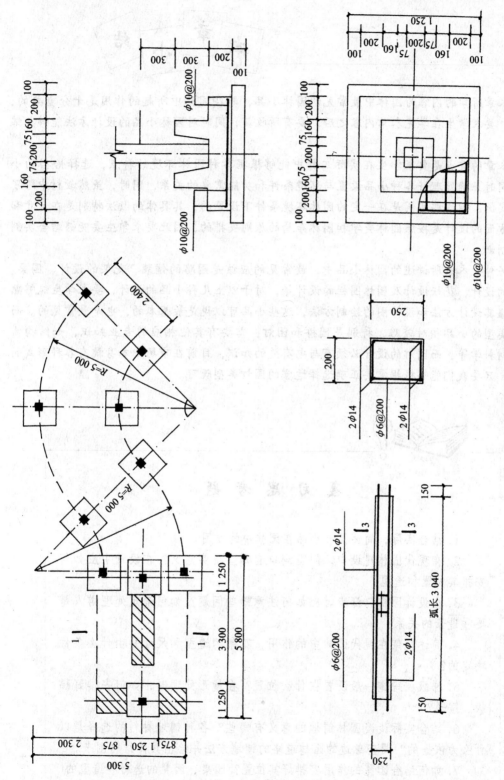

图 4-101　瑰廊花架平面结构图
（选自孙利民《绿地规划与小品设计》）

本章所学的内容为园林中最常见的园林小品，其在园林中所起的作用是十分重要的，因此，要求学生在学完本章内容之后，要有所收获，同时对园林小品的设计方法能够熟练掌握。

本章的重点是要求学生在实际工作中能够根据各种园林环境的特点，选择恰当的小品，同时正确处理好各种小品设置与环境条件和功能需要的关系，同时，虽然教材中给了一些实例，但这些实例是在一定的园林环境条件下设置的，其具体的做法特别是在尺寸和造型方面的设计是按照园林美学和园林布局的原则安排的，因此要求学生要能够结合实例进行创新。

另外，本章所讲述的园林小品中，最常见的应该是园路的铺装、花架的设计、园桌、园凳的设计、花坛设计及园林围栏的设计等，对于以上几种小品的设计，要求学生能够熟练掌握其设计方法和设计图的绘制方法，这些小品可以说是最基本的，也是最常见的。而其他类型的小品相对较难，特别是园桥和园灯，需要有其他相应的专业知识，如结构力学、材料学等，而园灯的设计必须有与电有关的知识，目前在市场中本身就有各种形式的园灯，只要我们能够根据需要正确选择适宜的园灯类型既可。

复习思考题

1. 结合实际，简述园林小品在园林中的作用。

2. 在现代园林建设中，门窗洞口有哪些现实意义？在设计中应如何安排其位置和造型？

3. 在设计园桥、汀步时应如何注意哪些问题？如何确定处理游人需要和造景的关系？

4. 简述花架在现代园林中的作用，花架的造型和尺寸是由什么条件决定的？

5. 梯级、蹬道一般设置在什么位置？在地形处理时，如何安排好梯级、蹬道？

6. 结合实际谈谈园林铺地的意义有哪些？各种铺地材料的选择是以什么为依据的？调查身边的园林道路的铺地方法并绘出具体结构图来。

7. 如何结合园凳的作用安排好其位置？园桌、园凳的选材和造型的主要根据是什么？

8．某单位门口欲在国庆节时摆放花坛，请提出自己的设计方案和设计步骤并绘出所需的图来（可结合身边的机关、学校进行设计）。

9．结合实际谈谈园林展示小品在园林造景中的作用和实际意义。

10．在园林雕塑小品设计中，如何处理好其造型与主题的关系？在进行抽象式雕塑设计时，应注意哪些问题？

11．园林中选择园灯的类型应注意哪些问题？

12．结合园林围栏在园林中的作用，谈谈如何处理好造型与选材的关系？

第**5**章 园林建筑装修与室内陈设

[本章学习目标与方法]

通过学习，使学生明确园林建筑装修与室内陈设的基本涵义和功用，了解园林建筑装修与室内陈设的艺术特征和设计原则；掌握园林建筑装修与室内陈设布局设计的一般方法和技巧，重点掌握园林建筑室内空间装修设计及家具陈设设计。

"多看"是学习本章的主要方法。要求学生在熟悉基本理论的基础上，带着疑惑去看，多看一些典型实例，多看一些实际现场。"看"、"记"、"分析"相结合，以积累丰富的设计经验，提高自己的设计技能。

第一节 园林建筑的装修设计

一、概 述

(一) 建筑装修的一般概念

建筑装修是在建筑物主体结构工程以外，为满足使用功能和审美功能所进行的装设和装修，如门、窗、栏杆、楼梯、隔断等配件的装设，墙面、柱、梁、顶棚、楼、地面的装修。建筑装修设计是为了满足人们生产、生活的物质要求和精神要求所进行的建筑物表面和室内外空间环境的设计。

1. **建筑装修的目的** 建筑装修设计的目的主要有两个方面：一是提高环境实质条件和物质生活水准，二是提高环境的精神品格，增强灵性生活的价值。建筑装修设计的真正功能在于组织生活活动，提高生活文明水准，即结合科学、艺术、生活几方面使之成为一个完美的整体，这是建筑装修设计师必须建立的设计理念。

2. **建筑装修设计的内容** 现代建筑装修设计的内容相当广泛，

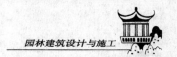

涉及多种学科，如环境学、心理学、社会学、美学、建筑学、人体工程学等。它是根据人的活动规律和周围环境因素对建筑空间进行实质性和非实质性的安排和布置，通常包括室外环境设计、室内环境设计、色彩设计、照明设计、家具设计和材料选择等（图5-1）。

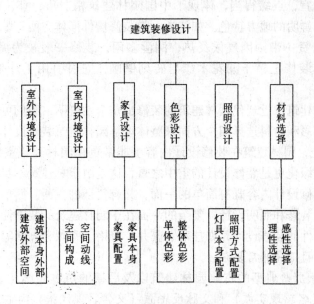

图 5-1　建筑装修设计的内容

3. **建筑装修设计的分类**　建筑装修设计的分类方法很多，目前尚无统一的分类标准，通常有四种分类方法，各方法的分类情况如表5-1所示。

表 5-1　建筑装修设计的分类

总　　称	分类方法	分类详细内容
建筑装修设计	按装修空间的位置分类	分为建筑室内装修设计和室外装修设计。室内包括空间的组织与处理、装饰的风格与效果、家具陈设与绿化布置；室外包括入口、雨篷、招牌、外墙、门窗及园林绿化布置
	按装修设计的内容分类	分为主体结构装修设计、室内陈设设计、色彩设计、照明设计、绿化设计
	按建筑性质和功能要求分类	分为居住建筑装修设计和公共建筑装修设计。居住建筑包括公寓、住宅和别墅；公共建筑包括体育建筑、办公建筑、展览建筑、商业建筑、教育建筑、交通建筑、医疗建筑、旅馆建筑、剧场建筑等
	按装修设计的流派分类	分为平淡派、繁琐派、纯艺术派、重技派、后现代派（文脉反思派）、青年风格派等六种流派

（二）园林建筑装修设计的艺术特征

园林建筑的功能、形式、风格等都不同于其他建筑，其独特性同样反映在建筑装修设计方面，尤其是我国传统的园林建筑的装修更是具有鲜明的艺术特色。

我国传统的园林建筑以木构柱梁作为承重的骨架，而安装在这些骨架之间的只起维护和分隔空间作用的构件，都称为装修。其中，与外部空间相联系的称外檐装修，如对外的门、窗、檐下的挂落和栏杆等；在室内空间的构件装修称为内檐装修，如各种隔断、罩、天花、藻井等。

我国传统的园林建筑的装修与整个木构架的体系紧密结合，配套形成一个整体。从局部到细部，粗细合宜，点缀得当，体现了中国园林建筑精、巧、宜、雅的艺术风格。另外，这些装修有着鲜明的地方特色。如江浙一带装修构件形体秀丽，雕刻精美，体现出较高的文化素养；云贵一带则因气候炎热，潮湿多雨，装修一般较为简洁、空透；广东、福建等沿海地区，装修上精于漏花木雕与砖刻壁画，同时引用了外来的彩色刻花玻璃隔断。

除了传统园林建筑，近现代园林建筑的装修也是个性鲜明，我们可以从建筑装修设计的内容、风格、色彩和材料选择四个方面来整体理解园林建筑装修设计的艺术特色。

1. **内容**　首先，园林建筑在装修设计内容上非常重视园林建筑室外的装修设计，尤其是招牌、外墙和绿化更是装修设计的重中之重，这是由园林建筑本身的特点决定的。其次，园林建筑的装修设计内容既有简单的一面，又有复杂的一面。简单的一面体现在它没有太多的主体结构装修和照明设计；复杂的一面在于园林建筑的装饰性，这使得园林建筑有许多纯装饰性构件的装修设计，如挂落、藻井、窗格、彩画和隔断等。这些构件不仅工艺要求非常高，而且工序非常复杂。

2. **风格**　对于那些典型的古典园林建筑以及后期的仿古园林建筑，其装修风格主要以纯艺术派（又名超现实派）和文脉反思派（又名后现代派）为主。纯艺术派的基本倾向是追求超脱现实的纯艺术，力图在有限的空间内，通过反射、渗透等手段扩大空间感，它强调精神作用凌驾于物质之上，善用奇特的手法、抽象的图案、丰富的色彩和经典的陈设等创造一种变幻、优美的视觉空间；后现代派强调要了解历史，到历史中去寻找灵感，反映出一种怀旧情绪。主张今古并存、内外并用、不拘一格，往往是在现代的装修设计中突出一些古典符号，以此来强调一种历史的延续和古今的对话。如图5-2所示的北京香山饭店的装修设计，其外墙在现代设计中突出了中国古典建筑的一些符号，如清水墙、菱形窗、斗拱、歇山顶等，从中我们可以感受到中国传统建筑文化的魅力。

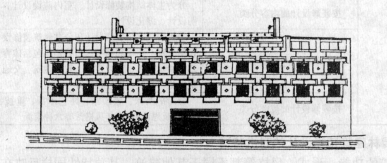

图 5-2　香山饭店外墙装修设计

对于那些现代园林建筑，其装修风格主要以青年风格派为主，也有一些属于后现代派。青年风格派主张装修设计应和建筑造型、性质统一协调，装修应简洁明快。注重细部处理、陈设设计和地方乡土材料的运用，注重地方特色，讲究内外装修的整体艺术效果。

尤其善于就地取材，创造出与自然环境相协调的田园风格。

3. 色彩 园林建筑装修设计的色彩与园林建筑的性质和风格有关。皇家园林建筑的装修无论是外墙、檐口还是斗拱、梁枋、藻井，其色彩均厚重、华丽；私家园林建筑装修设计的色彩以淡雅、朴素为主，白与灰成为其主色调。彩画的运用是园林建筑装修的一大特色，且多以"苏式"彩画为主。现代园林建筑，尤其是服务性园林建筑，其装修设计的色彩以朴素、淡雅为主，在局部位置运用鲜艳的色彩进行对比，衬托整体环境的典雅、明快。

4. 材料选择 装修材料是建筑装修工程的物质基础，其色彩、质感、纹理等直接影响装修效果。

园林建筑与自然的共生关系决定了园林建筑的装修选材应以天然材料为主，如天然石材、木材及木制品、织物和粗混凝土等。这些材料构成园林建筑装修的主体骨架，为保持其自然本性，除了因防火和耐久需要用油漆、涂料做表面处理外很少进行人工雕饰，以创造一种回归自然的艺术效果。而一些人工装修材料，如陶瓷、玻璃、PVC 板等只用做局部点缀。

园林建筑的装修设计，无论是选择天然材料还是人工材料，均要求有较强的装饰性，以展现其个性色彩，并通过它们的不同组合强化不同的装修效果。

二、园林建筑界面的装修设计

（一）园林建筑界面装修设计的原则

建筑室内外空间环境通常是由水平界面（地面、楼面、顶棚）和垂直界面（墙面、门窗）界定的，通常意义上的园林建筑装修主要是指对园林建筑水平界面和垂直界面的改造和美化。但由于室内外的各个界面是一个有机的整体，所以对室内外界面进行装修设计时要服从园林建筑的总体效果，运用一定的美学规律，充分考虑构造、施工条件、材料特性等因素，进行艺术加工和处理，创造与园林建筑本身协调一致的界面景观。

1. 园林建筑室外界面的装修设计原则

（1）维护墙体。外墙是园林建筑壳体的一个重要部分，是主要的维护结构和承重结构，具有遮风挡雨、保温隔热、安全、减噪等功能，因此，对园林建筑外墙进行装修处理时，一般要注意三个方面，即提高墙体的耐久性，改善墙体材料在功能方面的不足，不影响墙体材料正常功能的发挥。

（2）装饰墙面。外部装饰所表现的质感、色彩、线型等特征对园林建筑的外观效果具有十分重要的影响。由于墙体本身一般比较厚重，完全依靠墙体本身在质感、色彩等方面的变化，其局限性非常大，所以，通常都是采用外加饰面材料的做法来解决。

（3）刻画门窗。由于园林建筑具有很大的通透性，一般园林建筑外墙门窗所占的面积都比较大，有的比例甚至超过实墙，所以，门窗的装饰成为室外界面装修的一个重点。认真刻画园林建筑外墙的门和窗，对完善建筑立面、体现建筑特性具有非常重要的作用。

2. 园林建筑室内界面装修设计的原则

（1）与园林建筑的特定要求相一致。园林建筑本身就是一种特定环境下的建筑，一般均有其特定的要求，在对其室内界面进行装修设计时，要与这些特定要求相一致。如三星级的旅游宾馆，装修设计时与一般的酒店、旅馆有其相同的地方（达到三星级的标准），但也有其特定要求，如展现景观特征、突出旅游特色、体现区域风貌与文化等。只有符合园林建筑的特定要求，才能创造各具特色的室内环境。

（2）与园林建筑的使用性质相一致。园林建筑的使用性质不同，其室内界面的装修设计也有较大差异。如同为冷热饮厅，有的冷热饮厅是以品茶为主，有的是以冷饮为主，我们绝不能同等对待。品茶为主的，其服务对象以老年人为主，装修设计应当以传统文化为主题；以冷饮为主的，其服务对象以年轻人为主，装修风格可以更现代一些。

（3）与空间环境效果相一致。成功的装修设计，不仅要与空间环境效果一致，更要能进一步强化这种空间环境效果。如赖特设计的"流水别墅"，作者追求的是建筑与山地环境有机统一的空间效果，所以，除了外观造型，作者在进行室内装修设计时也是积极贯彻这一理念。他就地取材，在室内运用当地的石灰石做毛墙、原木做骨架和门窗、岩石做平台……使别墅成为山地"生长"出来的一种景观元素（图5-3）。

图5-3　流水别墅室内装修
（引自张绮曼《室内设计经典集》）

（4）各装饰界面应协调一致。各装饰界面因其要求不同，选择的装修材料也不一样。不同材料的质感、色彩变化对室内的装修效果影响颇大，适当的变化能丰富室内空间，过大的变化会造成杂乱无章。所以，装修设计时各装饰界面应相互协调，应在服从总体设计的基础上体现各自的特色。

（5）与经济性相一致。对园林建筑的室内界面进行装修设计时，必须把握实用、美观、经济的原则，高档材料不等于美观，中、低档材料只要选用得当，同样可以取得高质量的装修效果。

（6）与其他学科相协调。进行室内界面装修设计时，除了要考虑美观舒适外，还要考虑构造安全、管线布置、施工便利等要求。完美的设计只有与这些相关学科相协调，才能真正做到"完美"。

（二）园林建筑楼、地面装修设计

1.园林建筑楼、地面装修设计的要求　园林建筑楼、地面的装修设计，必须考虑一些基本的要求，如隔声要求、吸音要求、保温要求、弹性要求和装饰要求等。其中，装饰要求可以说对园林建筑楼、地面的装修设计显得尤为重要。

园林建筑是装饰标准很高的一类建筑，而楼、地面装饰是室内装饰的重要组成部分，无疑需要充分发挥其装饰性。所以，对园林建筑楼、地面进行装修设计，绝不是简单地在普通的水泥地面、混凝土地面、砖地面以及灰土垫层等层面上做饰面处理。

2. 园林建筑楼、地面装修设计的原则 从总体角度讲，园林建筑楼、地面的装修设计要结合室内空间形态、陈设布置、人的活动、心理感受和建筑使用性质等因素综合考虑，要妥善处理楼、地面装饰与功能要求之间的关系。从具体角度讲，园林建筑楼、地面的装修设计要遵从以下原则：

（1）根据室内空间的特征来确定地面的划分。由于视觉心理的作用，地面分块大时，室内空间显得小，反之，则室内空间显得大，所以，地面划分的大小要依据室内空间的尺度而定，同时我们也可以利用这种视觉心理来调节空间感受。另外，地面划分的方向（地面图案组织）要依据室内空间的交通流向而定，地面图案组织一般有主有次，这种主从秩序正好可以对应室内空间的主从流线，使地面装饰不仅具有美学功能，而且还有暗示和引导空间的作用。

（2）根据室内气氛的要求和人的视觉心理来决定地面材质。光而细质感的材料如磨光花岗岩、大理石、水磨石等具有精致、华美和高贵的感觉；粗质地材料如毛石、河流石、剁斧石等具有粗犷、质朴和浑厚的感觉。

（3）根据室内空间的性格来确定地面装饰图案的线型。对于那些较小空间或陈设多的较大空间，其地面装饰图案的线型应选择几何形，特别是横平竖直的形式，这样会增强室内的秩序感；对于那些陈设少的较大空间，其地面装饰图案的线型可以采用自由形式，这样会增加室内空间的动感。

（4）依据楼、地面的结构状况决定装修形式。园林建筑的楼、地面装修要结合基面的结构状况，如承载力、固定性等，在保证安全的前提下，同时兼顾防潮、防水、保温、隔热、隔音等物理需要，进行装修施工。

3. 楼、地面的装修设计形式

（1）木制楼、地面。这种地面色彩纹理自然，可以拼接成多种图案，触感良好，富有弹性和亲切感，保暖、隔声效果也不错。木制地面有加工木地面和未加工木地面之分，未加工木地面是指为保持木材自然的纹理和粗糙的表面而未经太多加工的木地面，这种木地面多用于古典园林建筑中，但由于底层防潮的需要，所以这种木制地面一般不用在底层，而是二层或二层以上，这也是我国古典园林建筑中的楼、阁等建筑多木制地面的原因。如苏州拙政园的见山楼和北京北海公园静心斋中的叠翠楼，其二层均采用木制地面。加工木地面是指经过整裁和刨光加工的木地面，这种形式多用于现代园林建筑中的某些小空间，如接待室、度假别墅等建筑的一些主要空间。

（2）块材地面。这种地面耐磨、易清洁，并能产生微弱的镜面效果，给人以富丽豪华的感受。块材地面常见的有大理石、毛石和花岗岩，这种材料现代感强，而且尺度较大，所以通常只用于现代园林建筑中的较大空间内，如旅游宾馆的大厅、展览馆的大堂和展厅等。皇家园林建筑有时为体现其豪华与尊贵也采用毛石或粗制花岗岩块材，如北京故宫的大部分主体建筑的室内地面。

（3）塑料地面。塑料地面由人造合成树脂加入适量填料、颜料与麻布复合而成，具有柔韧性、弹性和隔热性。其纹理和图案的可选择性很强，有的在图案、质地上模仿木制或石质地面，几乎可以以假乱真，价格经济、便于更换。这种材料的地面一般只在现代园林建筑中使用，而且多用于人流量大、活动频繁的园林建筑室内空间，如冷热饮厅、餐厅、健身馆等建筑的使用空间。

（4）面砖地面。面砖地面包括表面粗糙的青砖、石砖和表面光洁的地砖、缸砖、瓷砖、马赛克等材料饰面的地面。青砖和石砖地面，具有自然、质朴的性格，多用于古典园林建筑的底层地面，如拙政园的远香堂、颐和园的玉兰堂等；后期的仿古园林建筑中，大多采用仿石砖铺砌地面，如安徽巢湖望湖阁的一、二、三层地面均采用仿石砖地面（图5-4）；而地砖、缸砖、瓷砖、马赛克等地面，光洁、现代、便于清洁，所以多用于现代园林建筑，尤其是服务性园林建筑，如某会客室的地面装修（图5-5）。

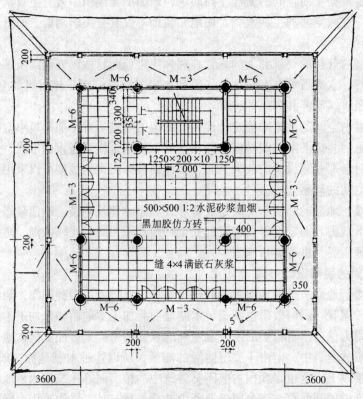

图5-4　望湖阁二层仿石砖地面

（5）水磨石地面。水磨石地面分预制和现浇两种，由铜条嵌缝分划成各种花饰图案，经磨光打蜡后，即成美观多样的地面。由于掺和料（各色石子或大理石的碎片）和色彩掺合剂的不同，地面色彩各不相同，具有较强的装饰效果。它便于洗刷、耐磨，常用于现代园林建筑中人流集中的大空间，如餐厅、展厅等。

（三）园林建筑墙面的装修设计

园林建筑的内墙装修通常要能满足保护墙体、保证室内使用功能和装饰室内三方面的要求。其中，保护墙体和保证室内使用功能是墙面装修最基本的要求，如防潮、防腐、隔音、减噪、保温、隔热等；装饰室内是墙面装修的高级要求，这一点对园林建筑来说显得尤为重要。

1. 园林建筑墙面装修设计的原则

（1）要有整体观念。进行墙面装修时，要充分考虑与室内其他部位的统一，尤其是它与顶棚、地面的关系，无论在装饰材料上还是在装饰形式上，都要贯彻整体观念，使之与整个空间成为一个整体。

（2）注重真实性。有些商业建筑或办公建筑，为达到某种特定室内空间气氛的目的，进行内墙装饰时，常有制造假墙、假柱的现象。而对园林建筑，应考虑建筑的统一风格及建筑构件和空间的真实性，在真实的基础上进行艺术创造。

图 5-5　某会客室的面砖地面

（3）考虑耐久性。墙体经常与人接触，内墙的饰面材料应比其他部分的材料更耐用、持久，尤其是内墙的主体构造部分。内墙的某些次要部位，可以选择耐久性较差的材料，以便于进行装修翻新。

（4）考虑内墙的特定需要。根据空间使用性质的不同，内墙在防火、防潮、隔音、保暖等方面的要求也不尽相同。如会议室在这方面的要求比餐厅严格，装修设计时应区别对待。

（5）考虑观赏特征。内墙一般面积较大，与人较亲近，通常是近距离观赏，甚至有可能与人的身体直接接触，所以，装修设计时要特别注意这种近距离、长时间的观赏对人的生理状况、心理情绪等方面的影响。在考虑内墙饰面材料的质感、色彩、纹理、图案时，一方面可以追求较强烈的装饰效果，另一方面要兼顾内墙的观赏特征。

2.园林建筑内墙的装饰形式

（1）抹灰装饰。抹灰类墙面包括墙面的拉毛和喷涂。常用做法是在底灰上抹纸筋灰、麻刀灰或石膏，然后依据具体情况喷、刷石灰浆或大白浆，有的还采用引条、拉毛、做线脚等方法增强墙面的立体感。这种墙面装饰光洁细腻、富于光影感和立体感，而且可以优化室内声学效果，是一种最为简单而常用的装饰方法。古典私家园林建筑的内墙多采用这种做法，如江南的诸多私家园林建筑。

（2）涂刷装饰。涂刷装饰是指用白灰、油漆、可赛银浆、乳胶漆等涂料对内墙进行涂刷的装修方法。这种方法施工简便、价格低廉，可灵活调配所需色彩和涂刷所需图案，园林建筑一些次要空间的内墙可以采用这种装饰。

（3）贴面装饰。贴面装饰通常有马赛克贴面、面砖贴面、石材贴面、琉璃贴面等四种做法，这四种做法各有特点。

马赛克贴面光洁，色彩丰富，耐水、耐磨、防潮、便于冲洗，餐厅和旅游旅馆等园林建筑的厨房、卫生间经常采用；面砖贴面坚固耐久，其质感和色彩具有较强的表现力。面砖有釉面砖和无釉面砖之分，园林建筑的内墙多用表面凹凸不平的无釉面砖，以体现园林建筑质朴的风格，如江南古典园林建筑多用青砖贴面。现代园林建筑有的为了表现建筑的淳朴也选用无釉面砖做内墙贴面，装饰效果也非常独特。

石材贴面的种类很多，常见的有大理石贴面、花岗岩贴面、毛石贴面、块石贴面、片石贴面等。大理石和花岗岩质地坚硬、表面光滑、纹理清晰、富丽高贵，但施工麻烦、价格昂贵，所以仅用于现代园林建筑的一些重要空间，如门厅、大堂、中庭等。而毛石、块石、片石等贴面，表面粗糙、自然厚重，与园林建筑的特性相吻合，再加上施工相对较易，所以被广泛应用于园林建筑室内墙面、墙柱的装修，如图5-3的流水别墅。

琉璃贴面表面光滑细腻，耐久抗腐，是一种颇显质感的中国传统装饰材料。过去多用于室外装修，现在也被用于室内装饰。这种贴面已经开始在一些仿古园林建筑中盛行，它不仅有助于园林建筑内外材料的统一，而且可以倍添一种古色古香的视觉感受。

（4）贴板装饰。贴板装饰常见的有贴石膏板、镜面玻璃和贴金属板三种做法。

石膏板可压制成各种图案，可锯可切、可钉可贴，施工方便，物美价廉，且具有防火、隔音、增强墙面立体感等优点。石膏板一般用于旅游旅馆、展厅、餐厅等服务性园林建筑的隔墙装修。

镜面玻璃其表面平整，能反射物体和反映人的活动，因而具有动感和扩大空间感，如与灯具结合，还可产生奇妙的效果。一般用于旅馆、餐厅等园林建筑的厅堂内的正墙面。如由密斯设计的范斯沃斯住宅，其起居室和门厅采用了大面积的玻璃和局部木板作为墙面装修，这不仅维持了密斯建筑的风格和特点，而且强化了人造物与自然环境的对比，装饰效果独特，耐人寻味。

金属板主要有铝板、铜板、钢板、不锈钢板、铝合金板等材料，这些材料不仅坚固耐用、美观新颖，而且具有强烈的时代感。金属板可以通过电镀、烤漆、喷涂、酸碱腐蚀等方法进行着色或压制多种图案。金属板常用于现代服务性园林建筑的营业性空间，可创造出华贵动人的环境效果。但装饰时面积不宜过大，以免扰乱空间秩序，造成视觉混乱。

（5）材料组合装饰。园林建筑的内墙装修往往不止一种材料，而要考虑多种材料的组合，否则易显单调，尤其是现代园林建筑。同一个空间的不同墙面之间，装饰材料可以变化，但要以某一种材料为主，其他材料只是小面积的对比。同一墙面上的饰面材料也可以有两种或两种以上，但也要注意主次关系，否则会显得杂乱无章（图5-6）。

图5-6 多种材料组合的墙面

（四）园林建筑天棚装修设计

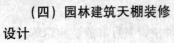

天棚，又称顶棚，是室内界面的顶面，是室内空间的重要构成，是除墙面、地面之外，用以围合室内空间的另一个大面，也是室内空间装饰中最富于变化和引人注目的界面。其透视感强，面积大，对视觉的吸引力很强，且在很多场合往往和设备管线联系紧密，所以天棚的装修设计是室内装修极其重要的组成部分，其造型和装饰材料的选用对整个室内装饰的风格与效果有着重要的影响。

1. 园林建筑天棚装修设计的原则

①顶棚的装饰处理不仅要考虑其装饰性，通常还需综合考虑音响、照明、暖通、防火等技术要求，有的还要根据声学上的要求铺放吸声材料、布置反射板等。因此，天棚装饰的技术要求高、施工难度大、工程造价高，设计时要综合考虑内部形体、装饰效果、经济条件、设备安装、技术安全等问题。

②顶棚的装修设计要考虑人的生理需求，让人感受到舒适和惬意。选材时要充分考虑材料的声学、光学、热学等方面的性能。如反光材料过多会产生眩光，硬质材料过多会造成声场混乱，吊顶高度不当会影响采光、通风和心理感受。

③天棚装修设计中的材料种类不宜过多，装饰不宜繁琐，图案不宜细碎，否则会令人眼花缭乱。设计中要力求简洁、有主有次，从大处着手，注重整体效果。

④天棚设计应顺应人的心理需求。天棚是室内空间的顶部界面，人们习惯以上为天，以下为地，天棚就相当于室内的"天"，"天轻地重"是人们的视觉心理。所以，天棚的设计在形式、色彩、质地和明暗处理上要充分考虑"上轻下重"的原则，否则容易产生压抑感。

2. 园林建筑天棚设计的基本形式

（1）平整式天棚。平整式天棚表面平整，无凹凸面（包括斜面和曲面）。这种天棚构造简单，装修便利，朴素大方，造价经济，其艺术感染力主要来自顶面的色彩、形状、质地、图案及灯具的有机配置。适用于现代园林建筑，展览馆、餐厅、接待室等建筑的大空间可以采用。

（2）凹凸式天棚。凹凸式天棚表面有凹凸变化，不是平整一片。凹凸变化的层次可以是单层，也可以是多层，所以，这种形式又称为"立体天棚"。它造型华美富丽，一般只用于现代园林建筑室内的重点空间，而且不能随意运用，否则将使空间凌乱不堪。这种天棚设计，凹凸层的主从关系和秩序性非常明显，材料运用简洁，并与吊灯、灯槽有机组合，追求一种整体美感。

（3）悬吊式天棚。悬吊式天棚是指在屋顶承重结构下面悬挂各种折板、曲板、平板或其他形式的吊顶，如玻璃顶、装饰织物顶等。这种天棚处理通常是为了满足声学、光学和美学等方面的要求而进行的艺术处理，它造型新颖、别致，能使空间气氛轻松欢快，充满艺术趣味，是现代设计中常用的形式。现代园林建筑中的观演厅、咖啡厅和展览厅等文化艺术类室内空间经常采用这种悬吊式天棚处理，运用不规则的布局手法，结合照明、音响设计，创造一种奇幻的动态美。

（4）井格式天棚。井格式天棚是结合结构梁架形式（主次梁交错以及井字梁的关系），配以灯具和花饰图案的一种天棚处理。这种形式朴实大方，节奏感强，井字梁的节点和中心往往是布置灯具和装饰的地方。我国古典园林建筑中采用的藻井处理实际上就是井格式天棚的早期形式，这种藻井天棚一般用于较大型园林建筑的殿、厅、堂等室内空间，而且依据建筑的地位变化，其藻井也有等级之分，如北京天坛的祈年殿内的藻井是体现帝王之尊的最高等级（图5-7），而江南一带的古典园林建筑的藻井等级就要低得多。现代园林建筑中的井格式天棚要比传统的藻井要简化得多，它以简洁的梁架形式代替了繁杂的斗拱和彩画，一般用于园林建筑的门厅、大堂和回廊等的天棚处理，如图5-8中某展厅的天棚设计。

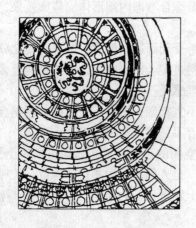

图 5-7　天坛祈年殿藻井
（引自田学哲《建筑设计初步》）

图 5-8　某展厅天棚设计
（引自张绮曼《室内设计经典集》）

（5）结构式天棚。结构式天棚是指利用屋顶的结构构件，结合灯具和顶部设备的处理，不做过多的附加装饰，因形就势地构成某种图案效果。这种天棚虽造价低廉，但构成得法，如果设计和选材得当，将别有一番风味。这种形式多用于现代园林建筑的大型公共空间的室内，如展览大厅、餐饮大厅等。著名的蓬皮杜文化艺术中心是结构式天棚的典型代表（图5-9）。

（6）玻璃顶天棚。玻璃

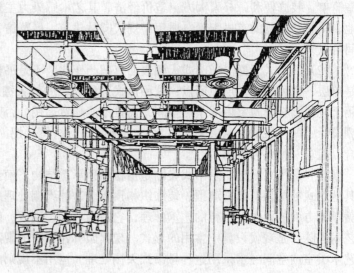

图 5-9　蓬皮杜文化中心冷饮厅天棚

顶天棚主要有两种形式：一是发光天棚，就是在天棚里面布置灯管，外表敷设乳白玻璃、毛玻璃或蓝玻璃，给室内造成一种犹如蓝天、白昼的感觉。另一种是直接采光天棚，它是运用玻璃直接采收自然光，通常是为了解决大空间的室内采光问题，打破大空间的封闭感，满足室内绿化的需要而进行的处理，这种玻璃天棚一般有圆形、锥形和折线形等几种。玻璃顶天棚一般只用于现代园林建筑中，会议室、接待室等园林建筑室内多采用发光天棚，而直接采光天棚多用于较大型园林建筑的门厅、中庭或展厅等空间。

（五）园林建筑门窗的装修设计

门窗的装修历来是室内环境设计的重点之一，它不仅是直观的建筑构件，在使用功能上也与人有着密切的联系。园林建筑的门窗既有与建筑连成一体用于主要交通、通风和采光的门窗，也有用于划分室内空间另设的门窗，装修设计时应区别对待。

1. 园林建筑门窗装修设计的原则

（1）满足良好的实用功能。受传统影响，我国园林建筑的室内门窗基本上沿用开启门的形式，这造成了门窗的单一、呆板。实际上门的开启方式很多，常见有弹簧门、推拉门、旋转门、折叠门、上翻门、升降门、卷帘门和自动门等。窗的形式也很多，如落地窗、侧悬窗、升降窗、百叶窗、滑轴窗、折叠窗和玻璃幕墙等。设计时应根据功能要求灵活设置门窗数量和选择门窗形式。

（2）符合安全规范的需要。安全问题主要反映在开启速度、设置位置、防护设施和门窗结构等方面。门的开关速度要符合人的行为特点；门窗的结构要坚固，必要时可设置防护设施，以免造成意外的人身伤害；无色透明的玻璃门上应设置识别标志，以免发生事故。

（3）与整体室内空间的格调相一致。这种与整体气氛和风格相一致主要反映在三个方面：一是门窗的形式、造型、结构、材料、色彩、风格要与室内其他部分具有有机的联系，在感官上能产生浑然一体的效果；二是各部分的门窗样式之间要有某种联系，使之有异中求同的效果；三是门窗形式不宜变化过多，应力求单纯、简洁，使之和谐而有整体感。

2. 园林建筑门窗的装饰形式　门窗按材料可分为木门窗、钢门窗、铝合金门窗和塑料门窗。

（1）木门窗

① 木门：木门依照开启类型可分为：平开门、推拉门、弹簧门（又称自由门）、折叠门、转门、电子感应自动门等。传统园林建筑多选用平开门和折叠门，推拉、弹簧门和电子感应门用于一些现代园林建筑的主要入口。门框的形式也是多种多样，有的带亮子，有的不带亮子，可以根据需要灵活选择。

依据构造不同，木门又可分为：有镶板门、半截玻璃门、玻璃门、夹板门（又称胶合板门）、实木门、纱门、百叶门等。古典或仿古园林建筑多用实木门、有镶板门和百叶门，玻璃门和夹板门则见于现代园林建筑。

按造型木门又可分为：普通门、装饰门、垂花门和传统槅扇门（图 5-10）等。装饰门、垂花门和传统槅扇门是园林建筑的一大特色，尤其是与传统园林建筑浑然一体。

② 木窗：木窗按其开启方式分为：固定窗、平开窗、上悬窗、下悬窗、水平推拉窗、垂直推拉窗、百叶窗、立窗等。按其样式又可分为：平开窗、45°凸窗、弧形角凸窗、花窗、中国传统窗（图 5-11）、外国传统窗等。花窗和中国传统窗是传统园林建筑窗装修的

常见形式。

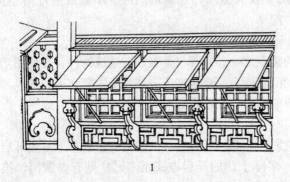

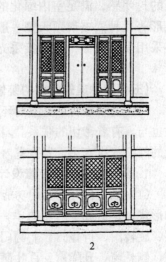

图 5-10　传统木门
1. 格门及阑槛勾窗　2. 槅扇门与六扇门
（引自《建筑设计资料集》第三集）

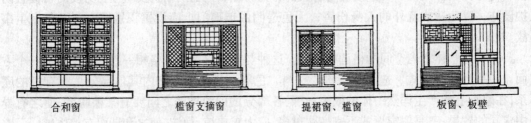

合和窗　　　　　槛窗支摘窗　　　　提裙窗、槛窗　　　　板窗、板壁

图 5-11　中国传统窗式
（引自《建筑设计资料集》第三集）

（2）钢门窗。钢门窗具有透光系数大，质地坚固、耐久，防水、防风雪，外观整洁、美观等特点。钢门窗大多为定型化与标准化，实行工厂化生产，其常见样式如图 5-12 所示。钢门窗一般只用于现代园林建筑。

（3）铝合金门窗。铝合金门窗是近些年发展起来的，所以一般仅用于现代园林建筑。它具有透光系数大、不生锈、质量轻、密封度好、造型美

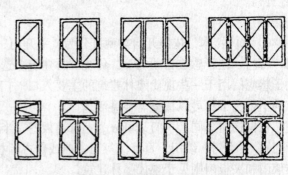

图 5-12　有亮子和无亮子钢门窗

观等优点，被广泛用于旅游旅馆、餐饮厅、展览馆等服务性园林建筑。

①铝合金门：铝合金门常见的形式有铝合金地弹簧门、自动推拉铝合金门、旋转铝合金门、轻型卷帘门等。

② 铝合金窗：铝合金窗有固定、推拉、平开等形式，按其型材宽度可分为 38 系列、50 系列、70 系列和 90 系列等。

（4）塑钢门窗。塑钢门窗通常只见于现代园林建筑的一些较次要部位。塑钢门大多具有装饰性好，保养简单，耐水、耐腐蚀等优点。按其结构可分为：镶板门、框板门、折叠门、整体门、软质塑料透明门等。塑钢窗结构上的特点是窗玻璃较大，一般一扇窗一块玻璃，不用油灰，干法安装，加工拼装简便，窗扇之间设有密封条起气密作用。塑钢窗结构形式很多，主要有固定窗、开启窗、翻窗、滑窗和百叶窗等。

第二节　园林建筑的室内陈设

一、概　述

（一）室内陈设的概念

自建筑产生之日起，人类就有了室内和室外两种不同的生活空间，室内空间与人的行为关系更为紧密。为了更好地满足人类不同的行为需求和精神需求，室内空间还必须陈设一些物品。然而，室内物品的摆放并非随心所欲，它需要考虑与整个建筑的风格、室内设计相协调；要考虑空间的利用、色彩的点缀、景观的美化等等。室内陈设正是这样一门艺术，它是一门研究室内各类物品（包括家具、各类覆盖织物、工艺品、日用品等）的摆放，解决室内实用的结构、空间造型和美观等的综合艺术。

室内陈设不能简单地理解为室内摆放或室内装饰，它的一个重要出发点就是研究人的尺度与人在建筑空间中的活动关系。此外，还要研究人在空间内部活动所需的各种设施及这些设施的合理安排和布局，以满足人的行为、生理和心理的需要，进而达到充分合理利用空间的目的。

中国园林建筑的美，不仅表现在具有优美的外部造型、灵活多变的空间组合、精巧秀丽的内外装修，而且还表现在它的内部有着一整套与建筑的整体风格十分协调的家具与陈设。不同类型的园林建筑，会采用不同的室内家具和陈设，以满足不同功能的需要。

（二）园林建筑室内陈设的功用

对于园林建筑室内环境而言，一旦空间确定以后，其整个环境设计是以内部陈设为主要对象的，也就是说室内的各类陈设是室内环境功能的主要构成要素和体现者。

家具与陈设既供人们日常起居、接待、宴饮、休息之用，又起着丰富园林建筑内部空间、增强室内装饰效果的艺术作用。特别在厅堂等内部空间，往往要靠家具的摆设来烘托空间的主次。

室内陈设是人们在室内活动中的生活道具和精神食粮，是室内设计的主要内容。室内陈设的作用是多方面的，从宏观上加以概括，表现为以下几个方面：

1. **表达意境**　意境指的是室内环境所集中体现的某种意图、思想，是从人的主观意图与室内客观环境的艺术性的完美结合。要表达意境，除了装饰手段之外，室内陈设的作用不可低估。由于陈设的格局、内容和陈设的形式与风格不同，就会创造出不同意境的环境气氛。如广州文化公园的园中院内以井泉为主题的"廉泉"室内景观（图 5-13），用一口泉井，几株芭蕉、苏铁，一幅"廉泉"书法，两把木制坐椅，传递出一种清廉正直、典雅高尚的氛围。

图 5-13　园中院廉泉景
（引自刘管平《园林建筑设计》）

2．**组织空间**　依据空间不同的使用要求，可以通过合理的室内陈设布置，将室内分隔成若干个相对独立的空间，同时也组织室内的人流活动流向，使较凌乱的空间在视觉和心理上成为有序的空间。这种空间组织方式的特点是灵活方便，可随时调整布置方式，不影响空间结构形式；同时这种分隔将空间"隔而不断"，加强了空间的流通与渗透，强调了室内环境的整体性。

3．**表现风格**　不同的室内陈设内容和形式具有表现不同室内风格的作用。为了表现室内设计的民族风格，可通过陈设传统的工艺品、挂画、书法、陶瓷等器物取得相应的效果；为表现西洋古典的风格，可布置西洋古典器物如罗马柱、古典雕像、穹顶、壁炉、西洋乐器等。如图 5-14 所示的日本度假木屋，室内以淡泊为重，院子的庭院景观与室内浑然一体，室内陈设以较矮茶几为中心，周围的椅凳或榻榻米上放置日本式的蒲团，陈设茶道用的陶瓷或漆器以及日本风格的插花，并且悬挂竹帘用以增加室内淡雅的气氛。

4．**体现个性**　室内陈设的内容和形式可以体现主人的性格、职业、爱好、文

图 5-14　日本风格的室内陈设

化水准和艺术素养等。如室内摆放一些书法、文房四宝、书柜、图册等，可体现主人文静雅致、爱好文学书法的特点。有的室内将天然材料不加修饰地暴露于众，摆放一些简朴自然的物品如木床、草席、藤椅、插花……，体现出主人那种悠闲、舒畅，爱好绿色大自然的个性。

（三）室内陈设的种类

室内陈设品有许多种，大到家具（固定家具），小到一幅画、一盆花，甚至是一个烟灰缸……这些陈设品的形状、形式、大小、颜色、材料、质感等各不相同，可以按其作用和属性进行分类。

1. 按陈设品的作用分类

（1）装饰性陈设品。装饰性陈设品指本身没有实用价值而仅作观赏用的饰品。这类陈设品多数具有浓厚的艺术趣味或强烈的装饰效果，如书画、雕刻，或富于深刻的精神意义，或特殊的纪念品等（图5-15）。

（2）功能性陈设品。功能性陈设品是指本身具有一定用途兼有观赏趣味的实用品，如日常器皿、家具、绿化、书籍等（图5-15）。

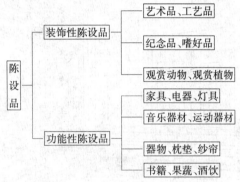

图 5-15　陈设品按其作用分类

2. 按陈设品的属性分类　室内陈设按其属性可分为日常生活用品、家用电器、艺术与工艺品、室内织物、绿化与美化植物等（表5-2）。

表 5-2　陈设品按其属性分类

分类 内容	日常生活用品	家用电器灯具	艺术与工艺品	室内织物	绿化与美化植物
室 内 陈 设 品	茶具 餐具 酒具 瓶罐 锅盆 碗碟 化妆品 文房四宝 水果 蔬菜 各式家具	收录机 录像机 电视机 空调 电冰箱 洗衣机 计算机 洗碗机 微波炉 电风扇 热水器 搅拌机 组合音响 各式灯具	瓷器 漆器 陶器 竹、草编 塑料制品 木、泥雕 石、玉雕 牙、贝雕 金属雕 景泰蓝 书、画 金石古玩 剪纸刺绣 蜡染	窗帘 台布 地毯 沙发罩面 床上用品	山水盆景 树桩盆景 插花 盆花 观叶植物 其他植物

二、园林建筑室内陈设的艺术特征

室内陈设一般都是根据建筑的功能性质进行选择和布局的，园林建筑在其功能和性质上有别于居住建筑、办公建筑、商业建筑等其他建筑，所以园林建筑在室内陈设方面也体现出独特的艺术特征。

1. **风格**　园林建筑室内陈设的风格随园林风格的不同而不同。中、西方因其文化差异形成了不同的园林风格，这种园林风格的差异反映到园林建筑的室内陈设风格。中国风格所表现的是一种端庄大方的气韵，丰满华丽的文采，按一定的规格布置空间，凡间架的配置、纹饰的排列、家具的安放、字画古玩的悬挂陈设都采用不对称均衡的手法，获得稳健典雅的儒家风范。西方传统风格则是以古希腊和古罗马柱式为代表，多采用对称式布置，追求完美，造型简洁，讲究自身的比例，以家具、雕塑等构成室内空间的基调，既稳健又华丽，庄严中不失纤细（图 5-16）。

图 5-16　中西方不同风格的室内陈设
1. 中国传统风格的室内陈设　2. 西方传统风格的室内陈设

我国的园林建筑也因功能和地域的差异而风格各异，室内陈设也大不相同。如私家园林与皇家园林建筑的室内陈设就有较大差别，大致说来，前者较为简洁、精雅，后者较为豪华隆重，讲究等级。近现代园林建筑的室内陈设则更为简洁、洗练，与建筑风格的演变相一致。

2. **形式**　园林建筑的室内陈设在形式上体现出一种灵活、自由、巧妙的特征。多采用罩、槅扇、屏风、博古架等对空间进行自由分隔，使空间散而不乱，似分又合。多种形式组合的花格，加上古玩、器皿、盆花、盆景等陈设品配合主家具和墙面，形成一种丰富的装饰效果。另外，园林建筑的室内陈设在形式上讲究与自然的联系，一器一物、一草一木的摆设均可从自然中找到呼应，在对自然的模仿之中加强与自然的对话。

3. **色彩**　园林建筑室内陈设的色彩相对与其他建筑而言显得更单一、素净。除了古典皇家园林建筑和寺观园林建筑因其特殊需要采用红、黄等一些较浓重的色彩外，一般室内陈设多采用温和、纯净的色彩去追求一种典雅、宁静、协调的整体氛围，往往摒弃那些与主体墙面对比强烈的色彩。因为园林建筑多为观景、休憩之所，只有温和、纯净的色彩才符合游人当时的心境，所以园林建筑多选用色调淡雅、色相纯净、明度适中的室内陈设。

4. **质地**　室内陈设品的种类繁多，呈现出不同的质地。把握和组织好各种不同材料的质地，有助于展现陈设品的材质特色，进一步渲染环境氛围。园林建筑室内陈设在质地处理上不像商业和办公建筑那样追求现代和华丽，而是多以自然、朴素的材质特色来进一步刻画园林建筑的自然属性。如粗犷浑厚的毛墙、壁刻，朴素雅致的原木、器皿，清新自然的流水、植物……

三、园林建筑室内陈设艺术设计

(一) 艺术设计原则

1. **与室内空间的功能和性质相统一**　从选择陈设内容、确定陈设格局，到形成陈设风格，都要充分考虑空间的用途和性质。空间用途、性质的多样化，决定了陈设的内容、风格的多样化，只有在充分了解空间性质和功能要求的前提下，选择符合空间要求的室内陈设设计与布置，才能突出设计主题，展现室内陈设的魅力。如旅游旅馆的室内陈设就不能等同于一般酒店或住宅。从一些成功的陈设设计来看，无论是富丽豪华、繁缛纤巧，还是古朴典雅、简洁明快，都无一不与空间的用途和性质密切联系。

2. **与民族文化传统和地区风格相统一**　园林建筑与民族文化传统和地区风格有着密切的联系，其室内陈设必然受其影响。民族文化传统和地区风格是人们多年来长期生活经验的结晶，在人们的心理上有着深深的烙印，人们不自觉地以此为美。如我国南方园林建筑的室内陈设多显得淡雅、宁静，而北方园林建筑的室内陈设则显得厚重、热烈。

3. **与园林建筑的特定空间和尺度相统一**　陈设设计和布置要注意特定空间和尺度的关系，大空间的陈设尺度要大一些，小空间的陈设要有一个适中的尺度。如同样的盆栽，放在水榭室内合适，而放在旅游旅馆的大厅内则未必合适，甚至会显得单薄。一些较显眼的主体陈设不仅要轮廓突出，色彩鲜明，而且位置和尺度要适宜，并注意留出观赏空间。

4. **与园林建筑室内空间陈设的整体性相统一**　室内陈设是构成整体空间的一部分，但如果这些陈设品相互之间缺乏合理安排、有机组合，反而会让人感到杂乱无章。有些陈设品单个看来都很美，但如果把美的东西简单地堆在一起，只能走向良好愿望的反面，令人眼花缭乱，甚至庸俗不堪。陈设品不以多和大出奇，而以精巧制胜，这样才能充分发挥其画龙点睛的作用。另外，从总体色彩效果上也应以典雅、低纯度色为主，局部可用高纯度或对比色进行点缀处理。

5. 突出艺术性和个性　园林建筑是景观艺术的一个重要要素,艺术创造是其灵魂。园林建筑的室内陈设设计同样要注重艺术创造,它需要经过艺术选择、加工、装饰、组合等一系列艺术创作活动,才能打造出符合设计意图的室内环境气氛。另外,园林建筑的室内陈设布置不能千篇一律,而应当依据使用者的职业、素养、爱好和情趣,进行针对性的设计,突出空间及景观的个性。如同样为茶室,其室内陈设设计也是各不相同,只有在设计中充分展现其个性,才会令游人印象深刻。

（二）几种基本室内陈设

1. 家具　依据园林建筑风格、功能的不同,其室内的家具陈设设计也不尽相同。对于榭、轩、厅、堂、楼等类型的园林建筑,其室内家具陈设一般是根据功能性质的不同,先运用槅扇、罩、屏风、帷帐、博古架等家具(图5-17)将室内空间划分成若干个大小不等的空间,通常是中间空间较大以便迎宾或家人聚叙之用,两边配以小空间,给侍从备物或休息之用。然后再按空间需求布置桌、椅、几、案、柜橱、床榻等家具。这些家具多为木制、藤制、竹制家具,样式以明、清古典式或仿古典式为主,使家具本身显得较古朴厚重,与园林建筑形式相协调。另外,在布置形式上,以对称式为主,而且讲究成套、成组,以"一对"为模数,一几二椅为一组单元。二几四椅为"半堂",四几八椅为"整堂"。

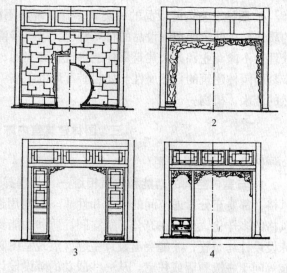

图5-17　传统博古架和罩示意
1. 博古架　2. 花罩　3. 落地罩　4. 栏杆罩

对于接待室、展览室、茶室、游船码头、餐厅、旅游旅馆等服务性园林建筑,这类建筑多以一个或几个较大的厅、堂或室为主要使用空间,再辅以若干较小的辅助空间,家具陈设主要集中在那些较大主空间之内。这些空间的室内家具陈设也常常借鉴厅、堂等传统园林建筑的做法,运用橱架进行空间分隔。但由于这些空间的公共性更强,需要保持空间的开敞性,所以分隔空间的橱架相对少一些、简单一些,而且材质和形式更丰富多样,空间分割更自由。另外,主空间布置的桌、椅、几、案等家具,形式更显自由、灵活,也不太讲究对称和"模数",同时家具样式、制作材料也更多样。

2. 灯具　灯具在园林建筑室内陈设中常常易被忽视,一方面是因为园林建筑夜晚的使用率较低,另一方面是由于园林建筑室内的灯具确实要相对少一些。实际上灯具在园林建筑室内同样非常重要,不仅可以满足照明的需要,而且具有很强的点缀和装饰作用。

园林建筑的灯具陈设因建筑性质和风格的差异呈现出不同特点。对于轩、榭、厅、堂等古典园林建筑,其室内灯具数量较少,灯具类型主要是吊灯和壁灯,灯具样式多选用传统的古典式（由灯笼演化而来）。通常是在厅、堂的四周和廊道布置壁灯，而在厅、堂的关键位置安装一些吊灯。对一些服务性园林建筑，其室内灯具数量明显增多，样式也在吊灯和壁灯的基础上增加了台灯、吸顶灯等。灯具的布置位置比较灵活，没有太多限制，而且，灯具的样式相对丰富一些，设计中可以依据空间性质和特殊情调的需要灵活处理。在进行灯具陈设设计时，首先应有一个总体的规划，强调整体光效，然后根据不同空间所需和不同灯具光效来决定取舍。

3. 工艺品与织物陈设设计

（1）工艺品的陈设。工艺品在园林建筑室内陈设设计中起增加室内生活气息，点明室内设计主题和美化室内环境的作用。具体表现在以下几个方面：

① 构成室内主要景点：由于工艺品的造型、体量、色彩、内容和空间有密切的关系，往往布置在视线的焦点上，构成空间的主要景点，如入口的屏风、铁花格等。

② 完善室内构图：在室内陈设设计中，整体布置的关系是不容忽视的，但对细部处理和深化也应给予一定重视，而工艺品的摆设正可以担当这个角色。例如在接待室的墙角摆放一个雕塑，会使谈话空间更亲切，会使死角变得更生动。

③ 体现室内特征：每个园林建筑的室内通过摆设相应的工艺品可以达到强化室内环境特征的目的。例如，北京的景泰蓝、广东的牙雕、宜兴的紫砂陶、福建的漆器，分别摆在不同地区的旅游旅馆中，可以反映出各自地区的独特风貌。

园林建筑室内的工艺品陈设要以室内空间的性质和用途为依据，布置时要少而精，避免随意充塞和无章堆砌。工艺品的种类繁多，造型、色彩各不相同，选择时首先要自身美，其次是要与环境关系和谐。

园林建筑非常注重装饰性，其室内的工艺品陈设更应强化这方面的效果。因此，工艺品布置要注意形式美法则的运用，注意各种对比关系，如大小、明暗、方圆、比例、节奏、繁简等。同时，布置时要注意位置，应把重点工艺品放在视线的焦点上，使其重点突出，吸引视线。另外，布置时还要考虑尺度和比例能同室内相协调，考虑与室内环境的质地和色彩相协调。

（2）织物陈设。织物陈设除有使用价值外，还有增强室内空间艺术性、烘托室内气氛、点缀室内环境等艺术价值。织物的艺术感染力主要取决于材料的质感、色彩、图案、纹理等因素的综合艺术效果，如以毛、麻、棉、丝、人造纤维为原料的纺织品，有的粗糙，有的细腻，有的挺拔，有的柔软，通过本身印花、织花、绣花、提花等工艺加工以及织物的色彩和图案，放在室内十分富于装饰性。室内织物主要包括窗帘、床单、台布、地毯、挂毯、沙发罩面等。

① 窗帘：窗帘的作用除美学功能外，还有遮挡、隔声、调温、防尘、调节室内亮度、避免视线干扰等实用功能。窗帘在形式和材料的选择上，要依据园林建筑的形式、风格和整体环境而定。

对于轩、榭、堂等早期的古典园林建筑，为维护建筑的整体格调和氛围，一般不布置窗帘，多采用挂落、百叶窗格和窗纸来替代窗帘。在后来出现的仿古园林建筑中，如茶室、接待室等园林建筑为了更好地满足遮挡、调控等功能，采用了一些与古典建筑较协调的窗帘，如草帘、竹帘等，窗帘的形式多用卷帘（图5-18）。对于旅游旅馆这类有特殊要求的园林建筑，其窗帘的形式和材料多种多样，布置时应根据整体环境格调的要求，选择统一的窗帘形式和材料，不能过于追求窗帘的变化。

图 5-18　广州矿泉别墅水廊
（引自刘管平《园林建筑设计》）

　　② 床上用品：除了旅游旅馆这类有住宿服务的建筑，床上用品在园林建筑室内比较少见。在轩、堂等古典建筑中，床榻已经失去使用功能而成为纯装饰陈设，所以其床上用品的布置以装饰要求为主。而旅游旅馆客房内部的床上用品，不仅要考虑实用性，还要考虑装饰性；其色彩、形式和质料可以依据设计需要自由灵活地选择，这一点与一般宾馆或酒店相似，但在具体布置的时候，除了考虑室内氛围、色彩和光线要求以外，更重要的是体现地域或民族的特色，如在大漠地区的旅游旅馆内，其床上可以铺设反映大漠人文风情的床单、床罩或枕套。

　　③ 地毯：地毯在园林建筑室内的运用主要集中在接待室、旅游旅馆等类型的建筑，尤其是一些现代形式的园林建筑。地毯在这些建筑室内一般以局部铺设为主，起到重点装饰的作用。铺设地毯时，要注意和空间的性质、大小相协调，大空间宜用图案较大的地毯，小空间宜用单色或隐花图案较小的地毯；大面积的地毯花色要单纯，彩度要低一些，小面积或装饰性地毯则可适当鲜艳些。

　　④ 沙发罩面：沙发只在后来出现的仿古或现代园林建筑室内得到运用，古典园林建筑室内一般只设坐椅，为了体现坐椅的本色，多不设罩面。在后期园林建筑当中，出现沙发作为陈设。沙发与人的坐卧行为关系紧密，易受磨损、污染，所以沙发罩面要坚固、清洁、柔软、舒适，还要与室内环境气氛相协调，色彩、款式和质料要精心选择。园林建筑室内的沙发罩面常选用丝绒、平绒、锦缎等布艺罩面，而且花色要单纯，这样有助于强化其装饰性，体现典雅、古朴的环境氛围。

　　⑤ 挂毯：挂毯是一种高雅美观的悬挂工艺品，它不仅具有吸音、吸热等物理作用，还能以其特有的质感和纹理图案给人以亲切的精神感受。在园林建筑室内运用挂毯进行艺术装饰，不仅可以增加安逸、柔和的气氛，反映空间的性能、特征，而且往往能反映一定的民族文化特色和地域特色。如桂林风景区某接待室，在其大厅正面墙上悬挂一巨幅绘有桂林山水和苗家风情的挂毯，体现出浓重的民族文化和地域特色（图 5-19）。挂毯在园林建筑室内不仅具有很强的装饰作用，还具有分隔空间的功能，如某会客室运用长条挂毯将

一个较小的空间合理地分隔成内外两层空间，达到小中见大的艺术效果。

（三）绿化陈设设计

人类有着热爱自然、亲近自然的天性，特别是长期生活、工作在室内的人更是对绿色的自然充满渴望和依恋。将绿化引入室内是人类本性的回归，是人类改善人居环境的重要手段。

园林建筑与自然的关系比其他任何建筑都要密切，在园林建筑室内布置大量的绿化陈设成为延续和进一步强化这种关系的重要手段，同时绿化陈设也成为园林建筑室内陈设设计的特色。

1. 绿化陈设在园林建筑室内的作用

（1）美化环境。绿化陈设的美化作用主要表现在两个方面：其一是绿化植物本身的形态美，包括植物的体量、形态、色彩、肌理和气味等；其二是植物形成不同的组合，并与所处环境有机地结合而具有的环境效果。

园林建筑本身反映出的要素是几何性的，形态一般比较生硬、乏味，而绿化陈设则完全是一种自然形态，轮廓自然丰富，体态高低、曲直多变、疏密相间，生动清新，与人工的建筑环境形成鲜明的对比，起到很好的柔化空间的作用。植物的色彩各不相同，加上绿化植物的质感与肌理有其自身明显的特点与长处，使植物显得千变万化、生动活泼，成为室内环境构成要素的有机补充。

（2）组织空间。在园林建筑室内，运用绿化陈设来组织空间是园林建筑最大的特点之一。绿化陈设在组织空间方面的作用体现在多个方面。

①联系空间：园林建筑的通透性要大于其他建筑，将绿化引进室内，使内部

图 5-19　桂林某接待室大厅
（引自李永盛《建筑装饰工程设计》）

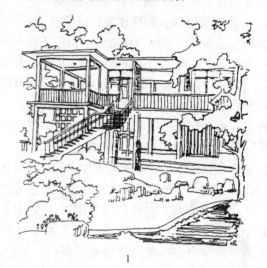

1

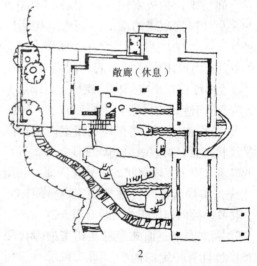

敞廊（休息）

2

图 5-20　绿化陈设联系室内外空间
1. 广州越秀公园奕阁透视　2. 广州越秀公园奕阁首层平面
（引自刘管平《园林建筑设计》）

空间兼有外部空间的自然因素，有利于室内外空间的有机联系和相互渗透，有助于加强内外联系，有助于增强园林建筑的自然性。通过这种互渗互借的处理手法，可以扩大园林建筑室内的空间感，增加室内空间的层次感，使室内有限的空间得以延伸和扩展（图5-20）。

② 指示空间：借用绿化陈设的丰富性和可观赏性，起到吸引人们注意力的作用，从而巧妙、含蓄而有效地起到提示与导向空间的作用。

③ 限制空间：通过绿化陈设的组合配置对室内空间进行分隔、限制，这种柔性的绿化陈设将空间依据需要分隔成一个个相对独立的功能空间，同时又保持空间的开敞性、连贯性和整体性。另外，可以通过绿化陈设来调节空间的尺度。对较大的室内空间，可以布置适当的绿化植物加以调节，使空间的尺度更亲切、宜人。这种调节是含蓄而有效的，使人在视觉上和心理上得到更好地满足。

④ 填充空间：园林建筑室内往往会有一些不规则的零碎空间，既不美观，又不便于利用，成为室内空间的死角区。如果选择一些相宜的植物进行艺术装饰，反而可使这些空间起死回生，使之成为环境中的有机组成部分。

（3）净化环境。绿化陈设可以通过自身的生态特点，起到改善和净化环境的作用。绿化植物通过新陈代谢可以调节室内空气湿度；利用植物本身具有的良好吸声功能可以降低噪音；通过光合作用可以有效地吸收空气中的灰尘和二氧化碳，净化室内空气。

2．绿化陈设的布局与方法

（1）绿化陈设的布局。园林建筑室内绿化陈设的布局形式多种多样，依据布局的形态可以分为点式、线式、面式及综合式等形式。

① 点式布局：点式布局是指独立或成组集中布置绿化植物。这种布局形式往往用于室内空间的中心区域或某些重要部位，用以加强空间层次，构成室内景观中心。点式布局的大小可根据布置的空间不同而选用不同的植栽形式，在大型厅、堂之中可布置大型乔木；中型植物可用作区域空间的限定与分隔；小型盆栽则可放在小空间内，或地上、或几案上、或悬吊于室内构件之上（图5-21）。

② 线式布局：线式布局是指室内绿化陈设呈线状布置，可直线排列或曲线排列，其形式的确定取决于室内空间的形式和需要。利用绿化线式布局可以较好地解决室内空间的划分、联系、导向和过渡等问题（图5-22）。

③ 面式布局：面式布局是指室内绿化集中布置而且有一定的面积。面式布局有几何

图 5-21　点式布局示意
（引自李永盛《建筑装饰工程设计》）

形和自由形两种形式之分，几何形秩序感强，具有逻辑美；自由形则灵活自然，具有抽象美。可依据建筑风格和室内环境的不同选择相应的形式。面式布局是室内绿化最常用的形式之一，常用于内庭院或大面积的室内空间，如广州白天鹅宾馆的内庭（图5-23）。

④ 综合式布局：综合式布局是指室内点、线、面综合构成的绿化形式。这种布局形式多样，变化丰富，被广泛应用于大型园林建筑的室内，如大型餐饮建筑、旅游旅馆等。这种绿化组合时要充分考虑室内布置空间的形状、尺度、格调等要素，同时也要考虑各形式绿化之间的形体、色彩、质感的搭配关系，既要有变化，也要讲协调，切不可平摊单列，要强调变化中求统一。

图 5-22　线式布局示意
（引自李永盛《建筑装饰工程设计》）

（2）室内绿化陈设的方法。室内绿化植物作为装饰性陈设或是分隔组织空间的手段，比其他任何陈设和隔断都更具有生机和魅力。室内绿化陈设的方法主要有以下三种：

① 地面绿化法：地面绿化法是指将绿化植物采用直接"地栽"的方式进行绿化，这种绿化方法要求在园林建筑的室内"预留"一块泥土地（不能硬化），而且有一定的面积大小，然后在上面直接布置乔木、灌木或草花。这种绿化方法不仅要求建筑占地面积大，而且要有满足植物生长的生态条件（土壤、水分、光照等），所以多用于大型园林建筑的天井、内院、角院等地，如图 5-23 中的白天鹅宾馆中庭。这种方法的绿化效果好，整体性强，稳定性高，但成本也较高。

② 容器式绿化法：容器式绿化又可称"台式绿化"，是指绿化植物不直接种于地面，而是运用人工制作的高于地面的"种植容器"进行绿化。"种植容器"的形式多种多样，包括种植池、种植坛、种植碗、种植桶、种植箱、盆栽和插花等，设计时可依据室内空间的特性选择相应的形式。这种绿化由于种植容器的体积有限，所以不宜种植大乔木，可以根据需要种

图 5-23　广州白天鹅宾馆中庭
（引自张浪《图解中国园林建筑艺术》）

植小乔木、灌木或草花。另外，这种绿化所占空间比较小，可以直接用于中、小型园林建筑的室内，而且可以灵活移动。这种方法的绿化效果不如地面绿化，整体性不强，但灵活性很大，成本也不高。

③悬垂或攀缘式绿化：悬垂式绿化是指盆栽或箱植植物种于高处使之呈下垂倒挂的姿态；攀缘式绿化是指盆栽或箱植植物沿某一固定的支架向上或向下攀爬。悬垂或攀缘式绿化多用于园林建筑室内的空中，如室内花架、高脚几案、组合橱柜的顶端，以及园林建筑的内墙、外墙、平台、阳台、窗台等部位。悬垂或攀缘式绿化多选用具有攀爬能力的藤、蔓植物，它成本低，灵活多变，具有极强的装饰点缀作用，但绿化的整体性差。

3. 多种景素的综合运用　在园林建筑的室内陈设中，绿化陈设往往不是孤立地运用一些植物，而是结合山石、水体和其他小品进行综合布局，创造出丰富的园林景观，使之与园林建筑相得益彰、缤纷异彩。

(1) 山石。山石的形状千姿百态、各具性格，在中国园林艺术中历来占有重要地位。将山石与绿化植物进行组合，可以进一步丰富绿化效果。

对山石的选择可以依据古人对山石的审美标准，即"瘦、透、皱、丑"。"瘦"即细长苗条、孤峙无依；"透"即多孔洞坑洼、玲珑剔透；"皱"即纹理明晰、起伏多姿；"丑"即奇特怪异、变形无常。园林建筑室内的山石布置不同于室外，它受空间尺度、光线、背景等因素的影响和制约，通常尺度较小、亮度较高。布置形式主要有假山、石壁、峰石（孤石）、散石（群石）等（图5-24）。

图5-24　室内山石布置示意

(2) 水体。"无水不活"通常用来形容水体在园林中的重要地位，同样，水体在园林建筑室内也具有神奇的功效，它可以增加空间活力，改善空间感受，美化空间造型，增强空间意趣。

水体通常与绿化、山石一起共同构筑园林景观，与园林建筑融为一体。水体一般用于园林建筑的大堂、内庭、楼梯下、通道旁或室内外过渡空间，它们与植物和山石交相辉映，绘制出动人的画面。水体的形态有动静之分，静态的水体主要有水池、水带、水溪等形式；动态的水体有瀑布、喷泉、涌泉、叠泉、壁泉等形式。依据室内空间环境特性、尺度、背景的需要以及植物和山石的景观特质，选择相应的水体形式进行布置。

(3) 其他小品。园林建筑小品的形式多种多样，主要有花窗、门洞、景墙、铺装、花架、雕塑、栏杆、小桥、汀步、蹬道、园灯、凳椅等。选择的小品必须与园林建筑室内环境的尺度、背景、风格一致,不拘一格,精心布置,宁缺毋滥,力求做到巧妙得体,精致适宜。另外,园林建筑室内的小品,因其观赏距离受限制,常处于人的近视距范围内,其体量应有特殊要求。如广州白天鹅宾馆内庭中的小桥、汀步和栏杆,与整体环境非常协调。

本章小结

建筑的装修与室内陈设是建筑装饰工程的两个主要内容,两者既有区别又相互依存、协调和补充。

相对于其他建筑,园林建筑的装修属于更高层次的装修,在实用的基础上更强调艺术性和装饰性,它追求环境空间的美感以及由此带来的精神愉悦。园林建筑装修的重点是外墙、内墙和室内天棚,设计时应充分考虑室内空间的整体氛围以及各界面之间的相互影响,选择合适的材料、合理调配色彩和质感。纯朴、自然是园林建筑装修设计的最基本的原则,将装修设计与室内空间组织融于一体是其最常用的方法。另外,装修设计与室内陈设设计是同步的,是密不可分的,设计中不能人为地割裂开来。

园林建筑的室内陈设有着鲜明的特色,它在设计过程中更强调艺术性和装饰性,更强调与自然环境的结合。绿化陈设是园林建筑室内环境的一大特色,从而也成为园林建筑室内陈设设计的重要内容,设计时应结合园林建筑及其室内空间的特点,选择适宜的布局方式,努力寻求园林建筑与自然环境的有机统一。

中国传统园林建筑在装修、陈设方面的优良传统和经验,在新的园林建筑中得到继承和运用,并取得很好的效果,我们完全可以在现代钢筋混凝土框架所划定的范围内进行加工和处理,使园林建筑在其主体造型上显示出时代感,而在内外檐装修和陈设上又表现出浓重的民族、地区特色和生活气息。

复习思考题

1. 园林建筑的室内陈设有哪些艺术特征?
2. 园林建筑室内陈设的主要艺术法则是什么?
3. 园林建筑室内的绿化陈设有哪些布局方式? 其设计方法主要有哪些?
4. 园林建筑装修设计的艺术特征是什么?
5. 园林建筑室内装修设计中各界面的设计原则分别是什么? 各界面的主要设计形式有哪些?
6. 园林建筑的门窗装修形式主要有哪些? 谈谈木门窗的分类、特点以及在园林建筑中的应用。

第 **6** 章 园林建筑施工与管理

[本章学习目标与方法]

通过学习，使学生了解园林建筑施工的特点及开工前的施工准备工作；施工方案（方法）的确定、施工机具的选择以及施工顺序的安排；施工过程中的日常管理（作业计划、施工任务书、施工日志等）、技术管理（技术交底、技术会审、施工实验等）、材料与工具管理、质量检查与评定等。

本章学习的关键在于"准备、计划、管理"三个方面。"准备"应把技术经济资料的准备和施工现场的准备作为重点内容，通过学习弄清具备哪些条件才可以正式开工；"计划"的核心是施工方案及进度计划，学习时应对多种方案进行经济比较，以降低工程成本，减少材料消耗，缩短工期；"管理"的内容很多、实践性很强，学习时与本地区企事业单位的具体情况相结合，着重理解，立足运用。

第一节 概　述

一、园林建筑施工的特点

园林建筑是一种独具特点的建筑，它既要满足建筑的使用功能要求，同时还要满足园林造景的需要，它与园林环境密切结合，是与自然融为一体的建筑。因此，园林建筑的这些特点决定着园林建筑施工的特点。

1. **施工现场复杂**　园林建筑一般建在山上、水边或水中，这给施工带来很多不利因素。

2. **施工工艺要求较高**　园林建筑除满足使用功能外，更重要的是满足造景的需要，要建园林精品，就必须对施工工艺提出较高的要求。

3. **施工技术要求高**　尤其是仿古园林建筑，对施工工人的技术水平要求较高，没有较高的施工技术水平很难达到设计的要求。

4. **协作配合关系较复杂**　园林建筑施工牵涉到较多的工种，施工生产往往要由不同的施工单位和不同的工种工人相互配合施工，协作性高。

二、施工生产过程

园林建筑工程项目的生产过程大致可以分四个阶段：

（1）现场调研阶段。又称施工准备前期阶段。

（2）组织计划和设计阶段。

（3）工程实施阶段。

（4）竣工验收阶段。

四个阶段中历时最长的是工程实施阶段，这一阶段要进行项目的地基处理、基础、主体结构、装饰等工作，这些工作的好坏直接关系到产品的质量和企业的信誉。所以，一定要实行科学的组织和管理，保证项目的顺利实施。

三、施工组织与管理的基本任务

①合理安排施工，保证按时完成任务。

②降低生产费用，进行有效的成本控制。

③采取严格的质量和安全措施，保证产品符合规定的标准和使用要求。

第二节　施工准备工作

施工准备工作是为保证顺利进行工程施工而必须事先做好的各项工作，它既是施工生产的头一个重要阶段，又是贯穿于整个施工过程中的一项重要工作。

一、施工准备工作的意义

园林建筑施工过程是非常复杂的生产活动过程。从材料的加工定货，机械、设备、材料、构件的进场使用，到合理组织人力、物力，以及分部分项的施工准备，汛期、雨季的施工等，都必须事先有周密的安排。提高工程质量，加快工程进度，降低成本，节约投资等一系列的生产及施工组织管理活动，都离不开计划和施工准备。俗话说，不打无准备之仗，园林建筑施工生产活动也是这样。实践证明，凡是重视施工准备工作，在开工前及施工中都认真细致地做好每一步施工准备工作，为施工创造必要的条件，则该项工程就能够做到质量好、速度快、施工安全、经济效益好。反之，如果忽视施工准备工作，仓促开工，必然会造成现场混乱，进度迟缓，物资浪费，质量低劣，甚至被迫停工、返工，造成不应有的损失。因此，在施工前，必须要坚持做好各项准备工作。

由于园林建筑产品很复杂，受自然条件影响大，工作的协作性要求也高，故施工准备工作又必须是经常性的，以适应经常变化的客观因素的影响。在每一项工程施工前，都要做好相应的准备工作，为工作的顺利进行打下坚实的基础；在季节施工到来之前要相应地做好季节施工的准备工作。例如在雨季到来之前，要落实现场排水措施及设备；制定混凝土或砌筑工程的雨季施工方案，提前做好防汛准备；并尽可能完成地面以下工程，做好基础回填。

总之，不但要做好施工前的阶段性准备工作，在开工后的每一施工阶段，我们都应根据实际情况做好施工准备工作。这对于加快工程进度，提高施工质量，保证施工安全，增加经济效益都起着非常重要的作用。

二、施工准备工作的内容

施工准备工作包括以下内容：

1. 进行技术经济调查　包括现场条件和生产条件的调查。

2. 建立施工的技术经济条件　包括会审图纸，施工组织设计的编制与审查，签订工程合同，编制施工概预算等。

3. 施工物资准备　包括组织材料、构件、成品、半成品的加工、运输和进场，以及施工机械设备进场、安装和调试。

4. 施工队伍的组织　包括建立施工现场管理机构，成立项目管理班子，集结施工队伍，签订专业合同和分包合同，招募临时工，并进行教育和培训等。

5. 进行施工现场的准备　包括施工现场的"三通一平"，临时设施的搭建，进行现场的测量放线等工作。

6. 提出开工报告，申请施工许可证　申请施工许可证应当具备下列条件：

①设计图纸供应已落实。

②征地拆迁手续已完成。

③施工单位已确定。

④资金、物资和为施工服务的市政公用设施已落实。

⑤其他应当具备的条件已落实。

三、施工准备工作的要求

1. 编制施工准备工作计划　编制单位工程施工准备工作计划要结合施工现场的具体条件，将施工准备工作的内容逐项确定完成日期，落实具体负责人。单位工程施工准备工作的内容包括：

①现场障碍物清理及场地平整。

②临时设施的搭建。

③暂设水电管线的安装。

④场内交通道路及排水沟的修筑。

⑤材料、机具设备及劳动力进场。

⑥加工定货及设备的落实。

2. 建立严格的施工准备工作责任制　按施工准备工作计划将责任落实到有关部门和人，同时明确各级技术负责人在施工准备工作中应负的责任。

3. 建立施工准备工作检查制度　施工准备工作不但要有计划、有分工，而且要有布置、有检查，以利于经常督促、发现薄弱环节，不断改进工作。

4．施工准备工作应做好几个结合

（1）施工与设计相结合。施工单位接受施工任务后，在熟悉与审查图纸时，必须考虑施工能否满足设计的要求，并就材料、构件的选择及施工方法、质量要求等方面与设计单位取得一致意见，办理洽谈手续。

（2）室内与室外准备相结合。室内准备工作主要是指各项技术经济资料的准备（如熟悉、审查图纸、编制施工组织设计等）；室外准备工作主要是指施工的现场准备。在做技术经济资料准备时，必须与施工现场的准备相结合进行。例如，在编制施工组织设计时，必须首先深入调查施工现场的实际情况，使施工组织设计切实起到指导现场施工的作用。

（3）班组准备与工地总体准备相结合。在做班组施工准备时，要结合图纸交底及施工组织设计的要求，熟悉有关的技术规程、规范、协商各工种之间的衔接配合，力争连续、均衡施工。

5．施工准备工作必须贯彻在施工全过程的始终　施工现场受客观环境条件的影响较大，必须及时解决施工中的管理问题、平衡调度问题及供应问题等，以便适应实际需要。

6．施工准备工作必须分工协作　施工准备工作应取得建设单位、设计单位及有关协作单位的大力支持，要统一步调，分工协作，以便共同做好施工准备工作。

四、技术经济资料准备

（一）调查研究、收集资料

1．现场条件调查

①园林建筑周围地形与自然标高，地上障碍物（如构筑物、树木、管线等），地下障碍物（如地下管线、人防通道、旧建筑物基础、坟墓等）及施工可临时利用的场地等条件的调查。

②对交通运输道路方面的调查。场外、场内的运输条件如何？尤其是场外原有道路能否利用？运输能力如何？现场道路除满足施工运输需要外，还需满足消防方面的要求。在施工中，运输任务是相当繁重的，往往需要上万吨的材料运入工地，并在工地内部进行运转，如忽视现场道路的重要性，将直接影响场内的材料运输和装卸，进而影响工程施工的进展。

③施工用水调查。在城市要掌握离现场最近的自来水干管的距离与管径的大小；在农村或在城市而无自来水或自来水管线距离现场较远，则要掌握附近的水源及水质情况，能否满足施工与消防用水的要求。

④施工用电的调查。在现场附近有无高压线通过及变压器，能否满足施工用电负荷，供电局是否同意接线。在供电没有保证的情况下需要设发电设备。

⑤掌握水文地质方面的资料。这方面的资料一般由勘测单位提供，如地下水位高低、土壤特征、承载能力，有无古河道、古墓、流沙、膨胀土、溶洞等。此外，对不熟悉的地区，还要掌握气候的变化，雨量、土壤冻结深度等自然条件。

2．生产条件调查

①了解工程的性质、意义，以及合同工期的要求或国家、企业计划的要求，作为安排施工生产计划的依据。

②了解劳动力的情况，尤其是主要工种，如瓦工、抹灰工、木工等的布置和分配情

况，以及工人的技术水平。

③了解施工机具的供应情况。

④了解材料供应情况，除国拨材料（钢材、木材、水泥）、地方材料（砖、瓦、灰、砂、石等）供应情况外，还要注意特殊材料及防水材料的供应情况。

⑤了解成品与半成品的加工供应情况（如门窗、混凝土构件、铁活等）。

（二）熟悉、审查图纸

熟悉图纸是为了了解和掌握设计的内容及要求，防止发生指导错误。审查图纸一方面是为了纠正设计中的错误，另一方面是为了发现不利于施工的设计，以便进行协商解决。各级施工技术人员在施工前必须认真学习、熟悉图纸，各工种专业人员要重点熟悉本工种的图纸，了解设计意图及施工的技术标准、工艺规程等，并提出本专业工种的问题及困难。

（三）熟悉技术规程、规范

国家颁发的《工程建设标准规范管理办法》"总则"指出："工程建设标准规范是国家一项重要的技术法规，是进行基本建设勘探、设计和施工及验收的重要依据，是组织现代化工程建设的重要手段，是开展工程建设技术管理的重要组成部分"。它强调了标准规范的法律性。在其第四章"标准的贯彻执行"中特别指出："任何单位和个人不得擅自更改标准。对因违犯标准造成不良后果以至重大事故者，要根据情节轻重，分别予以批评、处分、经济制裁，直至追究法律责任"。这就进一步申明了对待技术法规应持严肃态度。因此，在施工中，必须树立法制观念，严格按有关规范规定办事。目前园林建筑施工参照建筑安装工程技术标准和技术规程，我国现行的建筑安装工程技术标准和技术规程包括：

1．建筑安装工程技术标准

①建筑安装工程施工及验收规范。它规定了分部、分项工程的技术要求、质量标准和检验方法。

②建筑安装工程质量检验评定标准。它确定了评定分项工程、分部工程及单位工程的等级标准。

③建筑安装材料、半成品的技术标准及相应的检验标准。

2．建筑安装工程技术规程
技术规程是施工及验收规范的具体化，对建筑安装工程的施工过程、操作方法、设备及工具的使用、施工安全技术要求等做出具体技术规定，用以指导建筑安装工人进行技术操作。常用的技术规程如表6-1。

表6-1 常用技术规程

序号	技术规程名称	规 程 内 容
1	施工工艺规程	规定了施工的工艺要求、施工顺序、质量要求等
2	施工操作规程	规定了工人在施工中的操作方法及注意事项
3	设备维护和检修规程	按设备磨损的规律，规定了设备日常维护和检修的工作内容
4	安全操作规程	规定了工人的安全操作、机械设备的安全运行，以及施工作业的安全防护的要求

技术标准按照适用的范围可分为国家标准、部颁标准和企业标准。技术规程在保证达到国家技术标准的前提下，可以由地区或企业根据自己的操作方法和操作习惯的不同而自行制定和执行。在学习各种规范和标准时，应遵循的总原则是：下级标准服从上级标准，有关规定不能与上级标准有所抵触，且不能低于上级标准。

在学习规范和标准时，应结合施工中容易出现的问题有重点的学习。应区分规范要求的严格程度，一般应注意其措词及说明：

①对于要求很严格的内容，正面词采用"必须"，反面词采用"严禁"。

②对于要求严格的内容，正面词采用"应"，反面同采用"不应"或"不得"。

③对于允许稍有选择的内容，正面词选用"宜"或"可"，反面词选用"不宜"。

在学习规范和标准时，应将同一项目的有关规定结合起来学习，相互补充，形成完整的概念，以便正确指导施工。例如，砌砖工程施工，首先应遵照《砖石工程施工及验收规范》中的有关规定执行，其重点是砌筑用砖、砂浆、组砌方法、季节性施工的要求等；而对一些构造措施（如构造柱的设置、箍筋的加密范围等）和施工技术措施（如绑扎钢筋接头要求、保护层规定等），则应通过学习《钢筋混凝土构造设计与施工规程》来充实。又如，钢筋混凝土工程施工，应遵照《钢筋混凝土工程施工及验收规范》的有关规定执行。

在学习规范、标准或在施工检查质量时，如发现图纸设计与有关规定相互间产生矛盾时，应提请上级主管部门和设计单位共同研究解决，不得擅自处理。总之，各级工程技术人员在接受施工任务后，要结合工程的实际，以及工程的重点、难点，认真学习、熟悉有关的技术规范、规程，并结合以往工程的实践，制定出本工程的最佳技术保证措施，为保证优质、安全、按时完成工程任务打下坚实的技术基础；同时，这也是提高工程技术人员自身素质的一个有效手段。

第三节　施工组织设计

施工组织设计是对工程施工所做的全面性安排，是指导施工的重要技术经济文件。影响施工速度、施工质量和安全的因素主要有材料、设备、人员、管理水平、天时地利等，如何利用有利因素，克服不利因素，合理组织人力、物力，这是施工组织的重要问题。不同的施工方案，其经济效果大不一样。事实证明，如果能因地制宜地认真编好并贯彻执行施工组织设计，就能做到高质量地完成施工任务，否则就会造成矛盾，组织混乱，效率低下。

一、施工组织设计的主要内容和分类

1. 施工组织设计的主要内容

①工程任务情况。

②施工总方案、主要施工方法、工程施工进度计划、主要单位工程综合进度计划和施工力量、机具及部署。

③施工组织技术措施，包括工程质量、安全防护以及环境污染防护等各种措施。

④施工总平面布置图。

⑤总包单位和分包单位的分工范围及交叉施工部署等。

⑥对环境的影响的分析。

2. 施工组织设计的分类

①施工组织总设计，它是以建筑群或大中型建设项目为对象编制的。

②单位工程施工组织设计，是以一个单位工程为对象而编制的。

③分部（分项）工程施工组织设计，它主要用于复杂的、新技术的工程项目，单独详细说明其施工方案。

二、施工组织设计的编制依据和基本原则

1. 施工组织设计的编制依据

①园建设计施工图纸。

②园建施工图概预算。

③园林建筑工程定额及相关文件（包括预算定额、劳动定额、施工定额等）。

④调查研究资料（包括建筑物的特点、用途，资源供应情况，施工现场的运输条件、自然环境、生活设施条件及气象情况等）。

⑤有关的技术规程、规范、建筑法规等文件。

⑥计划文件（包括国家批准的建设计划文件，投资指标和工程设备、材料的订货指标，建设地区主管部门的批件等）。

2. 施工组织设计的原则

①严格遵守基本建设的程序和施工程序，保证重点，统筹安排。建设工程项目必须在国家计划控制下建设，并严格遵守施工程序，保证主要项目与配套项目同时完成。

②积极采用先进技术，努力提高标准化，逐步提高预制装配和施工机械化水平。先进科学技术是提高劳动生产率，加快施工速度，提高工程质量的重要前提。在组织施工时要努力学习、运用和推广新技术、新材料、新工艺。

③合理地安排施工计划，组织连续、均衡、紧凑的施工。在安排计划时，应在保证重点项目的同时，将一些配套、辅助工程项目适当安排好；作为施工中的调节，要统筹安排冬季施工和雨季施工项目；要注意组织好各个项目的平行流水及立体交叉作业；对一个单位工程而言，在连续、均衡的前提下，使各个施工过程最大限度地搭接起来，减少资源消耗。

④确保工程质量和施工安全。百年大计，质量第一，工程质量的好坏，直接影响到建筑物的寿命和使用功能。同时，施工安全与质量是不可分割的，如果安全没有保障，质量就抓不上去。要在施工中实行安全第一、预防为主的方针，开展各种质量、安全管理及教育活动，并强化各项具体措施的落实。

⑤合理布置施工现场，节约用地，组织文明施工。合理地布置施工现场是组织文明施工、提高施工速度的前提，也是增强经济效益的重要环节，必须予以高度重视。

⑥进行技术经济活动分析，贯彻增产节约方针，降低工程成本。实行经济核算制，增产节约、降低成本是建筑企业生产发展的重要基础。因此，企业在推行经济核算制的基础上，要把增产节约、降低工程成本的技术组织措施（或计划）作为一切工程项目施工方案、方法确定的重要依据。

以上这些原则，是高质量地完成建筑工程任务的前提。因此，在编制、贯彻施工组织计划时，必须认真遵照执行。

三、编制单位工程施工组织设计的程序

施工组织设计的编制程序如下图所示（图6-1）。

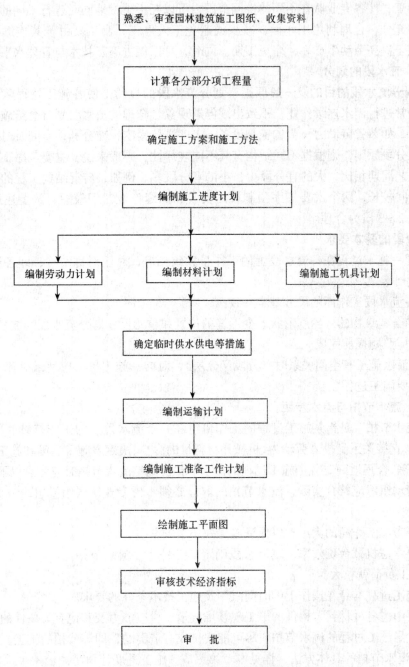

图 6-1　施工组织设计的编制程序

四、流水作业

流水作业又称流水施工，是指把施工对象划分成若干施工段，每个施工过程的专业队依次连续地在每个施工段上进行作业，当前一个专业队完成一个施工段的作业之后，就为下一个施工过程提供了作业面，不同的施工过程，按照工程对象的施工工艺要求，先后相继投入施工，使各专业队在不同的空间范围内可以互不干扰地同时进行不同的工作。流水施工能够充分、合理利用工作面，减少或避免工人停工、窝工。由于其连续性、均衡性好，有利于提高劳动生产率，缩短工期。同时，可以促进施工技术与管理水平的提高。

（一）流水段的划分

1. 划分流水段的目的及一般原则 划分流水段的目的是使各施工过程队（组）的劳动力能正常进行流水连续作业，不致出现停歇现象。合理的流水段划分会给施工管理带来很大效益，如节省劳动力，节省工具设备，工序搭接紧凑，充分利用空间及时间。至于施工流水的分段原则，则根据不同结构有其不同规律性。一般来说，主要工序工艺周期与次要工序工艺周期相比，大的宜分段少，小的宜分段多。例如，砖混结构工程的主要工序砌砖作业时间较长，两个次要工序预制板的安装和灌缝作业时间较短，按上述原则宜少分段，即分 2~3 段为合理。

2. 分段的基本要求

① 同一施工过程在各流水段上的工作量大致相等，对于对称结构，即各流水段的工程量大致相等。

② 各流水段工作面的尺寸基本一致。

③ 结合建筑物的外轮廓形状、变形缝的位置和单元尺寸划分流水段。厕所、卫生间、楼梯间等应照顾提前完成。

④当流水施工有空间关系时（分段又分层），对同一施工层，应使最少流水段数大于或等于主要施工过程数。

（二）流水节拍与流水步距

1. 流水节拍 是指某施工过程的工作班组在一个流水段上的工作持续时间。流水节拍的大小，直接关系到投入劳动力、机械和材料量的多少，决定着施工速度和施工的节奏，因此必须正确、合理地确定各个施工过程的流水节拍。确定流水节拍时应注意以下问题：

① 劳动组织应符合实际，流水节拍的取值必须考虑专业队（组）组织方面的限制和要求。

② 要考虑工作面的大小，以保证施工效率和安全。

③ 要考虑机械台班效率，在流水段确定的条件下，流水节拍愈小，单位时间内机械设备的施工负荷就愈大。

④ 施工过程本身在操作上的时间限制及施工技术条件的要求。

⑤ 要考虑各种材料、构件的施工现场堆放量、供应能力及其他有关条件的制约。

⑥ 主导施工过程的流水节拍应尽可能安排成有节奏的，即等节拍的施工。

确定流水节拍的具体方法，详见本章第三节"施工进度计划"。

2. 流水步距 是指前后两个相邻的施工过程先后开工的时间间隔。在流水段一定时，流水步距越小，即两相邻施工过程平行搭接多，则工期短；流水步距越大，即两相邻施工过程平行搭接少，则工期长。确定流水步距时应注意以下问题：

①施工工作面是否允许。

②施工顺序的合理性。

③技术间歇的合理性。

④合同工期的要求。

⑤施工中劳动力、机械、材料使用的均衡性。

（三）组织流水施工的方法要点

①划分分部、分项工程，每个施工过程组织独立的施工班组负责完成其施工任务。

②划分流水段。

③每个施工过程的施工班组，按施工工艺的先后顺序要求，配备必要的施工机具，各自依次、连续以均衡的施工速度从第一个施工段转移到下一个施工段，直到最后一个施工工段，在各段上完成本施工过程相同的施工操作。

④主导施工过程必须连续、均衡施工，工程量小的、时间短的施工过程可合并，或可间断施工。

⑤相邻的施工过程之间除必要的技术、组织间协调外，在不同的施工段上，应尽可能组织平行搭接施工。

五、施工方案

施工方案是施工组织设计的核心，是影响工程施工质量优劣的关键因素之一。施工方案应主要解决以下几个问题：施工顺序及流水方式；选择主导施工过程的施工方法及施工机械；施工组织各项措施。

（一）确定施工顺序和流水方式

选择合理的施工顺序是确定施工方案、编制施工进度计划时首先应考虑的问题，它对于施工组织能否顺利进行，对于保证工程的进度、工程的质量，都起着十分重要的作用。

1. **施工顺序的宏观确定**　　合理的施工工序为：

①先场外工程（包括上下水管线、电力、交通道路等），后场内工程。

②先全场（包括场地平整、修筑临时道路、接通水电管线等），后单项。

③先地下，后地上。

④先主体后围护。

⑤先结构后装修。

一般园林建筑单位工程的施工顺序如图所示（图6-2）。

2. **一般园林建筑工程的施工顺序及流向**

（1）基础施工阶段。基础工程阶段是指室内地坪±0.00以下的工程，它的施工顺序比较容易确定，一般是先挖土，清槽，验槽处理；然后做垫层，砌筑基础和防潮层，最后回填土。在这一阶段施工中，要考虑配合施工问题，根据设计要求，将上水、下水、电缆、通道等进行合理安排，争取回填土前全部完成。基础工程回填土，原则上应一次分层夯填完毕，为主体结构施工创造良好的条件。如遇回填土量大，或工期紧迫的情况下，也可以与砌墙平行施工，但必须有保证回填土质量与施工安全的措施。

（2）主体施工阶段。主体施工阶段的施工流向是按照施工方案所划分的流水段，以水平向上、平行流水的施工方式进行。由于混合结构主体的主导施工过程是砌砖墙和安装楼板，所以组织这二者依次、连续流水施工是合理的。当采用圈梁硬架支模时，其施工顺序是：构造柱钢筋斗→砌砖墙→支构造柱及圈梁模板→圈梁钢筋→安装楼板、楼梯、阳台→

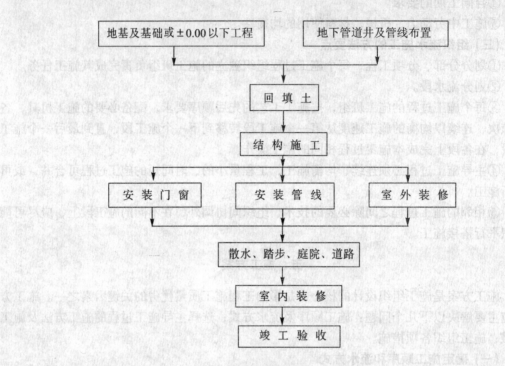

图 6-2　一般园林建筑的施工顺序

板缝支模、钢筋→浇筑构造柱、圈梁、板缝混凝土。

　　在主体施工阶段，应当重视楼梯间、厕所的施工。楼梯间是楼层之间交通要道，烧水房、厕所工序多于其他房间，而且面积较小，如施工期间不紧密配合，及时为后续工序创造工作面，将影响施工进度，拖长工期。

　　(3) 装修施工阶段。在园林建筑的施工中，装修工程的工序复杂，需用的劳动力多，所占的工期也较长。因此，妥善地安排装修工程阶段的施工顺序，组织平行流水作业，对加快工程进度，有重大意义。

　　装修工程中抹灰是主要施工过程，工程量大，用工多，占工期长。解决装修工程阶段施工顺序的安排，主要是解决好抹灰工在各装修工程项目中的施工顺序。

　　①室外装饰顺序：室外装饰总是采用从上向下（一般是水平向下）的流水施工方式。

　　②室内装修与室外装修之间的顺序：室内装修与室外装修之间的顺序有三种：先外后内、先内后外和内外并举三种方案，具体采用哪种方案应视装修做法、施工条件和外界气候来决定。如当室内有磨石地面时，为避免水磨石施工对外墙抹灰的影响，应当先做室内水磨石地面。又如当采用单排脚手架砌墙时，由于墙面脚手眼多，所以应先做外装饰，拆除脚手架、填补脚手眼，再进行内墙抹灰。还应注意外界气候的影响，室外中、高级装饰要尽量避开雨季和冬季。

　　③室内装饰流水方案：室内装饰有两种流水方案：一是自上而下，二是自下而上。方案一是指在主体结构工程封顶，做好屋面防水层以后，内装饰逐层向下进行。其优点是主体结构已完成，结构有一定的沉降时间，可避免结构沉降对装修的影响，还可防止雨水渗

漏影响，且工序间交叉少、影响小，便于组织施工，能保证施工质量与安全；其缺点是不能与主体结构施工搭接，从而工期较长。方案二是指当主体结构施工到三层以上时，内装饰工程从首层开始逐层往上进行。其优点是和主体结构搭接施工，缩短了工期；但由于结构与装修同时进行，故需要采取严密的组织、安全措施，当采用预制楼板时，板缝往往因填灌不实而渗漏施工用水及雨水，这时对两相邻楼层来说，应先抹好上层楼地面，再做下层的天棚、墙面抹灰，以保证施工质量。

④同一单元层室内装饰施工流向：室内装饰对同一单元层来说有两种不同的施工流水方案：一是先地后墙方案，二是先墙后地方案。方案一的施工顺序为：地面和踢脚板抹灰→天棚抹灰→墙面抹灰。其优点是适应性大，可在结构施工时将地面工程穿插进去（用人不多，但大大加快了工程进度），地面和踢脚板施工质量好，便于收集落地灰，节省材料；其缺点是地面要养护，工期较长，但如果是在结构施工时先做地面，这一缺点也就不存在了。方案二的施工顺序为：天棚抹灰→墙面抹灰→踢脚板和地面抹灰。其优点是每一单元工序集中，便于组织施工，但地面清扫费工费时，一旦清理不净，地面容易发生空鼓；在做踢脚板时，如踢脚板水泥砂浆压上墙面白灰砂浆，则踢脚板容易发生"张嘴"现象。

⑤各工序间的施工顺序：由于装饰工程项目多，在组织施工时一有不慎，容易工序交叉、相互影响，所以要特别注意安排好各工序间的施工顺序。在高级装修工程中一般室内施工顺序为：结构处理→放线→贴灰饼冲筋→水电设备管线安装→搭脚手架、吊顶龙骨→墙面抹灰→拆脚手架→地面清理→1:8水泥焦渣（养护两天）→铺预制磨石地面（养护三天）→镶磨石踢脚→吊顶板、窗帘盒、挂镜线→安装筒子板、门扇及五金等装饰工程→粉刷→油漆→灯具安装。

楼梯间抹灰和踏步抹面，因为在施工时期容易受到损坏，通常在整个抹灰工作完工以后，自上而下统一施工。

屋面防水工程与装修工程可平行施工，一般不影响总工期。

(4) 水电卫等工程的施工安排。由于水电卫工程不是单独施工，而是与园建主体工程交叉施工的，所以必须与园建主体施工密切配合。

在基础施工前，应先将地下的上下水管道施工完，至少也应将管沟的垫层及管沟墙做好，然后再回填土。

在主体结构施工时，应在砌砖墙或现浇钢筋混凝土楼板或支大模板的同时，预留上下水管立管的孔洞、电线孔槽，以及预埋木砖和其他预埋料。从室外的上下水管道可安排与结构同时进行施工。

在装修工程施工前，应安设相应的下水管道、电气照明用的附墙暗管、接线盒等，但明线应在室内装修已成后安装。

(二) 主要项目施工方法

在单位工程施工组织设计中，主要项目施工方法是根据工程特点在具体施工条件下拟定的。其内容要求简明扼要，在拟定施工方法时，应突出重点。凡新技术、新工艺和对本工程质量起关键作用的项目，以及工人在操作上还不够熟练的项目，应详细而具体，有时甚至必须单独编制施工工艺卡。凡按常规做法和工人熟练的项目，不必详细拟定。只要提出这些项目在本工程上一些特殊的要求就行了。

例如，在混合结构茶室建筑施工中，重点应拟定基础土方工程，砌砖工程的脚手架、室外装修工程的脚手架、屋面工程、抹灰工程等施工方法的选择。

（三）常见园林建筑的施工特点及施工方案

一个好的施工方案必须通过择优来选取。施工方案的选择必须针对结构的类型，适应不同结构的施工特点，要符合国家计划或承包合同的要求，能体现一定的施工技术水平，并能满足"好"、"省"、"快"、"安全"的施工总要求。但这一切必须建立在符合实际施工条件（如经济情况、物资供应情况、技术力量情况等）的基础上。下面结合常见园林建筑工程的施工特点说明施工方案的主要内容，这里介绍多层混合结构园林建筑施工方案。

1. 基础施工阶段 混合结构园林建筑一般采用条形基础，基础宽度较小，埋置深度不大，土方量较少，所以常采用单斗反铲挖土机或人工开挖。当房屋带有地下室时，土方开挖量较大，除使用反铲挖土机外，还可考虑采用正铲或拉铲挖土机施工，对基础埋置不深（如埋深小于 2m）而面积较大的基坑大开挖，往往采用推土机进行施工效果较好。当然，如果土方开挖是在地下水位以下，应首先采用人工降低地下水位的方法，把地下水位降到坑底标高以下，或是在施工中采用明沟排水的方法，采用哪种降水、排水方法要视基坑的形状、大小以及土质情况而定。无论采用哪种排水、降水措施，在施工中都应不停抽水，直到做完基础并在回填土开始施工时方可停止。

①为减少工程费用，在场地允许的条件下，应通过计算把回填用的土方就近堆放，多余的土方一次运到弃土地点，并尽量避免土方的二次搬运。

②在雨水多的地区，要注意挖基槽和做垫层的施工，安排要紧凑，时间不宜隔得太长，以防雨后基槽灌水或晾晒过度而影响地基的承载能力。

③基槽（坑）回填土，一般在基础完工后一次分层夯填完成，这样既可避免基槽遇雨水浸泡，又为主体工程的施工创造了工作条件，室内回填土，最好与基槽（坑）回填土同时进行。

④土方施工中，每天开挖前应检查基槽（坑）边坡的状况，做好放坡或加支撑，在施工中要有明确的安全技术措施及保证质量的措施。

2. 主体施工阶段 混合结构园林建筑一般是横墙承重，在砖墙圈梁上铺放预制空心楼板，砌筑和吊装是它的关键工作。所以，确定垂直起重运输机械就成为主体施工方案的关键。

在选择起重机械时，首先应考虑可能获得的机械类型，而后根据构件的最大重量、建筑物的高度、宽度及外形来决定，同时还应考虑施工现场的情况。通常选用轻、中型塔式起重机作为主体施工机械，如 I-16 型、QT1-2 型、QT1-6 型等。如果选用了移动式（轨道式）塔式起重机，一般不同时竖立井架或龙门架，以便充分发挥机械的使用效能。在主体施工完后可拆去塔吊，立起井架做装修。但当装修与主体搭接施工时，可采用塔机与井架综合使用的方案。水平运输除可利用塔吊外，在建筑物上可准备手推车分散塔吊吊上来的砖和砂浆等；在建筑物下的现场，可准备机动翻斗车从搅拌站运输混凝土或砂浆到吊升地点。

在确定了水平、垂直运输方案后，要结合工程特点确定主要工序的施工方法。一般多层混合结构建筑应选择立杆式钢管脚手架或桥式脚手架等做外架，内脚手架可采用内平台架等。模板工程应考虑现浇混凝土部位的特点，采用木模、组合钢模板。如砖墙圈梁的支模常采用硬架支模，这时吊装预制板，板下应架好支撑，现浇卫生间楼盖的支模、绑扎钢筋可安排在墙体砌筑的最后一步插入，在浇筑圈梁混凝土的同时浇筑卫生间楼盖，当采用现浇钢筋混凝土楼梯时，楼梯支模应与砌筑同时进行，以便瓦工留搓，现浇楼梯应与楼层施工紧密配合，以免拖长工期。主体阶段各层楼梯段的安装必须与砌墙和安楼板紧密配合，它们应同时完成，阳台安装应在吊装楼板之后进行，并与圈梁钢筋锚固在一起。另外，拆除模板也是主体施工阶段应注意的一个问题，一定要保证混凝土的强度达到规定的拆模强度，这一强度应以和结构同条件养护的试块抗压强度试验为准。

在制定施工方法的同时，应提出相应的保证质量和安全的技术措施。如砌墙时，皮数杆的竖立、排砖摆底的要求，留搓放拉结筋的要求，游丁走缝的控制等。支模时，如何保证模板严密不漏浆，构造柱如何保证质量，混凝土施工配合比的调整，蜂窝、麻面、烂根等质量问题的预防，混凝土的养护及拆模的要求等。另外还应注意脚手架的搭设和使用过程中的安全问题。

3．**装修施工阶段**　混合结构装修施工阶段的特点是劳动强度大、湿作业多，尤其是抹灰、内墙粉刷、油漆等。由于装修施工一直是手工操作，所以造成装修施工工效低、工期较长。根据这些特点，在施工中应想方设法加快主导施工过程——抹灰和粉刷的施工速度，减轻劳动强度，提高工效，如采用机械喷涂、喷浆等。还要特别注意组织好准备工序间的相互搭接和配合，从而加快施工速度。

①在屋面工程中应注意保温层及找平层的质量控制，以保证防水层的质量，油毡防水层应按要求铺贴附加层，以防止油毡防水层开裂及漏水。

②在地面工程中应注意地面起砂、空鼓开裂等质量问题的预防，要明确地面的养护方法和技术措施。另外在厕所、厨房等有地漏的房间在地面冲筋时，要找好泛水坡度，以避免地面积水。

③在墙面施工中应注意抹灰的质量。内墙抹灰（白灰砂浆）应防止空鼓裂缝；外墙干黏石、水刷石应保证达到样板标准。

④对于高级装修做法，饰面安装的要求，应详细说明施工工艺及技术要求，以确保施工质量。

六、施工进度计划

施工进度计划包括从施工准备开始直到交付使用为止的所有土建工程、专业工程和设备安装工程。编制单位工程施工进度计划的目的是贯彻组织施工的原则，以最少的劳动力和技术物资合理安排施工顺序，保证在规定的工期内，有计划、保质保量地完成工程任务。它的主要作用是控制单位工程的施工进度，为计划部门编制月、旬计划和平衡劳动力提供基础，也是确定劳动力和物资资源需要量的依据。

编制单位工程施工进度计划的步骤是：确定工程项目及计算工程量→确定劳动量和机械台班数→确定各分部分项工程的工作日及其相互搭接→编排施工进度。

单位工程施工进度计划编制时，还要编制劳动力、材料、成品、半成品、机具等需要量计划。

（一）进度计划的组成和编制依据

施工进度计划是用表格形式表示的（表6-2）。它由两大部分组成，左边部分是以分部分项工程为主的表格，包括了相应分部分项工程的工程量、定额和劳动量等计算数据；

表格右边部分是以左边表格计划数据设计出来的指示图表。它用线条形象地表现了各个分部分项工程的施工进度，各个工程阶段的工期和总工期，并且综合地反映了各个分部分项工程相互之间的关系。

表 6-2　进度计划表

序号	分部分项工程名称	单位	工程量	计划工日数		工作天	进度计划								
				技工	普工		月			月			月		
							10	20	30	10	20	30	10	20	30

编制单位工程施工进度计划必须具备下列资料：

①园林建筑的全部施工图：施工人员在编制施工进度计划前必须熟悉其结构的特征和基本数据（如平面尺寸、层高、单个预制构件重量等），对所建的工程有全局的了解。

②园林建筑开竣工期限。

③施工预算：为减少工程量计算工作，可直接应用施工预算中所提供的工程量数据，但是有的项目需要变更、调整或补充，有些应按所划分的施工段来计算工程量。

④劳动定额：它是计算完成施工过程产品所需要的劳动量的依据，分为时间定额和产量定额两种。

⑤主要施工过程的施工方案：不同的施工方案直接影响施工程序和进度，特别是采用施工新技术更是如此。

⑥施工单位计划配备在该工程上的工人数及机械供应情况，同时了解有关结构、设备安装协作单位的意见。

（二）确定工程项目

一个单位工程的分部分项工程项目很多，在确定工程项目时要详细考虑，不能有漏项。为了减少项目，有些分项工程可以合并。例如，基础工程中防潮层施工就可以合并在砌基项目内，砌内墙与外墙也可合并，有些次要的、零星的工程，劳动量很少，可以并入"其他工程"项目，以简化进度计划的内容，使其重点突出。此外，水电、卫生设备安装也应列入进度内。

工程量计算基本上应根据施工预算的数据，按照实际需要作某些必要的调整。计算土方工程量时，还应根据土质情况、挖土深度及施工方法（放边坡、加支撑或降水等来计算。此外，计算每一分部分项的工程量时，其单位应与所采用的产量定额所用的单位一致）。

（三）劳动量与机械台班数的确定

应当根据各分部分项工程的工程量、施工方法和现行施工定额，并结合当时当地的具体情况加以确定（施工单位可在现行定额的基础上，结合本单位的实际情况，制定扩大的施工定额，作为计算生产资源需用量的依据）。

（四）施工过程持续时间的计算

应根据劳动力和机械需要量、各工序每天可能出勤人数与机械量等，并考虑工作面的大小来确定各分部分项工程的作业时间。

在确定施工过程的持续时间时，某些主要施工过程由于工作面限制，工人人数不能过多，而一班制又将影响工期时可以采用两班制，尽量不采用三班制；大型机械的主要施工过程，为了充分发挥机械能力，有必要采用两班制，一般不采用三班制。

（五）编制施工进度计划

各个分部分项工程的工作日确定后，开始编排施工进度。编制进度时，必须考虑各分部分项工程的合理顺序，尽可能地将各个施工阶段最大限度地搭接起来，并力求同工种的专业工人连续施工。在编排进度时，首先应分析施工对象的主导施工过程。一般主导施工过程是采用较大的机械、耗费劳动力及工时最多的施工过程。例如：混合结构园林建筑施工的主要施工阶段是主体结构，而主体结构中砌砖是其中主导的施工过程，其余的施工过程尽可能配合主导过程进行安排。

1. 编排进度计划 可以将各分部分项工程（基础、装饰等）组织起来，然后将各分部分项工程联系并汇总成单位工程进度计划的初步方案。

2. 方案初审与调整 对进度计划的初步方案进行调整并审查施工顺序是否合理，工期要求、劳动力、机械等使用有无出现较大的不均匀现象。在调整某一施工过程时，应注意对其他施工过程的影响，因为它们是互相联系的。调整的方法是适当增减某项工程的工作日，或调整工程的开工时间，并尽可能地组织平行施工。编制进度计划必须深入群众，经过细致的调查研究工作，用三结合的方式进行，这样才能使编制的进度计划有现实意义。

3. 保持计划本身应有的灵活性 施工本身是一个复杂的事物，受到周围客观条件的影响因素是很多的。劳动力的调动能否满足要求、材料和半成品供应情况的多变、机械设备的周转等各方面都受到客观条件的限制。此外，气象的变化也影响进度。因此我们不但要有周密的计划，而且必须善于使自己的主观认识随着施工过程的发展而转变，并在实际施工中不断修改和调整，以适应新情况的变化。同时在订计划的时候要充分留有余地，以免在施工过程发生了变化时，陷入被动的处境。

（六）各项资源需要量计划的编制

编制各项资源、劳动力、材料、施工机具等，需用量计划的依据是工程预算、劳动定额、施工方案、施工图和单位工程施工进度计划等。各项资源需用量计划可用来确定建筑工地的临时设施，并按计划供应材料、调配劳动力，以保证施工按计划顺利进行。

1. 劳动力需要量计划 劳动力需要量计划，主要用于劳动力的平衡、调配，并用于安排生活福利设施等。其编制方法是按工程预算和施工进度计划把每天（或每月、每旬）所需工人人数按工种进行汇总，列表反映出每天（或每月、每旬）所需的各工种人数（如表6-3）。

表6-3 劳动力需用量计划表

序号	工种名称	需用总工日数	需用人数及时间											
			月			月			月			月		
			10	20	30	10	20	30	10	20	30	10	20	30

2. 主要材料需要量计划 材料需用量计划主要作为备料、供料和确定仓库、堆场面积及组织运输的依据。其编制方法是将施工预算或进度表中各施工过程的工程量，按不同的材料名称、规格、使用时间，并考虑各种材料的贮备时间和消耗定额进行计算汇总。若

某分部分项工程是由多种材料组成的，在计算材料量时，应将工程量换算成组成这一工程每种材料的材料量。例如混凝土工程应按混凝土配合比，将混凝土工程量换算成水泥、砂、石、外加剂等材料的数量（表6-4）。

表6-4　主要材料需要量表

序号	材料名称	规格	需用量		供应时间	备注
			单位	数量		

3. 构件需用量计划　构件需用量计划用于落实加工定货单位，并根据所需规格、数量和需用时间，组织加工、运输并确定堆场面积。它须根据施工图和进度计划要求进行编制（表6-5）。

表6-5　构件需用量计划

序号	品名	规格	图号	需用量		使用部位	加工单位	供应日期	备注
				单位	数量				

七、实　例

具体说明某游船码头、茶室的施工组织设计。

（一）工程概况

本工程位于北京市某公园内，游船码头除出租游船外还设有 $300m^2$ 的茶室，建筑为一层，总高 5.3m，现场地势坡度 15％，一边临水（图6-3）。

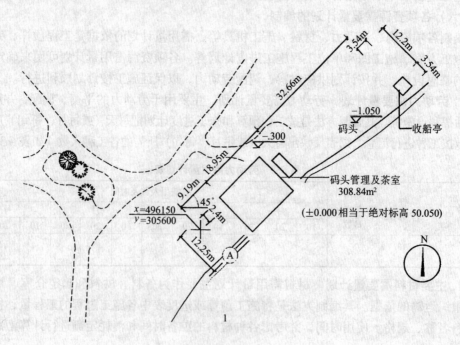

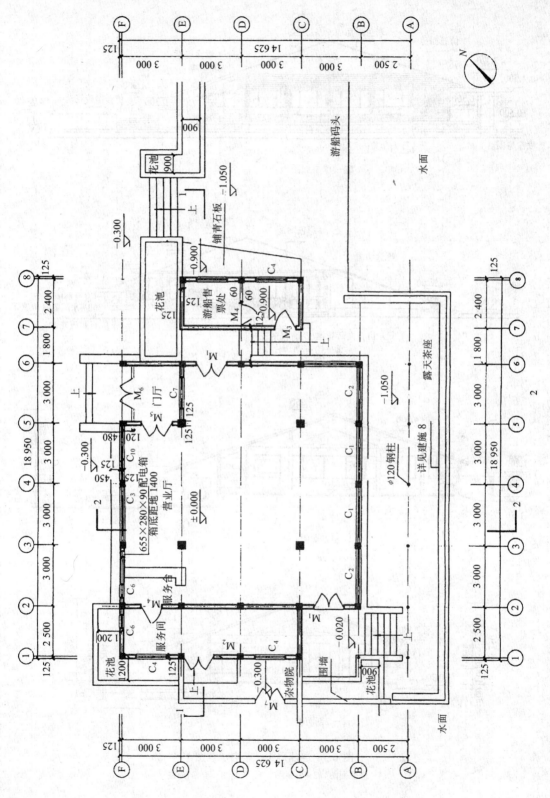

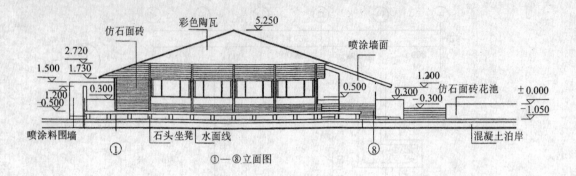

①—⑧立面图

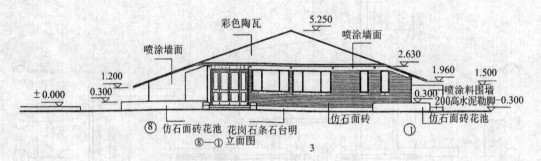

⑧—① 立面图

3

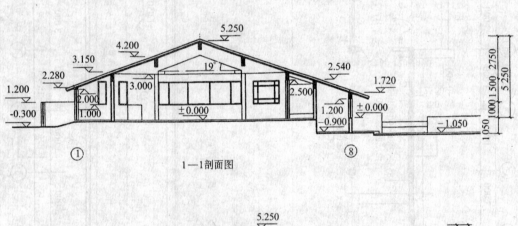

1—1剖面图

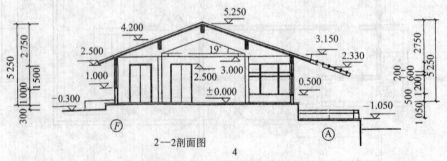

2—2剖面图

4

图 6-3　游船码头、茶室示意图

1. 总平面图　2. 平面图　3. 立面图　4. 剖面图

1. **结构概况**　本工程采用砖混结构体系,墙 240 厚;屋面为现浇混凝土板;基础为钢筋混凝土独立基础,下为碎石垫层,混凝土强度等级为 C20;砂浆标号为 75 号。

2. **装修概况**　室内均为水泥地面,白灰砂浆墙面,有水泥墙裙;外墙窗间为仿石面砖,其他为喷涂墙面;屋面为彩色陶瓦。

3. **工期要求**　开工期定于 3 月 16 日,至 6 月底竣工,总工期为 90 个工作日。

4. **自然条件**　施工期间各月均为正常气温。现场地势坡度 15%,地下无障碍物,三类场地土,正常水位 -1.50m。

5. **技术经济条件**　本工程为公园新建项目,施工中需用的水、电均可从已有的电路、水网中引出;交通运输方便;由于工程位于公园内,内有管理人员的食堂,工人食宿可就近解决;全部预制构件(门窗、石坐凳等)均在场外加工定货,现场不设加工厂;建筑材料和劳动力均满足工程要求。

6. **工程特点分析**　本工程由于采用一般结构和装修,工人操作较熟悉,便于组织流水作业,但工期较紧,仅有 90 个工作日;内外装修工作量不大,但外墙装修要求较高,工期较长。由于临水,基础施工准备工作较长,同时要缩短基础与主体工程工期,以便在雨季来到之前完工。

(二)施工方案

1. 施工准备

①围堰、抽水,挡土墙(驳岸)施工。由于是临水建筑,临水挡土墙(驳岸)的施工质量显得特别重要,这将影响到基础的安全和施工质量。

②平整场地,布置运输道路。由于场地坡度为 15%,该工程室内外有 0.9m 高差,为加快施工速度,采用边平整、边定位放线的方案,为及早开槽挖坑做准备;现场要统一辗压,现场根据条件设环行道路与原有道路连通,由于整个主体施工避开了雨季,且主体工期较短,故采用简单临时道路做法;路基采用加厚素土夯实,路面用碎石加沙土组成,顶面比自然地面高 25~30cm,道路两侧须设排水沟,并依现场地势做成一定坡度。

③接通施工用水、用电。

④搭设搅拌机棚及其他必要的工棚,组织部分材料、机具、构件进场,并按指定地点存放。

⑤结合正式工程将现场各种管线做好,有利于土方一次平衡,并力争为主体施工服务。

施工准备工作应在 10d 内完成,确保按时开槽挖坑。

2. 基础工程

①基础为混凝土独立基础,坑底标高 -2.00m,地圈梁槽底标高为 -0.80m。采用人工挖土方,坑宽按 1:0.33 放坡至底,每边留工作面 30cm,人工修整。因为挖土方早,且场地较小,施工速度快,故挖土方时不分段,以便有充分的时间做基础施工准备。各工序时间计算见施工进度计划部分(表 6-6)。

②施工顺序为:挖坑挖槽→打钎验坑槽→碎石垫层→钢筋混凝土基础→地圈梁→柱生根→回填土。由于基底标高在地下水位以下,需考虑地下水位影响及地基局部处理问题。可在围堰内安排抽水机抽水以降低地下水位。

③地梁施工采用先砌两侧砖放脚的做法,即应用砖模的方法,节约模板、方便施工,

并保证地梁与基础的整体性，构造柱按图纸要求生根在地梁上。

④回填土应室内外同时进行。在等待柱拆模时，应抓紧时间做好上下水管线，以便回填后，将首层地面灰土与C10混凝土垫层一并做出，为主体施工创造好条件。

表6-6　施工准备及基础施工进度计划

序号	施工过程名称	施工进度（d）																	
		1	2	3	4	5	6	7	8	9	10	11	12	13	14	15	16	17	18
1	施工准备	─	─	─	─	─	─	─	─	─	─								
2	人工挖土										─	─							
3	碎石垫层											─	─						
4	基础												─	─					
5	地梁													─	─				
6	柱														─	─			
7	回填土															─	─		
8	地面垫层																─	─	─

3．主体结构工程

（1）机械选择。根据现场情况及建筑物的外形、高度，可采用人工吊垂直运输材料。另选两台JG-250型搅拌机，一台搅拌砂浆，另一台搅拌混凝土。

（2）主要施工方法。主体施工工序包括砌砖墙，现浇混凝土圈梁、柱、梁、板、过梁，现浇屋面板等。施工以瓦工砌砖及结构吊装作业为主，木工和混凝土工按需要配备即可。

①脚手架：采用外部桥式架子配合内操作平台的方案，砌筑采用外平台架，内桥架可用来辅助砌墙工作，并作为内装修脚手架用。

②砌砖墙：垂直与水平运输均采用葫芦吊，在集中吊上来的砖或砂浆槽的楼板位置下要加设临时支撑，选用10个内平台架砌砖，为使劳力平衡，瓦工采用单班作业，具体安排见施工进度计划。

③钢筋混凝土圈梁、柱、屋面板：由于外墙圈梁与结构面标高一致，故结合结构吊装采用圈梁硬架支模方法，又因现浇混凝土量不大，采用圈梁、柱、梁混凝土同时浇筑的方案；构造柱的钢筋在砌墙前绑扎，圈梁钢筋在建筑物上绑扎，在扣板前安放好。

屋面梁浇好后在制作屋面板钢筋及浇屋面板。各工序时间见施工进度计划（表6-7）。

表6-8　主体结构施工进度计划

序号	施工过程名称	施工进度（d）																	
		20	22	24	26	28	30	32	34	36	38	40	42	44	46	48	50	52	54
1	柱钢筋	─	─																
2	砌砖墙			─	─	─	─	─											
3	柱梁模板							─	─	─									
4	梁钢筋									─	─								
5	浇混凝土											─	─						
6	屋面钢筋													─	─				
7	浇混凝土															─	─		

4．装修工程

装修工程包括屋面、室外和室内三部分。屋面工程在主体封顶后立即施工，做完屋面防水层之前拆塔，利用内桥架做外装修（采用先外后内方案）；为缩短工期，室内隔墙及水泥地面在外装修完成屋面即可插入，以保证地面的养护时间。

（1）屋面工程。平层做完要经自然养护并充分干燥（5～6d）后再做防水层，屋面防水层及彩色陶瓦上料可用外桥架，屋面装修用料提前备好（确保按时拆架）。

（2）室外装修。采用水平向下的施工流向，施工顺序为：抹灰→外墙仿石面砖→勾缝、抹灰→喷涂墙面。而后转入做地面，确保地面养护期不少于7d。散水等外装修在工程收尾、外架子拆除后进行施工，以免相互交叉影响室内装修。

（3）室内装修。为缩短工期，在五层甲单元地面做完并经8d养护后，即可进行室内墙面抹灰，待地面工程一结束，全部抹灰工进入室内抹灰；抹灰后要待墙面充分干燥（不少于7d）后进行顶棚、墙面喷浆。为加快施工速度，安门窗扇，顶、墙喷浆，门窗油漆与安玻璃等项工作进行搭接流水，立体交叉作业，详见进度计划（注：安完玻璃后进行最后一道泛油）。

水、电气、卫生设备的安装要在结构与装修进行的同时穿插进行，土建工程要为其创造条件，以确保竣工验收。

（三）施工进度计划

1. **基础施工阶段进度安排**　工程从3月16日开始进场做施工准备，时间为10d，所以正式开挖时间定为3月26日。为缩短工期，基坑挖土采用二班制，除挖土外，其他工序采用分段流水施工，基础阶段施工进度计划见表6-6。

2. **主体施工阶段进度安排**　主体结构施工砌砖分两步架（相当两个施工层），主体施工进度计划表6-7。

3. **装修施工阶段进度安排**　装修工程施工进度安排见表6-8。

表6-8　装修工程施工进度计划

序号	施工过程名称	施工进度（d）																
		56	58	60	62	64	66	68	70	72	74	76	78	80	82	84	86	88	90
1	屋顶陶瓦	━	━	━															
2	外墙贴面砖				━	━													
3	外墙抹灰					━	━												
4	外墙喷涂								━										
5	水泥地面	━	━	━															
6	安装顶棚								━										
7	顶棚抹灰									━	━								
8	内墙抹灰											━	━	━					
9	安装门窗														━	━			
10	门窗油漆															━	━		
11	安装玻璃																━	━	

第四节　施工现场管理

一、施工现场管理的任务和内容

施工管理是施工企业经营管理的一个重要组成部分。它是企业为了完成建筑产品的施工任务，从接受施工任务开始到工程交工验收为止的全过程中，围绕施工对象和施工现场而进行的生产活动的组织管理工作。

园林建筑产品的施工，是一项非常复杂的生产活动，它不仅需要有诸如计划、质量和成本等项目标管理和对劳动力、建设物资、工程机械、工艺技术及财务资金等项要素管理，而且要有为完成施工目标和合理组织各施工要素的生产事务管理，否则就难以充分地利用施工条件，发挥各施工要素的作用，甚至无法进行正常的施工活动，实现施工的目标。

施工管理的基本任务就是根据生产管理的普遍规律和施工生产的特殊规律，以具体工程和施工现场为对象，正确处理施工过程中的劳动力、劳动对象和劳动手段在空间布置和时间排列上的矛盾，保证和协调施工正常进行。做到人尽其才，物尽其用，多、快、好、省地完成施工任务。

施工管理的基本任务和对象，决定了它的基本内容。概括地说，施工管理的基本内容包括：落实施工任务，签订承包合同；进行开工前的各项业务准备和现场施工条件的准备，促成工程开工；进行施工中的经常性准备工作，以利工程顺利进行；按计划组织施工生产活动，进行施工过程的全面控制和全面协调；加强对施工现场的平面管理，合理利用空间，保证良好的施工条件；利用施工任务书，进行基层的施工管理，发挥经济杠杆的作用，提高劳动生产率；组织工程的交工验收工作。

从上述内容可以看出，施工管理是一种综合性很强的管理工作，其中也包含其他专业管理的内容。施工管理之所以必不可少，关键在于它的协调和组织作用。没有专业管理，施工管理就失去了支柱；没有施工管理，专业管理会各行其是，缺乏应有的活力，不能服务于施工整体。

施工企业各级管理机构进行施工管理应有分工协作，其分工是在签订合同阶段，一般由公司出面签订承包合同或工程协议，有时分公司可代表公司签订承包合同。

在开工前的施工准备阶段，公司的任务是编制施工组织总设计，签订分包合同，申办主要物资和订货；分公司负责编制单位工程施工组织设计，创造施工条件，做好现场和单位工程的施工准备；施工队要具体落实单位工程和作业条件的施工准备工作，签发任务书或内部定包合同。

在正式施工阶段，公司和分公司重点要编好计划，拟订措施，保证供应，平衡调度，督促检查；施工队要组织计划实施，保进度，保质量，保安全，保节约。

在交工验收阶段，公司要审定交竣工资料，办理交工验收手续；分公司要整理交竣工资料，参加交工验收；施工队要提供交竣工资料。

做好施工阶段的施工管理，需要抓好两个方面的工作：

1. 按计划组织施工 主要包括以下工作：

①提高计划的准确性和严密性，除了使计划顺序合理，符合工艺要求和技术规范，采用的定额水平合理外，关键的问题是要进行人力、物力的综合平衡，计划要通过施工任务书或定包合同下达到队组。

②建立健全单位工程项目承包责任制和班组定包责任制。

③保证现场的需要，及时做好后勤供应。

④单位工程项目经理和工长，应注意提高各自的组织能力和协调能力。

2. 做好施工过程的全面控制　主要包括以下工作：

①对施工活动进行日常或定期的检查，检查的内容包括质量、进度、安全、节约、消防、保卫、场容、卫生、季节施工等。

②按照调度工作的实施办法，加强施工过程的调度工作，保证施工的协调。

③做好施工活动的业务分析，包括工程质量、进度情况、材料消耗情况、机械使用情况、安全施工情况、统计和费用盈亏分析等。

④按照施工现场场容管理的要求，对施工总平面布置图实施管理。

⑤加强基层建设，要充实和加强基层管理的力量，重视对基层管理人员尤其是项目经理和工长的培训，尽量减轻基层施工人员的负担，同时，要给他们以完成施工任务所必须的权力。

⑥施工现场主管人员要坚持"施工日志"制度，施工日志要坚持天天记，记重点和关键，工程竣工后存入档案备查。

二、施工管理

(一) 编制施工作业计划

1. 施工作业计划的作用、编制原则和方法　编制施工作业计划的目的是要组织连续均衡生产，以取得较好的经济效果。但是，园建生产具有施工现场分散流动、露天作业、受气候影响等特点，因此编制施工作业计划必须从实际出发，充分考虑施工特点和各种影响因素。

施工作业计划是年、季度施工计划的具体化，是基层施工单位据以施工的行动计划。

(1) 施工作业计划的主要作用。施工作业计划的主要作用是把施工任务层层落实，具体分配给车间、班组和各个业务部门，使全体职工在日常施工中有明确的奋斗目标，组织有节奏、均衡地施工，以保证全面完成年、季度各项技术经济指标。可及时、有计划地指导劳动力、材料和机具设备的准备和供应；是开展劳动竞赛和实行物质奖励的依据；指导调度部门，据以监督、检查和进行调度工作。

(2) 编制施工作业计划的原则。确保年、季度计划的完成，计划的安排必须贯彻日保旬、旬保月、月保季的精神，保证工程及时和提前交付使用，严格遵守施工程序。新开工的工程必须严格执行开工报告制度，抓紧施工准备，不具备开工条件的工程，不准列入计划。在建的工程必须按照施工组织设计或施工方案的施工顺序和施工方法进行，不准任意改变。扫尾工程要抓紧收尾工作，竣工工程要及时做好交工验收；明确主攻方向，保重点，保竣工配套；指标必须建立在既积极先进，又实事求是，留有余地的基础上。

(3) 编制施工作业计划的依据。编制施工作业计划的依据是上级下达的年、季度施工计划指标和工程合同；上期计划完成情况；施工组织设计或施工方案、施工图纸及工程预算和施工预算等技术资料；以及施工定额，包括劳动定额、材料消耗定额、机械台班使用定额等；还有资源条件，包括计划期内劳动力、材料、机具设备、预制构件等供应情况。

(4) 施工作业计划的编制方法。

①在排队摸底的基础上，根据季度计划的分月指标，结合上月实际进度，制定月度施工项目计划部位初步指标。

②根据施工组织设计单位工程施工进度计划、建筑工程预算及月计划初步指标，计算施工项目相应部分的实物工程量，建安工作量和劳动力、材料、设备等计划数量。

③在六查（即查图纸、劳动力、材料、预制构配件、机具、施工准备和技术条件）的基础上，对初步指标进行反复平衡，确定月度施工项目进度部位的正式指标。

④根据确定的月计划指标及施工组织设计单位工程施工进度计划中的相应部位，编制月度总施工进度计划，把月内全部施工项目作为一个系统工程，组织工地工程大流水。

⑤根据月度总施工进度计划，按车间、班组编制旬施工进度计划，具体分配车间、班组施工任务。

⑥编制技术组织措施计划，向车间和班组签发施工任务书。

2．施工作业计划的主要内容

①计划期内（月、旬）应完成的施工任务，施工进度要求完成的工程项目，工程形象进度，实物工程量，开竣工日期，计划用工数量（又称为劳动量）。

②提高劳动生产率，降低工程成本措施计划。根据年、季施工财务计划中的技术组织措施计划，结合月度计划具体情况，制定切实可行的提高劳动生产率、降低成本的技术组织措施，以加快施工进度、减轻劳动强度、节约材料、降低工程成本。

③计划编制说明。对所编制的计划，在贯彻和实施方面存在的问题，应采取的主要措施，和应注意的事项等加以说明。结合计划期内的具体施工条件和工程特点，对提高劳动生产率、降低工程成本、保证工程质量和安全施工等方面，提出切实可行的要求。

3．月度施工作业计划内容及其表格形式

①计划编制说明。

②生产计划指标汇总表。

③主要实物工程量汇总表。

④开工、竣工项目计划表。

⑤生产形象进度计划表。

⑥主要劳动力平衡计划表。

⑦施工作业计划表。

⑧大型机械计划。

⑨构件需用计划。

⑩材料需用计划。

4．施工作业计划的编制和审批　月度施工作业计划以分公司为主，施工队参加编制。计划编制一般要经过指标下达、计划编制和平衡审批三个阶段，都应在执行月度前完成。

在计划月前 15 天施工队将各类计划报备供应单位和分公司，并于计划月前 5 天召开平衡会，将平衡结果汇总，报公司领导审批下达。

（二）施工任务书的管理

抓好施工任务书的管理是贯彻施工作业计划的有力手段之一。施工任务书（单）是施工企业中施工队向生产班组下达施工任务的一种工具。它是向班组贯彻作业计划的有效形式，也是企业实行定额管理、贯彻按劳分配、实行班组经济核算的主要依据。通过施工任务书，可以把企业生产、技术、质量、安全、降低成本等各项技术经济指标分解为小组指标落实到班组和个人，使企业各项指标的完成同班组和个人的日常工作和物质利益紧密地连在一起，达到多快好省和按劳分配的目的。

1. 施工任务书的一般内容

（1）任务书。是班组进行施工的主要依据，内容有工程项目、工程数量、劳动定额、计划用工数、开完工日期、质量及安全要求等。

（2）班组记工单。是班组的考勤记录，也是班组分配计件工资或奖金的依据。

（3）限额领料单。是班组完成一定的施工任务所必须的材料限额，是班组领退材料和节约材料的凭证。施工任务书一般由施工队长或主管工长会同定额人员根据施工作业计划的工程数量和定额进行签发。为了使施工任务书（单）起到计划、下达任务、指导施工、进行结算、业务核算、按劳分配的作用，施工任务书（单）的签发和回收应遵循一套合理的流程，各有关人员必须按时、按要求完成所承担的流水性业务工作。这种责任制形式，已为生产实践证明是有效的。

2. 签发施工任务书的要求　在施工任务书的签发和流通中，应掌握下列要求：

①施工任务书必须以施工作业计划为依据，按分部分项工程进行签发，任务书一经签发，不宜中途变更，签发时间一般要在施工前2～3天，以便班组进行施工准备。

②任务书的计划人工和材料数量必须根据现行全国统一劳动定额和企业规定的材料消耗定额计算。

③向班组下达任务书时要做好交底工作，要交任务、交操作规程、交施工方法、交定额、交质量与安全，做到任务准确、责任到人。

④任务书在执行过程中，各业务部门必须为班组创造正常施工条件，帮助工人达到和超额完成定额。

⑤班组完成任务后应进行自检，工长与定额员在班组自检的基础上，及时验收工程质量、数量和实做工日数，计算定额完成数字。

⑥劳动部门将经过验收的任务书回收登记，汇总核实完成任务的工时，同时记载有关质量、安全、材料节约等情况，作为结算和核发奖金的依据。

3. 搞好施工任务书管理应注意的问题　施工任务书的管理是施工企业的一项重要基础工作，搞好施工任务书的管理，应注意做好以下几点：

①施工任务书首先是计划文件，因此它必须根据作业计划进行编制，并应能适应现场的实际需要。

②施工任务书又是核算文件，所以要求数字准确，包括工程量、套用定额、估工、考勤、统计取量与结算用工、用料和成本，都要准确无误。

③一份施工任务书的工期以半个月至一个月为宜，太长易与计划脱节，与施工实际脱节，太短则又增加工作量。

④施工任务书可以按工人班组签发，也可以按承包专业队签发（大任务书），目前各企业正在推行单位工程，分部分项工程承包及包工、包料、包清工等不同类型的多种经济承包责任制。

⑤施工任务书的下达和回收都要及时，回收后要抓紧进行结算、分析、总结。

⑥施工任务书是按劳分配的依据，是非常重要的原始记录资料，一定要妥为保存。

（三）做好施工调度工作

施工调度工作是贯彻施工作业计划的有力手段。由于施工的可变因素多，计划也不可能十分准确、一成不变，原定计划的平衡状态在施工中总会出现不协调和新的不平衡。为解决新出现的不协调和不平衡，要进行及时调整、平衡，以解决矛盾，排除障碍，使之保持正常的施工秩序，就是施工调度工作。

1. 施工调度工作的几项任务

①监督、检查计划和工程合同的执行情况，掌握和控制施工进度，及时进行人力、物力平衡，调配人力，督促物资、设备的供应，促进施工的正常进行。

②及时解决施工现场上出现的矛盾，协调各单位及各部门之间的协作配合。

③监督工程质量和安全施工。

④检查后续工序的准备情况，布置工序之间的交接。

⑤定期组织施工现场调度会，落实调度会的决定。

⑥及时公布天气预报，做好预防准备。

2. 做好施工调度工作的要求

①调度工作的依据要正确，这些依据有施工过程中检查和发现出来的问题，计划文件，设计文件，施工组织设计，有关技术组织措施，上级的指示文件等。

②调度工作要做到"三性"，即及时性（指反映情况及时、调度处理及时）、准确性（指依据准确、了解情况准确、分析问题原因准确、处理问题的措施准确）、预防性（既对工程中可能出现的问题，在调度上要提出防范措施和对策）。

③采用科学的调度方法，即逐步采用新的现代调度方法和手段。

④为了加强施工的统一指挥，必须给调度部门和调度人员应有的权力。

⑤建立施工调度机构网，由各级主管生产的负责人兼调度机构的负责人。

⑥调度部门无权改变施工作业计划的内容，但在遇到特殊情况无法执行原计划时，可通过一定的批准手续，经技术部门同意，按下列原则进行调度。

一般工程服从于重点工程和竣工工程；交用期限迟的工程服从于交用期限早的工程；小型或结构简单的工程服从于大型或结构复杂的工程。

（四）现场平面管理

施工组织设计中施工总平面图已对施工现场的场地做了合理的布局。而施工现场平面管理是在施工过程中根据不同的施工阶段(如基础、结构、装修)对施工总平面图进行合理的调整,也是对施工总平面图全面落实的过程。施工现场平面管理应抓好以下几方面工作：

1. 建立统一管理的平面管理制度　以施工总平面规划为依据，进行经常性的管理工作，总包单位应根据工程进度情况，负责施工总平面图的调整、补充修改工作，以满足各单位不同时间的需要。进入现场的备单位应尊重总包单位的意见，服从总包单位的指挥。

2. 施工总平面的统一管理和区域管理密切地结合起来　在施工现场施工总平面管理部门统一领导下,划分各专业施工单位或单位工程区域管理范围,确定各个区域内部有关道路、动力管线、排水沟渠及其他临时工程的维修养护责任。

3. 做好现场平面管理的经常性工作　审批各单位需用场地的申请，根据不同时间和不同需要，结合实际情况，合理调整场地；做好土石方的平衡工作，规定各单位取弃土石方的地点、数量和运输路线；审批各单位在规定期限内对清除障碍物、挖掘道路、断绝交通、断绝水电动力线路等的申请报告；对运输大宗材料的车辆做出妥善安排，避免拥挤、堵塞交通；应指派专人掌握此项工作。

（五）施工日志

在施工中，施工日志可以发挥记录工作、总结工作、分析工作效果的作用，同时它还是施工过程的真实记录，技术资料档案的主要组成部分。

1. **施工日志的内容**　施工日志的内容包括任务安排、组织落实、工程进度、人力调动、材料及构配件供应、技术与质量情况、安全消防情况、文明施工情况、发生的经济增减以及事务性工作记录。切忌把施工日志记成流水账，记录中要有成功的经验、失败的教训，便于及时总结，提高认识，逐步提高管理水平。

2. **记好施工日志应抓住以下重点**

①工程的开竣工日期以及主要分部分项工程的施工起讫日期，技术资料供应情况。

②因设计与实际情况不符，由设计单位在现场解决的设计问题和对施工图修改的记录。

③重要工程的特殊质量要求和施工方法。

④在紧急情况下采取的特殊措施和施工方法。

⑤质量、安全、机械事故的情况，发生原因及处理方法的记录。

⑥有关领导或部门对工程所做的生产、技术方面的决定或建议。

⑦气候、气温、地质以及其他特殊情况（如停电、停水、停工待料）的记录等。

3. **施工日志还将技术管理和质量管理活动及效果做如下重点记录**

①工程准备工作的记录，包括现场准备，施工组织设计学习，各级技术交底要求，熟悉图纸中的重要问题、关键部位和应抓好的措施，向班组交底的日期、人员的主要内容，有关计划安排等。

②进入施工以后，对班组自检活动的开展情况及效果、组织互检和交接检的情况及效果，施工组织设计及技术交底的执行情况及效果的记录和分析。

③分项工程质量评定，隐蔽工程验收、预检及上级组织的检查活动等技术性活动的日期、结果、存在问题及处理情况的记录。

④原材料检验结果、施工检验结果的记录，包括日期、内容、达到效果及未达到要求问题的处理情况及结论。

⑤质量、安全事故的记录，包括原因调查分析、责任者、研究情况、处理结论等，对人、事、损失均记录清楚。

⑥有关洽商变更情况、交代的方法、对象结果的记录。

⑦有关归档技术资料的转交时间、对象及主要内容的记录。

⑧有关新工艺、新材料的推广使用情况及小改、小革、小窍门活动的记录，包括项目、数量、效果及有功人员。

⑨施工过程中组织的有关会议、参观学习、主要收获、推广效果的记录。

三、现场技术管理

（一）技术管理的任务和要求

1. **技术管理的概念和作用** 施工现场的技术管理是对施工中各项技术活动过程和技术工作的各种要素进行科学管理的总称。

这里所说的"各项技术活动过程"和"技术工作的各种要素"构成了技术管理的对象。"各项技术活动过程"指的是：图纸会审、编制施工组织设计、技术交底、技术检验等施工技术准备工作；质量技术检查、技术核定、技术措施、技术处理、技术标准和规程的实施等施工过程中的技术工作。它们构成了现场技术管理的基本工作。"技术工作的各种要素"指的是技术工作赖以进行的技术人才、技术装备、技术情报、技术文件、技术资料、技术档案、技术标准规程、技术责任制等，它们多属于技术管理的基础工作。

技术管理工作所强调的是技术工作的管理，即运用管理的职能（计划、组织、指挥、协调、控制）去促进技术工作的开展，而并非是指技术本身。施工成果的好坏，虽然较大程度上取决于企业的技术和装备水平，然而技术的作用能否真正发挥出来，又同技术工作的组织管理密切相关。

技术管理工作在企业管理中的作用主要表现在以下几个方面：

①保证施工过程符合技术规范要求，保证施工按正常秩序进行。

②通过技术管理，使施工建立在先进的技术基础上，从而保证不断提高工程质量。

③通过技术管理，不断更新和开发新技术，促进技术现代化，提高竞争能力。

④通过技术管理，充分发挥设备潜力和材料性能，完善劳动组织，从而不断提高劳动生产率，完成计划任务，降低工程成本，提高经营效果。

多年来的实践说明，做好技术管理工作，一要明确技术管理的任务，做好各项基础工作；二要认真贯彻各项技术管理制度；三要加强技术管理机构，充分发挥技术人员的作用。

2. **技术管理的任务和要求** 园林建筑施工企业技术管理的主要任务是：正确贯彻党和国家各项技术政策和法令，认真执行国家和上级制定的技术规范、规定，按创全优工程的要求，科学地组织各项技术工作，建立正常的技术工作秩序，提高企业的技术水平，不断革新原有技术和采用新技术，达到保证工程质量、提高劳动效率、实现安全生产、节约材料和能源、降低工程成本的目的。为了实现这些目的，就必须按以下要求去做：

①按科学技术的规律组织和进行技术管理工作。

②认真贯彻国家的技术政策、有关规范和规程，并认真检查有关规定执行的情况。

③制定本单位有关技术规定和管理制度。

④拟定和组织贯彻技术工作计划和技术措施计划。

⑤组织四新（新技术、新结构、新材料、新工艺）的试验推广和科技情报交流。

（二）贯彻技术管理制度

技术管理制度是技术管理工作经验教训的总结。严格地贯彻各项技术管理制度是搞好技术管理工作的核心，是科学地组织企业各项技术工作的保证。技术管理制度要贯彻在单位工程的施工全过程，主要有以下几项：

1. **图纸的熟悉、审查和管理制度** 熟悉图纸是为了了解和掌握园林建筑的内容和要求，以便正确地指导施工；审查图纸的目的，在于发现并更正图纸中的差错，对不明确的设计意图进行补充，对不便于施工的设计内容进行协商更正；管理图纸则是为了施工时更好地应用及竣工后妥善归档备查。

2. **技术交底制度**　技术交底是在正式施工以前，对参与施工的有关人员讲解园林建筑工程对象的设计情况、构造和结构特点、技术要求、施工工艺等，以便有关人员（管理人员、技术人员和工人）详细地了解工程，心中有数，掌握工程的重点和关键，防止发生指导错误和操作错误。

3. **施工组织设计制度**　每项工程开工前，施工单位必须编制建设工程施工组织设计。工程施工必须按照批准的施工组织设计进行，在施工过程中确需对施工组织设计进行重大修改的，必须报经原批准部门同意。

4. **材料检验与施工试验制度**　材料检验与施工试验是对施工用原材料、构件、成品与半成品以及设备的质量、性能进行试验、检验，对有关设备进行调整和试运转，以便正确、合理地使用，保证工程质量。

5. **工程质量检查和验收制度**　质量检查和验收制度规定，必须按照有关质量标准逐项检查操作质量和产品质量，根据工程的特点分别对隐蔽工程、分项分部工程和竣工工程进行验收，从而保证工程质量。

6. **工程技术档案制度**　工程技术档案是指反映建筑工程的施工过程、技术状况、质量状况等有关的技术文件，这些资料都需要妥善保管，以备工程交工、维护管理、改建扩建使用，并对历史资料进行保存和积累。

7. **技术责任制度**　技术责任制度规定了各级技术领导、技术管理机构、技术干部及工人的技术分工和配合要求。建立这项制度有利于加强技术领导，明确职责，从而保证配合有力，功过分明，充分调动有关人员搞好技术管理工作的积极性。

8. **技术复核及审批制度**　该制度规定对重要的或影响全工程的技术对象进行复核，避免发生重大差错影响工程的质量和使用。复核的内容视工程的情况而定，一般包括建筑物位置、标高和轴线、基础、设备基础、模板、钢筋混凝土、砖砌体、大样图、主要管道等。审批内容为合理化建议、技术措施、技术革新方案，对其他工程内容也应按质量标准规定进行有计划的复查和检查。

（三）学习、会审图纸

施工单位收到图纸后，应组织学习、会审，使施工人员熟识设计图纸的内容和要求，结合设计交底，明确设计意图，发现设计图纸有错误之处，应在施工前予以解决，保证工程的顺利进行。

1. **图纸审查的步骤**　图纸的审查包括学习、初审、会审、综合会审四个阶段（表6-9）。

表 6-9　**图纸审查步骤**

序　号	审查步骤	工　作　内　容
1	学习阶段	施工队及专业队的各级技术人员，在施工前认真学习、熟悉有关图纸，了解本工种、本专业设计要求达到的技术标准，明确工艺流程、质量要求等
2	初审阶段	各工种对图纸的审查，即在学习、熟悉图纸的基础上，详细核对本工种图纸的详细情节，由施工队组织有关施工人员（队长、工长、技术员、班组长、质检员、预算员、放线员等）进行

（续）

序 号	审查步骤	工 作 内 容
3	会审阶段	各专业间的施工图审查，在初审的基础上，土建与专业队之间核对图纸，消除差错，协商配合施工事宜
4	综合会审阶段	土建与外分包单位（如打桩、挖土、机械吊装等专业）之间的施工图审查，在会审基础上核对各专业之间配合事宜

2．施工单位审查图纸的组织

①结构特殊或技术复杂的园林建筑工程图纸由公司总工程师组织总分包技术人员采用技术会议的形式进行审查。

②企业列为重点的施工工程，除公司负责会审的以外，由工程处主任工程师组织有关人员进行审查。

③一般单位工程由施工队的技术队长组织工长、技术员、翻样、质检员、预算员、测量放线员及班组长等进行审查。

3．学习图纸的重点　施工单位在审查图纸之前要先对图纸进行学习、熟悉，并将学习和审查有机地结合起来。学习的重点如表6-10。

表6-10　图纸学习重点

序 号	各部分名称	学习与审查内容
1	基础及地下部分	查清建筑设管道的留洞位置，并核对留洞位置在建筑、结构图上的相互关系处理是否恰当；窗井排水及厕所下水的去向；防水工程与管线的关系；变形缝的做法、接头的关系
2	结构部分	砖的标号，各层砂浆、混凝土的强度要求；墙体、柱子的轴线位置；圈梁、构造柱或现浇梁柱节点做法和要求；阳台、雨罩、挑檐的锚固方法；楼梯间构造等
3	装修部分	材料做法，特别是高级装修的做法；洞口尺寸、位置等关系；结构施工为装修提供的条件（预埋件、预埋木砖、预留洞等）；防水节点的要求等

4．审查图纸的重点

①设计图纸必须是设计单位正式签署的图纸；不是正式持证设计单位的图纸或设计单位没有正式签署的图纸不得施工。

②设计计算的假定条件和采用的处理方法是否符合实际情况，施工时有无足够的稳定性，对安全施工有无影响。

③核对基础图、建筑图、结构图和管线图等是否齐全。

④结构、建筑、设备图纸本身和相互之间有无错误和矛盾，如各部位尺寸、轴线位置、标高、预留孔洞、预埋件、大样图和做法说明有无错误和矛盾。

⑤设计要求的新技术、新工艺、新材料和特殊工程、复杂结构的技术要求能否做到。

⑥特殊材料和非标构件的使用是否影响施工的速度和质量等。

5．对审查中提出的问题的处理　应在会审图纸的基础上进行设计交底，设计交底工作应由建设单位组织设计单位和施工单位的有关人员参加。确定需要修改的问题，三方共同作一次性洽商并修改设计；对变动大，较复杂的问题，应另行出图；对影响造价较大的，应纳入预算。如果设计变更改变了设计意图或增加了较多投资，应征得三方上级主管部门同意，方可办理手续。对规划大、技术复杂、新结构、新技术的工程，设计交底工作应分阶段、分专业、分部位进行。

通过会审图纸、设计交底办理一次性洽商后，应将设计变更内容及时修改在施工图上，对施工过程中发生的技术性洽商，也应及时在施工图上进行注明，并向工人班组做好设计变更交底。

（四）技术交底

1. 技术交底的内容

（1）图纸交底。目的是使施工人员了解施工工程的设计特点、做法要求、使用功能等，以便掌握设计关键，认真按图施工。

（2）施工组织设计交底。要将施工组织设计的全部内容向施工人员交待，以便掌握工程特点、施工部署、任务划分、施工方法、施工进度、平面布置、各项管理措施等。

（3）设计变更和洽商交底。将设计变更的结果向施工人员和管理人员做统一说明，便于统一口径，避免差错，算清经济账。

（4）分项工程技术交底。这是各级技术交底的关键，主要内容包括施工工艺，质量标准，技术措施，安全要求，新结构、新工艺、新材料的特殊要求等。具体内容包括以下几个方面：

①图纸要求：设计图纸（包括设计变更）中的尺寸、轴线、标高以及预留孔洞、预埋件的位置、规格、大小、数量等。

②材料及配合比要求：所用材料的品种规格、质量要求、配合比要求等。

③施工组织设计要求：施工顺序、施工方法、工序搭接等施工组织设计的有关要求。

④各项标准及措施：质量标准、安全措施、成品保护和节约的措施等。

⑤施工过程中应贯彻的各项制度：如自检、互检、交接检、样板制、分部分项工程质量评定以及现场场容管理制度等的具体要求。

⑥提出克服质量通病的要求：对分项工程可能出现的质量通病提出预防的措施。

2. 技术交底的方法

技术交底可分为口头交底、书面交底和样板交底等几种主要的方法。一般各级技术交底工作应以书面交底为主，口头交底为辅。书面交底应由交、接双方签字归档。对于重要的、复杂的工程中的主要项目，应以样板交底辅助书面、口头表达不清楚的问题。样板交底包括做法、质量要求、工序搭接、成品保护等内容。实际上由于每一项施工任务内容、情况不一，操作也有难有易，如果是一般工程或工人已较熟练的施工项目，只准备一些简要的操作交底和措施要求即可；如果是特殊工程或新技术、新工艺，就必须认真、细致地交底，在交底前要充分做好准备工作。对新的措施方法，工长必须钻研，自己先弄通，才能向工人交底。有的一次可以交清，有的则要反复交底或具体操作示范交底，使工人能真正明白为止，以免盲目施工造成差错导致返工。为了讲解方便，必要时应由工长或技术员（翻样）绘制一些专为本工种使用的图样，如基础挖槽放坡平剖面图；砌墙用的标有门窗洞口尺寸的平剖面图；楼梯支模大样图；有分块编号的模板大样图等，以及其他必要的图样。必要时对复杂的部位还要做模型交底。

3. 技术交底的分工

技术交底应分级进行。重点工程和技术复杂的工程，由企业总工程师组织有关科室向工程处和有关施工单位交底，主要依据是公司编制的施工组织总设计。编制的中小型工程施工组织设计，由编制单位的主任工程师向有关职能人员及施工队交底。

施工队的技术负责人向工长及职能人员进行技术交底时，要结合具体操作部位，贯彻落实上级技术领导的要求，关键部位的质量要求，操作要点及注意事项等。

工长接受交底后，对关键性项目和部位，新技术推广项目和部位，应反复、细致地向操作班组进行交底，交底方式应按上述要求，多种方式相结合，除口头和文字交底外，必要时要用图表、样板、示范操作等方法进行交底。交底要求细致、齐全。必要时向全体工人讲解。

班组长在接受交底后，应组织工人进行认真讨论，保证明确施工意图，按交底要求施工。

（五）材料、构件检验和施工试验

1. 材料、构件检验的有关规定和要求　进场的原材料、构件质量的优劣、在很大程度上影响建筑产品质量的好坏。正确合理地使用材料、构件是确保工程质量、节约原材料、降低工程成本的关键。因此，要重视和加强材料、构件的试验和检验工作。

建设部关于材料、构件试验和检验的主要规定和要求有：

①"无出厂合格证明和没有按规定复试的原材料，一律不准使用"，这两项中的一项未能满足时，原材料即不得使用。"不合格的建筑构件，一律不准出厂和使用"，对于设备要求同样如此。

②施工企业应建立健全试验、检验机构，并配备一定数量的称职人员和必须的仪器设备。

③施工技术人员应遵照上述有关要求进行试验工作，并在施工过程中经常检查各种材料和构件的质量和使用情况，对不符合质量要求、与原试验品种不符或有怀疑的，应提出复试要求。

2. 材料、构件试验和检验的项目

①钢筋混凝土构件、预制钢筋混凝土构件等主要承重构件，均必须按规定抽样检验。

②现场配制的建筑材料，如混凝土、砂浆、防水材料、防腐蚀材料、耐火材料、保温材料、润滑材料以及各种掺和材料、外加剂等，使用前均应由试验室确定配合比，制定出操作方法和检查标准后方可使用。

③对工业设备检查要加强试验和试运转工作。在设备到场后，必须经过检查验收，做好记录后方可使用。

④钢材、水泥、砖、焊条等结构用的材料，除应有出厂证明或检验单外，还要根据规范和设计要求进行检验。

3. 施工试验的内容及要求　施工试验记录的内容应包括素土、灰土、级配砂石的重力密度试验，砂浆、混凝土的强度试验和防水混凝土的抗渗试验等。

（1）土类的干重力密度试验。应分层定部位取样，取样数量符合有关规定，由技术员负责组织进行。

（2）砂浆、混凝土强度试验。砂浆配合比采用重量比，由试验室提供，砂浆强度应以标准养护 28d 的试块试压结果为准。结构混凝土必须提前送样试配，由试验室发给配合比。其他非承重部位混凝土也应由试验室发给经验配合比，配合比必须采用重量比。混凝土强度应以标准养护 28d 的试块试压结果为准。

四、现场料具管理

（一）料具及料具管理的概念及分类

1. **概念**　料具是材料和工具的总称。料具管理是指为满足施工所需的各种料具而进行计划、供应、保管、使用、监督和调节等的总称。

2. **料具的分类**　材料按其在施工中的作用可分为主要材料、辅助材料和周转性材料等。工具按其价值和使用年限可分为固定资产类工具，如铁扒杆、50t 以上的千斤顶、水准仪等；低值易耗工具，如小推车、水桶等；消耗性工具，如铁抹子、油刷等。

料具管理可分为料具供应过程和使用过程的管理。

3. **材料消耗定额的概念和作用**　材料消耗定额是指在节约与合理使用材料的条件下，生产单位合格产品所必须消耗的一定规格的建筑材料、半成品或配件的数量。它包括材料的净用量和材料必要的工艺损耗数量。材料消耗定额的主要作用有：

①它是施工中编制材料供应计划确定材料需用数量的依据。

②它是施工中签发"限额领料单"确定材料消耗数量的依据。

③它是企业核算材料消耗、考核节约或浪费材料的依据。

材料费约占土建工程造价的 60%，在民用建筑中占的比重更大。因此，正确地制定和执行材料消耗定额，不仅能促使企业降低材料消耗、降低工程成本，而且对合理使用物质资源也有重要的意义。

（二）料具供应过程管理的任务、内容和供应方式

1. **料具供应过程管理的任务**　料具供应管理的基本任务是以施工需求的特点出发，根据国家生产资料的管理方式，结合施工管理体制，合理地选择供应方式，使施工需求与社会有关行业在生产规模、质量、时间上衔接起来，做到既能及时供应，又不积压，保质、保量、如期地满足施工的消耗，以得到更大的供应经济效果。

2. **料具供应过程管理的内容**　料具管理的任务决定了如下四项管理内容：

①合理选择料具供应方式。

②正确地编制施工料具需用计划。

③积极合理地组织料具的采购、加工、调拨、调剂和平衡配套。

④合理选择和确定施工料具储备和储备定额。

3. **材料供应方式**　目前主要有三种（表 6-11）。

表 6-11　材料供应方式

序　号	供应方式	内　　容	适　用　范　围
1	集中供应方式	全部供应集中在企业一级，由企业一级的料具部门统一计划、订货、调度、储备和管理，按施工进度、按质、按量、按期供应给基层使用	大型项目施工的现场型企业

（续）

序 号	供应方式	内　　容	适 用 范 围
2	分散供应方式	将供应工作分散到企业内部基层单位，在企业统一计划下，由基层单位负责材料的订购、调度、储备、管理	适用于施工战线长，甚至跨省、跨地区的施工企业
3	分散与集中相结合的方式	对主要物资和短缺材料由企业一级料具部门订购、调度、储备、管理，供应基层使用	适用于集中在一个城市或一个城区施工的城市型企业

目前，城市型大型建筑企业施工体制多采用三级制，即公司下设工区（工程处），工区下设若干施工队（工程队）。料具部门必须在公司、工区、施工队分别设置办事机构。公司一般设料具科，工区（处）一级设料具股，施工队设料具组并分派料具员到施工现场工作。上一级料具部门对下一级料具部门是业务指导关系。

4．**工具供应方式**　工具供应的方式，各施工单位不同，但基本上有以下几种：

（1）由企业统一供应。适用于工程比较集中的情况，企业根据基层施工单位的工具计划，审核平衡后，由材料部门库拨或采购供应。

（2）由基层施工单位自行采购供应。在工程分散的情况下，或零星的低值易耗工具，多采用这种方式，有利于保证及时供应。

（3）租赁。为了提高工具的使用率，加速周转，通常对价值较大、使用期限长的起重机械、卷扬机、油压千斤顶类工具等。

（4）工具津贴费。为了加强工人维护、保养、爱护工具的责任心，对木、瓦、油、电等专业工具，由专业工种工人自备，实行工具费津贴，按实际出勤天数计给。

（三）料具使用过程中的管理任务、内容及做法

1．**料具使用（消耗）过程中的管理任务**

（1）基本任务。料具使用（消耗）过程就是建筑产品的形成过程。在此过程中料具管理的基本任务是利用一系列管理手段，促进料具的合理保管和使用，充分发挥料具的最大效用，不断降低消耗，取得料具使用管理的更大经济效果。

（2）各种料具的管理目标。

①主要材料：指构成建筑产品的全部原料、材料、成品和半成品，一般占建筑产品价格的60％以上。它们是料具使用管理的主要部分，对保证施工质量、降低工程成本具有决定性影响。主要材料的使用管理目标是在保证施工质量（设计要求）的前提下充分发挥其最大效用，以降低消耗。

②周转性材料：指多次使用于施工中的工具性材料或保持材料型的工具，如混凝土工程用的模板以及各种脚手架、挡土板等。这类材料虽不构成建筑产品的实体，但都是施工的重要手段。这部分材料的使用管理目标是加速周转，降低每次周转的损耗。

③生产工具：指手工劳动所使用的工具。在手工作业为主的施工过程中，生产工具虽然在建筑产品价格中不占很大的比重，但随着电动工具的广泛使用，其费用的比重将逐步增加。生产工具的管理目标是延长工具寿命，减少损坏，避免丢失。

2．**料具使用过程管理的主要内容**　建筑产品大多数是在施工现场完成的。因此，料具使用过程的管理主要表现在施工现场的料具管理方面。它包括材料进场后直至全部消耗的整个过程，这个过程可分为以下三个阶段：

（1）施工前的现场准备阶段。这一阶段的任务是为料具进场和使用创造一个良好的环境和条件，主要包括运输道路及存料场地、库房的规划和建设。应注意以下几点：

①堆料现场的布置要根据施工现场平面图进行。材料尽量靠近施工地点，便于使用，同时也要便于进料、装卸、避免发生二次搬运。

②料场、仓库、道路不要影响施工用地，避免料场、仓库移动。

③堆料场地及仓库的容量要能存放施工供应间隔期的最大需用量，保证需要。

④堆料场地要平整、不积水，构件存放场地要夯实。

⑤仓库要符合防雨、防潮、防渗、防火、防盗的要求。

⑥运输道路要坚实，循环畅通，有回转余地，雨季有排水措施。

⑦搅拌机的清洗水要有排水和沉淀设施。

（2）施工过程中的现场料具管理阶段。这是现场料具管理的重要阶段，主要是通过各种制度和措施组织料具进场和使用。内容有以下几点：

①建立健全现场料具管理的责任制，本着"干什么、用什么、管什么"的原则划区分片，包干负责。力争做到活完料净，保持文明施工。

②按照施工进度及时编报料具需用计划，组织料具进场。

③对进场料具认真执行验收制度，并码放整齐，做到成行、成线、成堆、符合保管要求。

④认真执行限额领料制度和各种料具的"定包"办法，组织和监督工人班组合理使用，认真执行回收、退料制度。

⑤健全各种原始记录和台账，开展和坚持料具使用的核算工作。

⑥根据施工不同阶段的需要及时调整堆料场地，保证施工要求和道路畅通。

（3）施工收尾阶段的管理。主要是保证工地的顺利转移。其主要内容是：

①严格控制进料，防止活完剩料，为工完场清创造条件。

②对不再使用的临时设施提前拆除，并充分考虑临建拆除料的利用。

③多余的料具要提前组织退库。

④对施工产生的垃圾要及时组织复用和处理。

⑤对不再使用的周转性材料，及时转移到新的施工地点。

3．实现料具合理使用的做法　目前，建筑施工仍以手工操作为主，操作者（料具的使用者）的技术水平和劳动态度对料具的合理使用有着直接的影响，因此，只有建立多种形式的责、权、利统一的料具"定包"（承包）责任制，才能调动广大劳动者的积极性，实现料具的合理使用。总结各地的经验主要有以下几种做法：

（1）定额领料制度。定额领料也叫限额领料，是现场材料管理中一种领发料和用料制度，也是工人班组施工任务书管理的重要组成部分。它是以班组所承担的施工任务为依据，规定班组完成任务应消耗的各种材料的数量。定额用料一般采用施工定额，确定班组完成一定数量的工程项目所消耗的各种材料的数量。执行定额领料的依据除班组任务书外，还有技术措施下试配资料及各种翻样资料。定额用料的程序和做法，大体分为签发、下达、应用、检查、验收、结算六个步骤：

①定额用料的签发：由基层单位的材料定额员负责，根据班组作业计划（任务书）的工程项目和工程量，按施工定额，扣除技术措施的节约量，计算定额领料量，填写定额用料单（限额用料单）会同工长向班组交底。

②定额用料单的下达：用料单一式三份，一联存根、二联交材料部门发料、三联交班组作为领料凭证。

③定额用料单的应用：施工班组凭用料单在限额内领料，材料部门在限额内发料。

④定额用料单的检查：班组作业时，工长和材料定额员要经常检查用料情况，帮助班组正确执行定额，合理使用材料。

⑤定额领料单的验收：班组完成任务后，由工长组织有关人员验收质量、工程量和活完脚下清执行情况，合格后办理退料。

⑥定额用料单的结算：一般由材料定额员负责，根据验收合格的任务书，计算出材料应用量，与结清领退料手续的定额用料单实际耗用量对比，结出盈亏量，提出盈亏分析，登入班组用料台账。按月公布各班组用料节、超情况作为评比和奖罚的依据。

（2）材料承包办法。材料承包是定额领料的高级阶段，它是一种责、权、利统一的经济制度。总结各地经验、主要有以下三种形式：

①单位工程材料费承包：这种形式一般由责任工长为首承包单位工程施工预算的全部材料费，实行节约提成，然后由责任工长对班组实行单项承包或实行定额用料。这种办法一般用于工期较短，比较独立的单位工程。

②部位实物承包：一般分为基础、结构、装修三个部位，按照施工预算的各种材料用量由主要工种为首组成的混合队承包，实行节约奖、超罚。这种办法适用于较大的单位工程。

③单项实物承包：一般以分项工程为对象按照施工预算的材料用量由专业班组承包，实行节约奖超罚。这种办法实质上是在定额用料的基础上增加了经济责任和经济利益。它的核算范围小，见效快，特别适用于某一种材料的管理。

（3）周转性材料的管理。随着建筑技术的发展，木质架设材料和木质模板将逐步被钢脚手架和钢模板代替。这些钢化材料的价格高，品种规格复杂，配套性强、尺寸精度高，只有经多次使用才能逐步实现其价值的补偿。这些材料一般集中在企业，对备施工现场实行租赁制，目的是加速周转、减少损耗。总结各地经验，主要有两种承包做法：

①费用承包：一般以单位工程或分部分项工程为对象，根据施工方案核定周转材料费用，由责任工长进行承包，按照实际付出的租赁费进行结算、实行节约奖超罚，目的是加速周转。这种做法难度较大，受各种因素制约，但效果较好，是今后的发展方向。

②实物承包：一般是以分部分项工程为对象，根据施工方案和拼装图核定各种周转性材料的需用量及损耗量、回收量，由专业班组承包，按照施工实际损耗量、回收量进行奖罚。其目的是合理使用，减少损耗和丢失。

（4）生产工具管理。生产工具管理的主要任务是调动使用者的积极性，做到爱护使用，延长寿命，防止丢失和损坏。总结各地做法主要有：

①个人使用的工具：实行个人工具费的办法，由个人保管，丢失损坏个人负责。

②专业队组合用工具：实行工具费"定包"办法，根据队组出勤工日和分工种的日工具费定额核定队组工具费，由队组在费用定额内领用工具，丢失损坏队组自理。

五、工程质量管理

工程质量管理是建筑施工管理的极重要的任务，因为工程质量的优劣直接关系到人民的生活、工作和学习，甚至生命财产的安全。此外，工程质量出现不合格工程时就无法交工，会给国家、建设单位、施工单位造成极大的损失。因此，应努力学习全面质量管理的基本知识，掌握工程质量检查评定方法，成品保护方法以及重大质量事故的处理方法等。

1. **全面质量管理的概念** 全面质量管理，是指企业为了保证和提高工程质量，运用一整套质量管理体系、手段和方法所进行的全面系统的管理活动，是一种科学的现代质量管理方法。

2. **全面质量管理的基本方法**

(1) 建立质量管理体系。质量管理体系也叫质量保证体系，它是施工企业以保证和提高工程质量为目标，运用系统的概念和方法，从企业的整体经营目标出发，把企业各部门、各环节的质量管理机构严密地组织起来，规定它们质量管理方面的职责、任务、要求、权限，并且做好互相协调、配合、促进工作，使质量管理制度化，标准化，形成一个完整的有机的质量管理系统。一个完善的质量管理体系，必须组织合理，规章制度健全，责任制度严密，三者缺一不可。

①施工企业的质量管理体系的基本组成部分：施工准备，施工过程，使用服务阶段的质量管理。

②施工准备阶段质量管理的基本内容：调查研究、搜集资料；熟悉条件、会审图纸；编制施工组织设计；施工现场准备；编好施工与质量管理计划。

③施工过程阶段质量管理的基本内容：搞好技术交底、落实质量管理计划；搞好班前检查、做好技术复核；做好材料和构件的试验和检验工作；搞好工程质量检查及验收工作；做好各项物资供应工作中的质量管理工作；做好后勤、政工、保卫、劳动工资、财务核算等各项管理工作，加强各部门协调配合，达到全员参加质量管理的要求。

④使用过程阶段质量管理的基本内容：及时回访，实行保修。这个阶段是全面质量管理工作的一个重要阶段，是企业质量管理中考核工程实际质量的过程，是质量管理的归宿点，又是质量信息反馈后，企业又一个质量管理开始的出发点。

(2) 按照 PDCA 管理循环组织质量管理体系的全部活动。推行全面质量管理，应当按一定的步骤与方法进行工作，即按一定的程序办事，其顺序是按计划、实施、检查、处理四个阶段循环推进，简称为 PDCA 循环。P (Plan) 是计划，D (Do) 是实施，C (Check) 是检查，A (Action) 是处理，每一个循环都要经过这四个阶段，其中共有八个步骤。

①计划阶段（P 阶段）：其工作内容是八个步骤中的前四个步骤。

A. 调查分析现状，找出存在的质量问题。

B. 分析原因和影响因素。

C. 找出影响质量的主要原因。

D. 对主要因素制定改善质量的措施，提出行动计划并预计效果。

②实施阶段（D阶段）：其工作内容是八个步骤中的第五个步骤。

E. 组织对质量措施和行动计划的贯彻实施。

③检查阶段（C阶段）：其工作内容是八个步骤中的第六个步骤。

F. 检查采取措施的效果。

④处理阶段（A阶段）：其工作内容是八个步骤中的最后两个步骤。

G. 总结经验，巩固成绩，进行标准化。

H. 提出未解决的质量问题，找出原因，转到下一个 PDCA 循环中去。

经过这四个阶段八个步骤，质量管理工作的一个循环结束后，下一个循环再按 PDCA 的循环过程进行。这样一个循环接一个循环不停地、重复地继续进行下去，每循环一次，工程质量应该提高一步，继续不停地循环下去，质量管理工作的水平就逐步提高。

3．工程质量的检查

（1）工程质量检查的依据。国家颁发的建筑安装工程施工及验收规范、施工技术操作规程和质量检验评定标准；原材料、半成品、构配件的质量检验标准；设计图纸及施工说明书等有关设计文件。

（2）质量检查的内容。是由施工准备、施工过程和交工验收三部分所组成（表 6-12）。

表 6-12　各施工步骤质量检查

序号	施工步骤	检查内容
1	施工准备	对原材料、半成品、成品和构件等进场的质量检查，新产品的试制和新技术、新工艺的推广等的预先试验检查；对工程地质、测量定位、标高等资料进行复核检查；对构配件放样图纸有无差错的复核检查
2	施工过程	对分部分项工程的各道工序进行检查，应坚持上道工序不合格不能转入下道工序的原则，隐蔽工程项目要做好隐蔽工程检查记录，并归档保存。施工现场所用的砂浆和混凝土都必须按规定取样，进行强度试验
3	交工验收	包括分项工程、分部工程和单位工程的检查。其检查内容有：检查施工过程的自检原始记录；检查施工过程的技术档案资料；对竣工项目的外观检查；对使用功能的检查等

（3）质量检查的方法。主要有全数检查、抽样检查两种。

①全数检查：它是对产品进行逐件的全部检查。它花费的工作量大，只用于关键性的或质量要求特别严格的分部分项工程和非破坏性的检查。

②抽样检查：对要检查的内容，从总体中按一定比例，抽出部分子样进行检查，并进而判断总体的质量情况。在工程检查中，多采用抽样检查。而目前又多采用随机抽样的方法，使总体中的每一单位或位置，都有同等的机会能被抽到，避免抽样的片面性和倾向性。

（4）质量检查的手段。一般采用的检查手段可归纳为以下八种方法（表 6-13）。

表 6-13　各种质量检查方法

序号	检查手段	检查方法	适用范围
1	看	外观目测，即对照规范和标准要求进行外观质量的检查	清水墙面洁净，干黏石密实度和颜色均匀、混凝土密实度、模板的牢固程度等
2	摸	手感检查，主要适用于装修工程的某些项目	水刷石、干黏石、抹灰的平整度、油漆的光滑度等
3	敲	运用工具进行敲击听音检查	对地面（包括现制地面和预制地面）等工程，各种抹灰和镶贴各种面砖工程。通过敲击听声音判断虚实，是否有无空鼓等
4	照	对于人眼不能达到的高度，深度或亮度不足，借助于灯光或镜子反光照明检查	管道炉片靠墙一面、下水道底面、模板暗处等
5	靠	用工具测量表面的平整度，有时应用"量"来辅助	适用于地面、墙面等要求平整度的项目
6	吊	指用工具测量垂直度，有时应用"量"来辅助	线锤吊线检查墙、柱的垂直程度等
7	量	借助于度量衡工具进行检查	用尺量砖墙的厚度、用磅秤计量砂、石重量等
8	套	以方尺套方，辅以塞尺检查	对阴阳角方正，踢脚线的垂直度等

本　章　小　结

　　本章阐述了园林建筑施工特点、施工生产过程、施工准备工作以及施工现场管理的基本知识，重点阐述了园林建筑施工组织设计的基本知识及在实践中的运用。园林建筑施工组织设计的核心是施工方案及进度计划。

　　园林建筑施工方案的重点是施工方法的确定以及施工顺序的安排。其中施工方法是施工方案的核心，具有决定性的作用。选择施工方法时，应对多种方案进行比较，以降低工程成本，缩短工期。确定施工顺序时要技术合理，便于保证质量和成品保护，减少工料消耗，降低成本，缩短工期。

　　进度计划是施工方案的具体反映。在做计划时，要做到工程量、劳动量计算准确，计划要切实可行，既要考虑工期的要求，又要保证质量，降低成本。要注意各工序间的合理搭接及流水作业，避免组织工作过于复杂。

　　施工现场管理的重点是涉及施工现场的日常工作（施工作业计划，任施工务书以及施工日志等等）、现场技术管理、料具管理以及工程质量管理等。要结合现场实际情况、施工工艺标准，防止工程质量事故的发生。

复习思考题

1. 园林建筑施工的特点、阶段和任务是什么？
2. 园林建筑施工准备工作的意义是什么？
3. 工程开工应具备哪些条件？
4. 园林建筑施工组织设计的主要内容是什么？
5. 施工进度计划的作用、编制依据和编制方法是什么？
6. 现场施工管理的任务及主要内容有哪些？
7. 园林建筑施工为什么要进行技术交底？
8. 园建施工过程中材料和工具管理的内容是什么？做法有哪些？
9. 在园林建筑施工中为什么要进行质量管理？
10. 以某亭廊为例，说明其施工组织设计？

第7章　园林建筑设计实训

[本章学习目标与方法]

通过本章具有典型意义的课程设计实践（实训），学生能够掌握园林建筑设计的基本方法，包括设计程序、方案构思及一般的园林建筑工程图的基本画法，达到综合运用所学的园林建筑设计的基本知识，进行独立设计和制作工程图纸的目的。

在学习方法上，要勤动手、多分析。无论是对优秀作品的考察调研分析，还是对设计方案的构思及推敲，都应注重培养良好的设计工作习惯，即勤于动手，多画图，进行多方面深入的思考分析，以提高学生的形象思维能力及设计表达能力。

了解园林建筑的发展历史可以知晓过去建设的成就和经验，研究园林建筑的选址、布局及造型艺术是为了提高园林建筑的设计创作水平，根本的目的是要把园林建筑设计的理论落实到园林建筑的实践上去。

园林建筑设计课是继一年级园林建筑设计基础课之后的一门重要的专业主干课程。学生通过《园林制图与设计初步》、《美术》、《园林植物》等课程的学习，初步掌握了一定的表现技巧和园林建筑与设计的一些基本知识，在入学的第二或第三学期开始进行简单的园林建筑设计练习。

本章的主要内容是通过前几章的学习，结合实训任务，运用园林建筑设计的基本原理和设计方法对以下有典型意义的课题进行设计实训，掌握园林建筑设计的技能，从而达到综合应用所学知识进行独立设计和制作工程图纸的目的。

园林建筑设计实训课程有它自身的特点，怎样入门常常是初学者遇到的一个难题。本章主要针对学生在进行园林建筑设计实训之初所应注意的问题，以及如何掌握正确的思维方法和学习方法，做

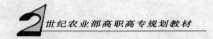

一些基本的介绍并安排了相关实训任务。

第一节　实训课程要求与特点

一、实训课程要求

学生通过一学年实训课程的学习，从简单的园林建筑小品的基本组合设计开始，过渡到一般中小型园林单体建筑设计，逐步发展到完成功能较为复杂的服务性园林建筑设计学习，构成一个由浅入深、由表及里，从内向外和从外向内，以至内外结合的学习园林建筑设计的系统课程。使学生能有系统、分层次、多方位、多角度地学习园林建筑设计，通过七个长短不同，要求各异的课程设计实践，逐步学习和掌握园林建筑设计的设计环节、设计方法、图面表现技巧等。从而培养园林专业学生将所学的基本理论应用于实践的能力，根据具体设计任务要求提高方案设计能力。

二、实训课程特点

园林建筑设计课是一门实践性很强的课程，也是一门综合应用其他相关基础课和专业辅助课的综合性课程，同时又是一门与技术紧密联系的课程，因而在课程教学中应紧紧地把握以下特点：

1. **实践性**　本课程的学习应始终贯彻学生从设计中学会设计的实践性原则，通过设计课题的多次循环、由浅入深地螺旋式上升，逐步培养对设计过程的掌握与熟悉，从而培养学生的独立工作能力。

2. **阶段性**　园林建筑设计涉及学科内容广泛，头绪繁多，在学习过程中往往难于掌握而感到无从着手。因此设计课程在整体系统构成中应分阶段提出各自的重点要求，以便于在学习中有所侧重地解决问题。

3. **综合性**　在园林建筑设计中应将其他学科内容综合应用摆在重要位置上，因此课程的设置编排须与各期其他课程通盘考虑，相互配合。如前续课程为素描、色彩、园林制图与设计初步、建筑材料与构造、植物学等；后续课程为园林工程、园林规划等。

4. **科学性**　园林建筑设计课的实践特征不能与以往"授徒传艺"的工匠方法混同，在实践中应注重以科学理性结构法则的规律启发学生，使之在设计中掌握正确的科学设计方法，应避免完全凭感觉判断的设计态度。

第二节　方法与步骤

一、园林建筑的设计手法与技巧

园林建筑是园林设计中不可缺少的构成要素，以建筑构景，是中国园林艺术重要技法之一。明人袁宏道游北京香山，觉得"香山山色轩楹，比碧云殊胜……龙潭水光千顷，荷香十里，长堤迂曲回环，垂杨夹道，大有江南风景"，但惟一感到不足的就是"无亭榭可布几筵耳"。看来好山好水，还需有建筑，否则，游而无息，赏而不能痛饮，实在不能尽兴。

园林中的建筑不仅有其实用的一面，而且也是人情之所在。宗白华曾说：中国人爱在山水中设置空亭一所。戴醇士说："群山郁苍，群木荟蔚，空亭翼然，吐纳云气"。一座空亭竟成为山川灵气动荡吐纳的交点和山川精神聚集的场所。倪云林每画山水，多置空亭，他有"亭下不逢人，夕阳澹秋影"的名句。张题倪画《溪亭山色图》诗云："石滑岩前雨，泉香树杪风，江山无限影，都聚一亭中"。苏东坡《涵虚亭》诗云："惟有此亭无一物，坐观万景得天全"。惟道集虚，中国园林建筑也表现着中国人的文化观及宇宙情调。

可见，建筑还是人精神的象征，是人工美的代表。景有情则显，情之源来于人。建筑上的匾额楹联则更真实地反映了人对自然、人生的感悟。因此，园林中的建筑即便是空亭一座也成了"山川精神聚集的处所"，成了人们情感寄托、抒发的场所。岳阳楼、黄鹤楼、滕王阁、兰亭、醉翁亭、沧浪亭等建筑之所以闻名于世，其原因就在于这些园林建筑能集自然山水之美与人文情趣于一体，充分地表现了人的精神。

造园离不开园林建筑，构园需从建筑始，而园林中的园林建筑更是集功能与审美于一体。居、行、游、赏都离不开园林建筑，陈从周亦说：我国古代造园，大都以建筑物为开路。私家园林必先造花厅，然后布置树石，往往边筑边拆，边拆边改，返工多次，而后妥帖。沈元禄记猗园谓："奠一园之体势者，莫如堂；据一园之形胜者，莫如山"，这道出了中国园林中建筑的重要性，这也是造园经验的总结。

中国古典园林建筑多以木构为主，由台基、屋身和屋顶三个部分组成。单体建筑一般体量不大，造型上具有灵活多变、轻盈空透、适应性强等特点。在整体布局上，是以空间的平面铺开，相互连接和配合的群体建筑为特征，空间的意识转化为时间的进程而逐次展现，达到步移景换的时空效果。

在园林中，常随地势之高低，景观之需要，因地制宜地布置亭台楼阁等建筑，并以廊桥路相连，门窗墙分隔渗透，从而形成了园中园、院中院、景中景、湖中湖的景观体系，这是园林的一大特色。

园林建筑的设计创作必须以科学、先进的技术来保证使用功能和园林审美的需求。在明确了环境因素和工程技术条件以后，从设计上要选择适合的形式，包括体量、体形、风格、结构、装修、材质和色彩。同时，要注意我国南北方传统园林建筑因地域、文化的不同，其设计手法有较大的差异（表7-1，图7-1）。

表7-1　南北方传统园林建筑设计手法的比较

比较项目	南方园林建筑	北方园林建筑
风格	秀丽、轻巧、典雅	宏伟、壮观、端庄
体量	较小	较大
造型	轻盈，通透，开敞；屋顶陡峭，屋脊曲线弯曲，屋角起翘高，屋面坡度较大，柱细	敦实，厚重，较封闭；屋顶略陡，屋脊曲线较平缓，屋角起翘不高，屋面坡度较小，柱较粗
色彩	古朴、素雅、协调统一，多用冷色调	艳丽、浓烈、对比强，多用暖色调
装饰	精巧，常用青瓦，不常施彩画	华丽，常用琉璃瓦，常施彩画

南方园林建筑造型轻盈，色泽淡雅

北方园林建筑造型浑厚，色泽华丽

1　　　　　　　　　　　2

3　　　　　　　　　　　4

图 7-1　南北方传统园林建筑风格的比较
1.留园明瑟楼一角　2.避暑山庄烟雨楼　3.北海静心斋枕峦亭　4.苏州怡园螺髻亭

　　任何一种建筑设计都是为了满足某种物质和精神的功能需要，采用一定的物质手段来组织特定的空间。建筑空间是建筑功能与工程技术和艺术技巧相结合的产物，都需要符合适用、坚固、经济、美观的原则；此外，在艺术构图技法上也都要考虑诸如统一、变化、尺度、比例、均衡、对比等原则。但是，由于园林建筑在物质和精神功能方面的特点，其用以围合空间的手段与要求，与其他建筑类型在处理上又表现出许多不同之处。

　　园林建筑在设计手法和技巧上归纳起来主要有下列特点（表7-2）。

表 7-2　园林建筑设计的主要特点

特　点	内　容
艺术性要求高	园林建筑的功能主要是为了满足人们的休憩和文化娱乐生活，艺术性要求高，园林建筑应有较高的观赏价值并富于诗情画意

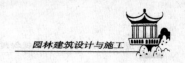

（续）

特　点	内　容
设计的灵活度大	由于园林建筑受到休憩游乐生活多样性和观赏性强的影响，在设计方面的灵活性特别大，可以说是无规可循。既要看到它为空间组合的多样化所带来的便利条件，又要看到它给设计工作带来的困难
园林建筑与整体环境的有机结合	园林建筑虽具有一定的独立性，但它必须服从造园的整体布局原则。在空间设计中，要特别重视对室内外空间的组织和利用，通过巧妙的布局，使之与环境成为一个整体
注重步移景换的时空效果	园林建筑所提供的空间要能适合游客在动中观景的需要，务求景色富于变化，做到步移景换。推敲建筑的空间序列和组织观赏路线，比其他类型的建筑显得格外突出
追求声色皆具的立体效果	为了创造富于艺术意境的空间环境，还特别重视因借大自然中各种动态组景的因素。园林建筑空间在花木水石点缀下，再结合诸如各种水声、风啸、鸟语、花香等动态组景因素，常可产生奇妙的艺术效果

以上五点是园林建筑与其他建筑类型在创作设计中所不同的地方，也是园林建筑本身的特征。

二、设计步骤

园林建筑设计是园林专业学习中主要的内容之一，其设计技巧的提高需要长时期的锻炼。

（一）实际工程设计的三个阶段

实际的园林建筑工程与其他建筑工程一样都要经过设计与施工两大程序来完成（图7-2）。

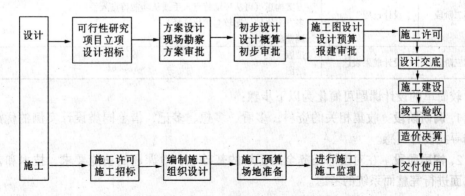

图 7-2　实际工程建设程序示意图

有关设计工作的分工和程序，一般又分为三个不同的阶段（表7-3）。

表 7-3　实际工程设计的三个阶段划分

阶段划分	主　要　内　容
方案设计	决定设计的基本方案，如建筑与周围环境的整体关系，建筑的平面布置，水平与垂直交通的安排，建筑外形与内部空间处理的基本意图，以及结构形式的选择和某些重大技术问题的初步考虑等
初步设计	根据设计构思拟定的基本方案，作进一步的推敲和改进，研究建筑的局部处理和确定具体的构造做法，配合各工种共同解决设计中的各种矛盾和具体的技术问题
施工图设计	将前阶段的设计成果绘制成正式的施工图纸，并编制出正式的文件说明，作为施工的依据

学校的学习不可能与实际工作完全等同，尤其是中、低年级的学生，无论从时间上或所具备的专业知识上看都不可能完成每个设计的全过程。就以上各个设计阶段的工作内容看，其中方案设计往往更带有全局性和战略性，设计的基本方案如何，将直接影响到以后工作的进行甚至决定着整个设计的成败，而方案能力的提高，则需长期反复的训练。因此，学校园林建筑设计课的深度，一般仅大体相当于实际工作中的方案设计，以便学生有较多的时间和机会，接受由易到难、由简单到复杂的多课题、多类型的训练。只有在高年级或毕业设计的某些课题中，要求达到初步设计或施工图的深度，以便学生可更快地适应即将到来的实际工作。

（二）方案设计步骤

园林建筑设计，在一定意义上说是一种创作活动，无论所设计的课题怎样简单，它已经和绘制一张设计初步中的渲染图在性质上有着根本的不同，它已不再是一种单纯地模仿性绘图练习了。因此，应特别注意方案设计的方法与步骤，下面就方案设计步骤作如下建议（表 7-4）。

表 7-4　方案设计步骤

步　骤	三大阶段划分	各　阶　段　主　要　内　容
第一阶段	设计前期准备工作	设计要求分析（功能空间要求、形式特点要求、经济技术要求） 现场调研（基地环境、当地的人文环境） 相关资料的收集与调研（实例、资料归类与分析） 项目策划（项目定位）
第二阶段	设计过程	设计立意 方案构思（可从环境特点入手或从功能特点入手） 多方案比较（比较与优化选择） 调整深入
第三阶段	设计成果表达	排版 绘图

较简单的设计课题可简化为以下步骤：

1. **调研阶段**　收集相关的资料，多看、多想、多记，借鉴同类设计实例的优点，启发与寻找设计灵感。

2. **构思阶段**　在对设计任务全面了解的基础上，对课题的功能要求、技术和艺术等各方面进行完整而系统的考虑。

3. **草图阶段**　将构思用图表现出来，即通过绘制大量的草图，经过反复比较，以确定设计的基本方案。通常包含有第一次草图、第二次草图、工具草图等。

4. **方案图绘制阶段**　绘制正式图前应有充分的准备，要注意选择合适的表现方式，同时，要注意所提交设计成果（图面）的排版构图等问题。

第三节　实训中应注意的问题

一、设计前期准备工作要充分

作为初学者为了保证园林建筑的设计质量，对园林建筑的设计前期准备工作应予高度重视。设计前期准备工作的目的是通过对设计要求、基地现状、相关资料和项目策划等重要内容的系统、全面的分析研究，为方案设计确立科学的依据。

（一）设计要求分析

首先从设计任务书的物质要求和精神要求入手，即对功能空间要求、形式特点要求、经济技术因素进行分析。

1. **功能空间要求**　主要指个体空间与整体功能之间的关系。个体空间对环境景观、位置、体量大小、空间属性、基本设施等方面的要求与整体功能之间的相互关系与密切程度。如相互关系属主次关系还是并列、序列或混合关系，密切程度为密切、一般、很少或没有。

2. **形式特点要求**

①建筑类型特点：属服务性的还是纪念性的。

②使用者的个性特点：少儿的、老人的还是成人的。

3. **经济技术因素分析**　经济技术因素是指建设者所能提供用于建设的实际经济条件与可行的技术水平。它是确立园林建筑的档次质量、结构形式、材料应用以及设备选择的决定性因素，是除功能、环境之外影响园林建筑设计的第三大因素。在方案设计入门阶段，由于我们所涉及的园林建筑规模较小，难度较低，并考虑到初学者的实际程度，经济技术因素在此不展开讨论。

（二）基地调查和分析

园林建筑拟建地又称为基地，它是由自然力和人类活动共同作用所形成的复杂空间实体，它与外部环境有着密切的联系。在进行园林建筑设计之前应对基地进行全面、系统地调查和分析，为设计提供细致、可靠的依据。

1. **基地现状调查的主要内容**　基地现状调查包括收集与基地有关的技术资料和进行实地踏勘、测量两部分工作。有些技术资料可从有关部门查询得到，如基地所在地区的基地地形及现状图、城市规划资料、气象资料等。对查询不到的但又是设计所必需的资料，可通过实地调查、勘测得到，如基地及环境的视觉质量、基地小气候条件等。若现有资料精度不够或不完整或与现状有出入，则应重新勘测或补测。基地现状调查的内容有：

（1）地段环境

① 基地自然条件：地形、水体、土壤、植被。

② 气象资料：四季日照条件、温度、风、降雨小气候。

③ 人工设施：建筑及构筑物、道路和广场、各种管线。

④ 视觉质量：基地现状景观、环境景观、视阈。

（2）人文环境。人文环境为创造富有个性特色的空间造型提供必要的启发与参考。

① 地方风貌特色：当地文化风俗、历史名胜、地方建筑风格等。

② 城市性质规模：项目建设地属政治、文化、金融、商业、旅游、交通、工业还是科技城市；属特大、大型、中型还是小型城市。

（3）城市规划设计条件。该条件是由城市管理职能部门依据法定的城市总体发展规划提出的，其目的是从城市宏观角度对具体的园林建筑项目提出若干控制性限定与要求，以确保城市整体环境的良性运行与发展，特别在风景名胜地区控制较严格。主要内容有：

① 后退红线限定：为了满足所临城市道路（或相邻建筑）的交通、市政及日照景观要求，限定建筑物在临街（或相邻建筑）方向后退用地红线的距离。它是该建筑的最小后退指标。

② 建筑高度限定：建筑有效层檐口高度，它是该建筑的最大高度。

③ 容积率限定：地面以上总建筑面积与总用地面积之比，它是该用地的最大建设密度。

④ 绿化率要求：用地内绿化面积与总用地面积之比，它是该用地的最小绿化指标。

⑤ 停车量要求：用地内停车位总量（包括地面上下），它是该项目的最小停车量指标。城市规划设计条件是建筑设计所必须严格遵守的重要前提条件之一。

现状调查并不需将所有的内容一个不漏地调查清楚，应根据基地的规模、内外环境和使用目的分清主次，主要的应深入详尽地调查，次要的可简要地了解。例如图 7-3 是小卖亭方案基地的影响景观因素分析示意图。

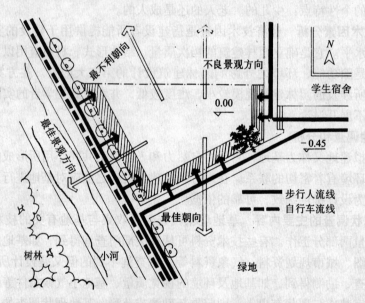

图 7-3　小卖亭方案基地的景观影响因素分析示意图

2．**基地分析**　调查是手段，分析才是目的。基地分析是在客观调查和主观评价的基础上，对基地及其环境的各种因素做出综合性的分析与评价，使基地的潜力得到充分发挥。基地分析在整个设计过程中占有很重要的地位，深入细致地进行基地分析有助于用地的规划和各项内容的详细设计，并且在分析过程中产生的一些设想也很有利用价值。基地分析包括在地形资料的基础上进行坡级分析、排水类型分析，在土壤资料的基础上进行土壤承载分析，在气象资料的基础上进行日照分析、小气候分析等。

较大规模的基地是分项调查的，因此基地分析也应分项进行，最后再综合。首先将调查结果分别绘制在基地底图上，一张底图上只做一个单项内容，然后将诸项内容叠加到一张基地综合分析图上（图7-4）。由于各分项的调查或分析是分别进行的，因此可做得较细致较深入，而且应标明关键内容。

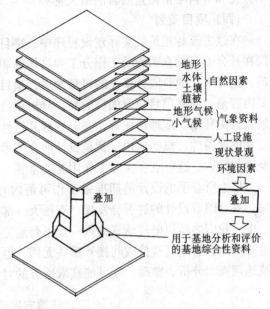

图7-4 基地分析的分项叠加方法

3. 选址的具体确定 选址，传统上也叫"相地"，是园林建筑设计中最重要的前期准备工作。通常园林建筑用地范围较大，如何确定所建园林建筑的具体位置，必须亲临现场考察，而不是仅仅只看看地形图。选址时首先应注重实现园林建筑"观景"与"点景"的双重性；其次，要考虑园林建筑与所在环境的协调关系，即不仅要注意整体效果的实现，也要注意细微因素的影响。要珍视一切饶有趣味的自然景物，一石、一树、小溪、清泉，以及古迹传闻，这些对于造园都是十分有用的。例如在山顶建亭，就要考虑与周围的山势如何协调。对视线范围内的物象、植被的状况，光影的影响，小气候的感受，通过观察，考虑在雨雪、晚霞、彩云以及夜景的状态下可能出现的景观；同时还要从不同角度反复仔细观察其点景的艺术效果，再分别到山下、山上比较一下在不同位置建亭，可能产生哪些景观，以便确定最佳的位置。

（三）相关资料的调研与搜集

学习并借鉴前人正反两个方面的实践经验，了解并掌握相关规范制度，既是避免走弯路，走回头路的有效方法，也是认识熟悉各类型建筑的最佳捷径。因此，为了要学好园林建筑设计，必须学会搜集并使用相关资料。结合设计对象的具体特点，资料的搜集调研可以在第一阶段一次性完成，也可以穿插于设计之中，有针对性地分阶段进行。

1. 实例调研 调研实例的选择应本着性质相同、内容相近、规模相当、方便实施，并体现多样性的原则，调研的内容包括一般技术性了解（对设计构思、总体布局、平面组织和空间造型的基本了解）和使用管理情况调查（对管理使用两方面的直接调查）两部分。最终调研的成果应以图、文形式尽可能详尽而准确地表达出来，形成一份永久性的参考资料。

2. 资料搜集 相关资料的搜集包括规范性资料和优秀设计图文资料两个方面。园林建筑设计规范是为了保障建筑物的质量水平而制定的，设计师在设计过程中必须严格遵守这一具有法律意义的强制性条文，在我们的课程设计中同样应做到熟悉、掌握并严格遵守。对我们影响最大的设计规范有日照规范，消防规范和交通规范。优秀设计图、文资料的搜集与实例调研有一定的相似之处，只是前者是在技术性了解的基础上更侧重于实际运营情况的调查，后者仅限于对该建筑总体布局、平面组织、空间造型等技术性了解。但简单方便和资料丰富则是后者的最大优势。

（四）项目策划

在过去园林建筑的实际建设程序中，项目的策划阶段往往不为人所重视，而且这个阶段在社会上尚没有明确的工作分工和具体的职责分派，其实它对项目成败是具有关键意义的。近年来，随着园林事业的迅猛发展，项目策划越来越受到人们的关注。策划阶段的主要内容是：明确项目建设的目的性；分析项目的共性与个性，如项目所在地的文化历史背景、人文环境、地理特征等，充分挖掘其特性；需要满足哪些条件的要求；项目的可行程度和保证条件。概括地说，就是设计前在艺术、技术、项目实施上有一个更高、更深、更全面的认识。这一点在实际工作中尤其重要。

以上所着手的设计前期准备工作可谓内容繁杂，头绪众多，工作起来也比较单调枯燥，并且随着设计的进展会发现，有很大一部分的工作成果并不能直接运用于具体的方案之中。我们之所以坚持认真细致一丝不苟地完成这项工作，是因为虽然在此阶段我们不清楚哪些内容有用（直接或间接）哪些无用，但是我们应该懂得只有对全部内容进行深入系统地调查、分析、整理，才可能获取所有的对我们至关重要的信息资料。

二、注重方案的构思与选择

完成第一阶段后我们对设计要求、环境条件及前人的实践已有了一个比较系统全面的了解与认识，并得出了一些原则性的结论，在此基础上可以开始方案的设计。本阶段的具体工作包括设计立意、方案构思和多方案比较。

（一）设计立意

如果把设计比喻为作文的话，那么设计立意就相当于文章的主题思想，它作为我们方案设计的行动原则和境界追求，其重要性不言而喻。

严格地讲，存在着基本和高级两个层次的设计立意。前者是以指导设计，满足最基本的建筑功能、环境条件为目的；后者则在此基础上通过对设计对象深层意义的理解与把握，谋求把设计推向一个更高的境界水平。对于初学者而言，设计立意不应强求定位于高级层次。

评判一个设计立意的好坏，不仅要看设计者认识把握问题的立足高度，还应该判别它的现实可行性。例如要创作一幅命名为"深山古刹"的画，我们至少有三种立意的选择：或表现山之"深"，或表现寺之"古"，或"深"与"古"同时表现。可以说这三种立意均把握住了该画的本质所在。但通过进一步的分析我们发现，三者中只有一种是能够实现的。苍山之"深"是可以通过山脉的层叠曲折得以表现的，而寺庙之"古"是难以用画笔来描绘的，自然第三种亦难实现了。在此，"深"字就是它的最佳立意（至于采取怎样的方式手段来体现其"深"，那则是构思阶段应解决的问题了）。

园林建筑设计是一种占有时间空间，声色皆具的立体空间的塑造，因此较其他一般建筑设计更加需要意匠。这里所说的"意"为立意，"匠"为技巧。

在确立立意的思想高度和现实可行性上，许多建筑名作的创作给了我们很好的启示。例如承德避暑山庄，它所立意追求的不是一般意义视觉上的美观或游憩的舒适，而是要把建筑融入自然，回归自然，谋求与大自然进行全方位对话，作为园林建筑设计的最高境界追求。它的具体构思从位置选择、布局经营、空间处理到造型设计，无不是围绕着这一立意展开的。又如峨眉山的清音阁，建于峨眉山半山两条溪泉峡谷之间，终年云雾缭绕，瀑布飞溅……由此构成了这一充满神秘色彩和浪漫光环的佳作。再如珠海的圆明新园，由于原型建筑特有的历史文化地位与价值，决定了最为正确而可行的设计立意应该是无条件地保持历史建筑原有形象的完整性与独立性，而应竭力避免新建、扩建部分喧宾夺主。

(二) 方案构思

在全面了解以上问题的基础上，综合考虑园林建筑与环境中诸因素的平衡。包括园林建筑风格与环境的有机结合；园林建筑的体量、体型与环境空间在尺度上的协调；园林建筑与附近构筑物的主次关系和构图关系；外围欣赏该园林建筑的地点与角度，即园林建筑点景的作用效果；园林建筑与地形、水体、小气候的适应程度；拟建园林建筑原地的植被情况确认，对于有古树、名木的现场更必须仔细观察。

以上问题在设计上需要进行整体设计与统筹，需要把握住方案总的发展方向，并形成一个明确的构思意图。

方案构思是方案设计过程中至关重要的一个环节。如果说，设计立意侧重于观念层次的理性思维，并呈现为抽象语言，那么，方案构思则是借助于形象思维的力量，在立意的理念思想指导下，把第一阶段分析研究的成果落实成为具体的园林建筑形态，由此完成了从物质需求到思想理念再到物质形象的质的转变。

以形象思维为其突出特征的方案构思依赖的是丰富多样的想像力与创造力，它所呈现的思维方式不是单一的，固定不变的，而是开放的，多样的和发散的，是不拘一格的，因而常常是出乎意料的。一个优秀园林建筑给人们带来的感染力乃至震撼力无不始于此。例如从大自然中我们可得到许多启发（图7-5）。

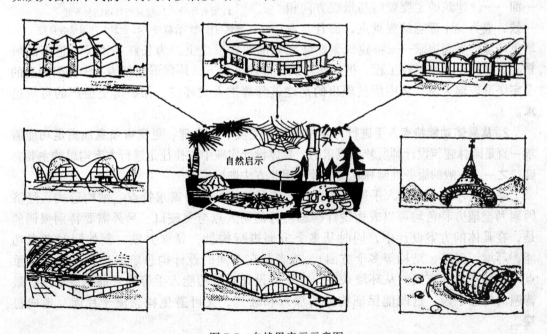

图7-5　自然界启示示意图

想像力与创造力不是凭空而来的，除了平时的学习训练外，充分的启发与适度的形象"刺激"是必不可少的。比如，可以通过多看（资料），多画（草图），多做（草模）等方式来达到刺激思维、促进想象的目的。

形象思维的特点也决定了具体方案构思的切入点必然是多种多样的，可以从功能入手，从环境入手，也可以从结构及经济技术入手，由点及面，逐步发展，形成一个方案的雏形。

1. 从环境特点入手进行方案构思　富有个性特点的环境因素如地形地貌、景观朝向以及道路交通等均可成为方案构思的启发点和切入点（图7-6）。

例如四川忠县的石宝寨，它在认识并利用环境方面堪称典范。该建筑选址于风景优美的长江边的一座孤峰上，孑石巍然，壁立崖峭，层层叠叠的巨大岩石构成其独特的地形地貌特点。在处理建筑与景观的关系上，不仅考虑到了对景观利用的一面——使建筑的主要朝向与景观方向相一致，成为一个理想的观景点，而且有着

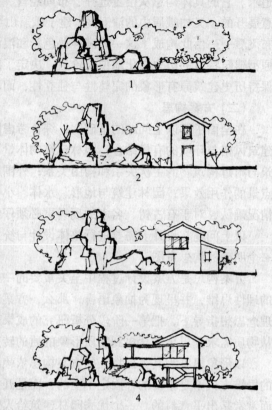

图7-6　从环境入手进行方案构思示意图
1. 原有环境　2. 建筑与环境结合不好
3. 建筑与环境结合较好　4. 建筑与环境结合良好

增色环境的更高追求——将建筑紧贴陡立如削的岩壁之上，为长江平添了一道新的风景。又如象卢浮宫扩建工程，把新建建筑全部埋于地下，外露形象仅为一宁静而剔透的金字塔形玻璃天窗，从中所显现出的是建筑师尊重人文环境，保护历史遗产的可贵追求。

2. 从具体功能特点入手进行方案构思　更完美、更合理、更富有新意地满足功能需求一直是园林建筑设计师所梦寐以求的，具体设计实践中它往往是进行方案构思的主要突破口之一。一般的服务性园林建筑设计多用此方法进行构思。

除了从环境、功能入手进行构思外，依据具体的任务需求特点、结构形式、经济因素乃至地方特色均可以成为设计构思可行的切入点与突破口。另外需要特别强调的是，在具体的方案设计中，同时从多个方面进行构思，寻求突破（例如同时考虑功能、环境、经济、结构等多个方面），或者是在不同的设计构思阶段选择不同的侧重点（例如在总体布局时从环境入手，在平面设计时从功能入手等等）都是最常用、最普遍的构思手段，这既能保证构思的深入和独到，又可避免构思流于片面，走向极端。

（三）多方案比较与选择

1. 多方案的必要性 多方案构思是建筑设计的本质反映。中学的教育内容与学习方式在一定程度上养成我们认识事物解决问题的定式，即习惯于方法结果的惟一性与明确性。然而对于建筑设计而言，认识和解决问题的方式结果是多样的、相对的和不确定的。这是由于影响建筑设计的客观因素众多，在认识和对待这些因素时设计者任何细微的侧重都会导致不同的方案对策，只要设计者没有偏离正确的建筑观，所产生的任何不同方案就没有简单意义的对错区分，而只有优劣之别。

多方案构思也是建筑设计目的性所要求的。无论是对于设计者还是建设者，方案构思是一个过程而不是目的，其最终目的是取得一个尽善尽美的实施方案。然而，我们又怎样去获得这样一个理想而完美的实施方案呢？我们知道，要求一个"绝对意义"的最佳方案是不可能的。因为在现实的时间、经济以及技术条件下，我们不具备穷尽所有方案的可能性，我们所能够获得的只能是"相对意义"上的，即在可及的数量范围内的"最佳"方案。在此，惟有多方案构思是实现这一目标的可行方法。

另外，多方案构思是民主参与意识所要求的。让使用者和管理者真正参与到建筑设计中来，是建筑以人为本这一追求的具体体现，多方案构思所伴随而来的分析、比较、选择的过程使其真正成为可能。这种参与不仅表现为评价选择设计者提出的设计成果，而且应该落实到对设计的发展方向乃至具体的处理方式提出质疑，发表见解，使方案设计这一行为活动真正担负其应有的社会责任。

2. 多方案构思的原则 为了实现方案的优化选择，多方案构思应满足如下原则：

其一，应提出数量尽可能多，差别尽可能大的方案。如前所述，供选择方案的数量大小以及差异程度是决定方案优化水平的基本尺码：差异性保障了方案间的可比较性，而适当的数量则保障了科学选择所需的足够空间范围。为了达到这一目的，我们必须学会多角度、多方位来审视题目，把握环境，通过有意识有目的地变换侧重点来实现方案在整体布局、形式组织以及造型设计上的多样性与丰富性。

其二，任何方案的提出都必须是在满足功能与环境要求的基础之上的，否则，再多的方案也毫无意义。因此，在多方案构思过程中就应进行必要的筛选，随时否定那些不现实不可取的构思，以避免造成时间和精力的无谓浪费。

3. 多方案的比较与优化选择 当完成多方案后，我们将展开对方案的分析比较，从中选择出理想的发展方案（图7-7）。

分析比较的重点应集中在以下三个方面：

其一，比较设计要求的满足程度。是否满足基本的设计要求（包括功能、环境、结构等诸因素）是鉴别一个方案是否合格的起码标准。一个方案无论构思如何独到，如果不能满足基本的设计要求，也绝不可能成为一个好的设计。

其二，比较个性特色是否突出。一个好的方案应该是优美动人的，缺乏个性的方案肯定是平淡乏味，难以打动人的，因此也是不可取的。

其三，比较修改调整的可能性。虽然任何方案或多或少都会有一些缺点，但有的方案的缺陷虽不是致命的，却是难以修改的。如果进行彻底的修改不是带来新的更大的问题，就是完全失去了原有方案的特色和优势。因而，对此类方案应给予足够的重视，以防留下隐患。

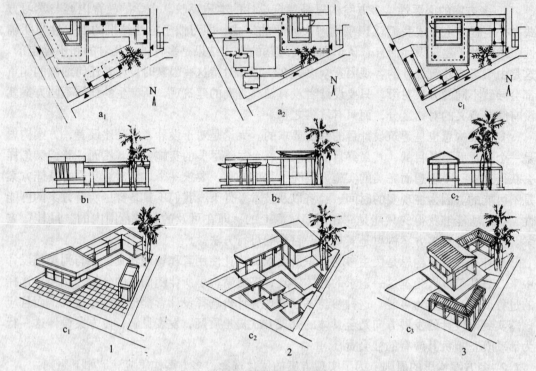

图 7-7 阅览亭方案比较

1.方案Ⅰ 2.方案Ⅱ 3.方案Ⅲ a.平面图 b.立面图 c.透视图

三个方案进行比较后，方案Ⅱ应为首选，它充分利用环境条件进行合理的整体布局：小卖亭偏东北角，可兼顾人与货的抵达的方便和分流；休息区靠西南的小河旁，充分利用了最佳景观；通过中心绿地将小卖亭、廊与休息亭有机结合为一完整而开放的庭院空间，实现了整体的统一与变化，造型活泼。但小卖亭平面设计有待调整

三、由整体到局部的调整与深入推敲

初步方案虽然是通过比较选择出的最佳方案，但此时的设计还停留在大想法、粗线条的层次上，某些方面还存在着这样或那样的问题。为了达到方案设计的最终要求，还需要一个调整和深化的过程。

全局是由局部组成的。一个良好的构思，一个很有发展前途的初步方案，如果没有对各个局部进行慎重而妥善的处理，那就会像做文章那样，虽有好的立意，却出现过多的败笔，终究算不得一个完美的设计。

如何在原方案的基础上，做好每一个局部，这对提高整个设计的质量，具有重要的意义。比如，一个服务性园林建筑门厅中的楼梯，就是一个重要的局部，它直接关系到垂直交通的组织和门厅的建筑艺术效果。因此，基本方案中所确定的位置是否合理，结构形式的选择是否恰当，楼梯的坡度、踏步的尺寸是否合乎规范的要求等等，都必须进一步做细致推敲。又比如，该建筑中公众使用的厕所，最初方案只是考虑到了位置、面积的合理可行，并没有详细到前室的分隔，厕位的布置等具体问题。要处理好诸如此类的问题，就要进行大量艰苦细致的工作，有时为了某个局部，要画出很多草图，进行比较，才能做出决定或取得改进。这也就是所谓"推敲"，此项工作应由整体到局部，由粗到细。没有这种方案的推敲和发展，设计便无法在原有的基础上得到提高。

四、不要轻易推翻方案

在前一阶段工作中，强调了做设计要进行总体的构思，强调了对设计方案要进行反复的比较，其目的就是为避免仓促定案，造成以后工作的反复。既然完成了前面这样一段工作，那么在方案的深入阶段，就应注意不要轻易否定前段工作成果，不要轻易推翻原有的方案。因为任何一个基本方案，都可能有这样或那样的缺点，如果遇到某一具体矛盾，就轻易地否定整个方案，则可能在新的方案中，这个问题解决了，却又产生了另外的问题，而每个设计的时间总是有限制的，不可能无休止地停留在方案的反复推敲上。应当理解，随着设计的逐步深入，出现一些原来没有考虑到的问题和矛盾，这是正常的现象，只要是属于局部的、次要的问题，只要它们不影响到原方案的成立，就应坚持在原有的基础上，进行改进和提高。而且这种改进和提高，正是方案深入阶段的主要任务。

五、注意各阶段的设计表现方法

方案的表现是方案设计的一个重要环节，方案的表现是否充分、是否美观、是否得当，不仅关系到方案设计的形象效果，而且会直接影响到方案的社会认可。根据不同的目的，方案的表现可划分为设计阶段的推敲表现和设计成果的表现。

1. **设计阶段的推敲表现**　在构思阶段应该做出大量的铅笔草图，让自己的思维在纸上留下痕迹，进行多方案的比较。随着设计工作的深入，草图的表现方法和深度，也应做相应地配合。

一般说，工作愈深入，图纸也应愈具体。当开始对原方案进行推敲修改时，可仍用草图纸进行拷贝修改，以便迅速做出比较；但工作进行到一定深度，就应该使用工具画出比较正规的平面、立面、剖面图。这等于将以前的工作进行一次整理和总结，使之建立在更可靠的基础上。同时仍应练习画些更为具体的透视图，某些草图尚可绘出阴影或加上色彩。如条件允许，还可做出模型，借以帮助进行推敲比较。

对设计的一些重要部位，或已知可能存在矛盾的地方，草图要画得更为具体。如屋顶的造型，主要门窗的划分，建筑层高与楼梯坡度的关系等等。

草图所用的比例尺，一般在方案比较阶段，应采用小比例尺，这样可略去细节而有利于掌握全局；当进行深入推敲比较时，比例尺可逐步放大，有时为推敲某一细节，如花格纹样等，还可采用更大的比例尺。在整个设计过程中，何时采用何种比例尺，何时采用徒手，何时使用工具，很难做具体的规定。能否正确的选用，常取决于设计者对建筑设计规律的掌握程度。只有勤学苦练多摸索，才能熟能生巧，才能正确掌握设计方法。

2. **设计成果的表现**　设计成果的表现要求具有完整、明确、美观、得体的特点，以确保把方案所具有的构思、空间、风格特点充分展示出来，从而最大限度地赢得评判者的认可。因此，应高度重视这一阶段的工作。首先，在时间上要给予充分的保证；其次，要准备好各种正式底稿（包括配景、图题等）；再其次，要注意版面设计；最后，要选择好合适的表现方式。

六、培养良好的工作作风

由于园林建筑设计牵涉的内容广，综合性强。要注重自身修养的培养，拓展自己的知识面，多观摩、交流，培养良好的构思习惯和工作作风，并注重方案进度安排的计划性与科学性，不断地改进设计方法，提高设计水平。

第四节　实训内容

结合前面所学的课程，主要安排的实训内容有（可根据各个院校学时的具体安排，进行适当的调整）：

实训一　园林建筑小品
实训二　亭
实训三　榭（舫）
实训四　公园公厕
实训五　游船码头
实训六　公园茶室
实训七　展览馆（室）

一、园林建筑小品设计

1. 教学要求　这是园林建筑设计入门的第一个实训任务。在一年级《园林设计初步》课程的基础上，着重要求学生从简单的园林建筑小品的设计开始，认识园林建筑设计基本要求和考虑因素，并从小型形体的组合中掌握空间设计的要求。通过简单而完整的园林建筑小品的设计达到以下教学目的：

①初步接触园林建筑设计中的平面布局、造型设计和空间组合，及简单的环境设计。

②熟悉人体活动尺度与室外空间的关系，了解园林建筑小品设计中的比例与尺度的推敲方法。

③初步了解园林建筑设计的步骤和基本方法，学习分析和比较方案。并学习小品平面、立面、剖面的表现方法。

④学习铅笔淡彩的表现方法。通过本次实训，将《园林设计初步》课程和《园林建筑设计与施工》课程衔接起来。

2. 设计任务　拟在某城市公园内（地形自定）建一休闲空间，内设有：花坛、园椅、园灯等小品。

3. 图纸要求

①总平面图：1:50。

②平面图：1:20。

③两个立面图：1:20。

④两个剖面图：1:20。

⑤一个透视效果图。

⑥图幅：2号绘图纸。

⑦表现方式：铅笔淡彩。

⑧图纸要求：无缺漏，图面比例准确，表达清楚，具有较好的表现力。

4．时间安排　共3周。

①第一周：调研、第一草图设计阶段（方案构思）。

②第二周：第二草图、工具草图设计阶段（多方案比较与选择、深入与调整）。

③第三周：绘制正式图阶段。

【题目特点分析提示】

1．设计应根据该公园的特性、地形特征和公园整体风格等因素进行综合考虑，小品风格应与周围环境协调。

2．要求立意新颖，在构图上形成富有个性的景点，花坛植物配置应与小品造型有机结合。

3．各小品风格要协调统一，成为一个整体。

4．应注意小品的尺度与人的活动关系，比例适宜得当，结构选型与安排可行。

二、亭的设计

1．教学要求　亭是园林中应用最广、形式变化最为丰富的一种重要的园林建筑。继承我国优秀园林传统，对于更好地创造新园林实践具有很高借鉴作用。通过分析研究优秀亭的创作思想，经验教训，启发与指导初学者的创作实践，以提高设计技巧与手法。通过本次实训，达到以下教学目的：

①培养独立工作能力，提高设计水平，掌握小型园林建筑亭的设计方法与步骤。

②开阔眼界，通过调研学习中外优秀的亭的设计实例了解其具体的设计手法，并能初步学会灵活应用。

③学会亭平面、立面、剖面的表现方法，进一步巩固铅笔淡彩绘制园林建筑方案的基本表现技巧。

2．设计任务　拟在某城市一公园内（地形自定），建一亭子。建筑面积 $20 \sim 60m^2$（室外廊、园林小品均不记在该面积内），材料、结构形式不限。

3．图纸要求

①总平面图：1:100。

②平面图：1:50。

③入口立面及另一临水立面图：1:50。

④剖面图：1:50。

⑤一个透视效果图。

⑥图幅：2号绘图纸。

⑦表现方式：铅笔淡彩。

⑧图纸要求：无缺漏，图面比例准确，表达清楚，具有较好的表现力。

4．时间安排　共3周。

①第一周：调研、第一草图设计阶段（方案构思）。

②第二周：第二草图、工具草图设计阶段（多方案比较与选择、深入与调整）。

③第三周：绘制正式图阶段。

【题目特点分析提示】

1. 掌握亭的设计特点，处理好亭的选址及其造型两大方面的问题，要充分考虑亭与自然环境的协调。

2. 总平面设计应根据该公园的性质、规模、地形特征和公园整体风格等因素进行综合考虑，合理规划。

3. 应注重亭的观景与点景的双重性。

4. 亭的造型应充分体现地方特色和时代感，空间尺度适宜，层高选择得当，结构选型与安排可行。

三、公园榭（舫）设计

1. **教学要求**　该实训课题设计要求：建筑设计与环境结合紧密，空间划分灵活。重在培养学生从场地分析开始构思建筑空间的设计能力。通过本次实训，达到以下教学目的：

①通过公园榭（舫）的设计，进一步掌握设计的基本构思与方法。

②了解榭（舫）的设计特点，处理好它们的选址及其造型两大方面的问题，要充分考虑榭（舫）与自然环境的有机结合，创造优美的建筑形象，注重其点景与观景的双重性。

③进一步掌握小型园林建筑的设计方法与步骤。

④学会用铅笔淡彩绘制建筑方案效果图的基本方法。

2. **设计任务**　拟在某城市一公园临水景区内（地形自定），建一中小型榭（舫），供游人使用。规模 $50 \sim 200 m^2$（室外亭、廊、桥均不计在该面积内），1~2层，材料、结构形式不限。

3. **图纸要求**

①总平面图：1:300。

②平面图：1:100。

③入口立面及另一临水立面图：1:100。

④剖面图：1:100。

⑤一个透视效果图。

⑥图幅：2号图纸。

⑦表现方式：铅笔淡彩。

⑧图纸要求：无缺漏，图面比例准确，表达清楚，具有较好的表现力。

4. **时间安排**　共4周。

①第一周：调研、第一草图设计阶段（方案构思）。

②第二周：第二草图设计阶段（多方案比较与选择）。

③第三周：工具草图设计阶段（方案的深入与调整）。

④第四周：绘制正式图阶段。

【题目特点分析提示】

1. 总平面设计应根据地形特征，合理规划外部环境，并与建筑布局有机结合。正确处理好建筑与水面、池岸的关系，建筑与园林整体空间环境的关系。

2．平面布局能满足使用功能要求，分区合理，空间尺度适宜，层高选择得当，结构选型与安排可行。

3．建筑造型能显示公园榭（舫）建筑的形象特征，应充分体现地方特色和时代感，达到在风景地区园林建筑既观景又点景的双重效果。

四、公园公厕设计

1．**教学要求**

①了解公园公厕建筑设计中场地设计的基本要求，即基于人流路线的组织及功能分区的平面布局，简单的形体组合，建筑的立面划分，建筑物的朝向要求，建筑材料与构造的基本做法等。

②进一步建立比例尺度的概念，理解人体活动尺度和室内外空间的关系，如：蹲位的大小、洗手池的高度、台阶、窗台、檐部、门的高宽、墙面、地面分块等建筑处理，做到比例尺度基本合适。

③初步了解室内外装修设计的基本方法。

④进一步正确绘制平面、立面、剖面图，并理解它们三者之间的相互关系及影响。

⑤学习用墨线淡彩绘制建筑方案的基本方法。

2．**设计任务**　拟在某城市公园内建一中小型公厕，供游人使用。公园性质及地形自定，占地面积 150～200m²，1～2 层，结构形式不限。具体面积分配指标如下：

①男女便室：各 30 m²。

②盥洗室：20 m²。

③管理室、储藏室各一间，每间 8～10m²。

3．**图纸要求**

①总平面图：1:500。

②平面图：1:100。

③入口立面及侧立面图：1:100。

④剖面图：1:100。

⑤透视效果图。

⑥图幅：2 号绘图纸。

⑦表现方式：墨线淡彩。

⑧图纸要求：无缺漏，图面比例准确，表达清楚，具有较好的表现力。

4．**时间安排**　共 4 周。

①第一周：调研、第一草图设计阶段（方案构思）。

②第二周：第二草图设计阶段（多方案比较与选择）。

③第三周：工具草图设计阶段（方案的深入与调整）。

④第四周：绘制正式图阶段。

【题目特点分析提示】

1．建筑与环境的有机结合。

2．总平面设计应根据该公园的性质、规模、地形特征和公园整体造型等因素进行综合考虑，注意功能的组织，如出入口、游人等候区、内外空间等之间的关系，平面布局能满足使用功能要求，分区合理，便于管理。

3．建筑造型能显示该公园的性质特征，要充分体现地方特色和时代感。

4．比例尺度适宜，结构选型与安排可行。

五、公园游船码头设计

1．教学要求

①进一步掌握方案组织与方案比较的方法。

②理解游船码头设计中场地设计的基本要求，即基于人流路线的组织及功能分区的平面布局，简单的形体组合，建筑的立面划分，建筑物的朝向要求，建筑材料与构造的基本做法等。

③熟练掌握正确绘制平、立、剖面图的方法，并理解它们三者之间的相互关系及影响。

④进一步建立比例尺度的概念，理解人体活动尺度和室内外空间的关系，台阶、柱、檐部、墙面、地面分块等建筑处理做到比例尺度基本合适。

⑤进一步巩固用墨线淡彩绘制建筑方案的基本方法。

2．设计任务
拟在某城市公园内建一中小型游船码头，可停靠船 20～40 只。公园性质及地形自定。1～2 层，结构形式不限。具体功能要求如下：

①水上平台。

②售票、收票。

③候船空间。

④管理室。

⑤工具间。

3．图纸要求

①总平面图：1:500。

②平面图：1:100。

③入口立面及侧立面图：1:100。

④剖面图：1:100。

⑤透视效果图（墨线淡彩）。

⑥图幅：1 号绘图纸。

⑦表现方式：墨线淡彩。

⑧图纸要求：无缺漏，图面比例准确，表达清楚，具有较好的表现力。

4．时间安排
共 4 周。

①第一周：调研、第一草图设计阶段（方案构思）。

②第二周：第二草图设计阶段（多方案比较与选择）。

③第三周：工具草图设计阶段（方案的深入与调整）。

④第四周：绘制正式图阶段。

【题目特点分析提示】

1．立意要新颖、有个性、忌雷同，要充分体现地方特色和时代感，建筑造型能显示该公园的性质特征。

2．总平面设计应根据该公园的性质、规模、地形特征和公园整体造型等因素进行综合考虑，注意功能的组织，如售票、收票、出入口、内外广场、游人等候空间等之间的关系，平面布局能满足使用功能要求，分区合理，便于管理。

3．比例尺度适宜，结构选型与安排可行。

六、公园茶室设计

1．教学要求

①进一步培养学生掌握从场地分析开始构思建筑空间、内外交通组织，进而深入到内部设计，形成从外向内构思过程的设计方法。

②通过公园茶室的建筑风格的探讨，进一步掌握方案设计技巧。

③进一步掌握室内装饰与陈设的设计方法。

④学会用水彩绘制建筑方案效果图的基本方法。

2．设计任务　拟在某城市一公园临水景区内（地形自定），建一中小型茶室，供游人使用。建筑规模 350 m^2（误差 ±10%，室外亭、廊均不计在该面积内），1～2 层，结构形式不限。具体面积分配要求如下：

①茶室（可集中或分散使用）：200 m^2。

②门厅（含接待与小卖部）：70 m^2。

③茶水间：40 m^2。

④办公室、值班室各一间，每间：10 m^2。

⑤洗手间，男女各一间，每间：6 m^2。

⑥储藏室：8 m^2。

3．图纸要求

①总平面图：1:500。

②平面图：1:100。

③入口立面及另一临水立面图：1:100。

④剖面图：1:100。

⑤彩色透视效果图两张：一张总体效果图，一张室内效果图。

⑥图幅：1 号图纸。

⑦表现方式：水彩渲染。

⑧图纸要求：无缺漏，图面比例准确，表达清楚，具有较好的表现力。

4．时间安排　共 5 周。

①第一周：调研、第一草图设计阶段（方案构思）。

②第二周：第二草图设计阶段（多方案比较与选择）。

③第三、第四周：工具草图设计阶段（方案的深入与调整）。

④第五周：绘制正式图阶段。

【题目特点分析提示】

1．建筑设计与环境结合紧密，内部空间划分灵活。总平面设计应据地形特征，合理规划外部环境。

2．平面布局能满足使用功能要求，分区合理，空间尺度适宜，层高选择得当，结构选型与安排可行。

3．建筑风格富有民族或地方特色，造型能显示公园茶室建筑的形象特征。

4．注重在风景地区内园林建筑既观景又点景的双重效果。

七、风景区展览馆设计

1．教学要求

①在系统总结园林建筑设计方法的基础上，使学生接触到建筑文化风格、形式和建筑思潮对设计的影响，以园林建筑风格为题，探讨地域性、民族性、传统性文化在园林建筑设计中的具体体现。

②进一步严格方案表达能力的训练即总体构思能力、草图能力、方法步骤等。

③巩固用水彩绘制建筑方案效果图的技法。

2．设计要求 拟在某城市风景区内，建一中小型展览馆，供展出一般的花卉、盆景、美术、摄影等作品。建筑规模 350～450m²（室外亭、廊均不记在该面积内），1～2 层，结构形式不限。具体面积分配要求如下：

①展览室（可集中或分散使用）：200～250 m²。

②门厅：40～60 m²。

③接待与休息厅（含小卖部）：70～100 m²。

④办公室、值班室各一间，每间：10 m²。

⑤洗手间，男女各一间，每间：8 m²。

⑥储藏室：10 m²。

3．图纸要求

①平面图：1:500。

②平面图：1:100。

③入口立面及另一临水立面图：1:100。

④剖面图：1:100。

⑤透视效果图。

⑥图幅：1 号图纸。

⑦表现方式：水彩渲染。

⑧图纸要求：无缺漏，图面比例准确，表达清楚，具有较好的表现力。

4．时间安排 共 5 周。

①第一周：调研、第一草图设计阶段（方案构思）。

②第二周：第二草图设计阶段（多方案比较与选择）。

③第三、第四周：工具草图设计阶段（方案的深入与调整）。

④第五周：绘制正式图阶段。

【题目特点分析提示】

1. 应综合考虑环境的各类影响因素,建筑布局可因地制宜,合理规划外部环境,与自然环境有机结合。

2. 应注重挖掘一定的历史和文化背景,建筑风格应有特色。建筑造型能显示展览建筑的形象特征,达到在风景地区园林建筑既观景又点景的双重效果。

3. 平面布局能满足使用功能要求,分区合理,应具有明确而连贯的参观路线。可采用类似四合院式布局,室外配以亭、廊、桥等,以形成开合有致,灵活丰富的空间。

4. 空间尺度适宜,层高选择得当,结构选型与安排可行。

本章介绍了实训课程的要求与特点,总结了园林建筑设计手法与技巧,讲解了设计步骤及需要考虑的问题,安排了一系列由浅入深的实训练习。通过本章具有典型意义的课程设计实践(实训),使学生能够重点掌握不同功能的园林建筑具体的设计方法。

由于园林建筑强调与环境的有机结合,具有艺术性要求高,设计灵活度大等特点,因而,如何把握一个设计方案的构思及选址与造型是本章掌握的难点。在学习中要注意灵活运用园林建筑设计的基本原理,多分析与借鉴不同类型优秀园林建筑实例的设计手法,注重在综合发挥园林建筑的生态效益、社会效益和经济效益功能的前提下,处理好园林建筑设计中的主要矛盾,依照园林建筑的设计程序,独立完成每一项实训任务。

复习思考题

1. 实训课程的目的与特点。
2. 实训设计与实际工程设计的差异。
3. 设计实训分几个阶段?各阶段的主要任务是什么?
4. 实训中应注意哪些问题?

主要参考文献

[1] 杨鸿勋 . 江南园林论 . 上海：上海人民出版社，1994

[2] 张家骥 . 中国园林艺术大辞典 . 太原：山西教育出版社，1997

[3] 周维权 . 中国古典园林史 . 北京：清华大学出版社，1990

[4] 彭一刚 . 中国古典园林分析 . 北京：中国建筑工业出版社，1986

[5] 园林经典 . 杭州：浙江人民美术出版社，1999

[6] 杜汝俭，李恩山，刘管平 . 园林建筑设计 . 北京：中国建筑工业出版社，1986

[7] 黄晓鸾 . 园林绿地与建筑小品 . 北京：中国建筑工业出版社，1996

[8] 卢仁 . 园林建筑 . 北京：中国林业出版社，2000

[9] 满运来，刘虎山 . 中外厕所文明与设计 . 天津：天津大学出版社，1997

[10] 冯仲平 . 中国园林建筑 . 北京：清华大学出版社，1988

[11] 彭一刚 . 建筑空间组合论 . 北京：中国建筑工业出版社，1983

[12] 王晓俊 . 西方现代园林设计 . 南京：东南大学出版社，2000

[13] 潘谷西 . 中国建筑史 . 北京：中国建筑工业出版社，2001

[14] 徐文涛，孙志勤 . 留园 . 北京：长城出版社，2000

[15] 周忠武 . 城市园林艺术 . 南京：东南大学出版社，2000

[16] 王树栋，马晓燕 . 园林建筑 . 北京：气象出版社，2001

[17] 徐建融，庄根生 . 园林府邸 . 上海：上海人民美术出版社，1996

[18] 谢孝思 . 苏州园林品赏录 . 上海：上海文艺出版社，2001

[19] 高钤明，覃力 . 中国古亭 . 北京：中国建筑工业出版社，1994

[20] 刘少宗．说亭．天津：天津大学出版社，2000

[21] 王素芳．中国古亭探源．文物春秋，1999（3）

[22] 朱建宁．户外的厅堂．昆明：云南大学出版社，1999

[23] 刘晓明，吴宇江．梦中的天地．昆明：云南大学出版社，1999

[24] 朱建宁．永久的光荣．昆明：云南大学出版社，1999

[25] 章俊华．内心的庭园．昆明：云南大学出版社，1999

[26] 朱建宁．情感的自然．昆明：云南大学出版社，1999

[27] 夏建统．对岸的风景．昆明：云南大学出版社，1999

[28] 王向荣．理性的浪漫．昆明：云南大学出版社，1999

[29] 王庭熙，周淑秀．园林建筑设计图选．南京：江苏科学技术出版社，1988

[30] 封云，亭台楼阁，华中建筑，1998（3）

[31] 王晓俊．风景园林设计（增订本）．南京：江苏科学技术出版社，2000

[32] 城市园林绿地规划编写小组．城市园林绿地规划．北京：中国建筑工业出版社，1982

[33] 刘永德．建筑外环境设计．北京：中国建筑工业出版社，1996

[34] 王浩，谷康，高晓君．城市休闲绿地图录．北京：中国林业出版社，1999

[35] 针之古钟吉（日），邹洪火山译．西方造园变迁史．北京：中国建筑工业出版社，1991

[36] 方咸孚．居住区的绿化模式．天津：天津大学出版社，1998

[37] 毛培林．园林铺地．北京：中国林业出版社，1996

[38] 蔡吉安等．建筑设计资料集．北京：中国建筑出版社，1994

[39] 孟兆祯等．园林工程．北京：中国林业出版社，1997

[40] 卢仁．园林建筑装饰小品．北京：中国林业出版社，2000

[41] 林晨．建筑构造通用图集．北京：标准化办公室，1999

[42] 托伯特·哈姆林（美）著，邹德侬译．建筑形式美的原则．北京：中国建筑工业出版社，1982

[43] 黄金锜．屋顶花园设计与营造．北京：中国林业出版社，1994

[44] 吴涤新．花卉应用与设计．北京：中国农业出版社，1994

[45] 张浪．图解中国园林建筑艺术．合肥：安徽科学技术出版社，1997

[46] 李永盛，丁洁民等．建筑装饰工程设计．上海：同济大学出版社，2000

[47] 朱保良，朱钟炎等．室内环境设计．上海：同济大学出版社，

1995

[48] 张黎 . 家庭居室陈设 . 北京：金盾出版社，2000

[49] 张绮曼等 . 室内设计经典集 . 北京：中国建筑工业出版社，
1995

[50] 建筑设计资料集（3）. 第二版 . 北京：中国建筑工业出版
社，1994

[51] 田学哲 . 建筑初步 . 第二版 . 北京：中国建筑工业出版社，
1999

[52] 赵志缙等 . 建筑施工 . 上海：同济大学出版社，1998

[53] 曹露春等 . 建筑施工组织与管理 . 南京：河海大学出版社，
1999

[54] 吴为廉 . 景园建筑工程（上、下）. 上海：同济大学出版社，
1996

[55] 梁伊任 . 园林建设工程（上、中、下）. 北京：中国城市出版
社，2000

[56] 金柏苓等 . 园林景观设计详细图集 . 北京：中国建筑工业出
版社，2001

图书在版编目（CIP）数据

园林建筑设计与施工/周初梅主编 .—北京：中国农业
出版社，2002.6（2015.8 重印）
21 世纪农业部高职高专规划教材
ISBN 978－7－109－07586－3

Ⅰ.园… Ⅱ.周… Ⅲ.①园林设计－高等学校：技术学
校－教材②园林－工程施工－高等学校：技术学校－教
材 Ⅳ.TU986

中国版本图书馆 CIP 数据核字（2002）第 022494 号

中国农业出版社出版
（北京市朝阳区农展馆北路 2 号）
（邮政编码 100125）
责任编辑　戴碧霞
————————————
中国农业出版社印刷厂印刷　　新华书店北京发行所发行
2002 年 6 月第 1 版　　2015 年 8 月北京第 9 次印刷
————————————
开本：787mm×1092mm 1/16　　印张：25.75
字数：587 千字
定价：49.80 元
（凡本版图书出现印刷、装订错误，请向出版社发行部调换）